Renaissance de la géométrie non euclidienne
entre 1860 et 1900

Renaissance de la géométrie non euclidienne entre 1860 et 1900

Jean-Daniel Voelke

PETER LANG
Bern · Berlin · Bruxelles · Frankfurt am Main · New York · Oxford · Wien

Information bibliographique publiée par «Die Deutsche Bibliothek»
«Die Deutsche Bibliothek» répertorie cette publication dans la «Deutsche Nationalbibliografie»; les données bibliographiques détaillées sont disponibles sur Internet sous ‹http://dnb.ddb.de›.

Ouvrage publié avec l'appui du Fonds national suisse de la recherche scientifique

ISBN 3-03910-464-0

Hochfeldstrasse 32, Postfach 746, CH-3000 Bern 9
info@peterlang.com, www.peterlang.com, www.peterlang.net

Imprimé en Allemagne

Pour Malgorzata, Jérôme et Hélène

Remerciements

Je tiens à remercier les personnes suivantes:

- *M. Jean-Claude Pont*. C'est lui qui m'a proposé d'entreprendre des recherches historiques sur la géométrie non euclidienne; elles ont abouti à une thèse de doctorat soutenue à l'Université de Genève en 1999, puis au présent livre.
- *M. Jean Dhombres* dont les nombreux conseils m'ont permis d'améliorer mon manuscrit.
- *Mmes Livia Giacardi et Ekaterina Velmezova, MM. Jean-Pierre Belna, Oscar Burlet, Robert Cabessa et Frédéric Chaberlot.* Ces différentes personnes ont bien voulu répondre à certaines questions ou m'aider à résoudre certaines difficultés linguistiques ou techniques. Il va cependant de soi que toutes les opinions émises dans ce livre n'engagent que son auteur.

Mes remerciements vont aussi aux institutions suivantes :

- La *Bibliothèque cantonale et universitaire de Lausanne* et son service de prêt interurbain.
- La *Bibliothèque centrale* de l'Ecole polytechnique fédérale de Lausanne et la *Bibliothèque du Département de mathématiques* de cette institution.
- Le *Fonds national suisse de la recherche scientifique* qui a subventionné une partie de mes recherches et soutenu la publication de ce livre.

Je remercie enfin les éditions Peter Lang et Mme Katherine Tschopp pour l'accueil réservé à mon manuscrit et le soin apporté à sa publication.

Table des matières

Deuxième partie
Deux découvreurs tardifs de la géométrie non euclidienne

Troisième partie
Les premières interprétations

Quatrième partie
La diffusion des nouvelles idées entre 1870 et 1900

Introduction

La géométrie non euclidienne a été découverte par Gauss, Bolyai, Lobatchevski et, dans une moindre mesure, par Schweikart et Taurinus, dans la décennie 1820-1830. Elle est fondée sur la négation du postulat dit «d'Euclide» ou «des parallèles». J'utiliserai une terminologie fréquente à la fin du XIXe siècle et je parlerai du «postulatum»; on rencontre aussi la dénomination «11e axiome». Certains auteurs parlent d'une manière générale des «géométries non euclidiennes» et incluent dans cette appellation la géométrie sphérique et la géométrie elliptique. Je réserverai pour ma part l'appellation «non euclidienne» à la géométrie de Gauss, Bolyai et Lobatchevski. L'histoire de cette géométrie non euclidienne ainsi conçue peut se décomposer en trois phases.

La première s'étend sur deux millénaires. Elle commence chez Aristote au IVe siècle av. J.C. et se termine au début du XIXe siècle par la découverte de la géométrie non euclidienne. Elle doit être qualifiée de préhistoire car elle est essentiellement caractérisée par de nombreuses tentatives pour démontrer le postulatum. Au XVIIIe siècle, Saccheri et Lambert obtiennent à cette occasion, et malgré eux, des résultats de géométrie non euclidienne.

La deuxième phase est celle de la découverte proprement dite. Celle-ci passe presque inaperçue de la communauté scientifique. Gauss ne publie rien et se contente d'exprimer son opinion dans sa correspondance. Quant aux rares mentions faites de leur vivant des travaux de Bolyai et Lobatchevski, elles font preuve d'incompréhension.

La troisième phase commence avec la publication, à partir de 1860, de la correspondance entre Gauss et Schumacher. Plusieurs lettres révèlent l'importance accordée par le «prince des mathématiciens» à la géométrie non euclidienne et attirent l'attention sur les ouvrages de Bolyai et Lobatchevski qui, dès 1866, commencent à être traduits et publiés dans plusieurs langues. C'est une renaissance de la géométrie non euclidienne; des travaux mathématiques paraissent, qui en proposent de nouvelles approches; en même temps s'engagent les premières discussions épistémologiques sur ce sujet. Peu de temps après, en 1867, Beltrami découvre que la géométrie non euclidienne plane peut être interprétée dans le cadre d'une théorie connue: celle des surfaces de Gauss. Cet important résultat contribue à l'acceptation de la géométrie non euclidienne et permet d'établir sa non-contradiction, problème laissé en suspens par Gauss, Bolyai et Lobatchevski. Trois ans plus tard, Klein découvre une deuxième interprétation et la donne dans le cadre d'une autre théorie connue: la géométrie projective. Il découvre en même temps la géométrie elliptique.

Un autre événement important a lieu à la même époque: il s'agit de la publication posthume de l'*Habilitationsvortrag* de Riemann (1867)[1]. Ce texte suscite immédiatement un grand intérêt et donne une impulsion essentielle au développement de la géométrie et à l'élargissement de son cadre[2]. En considérant des variétés à n dimensions et à courbure constante non nulle, Riemann quitte en effet le domaine familier de l'espace euclidien et ouvre de nouveaux domaines de recherche. Quoique ne traitant pas de géométrie non euclidienne au sens strict du terme[3], son texte concerne de près l'histoire de cette discipline pour trois raisons:

1) Les idées de Riemann ont influencé Beltrami; elles l'ont aidé à généraliser à n dimensions son interprétation de la géométrie non euclidienne plane.

2) En faisant allusion dans sa leçon à une «troisième» géométrie où l'espace est illimité mais fini, Riemann donne un deuxième exemple d'une géométrie différente de celle d'Euclide[4]; il anticipe ainsi sur la découverte de Klein.

1 Cette leçon d'habilitation fut donnée à Göttingen en 1854.

2 Plusieurs textes montrent que son importance fut immédiatement reconnue par les contemporains. Voici comment s'exprime le mathématicien Houël: «La publication posthume d'une leçon de Riemann, composée d'après les inspirations de Gauss, a été le signal de nouvelles et profondes recherches, dues aux géomètres les plus éminents de l'Allemagne et de l'Italie.» (1870, pp. XI-XII).

3 Il est difficile de dire si Riemann connaissait les travaux de Bolyai et Lobatchevski. Erhard Scholz pense que l'opinion de Gauss sur la géométrie non euclidienne devait être connue dans le milieu mathématique de Göttingen dès le début des années 1840 (Scholz, 1980, p. 28). A l'instigation de Gauss, Lobatchevski fut en effet nommé membre correspondant de l'Académie des Sciences de Göttingen en 1842.

4 Dans la géométrie «de l'espace fini», deux droites ont toujours un point commun (géométrie elliptique) ou deux points communs (géométrie sphérique). La ques-

3) En contestant le caractère *a priori* de la géométrie euclidienne, et en s'opposant ainsi à Kant, Riemann renforce des idées empiristes apparues précédemment chez Gauss et Lobatchevski. Défendues et propagées par Helmholtz, elles constitueront l'un des éléments principaux du débat épistémologique sur la géométrie non euclidienne. Il est à cet égard instructif de noter que la plupart des exposés publiés après 1870 et consacrés aux «nouvelles géométries» présentent simultanément les travaux de Bolyai, Lobatchevski, Riemann, Beltrami et Klein. En dépit des différences de contenu mathématique, ces travaux ont été perçus comme formant un tout et posant les mêmes questions.

Le débat suscité par la redécouverte de la géométrie non euclidienne se poursuivra de façon souvent violente jusque vers 1900, date à laquelle on peut considérer que les nouvelles idées sont définitivement admises par l'ensemble de la communauté scientifique. A ce moment, rares sont ceux qui essayent encore de démontrer le postulatum. On peut donc fixer cette date comme terme de la troisième phase; elle coïncide par ailleurs avec un événement capital: la publication des *Grundlagen der Geometrie* (1899) de Hilbert, qui marque le début de l'axiomatique moderne.

Après l'évocation des principales étapes du développement de la géométrie non euclidienne, il convient de faire le point sur les recherches historiques. Il existe trois livres couvrant l'ensemble de l'histoire de la géométrie non euclidienne. Le premier est celui de Roberto Bonola: *La geometria non-euclidea: esposizione storico-critico del suo sviluppo* (1906b); traduit en anglais en 1912, il a fait l'objet de plusieurs rééditions et reste une référence utile. Le second est celui de Jeremy Gray: *Ideas of space* (1979). Il s'adresse à un public non spécialisé et constitue une introduction à la géométrie non euclidienne, à son histoire et aux problèmes épistémologiques suscités par cette découverte. Le troisième est celui de Boris Rosenfeld: *A History of Non-Euclidean Geometry. Evolution of the Concept of a Geometric Space* (1988); ce

---

tion de savoir à laquelle de ces géométries Riemann pensait sera discutée au chapitre 10.

livre ne traite pas seulement de géométrie non euclidienne mais aborde d'autres domaines comme la géométrie différentielle, la géométrie multidimensionnelle ou la théorie des groupes de transformations; étant donné l'ampleur du sujet, ses analyses sont parfois succinctes.

La première phase décrite ci-dessus a été étudiée de façon détaillée par Jean-Claude Pont dans *L'Aventure des parallèles, précurseurs et attardés* (1984). Cet ouvrage présente de nombreux textes souvent peu connus.

Les principaux travaux de la deuxième phase ont fait, entre 1895 et 1913, l'objet d'éditions critiques de Paul Stäckel et Friedrich Engel; quoiqu'anciennes, elles conservent tout leur intérêt. La traduction réalisée par Engel de deux mémoires de Lobatchevski, accompagnée d'un commentaire et d'une biographie, reste un outil de travail précieux[5]. Parmi les publications plus récentes concernant la même période, il faut signaler le livre de Hans Reichardt *Gauss und die nichteuklidische Geometrie* (1976). Cet ouvrage ne se contente pas d'étudier les recherches de Gauss mais présente aussi celles de Bolyai, Lobatchevski et Riemann. L'*Appendix* de Bolyai a pour sa part fait l'objet d'une nouvelle édition accompagnée d'un commentaire de Ferenc Kárteszi (1987).

La troisième phase a été pendant longtemps la plus délaissée par les historiens. Seuls les mémoires de Beltrami et de Klein et les écrits épistémologiques de Helmholtz et Poincaré avaient fait l'objet d'analyses. Les textes d'autres mathématiciens ou philosophes de moindre importance étaient tombés dans l'oubli. Un nouvel intérêt est cependant apparu ces dernières années. Joan Richards a consacré un chapitre de son livre *Mathematical visions* (1984) à la réception de la géométrie non euclidienne en Angleterre[6]. Pour sa part, Livia

5 Engel (1898); les mémoires traduits sont Lobatchevski (1829-30) et Lobatchevski (1835-38).

6 Dans son livre, Richards étudie le statut épistémologique, social et éducationnel de la géométrie et des mathématiques dans l'Angleterre victorienne. Elle rend compte d'un grand nombre de discussions concernant la géométrie non euclidienne, les espaces à n dimensions et l'utilisation de points imaginaires ou à l'infini en géométrie projective. La situation de la géométrie dans ce pays présente certaines spécificités, mais les thèmes fondamentaux de ces discussions sont les mêmes que sur le Continent. Ils ont trait au statut ontologique des nouvelles théories. On en trouvera ici des échos dans le chapitre 11.

Giacardi a entrepris depuis plusieurs années un travail de publication de correspondances inédites, qui permettent d'étudier le développement et la diffusion de la géométrie non euclidienne en Italie et en France à la fin des années 1860. La partie la plus importante de ce travail a été l'édition des lettres de Beltrami à Houël, réalisée en collaboration avec Rossana Tazzioli et Luciano Boi (1998). Il faut également mentionner, en collaboration avec Lorenza Fenoglio, l'édition des lettres de Houël à Genocchi (1991) et, en collaboration avec Paola Calleri, celle des lettres de Battaglini à Houël et de Battaglini à Genocchi (1996a et 1996b). A côté de ces travaux d'édition, il convient de signaler un article de Marco Panza (1995), qui présente certains des débats philosophiques suscités par la géométrie non euclidienne en France à la fin du XIXe siècle. *Le problème mathématique de l'espace* (1995) de Luciano Boi touche aussi de près cette période. L'un des buts de l'auteur est en effet de retracer le développement des géométries non euclidienne et riemannienne et d'étudier les conséquences épistémologiques de ces découvertes. A côté d'analyses des recherches de Gauss, Lobatchevski, Bolyai et Riemann, ce livre comprend des études approfondies des travaux de Beltrami, Helmholtz et Clifford, qui furent des acteurs importants de la troisième phase.

Il faut encore ajouter à la liste qui précède le livre *Philosophy of Geometry from Riemann to Poincaré* de Roberto Torretti (1984), dont plusieurs chapitres sont consacrés aux problèmes soulevés par la question des parallèles et la géométrie non euclidienne. Cet ouvrage constitue une référence pour tout ce qui concerne l'épistémologie de la géométrie durant la seconde moitié du XIXe siècle.

Dans le présent livre, je propose une étude spécifique de la troisième phase en me limitant à la géométrie non euclidienne au sens strict du terme; il ne sera donc pas question de géométrie riemannienne ou multidimensionnelle, même si les questions soulevées par ces théories sont parfois semblables. Cette restriction est sans doute critiquable mais elle a l'avantage, étant donné l'ampleur du sujet, d'éviter une trop grande dispersion. Mon étude poursuit trois objectifs. J'entends d'abord décrire le phénomène spécifique de renaissance de la géométrie non euclidienne auquel on assiste à la fin des années 1860. Souvent mentionné, il n'a jamais été analysé en détail. Je cherche ensuite à décrire la façon dont la géométrie non euclidienne a été diffusée et reçue entre 1866 et 1900. Je souhaite d'une part montrer les nouvelles idées qui sont apparues à cette époque, et d'autre part étudier les réactions qu'elles ont provoquées. Le dernier objectif de mon travail est d'ordre mathématique: il s'agit de rendre compte de plusieurs travaux significatifs publiés durant cette période; certains d'entre eux font pour la première fois l'objet d'une étude.

J'ai regroupé la matière en quatre parties. Dans la première, je retrace les débuts de la renaissance de la géométrie non euclidienne à la fin des années 1860. Ceux-ci sont caractérisés par le rôle fondamental de Gauss puis des premiers traducteurs, et en particulier de Houël. La deuxième partie est consacrée à deux ouvrages importants de géométrie non euclidienne publiés à cette époque. Ils sont dus à De Tilly[7] et Flye Sainte-Marie; je montrerai que ces deux mathématiciens doivent être qualifiés de «découvreurs tardifs».

La troisième partie présente la découverte des premières interprétations par Beltrami en 1868 et Klein en 1871. J'analyse aussi les premières preuves de la non-contradiction de la géométrie non euclidienne et de l'indémontrabilité du postulatum. Je présente à cette occasion une interprétation aujourd'hui oubliée due à De Tilly (1872).

Dans la quatrième partie, j'étudie la manière dont la géométrie non euclidienne a été diffusée et reçue entre 1870 et 1900. Les discussions à ce sujet se sont en effet prolongées longtemps; en France, elles ont même débuté assez tard et ont été particulièrement animées entre 1890 et 1900. A côté des textes connus et essentiels de Helmholtz et Poincaré, j'analyse de nombreux textes d'auteurs de moindre importance et souvent peu connus. Pour mieux comprendre le processus de diffusion et de réception, j'ai en effet choisi de ne pas me limiter aux penseurs de premier plan mais de présenter un vaste éventail de textes de différentes natures; j'ai en particulier examiné la manière dont la géométrie non euclidienne était exposée dans des manuels, dans des articles de vulgarisation ou lors de conférences diverses. Ces textes ont eu le mérite de permettre aux mathématiciens «ordinaires» de se mettre au courant des nouvelles théories et

7 Dans sa correspondance, De Tilly écrit son nom avec un D majuscule. Je suivrai donc cette orthographe.

ont aidé à leur installation dans le grand public. Leur contenu mathématique ne présente généralement guère d'intérêt puisqu'il s'agit essentiellement de compilation. Leur intérêt réside en premier lieu dans les différents points de vue qu'ils expriment sur le statut de la géométrie non euclidienne et sur sa place au sein des mathématiques. Nous disposons là d'une série de documents permettant d'apprécier la réception et la compréhension des nouvelles idées dans le grand public mathématique.

Après cette présentation générale, je passerai à quelques remarques d'ordre méthodologique. Je réserve une place essentielle aux citations originales. Je pense en effet qu'il est indispensable de disposer le plus souvent possible du texte original. Si des résumés ou des retranscriptions en langage moderne facilitent parfois la compréhension, ils font perdre aux écrits leur substance et leur saveur. Il est important de voir quels sont les mots qui ont été utilisés afin d'exprimer pour la première fois une idée. L'évolution en mathématiques est aussi une évolution dans le langage, et ce langage joue beaucoup pour la réception.

Dans la mesure où les textes analysés sont souvent difficilement accessibles ou inédits, je n'ai pas hésité à en donner de larges extraits. Dans le cas de textes mathématiques, le lecteur pourra ainsi plus facilement suivre les raisonnements originaux. J'ai moi-même traduit ces textes, sauf dans quelques cas où il existe une traduction satisfaisante; le nom du traducteur est alors mentionné. Les originaux des textes traduits figurent en annexe. Le système de références est le système habituel, par nom d'auteur et date de publication. Je précise lorsque le texte cité est celui d'une réédition. Ainsi, (Klein, 1872-1921, pp. 493-494) indique qu'il s'agit des pages 493 et 494 de l'édition de 1921 d'un texte de Klein publié pour la première fois en 1872. Lorsqu'il n'y a pas d'ambiguïté concernant le nom de l'auteur, seule la date et les pages sont indiquées. Dans le cas d'une traduction, je mentionne, dans l'ordre, la date d'édition de l'original, le nom du traducteur, la date d'édition de la traduction et éventuellement la date de réédition de cette traduction. La liste des manuscrits consultés figure à la fin de la bibliographie. Ils sont pour la plupart conservés aux Archives de l'Académie des Sciences à Paris; celles-ci sont désignées, dans les références, par l'abréviation AAS. Certains de ces manuscrits ont été cités ou même édités intégralement par des historiens[8]. Je me suis astreint à les consulter personnellement, et dans certains cas avant leur édition critique; je me fonde donc ici sur l'original pour établir mon texte, respectant l'orthographe et la syntaxe. Je donne aussi chaque fois la référence à l'édition critique.

La *Bibliography of non-euclidean Geometry* (1911) de Duncan Sommerville recense plus de 2000 titres concernant la question des parallèles et la géométrie non euclidienne des origines jusqu'en 1910; ce fut un outil de travail quotidien tout au long de mes recherches. Sans elle, de nombreux textes seraient passés inaperçus.

Les principaux résultats de géométrie non euclidienne sont rappelés au chapitre 1. Quelques notions de géométrie différentielle sont présentées au chapitre 7. Des renseignements biographiques concernant les principaux acteurs figurent en annexe. Pour les personnages secondaires, ils sont donnés directement dans le texte ou en note.

Au terme de cette introduction, un point mérite encore être discuté. L'une des caractéristiques de mon étude est d'accorder une place importante aux réactions des contemporains. Comme le lecteur le verra, celles-ci font souvent preuve d'hostilité ou d'incompréhension et contiennent parfois des contresens qui aujourd'hui nous étonnent. On a donc dit que seuls des mathématiciens de second plan ou des philosophes s'étaient opposés à la géométrie non euclidienne[9]. Cette affirmation doit être nuancée. Elle est incorrecte si l'on considère les premières années de la renaissance. En France, à l'exception de Houël, l'accueil fut d'abord très réservé. Dans une lettre à Houël du 14 février 1869, Beltrami écrit:

> Je veux vous transcrire quelques lignes d'une lettre en date du 21 janvier, que m'écrit de Paris une personne très-distinguée et très-sympathique, M. Jules De

8 Il s'agit des correspondances Beltrami-Houël et Battaglini-Houël mentionnées précédemment. En plus de ces éditions intégrales, des extraits de la correspondance Houël-De Tilly sont cités par Pont (1984), Boi (1995) et Boi, Giacardi et Tazzioli (1998). Pont cite aussi quelques extraits de la correspondance entre Darboux et Houël (1984).

9 C'est notamment l'opinion de Gray pour qui le seul opposant illustre fut Cayley (1986, pp. 352-353).

> la Gournerie[10]. Je lui avais demandé comment étaient accueillies dans la capitale de la France les nouvelles doctrines géométriques, et il me répond ce qui suit: «Je dois vous avouer que je ne connais cette question que par quelques discussions auxquelles j'ai assisté, et qui avaient lieu entre plusieurs des principaux géomètres de Paris. En général, ils se tenaient dans une réserve assez grande; aucun d'eux ne repoussait d'une manière absolue les idées nouvelles, mais ils paraissaient douter de leur fécondité. [...]» (AAS, *Dossier Beltrami* et Boi, Giacardi et Tazzioli, 1998, pp. 74-75)

L'académicien Joseph Bertrand, tout puissant dans le milieu mathématique de l'époque[11], fut un opposant notoire et un géomètre de premier ordre comme Gaston Darboux ne se laissa pas convaincre immédiatement. Son indécision apparaît dans une lettre adressée à Houël au début 1870:

> PS. Je rouvre ma lettre pour vous dire que j'ai été à l'Institut aujourd'hui. On n'a pas encore reçu d'objection à la démonstration de M. Bertrand. Après y avoir bien réfléchi je crois que cette démonstration est inexacte, mais je vous prie de ne pas faire mention de mon opinion à ce sujet. La démonstration est du reste très spécieuse, vous trouverez sans peine le point où elle est en défaut. Je me range dorénavant tout à fait à l'opinion que vous avez émise et dont je n'étais pas très convaincu. Il est impossible de démontrer le postulatum. (AAS, *Dossier Darboux*, sans numéro sur la feuille)

Darboux fait ici allusion à une démonstration du théorème que la somme des angles d'un triangle vaut deux droits due à Jules Carton, maître de mathématiques à St Omer; elle fut présentée à l'Académie des Sciences par Bertrand lors de la séance du 20 décembre 1869. Cette «démonstration» suscita de nombreuses polémiques[12]. La tiédeur de l'accueil en France a aussi été relevée par Paul Tannery:

> L'accueil fait par les géomètres aux nouvelles théories n'a pas toujours été très empressé; celui des philosophes capables de juger la question a été nettement hostile. (1876, p. 444)

10 «Jules Antoine René Maillard de la Gournerie (1814-1883), ingénieur des Ponts et Chaussées, fut professeur à l'Ecole polytechnique jusqu'en 1849 et ensuite professeur au Conservatoire des arts et métiers à Paris. Il s'occupa de géométrie descriptive et projective et de la théorie des courbes.» (Boi, Giacardi et Tazzioli, 1998, p. 74)

11 On pourra consulter à ce propos l'article de Martin Zerner intitulé *Le règne de Bertrand* (1991). L'opinion de Bertrand sur la géométrie non euclidienne sera présentée au chapitre 4.

12 Cf. Pont (1984, pp. 637-660).

En Italie, parmi les mathématiciens, l'ardeur de Battaglini fut contrebalancée par l'opposition farouche de Bellavitis et Genocchi et le scepticisme de Cremona[13]. Dans une lettre à Tardy[14] du mois de novembre 1867, Beltrami écrit:

> Je ne sais pas si vous avez accordé quelque attention à ce système d'idées qui est en train de se répandre maintenant sous le nom de géométrie non euclidienne. Je sais que le Prof. Chelini[15] lui est résolument opposé et que Bellavitis l'appelle géométrie de maison de fous, tandis que Cremona le tient pour discutable et que Battaglini l'embrasse sans réticences. (Cité par Calleri et Giacardi, 1996a, p. 48)

Les deux attitudes apparaissent aussi en Angleterre où l'enthousiasme de Clifford contraste avec l'incompréhension et les réserves de Cayley[16]. En Allemagne, il n'y eut en revanche pas d'opposant aussi célèbre durant cette période. Il faut à ce propos noter que, à part Helmholtz, Poincaré, Clifford et Cayley, les savants d'envergure sont restés confinés dans un cadre mathématique et se sont peu exprimés, du moins en public, sur des problèmes épistémologiques. Ainsi Klein, dans le *Programme d'Erlangen*[17], distingue l'aspect mathématique du problème des parallèles de l'aspect philosophique et refuse de se prononcer sur ce second point:

> La question de savoir quels motifs soutiennent l'axiome des parallèles, si nous voulons le considérer comme donné de manière absolue – comme les uns le veulent – ou comme seulement approximativement établi par l'expérience – comme les autres le disent, est tout à fait indépendante des points de vue développés. [...] Mais la question est visiblement une question philosophique, qui

13 Luigi Cremona (1830-1903) fut professeur à Bologne et Milan puis, dès 1873, directeur de l'Ecole d'ingénieurs de Rome. Ses travaux concernent la géométrie algébrique et la géométrie appliquée. Le point de vue de Battaglini sera étudié au chapitre 5, celui de Genocchi et Bellavitis au chapitre 9.

14 «Placido Tardy (1816-1914), né à Messine, étudia à Milan et à Paris. Il fut professeur de calcul infinitésimal à Messine et après à l'Université de Gênes, dont il fut recteur.» (Boi, Giacardi et Tazzioli, 1998, p. 168)

15 Domenico Chelini (1802-1878) fut professeur de mécanique et d'hydraulique à l'Université de Bologne, puis professeur de mécanique rationnelle à l'Université de Rome, cf. Boi, Giacardi et Tazzoli (1998, p. 71).

16 Le point de vue de Cayley est présenté aux chapitres 10 et 11.

17 Dans ce texte célèbre, Klein montre comment la notion de groupe permet de classer les différentes géométries.

> concerne les fondements les plus généraux de notre connaissance. Cette question n'intéresse pas le mathématicien *en tant que tel*, et il souhaite que ses recherches ne soient pas considérées comme dépendantes de la réponse que l'on peut donner, d'un côté ou de l'autre, à la question. (1872-1921, pp. 493-494)

Au fil des années le cercle des opposants va se réduire et, à l'exception notoire de Frege[18], les oppositions plus tardives seront le fait d'auteurs de second plan. Si l'on considère la période 1880-1900, l'affirmation rapportée précédemment est donc correcte. Il ne s'agit cependant pas d'une raison pour laisser dans l'oubli ces adversaires. Il faut en effet noter que chez plusieurs d'entre eux le rejet n'est pas dû à un manque de connaissances mathématiques mais relève d'une épistémologie particulière[19]. En laissant de côté les textes «secondaires» l'histoire des sciences risque par ailleurs de se réduire à celle de quelques génies. Si l'historien veut rendre compte de l'ensemble de l'activité scientifique à une certaine époque, il ne peut négliger la production d'auteurs sans doute mineurs mais qui occupaient quand même des fonctions reconnues comme maître de gymnase, professeur d'université ou rédacteur d'une revue scientifique. J'aimerais enfin insister sur le fait que la découverte d'une théorie est inséparable de sa diffusion. Dans le cas de la géométrie non euclidienne, l'étude du processus de diffusion et de réception est passionnante; les difficultés de compréhension rencontrées par de nombreux esprits permettent de mieux mesurer l'importance de la révolution entraînée par cette découverte. C'est cette réception qui est l'objet même d'une part importante de mon livre. Celui-ci relève donc autant de l'histoire des idées et de la philosophie que de l'histoire des mathématiques.

18 Le point de vue de Frege est présenté au chapitre 12. Son opposition se manifeste encore après 1900, à une époque où la géométrie non euclidienne est largement acceptée.

19 Imre Toth a avec raison insisté sur ce point (1977). Nous rencontrerons dans la suite de cette étude plusieurs opposants «informés» (Genocchi, Bellavitis, Günther, Milhaud, Dauge).

Chapitre 1

Rappels sur la question des parallèles et la géométrie non euclidienne

Ce chapitre a pour but de permettre au lecteur non familiarisé avec la géométrie non euclidienne de mieux comprendre la suite du livre. A l'exception du § 4, il ne contient que des résultats bien connus et peut être laissé de côté par le spécialiste.

§ 1 Origine du problème; quelques tentatives de démonstration du postulatum

Le postulat des parallèles apparaît dans le premier livre des *Eléments* d'Euclide. C'est le dernier d'une série de cinq postulats. En voici l'énoncé:

> Et que, si une droite tombant sur deux droites fait les angles intérieurs et du même côté plus petits que deux droits, les deux droites, indéfiniment prolongées, se rencontrent du côté où sont les angles plus petits que deux droits. (Traduction de Bernard Vitrac, 1990, p. 175)

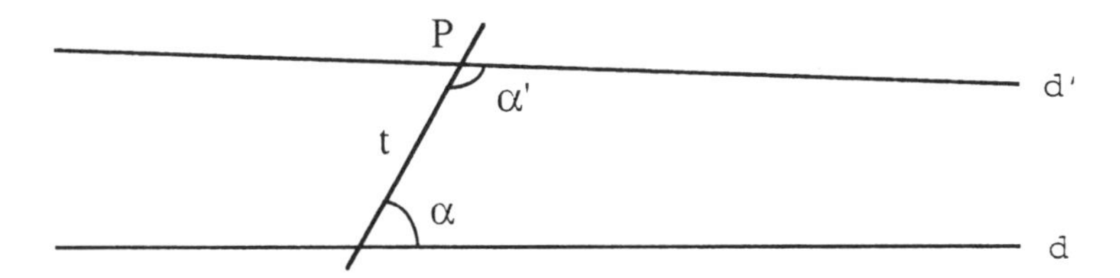

En d'autres termes, si $\alpha + \alpha' <$ deux droits, d coupe d′. Il passe par conséquent au plus une parallèle à d par P. L'existence d'une parallèle est quant à elle assurée par la proposition I. 28 des *Eléments*: si $\alpha + \alpha'$ = deux droits, d et d′ sont parallèles. L'une des conséquences importantes du cinquième postulat est que la somme des angles d'un triangle est égale à deux droits (proposition I. 32).

Dès l'Antiquité, le postulatum a paru moins «évident» que les autres postulats et a fait l'objet de tentatives de démonstration. Elles se sont poursuivies pendant deux mille ans, jusqu'au XIXe siècle. Elles ont en commun de contenir une erreur ou de faire appel implicitement à un énoncé équivalent au postulatum. Parmi ces tentatives, je signalerai d'abord celle de Wallis[1]. En 1663, ce mathématicien a cru pouvoir résoudre le problème en supposant l'existence de figures semblables[2]. Mais il s'agit d'un énoncé équivalent au postulatum. Il n'existe en effet pas de figures semblables en géométrie non euclidienne. Si deux triangles ont des côtés correspondants proportionnels, leurs angles ne sont pas égaux. L'idée d'utiliser la similitude pour démontrer le postulatum a été reprise par d'autres mathématiciens[3].

Au XVIIIe siècle, les tentatives les plus remarquables furent celles de Saccheri et Lambert. Ces deux mathématiciens ont essayé de démontrer le postulatum par un raisonnement par l'absurde. Dans son *Euclides ab omni naevo vindicatus* (1733), Girolamo Saccheri considère un quadrilatère ABDC rectangle en A et en B dans lequel AC = BD. Il distingue trois hypothèses selon que les angles en C et D sont droits, obtus ou aigus. Il démontre que l'on a alors respectivement AB = CD, AB > CD, AB < CD. Saccheri démontre aussi que si la première (respectivement la deuxième ou la troisième) hypothèse est vraie dans un quadrilatère, elle est vraie dans tous les quadrilatères. La somme des angles d'un triangle est alors égale (respectivement supérieure ou inférieure) à deux droits.

Considérons la figure ci-dessous. La droite PL est perpendiculaire à AP et les droites AP et AD forment un angle aigu.

1 John Wallis (1616-1703) fut l'un des plus grands mathématiciens anglais de son époque. Ses travaux concernent le calcul infinitésimal, l'algèbre et la géométrie.

2 La preuve de Wallis figure dans Stäckel et Engel (1895).

3 Des exemples sont donnés dans Pont (1984, pp. 280-299).

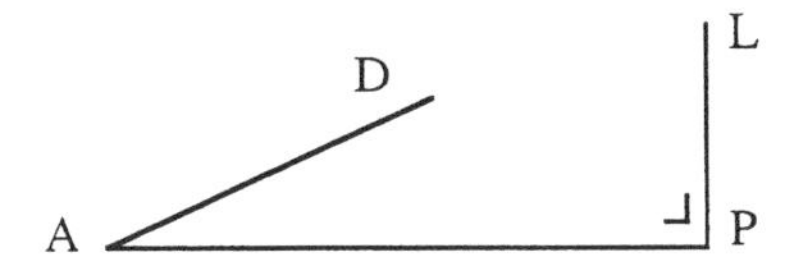

Saccheri démontre que dans l'hypothèse de l'angle droit ou de l'angle obtus, les droites AD et PL se coupent. Le postulatum est donc vérifié dans ces deux hypothèses; mais comme celui-ci implique l'hypothèse de l'angle droit, celle de l'angle obtus est contradictoire. Il faut relever que l'hypothèse de l'angle obtus est vérifiée en géométrie sphérique; mais dans ce cas, les «droites», c'est-à-dire les grands cercles de la sphère, sont de longueur finie. Or en démontrant que les droites AD et PL se coupent, Saccheri suppose que la droite est infinie et utilise l'axiome d'Archimède[4]. Remarquons que si la somme des angles d'un triangle vaut deux droits, c'est l'hypothèse de l'angle droit qui est vérifiée; le postulatum a donc lieu et on a la réciproque de la proposition I. 32 d'Euclide[5].

Saccheri étudie ensuite les conséquences de l'hypothèse de l'angle aigu. Il démontre que dans ce cas les droites AD et PL ne sont pas toujours concourantes. Il démontre aussi que deux droites non sécantes et n'ayant pas de perpendiculaire commune se rapprochent de manière asymptotique[6]; il s'agit là de deux résultats de géométrie non euclidienne; les droites se rapprochant de manière asymptotique sont des parallèles non euclidiennes. Persuadé de la vérité du postulatum, Saccheri finit cependant par aboutir à la conclusion que l'hypothèse de l'angle aigu est contradictoire. Pour lui, celle-ci est en effet «contraire à la nature de la droite» car deux parallèles ont alors une perpendiculaire commune en leur point de contact situé à l'infini[7]. Saccheri commet l'erreur de traiter les points à l'infini comme des points ordinaires.

4 Soient a et b deux grandeurs de même espèce telles que a < b. L'axiome dit «d'Archimède» affirme qu'il existe un nombre entier n tel que na > b. Veronese (1891) puis Hilbert (1899) ont montré qu'il est possible de construire une géométrie «non archimédienne» dans laquelle cet axiome n'est pas vérifié.

5 Max Dehn, un élève de Hilbert, a montré que cette réciproque n'est pas vraie en géométrie non archimédienne (Dehn, 1900).

6 Dans la proposition 23, Saccheri démontre que ces droites se rapprochent de plus en plus; dans la proposition 25, il démontre que leur distance tend vers 0.

7 Je me réfère à la traduction de Stäckel et Engel (1895, p. 122).

La démarche de Saccheri a été reprise par Johann Heinrich Lambert dans sa *Theorie der Parallellinien* (1786). Lambert considère un quadrilatère dont trois angles sont droits. Il distingue trois hypothèses, selon que le quatrième angle est droit, obtus ou aigu. La première hypothèse conduit à la géométrie euclidienne. Lambert écarte la deuxième hypothèse par un raisonnement qui, comme celui de Saccheri, suppose l'infinitude de la droite. Lambert examine enfin la troisième hypothèse. Il démontre que dans ce cas la somme des angles d'un triangle est inférieure à deux droits. Il démontre aussi qu'il existe une unité de mesure absolue pour la longueur de chaque ligne, l'aire de chaque surface et le volume de chaque solide. Lambert établit l'existence de cette unité absolue dans le cas des aires de la manière suivante. Il considère deux quadrilatères trirectangles ABGD et ACJE. En vertu d'un résultat qu'il a démontré précédemment, l'angle en J est plus petit que l'angle en G. Si AB = AD, l'angle G est déterminé et constitue la «mesure absolue» du quadrilatère ABGD; de même, si AC = AE, l'angle J est la mesure absolue du quadrilatère ACJE. Lambert juge que cette hypothèse a quelque chose de «séduisant»[8]. Elle apporterait cependant beaucoup «d'incommodités»; il n'y aurait en particulier plus de figures semblables.

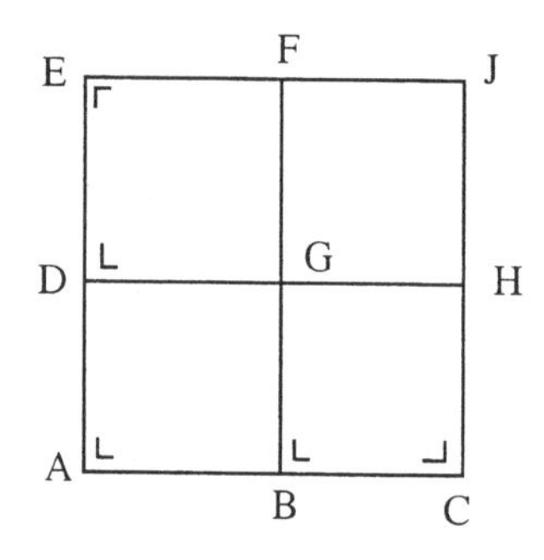

Lambert déduit d'autres conséquences de l'hypothèse de l'angle aigu qui sont autant de résultats de géométrie non euclidienne. Comme Saccheri, il finit cependant par trouver une contradiction. Mais son raisonnement n'est pas correct puisqu'il fait appel à une hypothèse équivalente au postulatum, à savoir qu'une ligne polygonale régulière est inscriptible dans un cercle. Ce résultat est faux en géométrie non

8 Lambert (1786-1895, p. 200).

euclidienne. Comme Pont l'a relevé, il est probable que Lambert n'était guère convaincu par son raisonnement[9]. Son texte ne fut d'ailleurs publié que neuf ans après sa mort.

Adrien-Marie Legendre est le dernier grand mathématicien à avoir essayé de démontrer le postulatum. Ses *Eléments de géométrie* furent écrits à la demande de la Convention nationale en 1794; ils furent ensuite régulièrement réédités et constituèrent un ouvrage de référence durant toute la première moitié du XIXe siècle. Au fil des éditions successives, Legendre a abordé de plusieurs manières la question des parallèles en essayant notamment de démontrer que la somme des angles d'un triangle est égale à deux droits. Ses démonstrations font cependant toujours implicitement appel à une hypothèse équivalente au postulatum. Etant donné la notoriété de leur auteur, elles ont eu malgré tout le mérite de stimuler la réflexion sur la question des parallèles. Certains scientifiques à la fin du XIXe siècle verront même dans les recherches de Legendre le point de départ de la géométrie non euclidienne[10]. L'échec de Legendre n'a par ailleurs pas été complet. Ce géomètre a en effet laissé son nom à deux théorèmes qui, sans être des résultats de géométrie non euclidienne, sont cependant étroitement liés à la question des parallèles. En voici l'énoncé:

1) Dans un triangle, la somme des angles est inférieure ou égale à deux droits.
2) S'il existe un triangle pour lequel la somme des angles vaut deux droits, la somme des angles de n'importe quel triangle est égale à deux droits.

Le premier théorème est établi par Legendre dans la 3e édition des *Eléments de Géométrie* (1800). Une autre démonstration figure dans la 12e édition (1823). Le second théorème est établi dans un mémoire de 1833. Comme nous venons de le voir, ces théorèmes étaient impli-

9 Pont (1984, p. 401).

10 Voici ce qu'Auguste Calinon écrit à ce propos: «Les recherches de Legendre sur le postulatum d'Euclide ont été, comme on le sait, le point de départ de travaux très remarquables d'où il est résulté qu'en renonçant à ce postulatum on pouvait, sans rencontrer aucune contradiction, constituer une géométrie nouvelle à laquelle on donna le nom de géométrie extra-euclidienne.» (1888, p. 1).

citement contenus dans le livre de Saccheri. Ils seront repris par Lobatchevski[11].

§ 2 Lobatchevski et Bolyai

La géométrie non euclidienne offre l'exemple d'une découverte effectuée simultanément et de manière indépendante par plusieurs mathématiciens. Le premier d'entre eux est Nicolas Lobatchevski. Il s'intéressa assez tôt à la question des parallèles. Un cahier de leçons données entre 1815 et 1817 contient en effet trois tentatives de démonstration du postulatum. Dans la troisième, à l'instar de Legendre, Lobatchevski cherche à établir que la somme des angles d'un triangle est égale à deux droits. Dans un manuel de géométrie inédit datant de 1823, Lobatchevski semble avoir progressé; il reconnaît en effet clairement les difficultés que présente toute démonstration du postulatum[12]. Il faudra encore attendre trois ans pour que le problème soit résolu; c'est en effet en février 1826 que Lobatchevski tint devant ses collègues un exposé intitulé *Exposition succincte des principes de la géométrie avec une démonstration rigoureuse du théorème des parallèles*. Le texte de cet exposé est perdu et seul le titre est resté. Des allusions faites dans des mémoires ultérieurs permettent cependant d'en reconstituer le contenu; elles indiquent que, en dépit du titre, Lobatchevski présentait à ses collègues une géométrie fondée sur la négation du postulatum. Il s'agit donc de la première communication sur la géométrie non euclidienne. Trois ans plus tard, en 1829, Lobatchevski exposa sa théorie dans une revue de Kazan. C'est la première publication consacrée à la géométrie non euclidienne; le titre en est: *Sur les fondements de la géométrie*. Par la suite, Lobatchevski reprendra et approfondira sa théorie en publiant encore plusieurs mémoires sur ce sujet; le dernier parut en 1855, une année avant sa mort. Parmi ces différents mémoires, le plus accessible est intitulé *Geometrische Untersuchungen zur Theorie der Parallellinien*[13]. Il fut publié en 1840 en allemand à Berlin.

11 Lobatchevski (1840, n° 19 et n° 20).

12 Les renseignements sur ces deux manuscrits proviennent de Engel (1898).

13 Cet ouvrage a été traduit dans plusieurs langues et régulièrement réédité. Une traduction anglaise de cet ouvrage et de l'*Appendix* de Bolyai figure comme supplément à l'édition de 1955 du livre de Bonola.

Le deuxième découvreur de la géométrie non euclidienne est Johann Bolyai. Il était le fils du mathématicien Wolfgang [Farkas] Bolyai. Ce dernier, camarade d'études de Gauss, s'était longuement penché sur le problème des parallèles et avait essayé à plusieurs reprises de démontrer le postulatum. Ces recherches semblent avoir assombri son caractère; en effet, lorsqu'il apprit que son fils s'intéressait à la question, il lui écrivit pour le mettre en garde. En dépit des avertissements de son père, Johann ne se découragea pas et réussit à découvrir la solution du problème. Dans une lettre à son père du 3 novembre 1823, il fait part de sa découverte et de son intention de publier un ouvrage sur la théorie des parallèles[14]. Il faudra cependant attendre 1832 pour que les recherches de Johann Bolyai soient publiées en latin en appendice à un livre de son père, sous le titre *La science absolue de l'espace*. Il s'agit de l'unique publication de Bolyai consacrée à la géométrie non euclidienne.

Le troisième découvreur est Gauss; sa contribution sera examinée au chapitre suivant.

§ 3 Les principaux concepts et résultats non euclidiens

Bolyai et Lobatchevski sont parvenus pratiquement aux mêmes résultats en suivant des chemins proches. Je vais rappeler ici sans démonstration les plus importants de ces résultats, en donnant des références aux textes originaux et à des ouvrages modernes[15]. Commençons par la définition de la parallèle et de l'angle de parallélisme selon Lobatchevski:

> Soit abaissée, du point A, sur la droite BC, la perpendiculaire AD, et soit élevée au point A, sur la droite AD, la perpendiculaire AE. Dans l'angle droit EAD, il arrivera ou que toutes les droites partant du point A rencontreront la droite DC, comme le fait AF, par exemple; ou bien que quelques-unes d'entre elles, comme la perpendiculaire AE, ne rencontreront pas DC. Dans l'incertitude si

14 Des extraits de la correspondance entre les deux Bolyai ont été publiés par Stäckel (1913, vol. 1).

15 Parmi les ouvrages modernes, je mentionnerai Efimov (1985) et Faber (1983); ils ont l'avantage d'aborder la géométrie non euclidienne par des méthodes proches de celles de Bolyai et Lobatchevski.

> la perpendiculaire AE est la seule droite qui ne rencontre pas DC, nous admettrons la possibilité qu'il existe encore d'autres lignes, telles que AG, qui ne coupent pas DC, quelque loin qu'on les prolonge. En passant des lignes AF, qui coupent CD, aux lignes AG, qui ne coupent pas CD, on trouvera nécessairement une ligne AH, parallèle à DC, c'est-à-dire une ligne d'un côté de laquelle les lignes AG ne rencontrent pas la ligne CD, tandis que, de l'autre côté, toutes les lignes AF rencontrent CD. L'angle HAD, compris entre la parallèle HA et la perpendiculaire AD, sera dit l'*angle de parallélisme*, et nous le désignerons par $\Pi(p)$, p représentant la distance AD. (1840; traduction de Houël, 1866, p. 90)

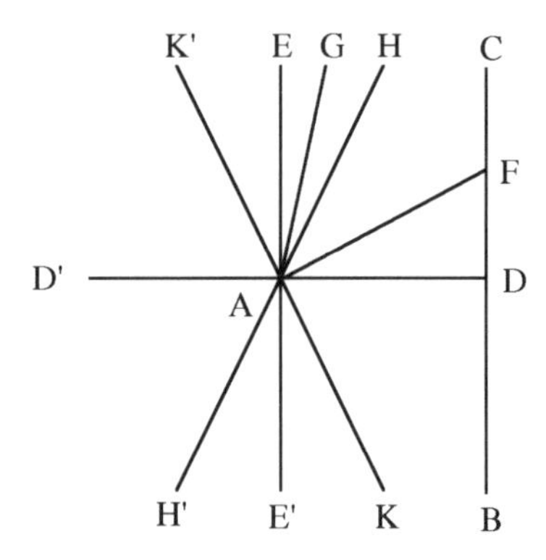

La parallèle AH est donc la «dernière» non sécante à DC comprise dans l'angle EAD. Bolyai donne la même définition; il n'introduit en revanche pas de notation particulière pour l'angle de parallélisme. Remarquons que l'existence d'une droite constituant la limite entre les sécantes et les non-sécantes suppose un axiome de continuité[16]; mais en 1830, ce type d'axiome est implicitement admis et il faudra attendre la fin du XIXe siècle pour qu'une réflexion sur ce sujet s'engage. Lobatchevski distingue deux possibilités:

> Si $\Pi(p)$ est un angle droit, le prolongement AE′ de la perpendiculaire AE sera également parallèle au prolongement DB de la droite DC; [...].
>
> Si l'on a $\Pi(p) < \frac{\pi}{2}$, alors de l'autre côté de AD, il y aura une autre droite AK, faisant avec AD le même angle DAK = $\Pi(p)$, laquelle sera parallèle au prolongement DB de la ligne DC; de sorte que, dans cette hypothèse, il faut distinguer encore le *sens du parallélisme*. (*ibidem*, p. 90)

16 Ce point a été mis en évidence par Schur (1904). Friedrich Schur (1856-1932) a effectué d'importantes recherches sur les fondements de la géométrie à la même époque que Hilbert.

Dans le premier cas, EE′ est l'unique non-sécante passant par A et c'est la géométrie euclidienne qui a lieu. Dans le second cas, c'est la géométrie non euclidienne qui a lieu. Relativement à la droite BC, les droites passant par A se partagent en trois catégories:

1) Les sécantes, comme AF

2) Les deux parallèles AH et AK

3) Les non-sécantes (ou divergentes), comme AG

Comme le postulatum n'est pas vérifié, la somme des angles d'un triangle est inférieure à π. Lobatchevski démontre que l'angle de parallélisme $\Pi(x)$ varie entre $\frac{\pi}{2}$ et 0 lorsque x varie entre 0 et ∞[17].

Mentionnons encore quelques résultats concernant les droites. La relation de parallélisme est symétrique (si AB est parallèle à CD, CD est parallèle à AB)[18] et transitive (deux droites parallèles dans le même sens à une troisième sont parallèles dans le même sens)[19]; dans ce dernier cas, les trois droites n'ont pas besoin d'être coplanaires. Deux droites divergentes admettent toujours une perpendiculaire commune et une seule, de part et d'autre de laquelle elles s'éloignent indéfiniment; deux droites parallèles s'éloignent indéfiniment l'une de l'autre d'un côté tout en se rapprochant asymptotiquement de l'autre[20].

Il faut maintenant introduire deux figures caractéristiques de la géométrie non euclidienne. Soient deux droites a et b; un segment AB ayant ses extrémités sur les droites a et b est appelé «sécante d'égale

17 Lobatchevski (1840, n° 23), Efimov (1985, pp. 110-113), Faber (1983, pp. 176-179).

18 Lobatchevski (1840, n° 18), Bolyai (1832, § 6), Efimov (1985, p. 102), Faber (1983, pp. 174-175).

19 Lobatchevski (1840, n° 25), Bolyai (1832, § 7), Efimov (1985, pp. 103-104), Faber (1983, pp. 175-176).

20 Efimov (1985, pp. 104-110); Faber (1983, pp. 179-180 et 186-187); le second résultat est énoncé dans Lobatchevski (1840, n° 24). Le premier résultat n'apparaît pas chez Lobatchevski.

inclinaison aux droites a et b» s'il fait avec ces droites des angles co-internes égaux[21].

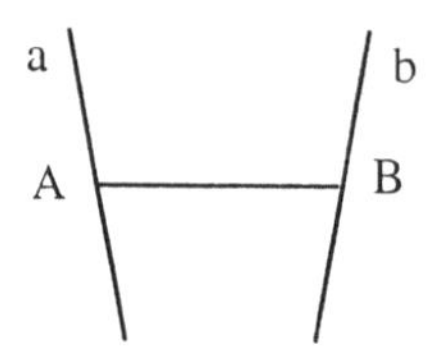

Si a et b sont parallèles, il existe pour tout point A de a exactement un point B de b tel que AB soit sécante d'égale inclinaison à a et b[22].

Soit Δ une famille de droites parallèles dans le même sens. Soit d une droite de Δ et soit D un point de d. Il existe sur chaque droite d′ de Δ un point D′ tel que DD′ soit une sécante d'égale inclinaison relativement à d et d′. Le lieu des points D′ est une courbe appelée «horicycle»[23]; on suppose que le point D en fait partie. N'importe quelle droite de Δ est un axe de symétrie de l'horicycle.

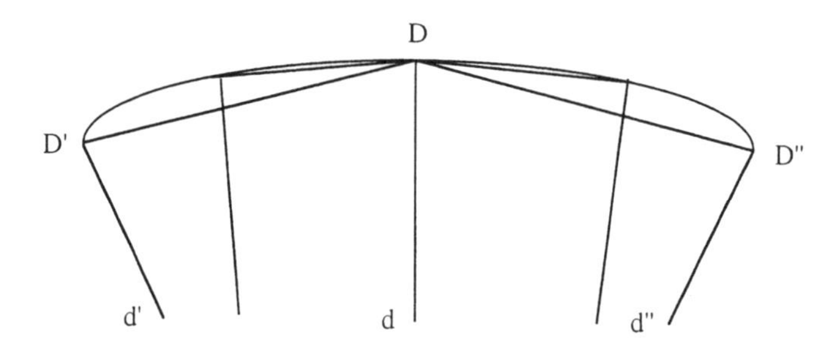

Le rapport des longueurs s′ et s de deux arcs d'horicycles concentriques distants d'une longueur x est égal à $\frac{s'}{s} = e^{\frac{x}{k}}$ où e est la base des logarithmes népériens et k une constante[24].

21 Je cite ici la définition d'Efimov (1985, p. 123). Bolyai donne une définition équivalente (1832, § 4).

22 Bolyai (1832, § 4), Efimov (1985, p. 123).

23 C'est la définition donnée par Bolyai (1832, § 11); Lobatchevski donne une définition équivalente (1840, n° 31). L'appellation horicycle est due à Lobatchevski; il emploie aussi le terme «courbe-limite»; Bolyai parle de [courbe] «L». Lobatchevski démontre «qu'un cercle dont le rayon va en croissant se change en une courbe-limite» (1840, n° 32).

24 Lobatchevski (1840, n° 33), Bolyai (1832, § 24), Faber (1983, pp. 199-203).

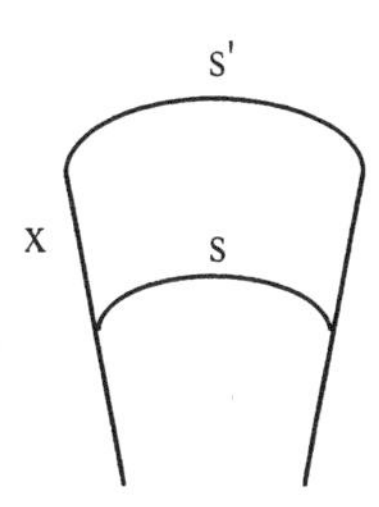

Si l'on fait tourner un horicycle autour de l'un de ses axes, on obtient une surface de révolution appelée «horisphère»[25].

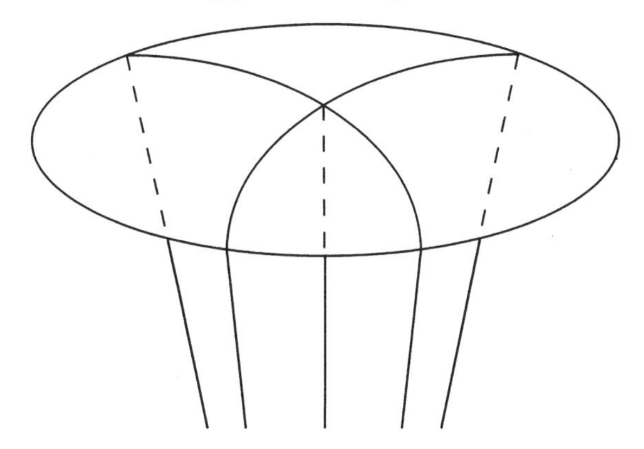

Par deux points de cette surface il passe exactement un arc d'horicycle. La somme des angles d'un triangle formé par trois arcs d'horicycle est égale à deux droits[26] et les horicycles satisfont au postulatum[27]. Les horicycles de l'horisphère jouissent donc des mêmes propriétés que les droites du plan euclidien et la géométrie intrinsèque de cette surface est la géométrie euclidienne. Cette propriété de l'horisphère joue, chez Bolyai et Lobatchevski, un rôle important dans l'établissement de relations de trigonométrie non euclidienne. Celles-ci sont caractérisées par l'utilisation des fonctions hyperboliques. Rappelons que

$$\sinh x = \frac{e^x - e^{-x}}{2}$$

25 C'est le terme utilisé par Lobatchevski (1840, n° 34); il parle aussi de «surface-limite»; Bolyai parle de [surface] «F» (1832, § 11).

26 Lobatchevski (1840, n° 34).

est le «sinus hyperbolique» de x,

$$\cosh x = \frac{e^x + e^{-x}}{2}$$

le «cosinus hyperbolique» et

$$\tanh x = \frac{\sinh x}{\cosh x}$$

la «tangente hyperbolique». On a alors dans un triangle ABC rectangle en C les relations suivantes: $\sin \alpha \sinh \frac{c}{k} = \sinh \frac{a}{k}$, $\cosh \frac{c}{k} = \cosh \frac{a}{k} \cosh \frac{b}{k}$, $\cosh \frac{a}{k} = \frac{\cos \alpha}{\sin \beta}$[28].

Le fait que la géométrie de l'horisphère soit euclidienne intervient aussi dans le calcul de la fonction $\Pi(x)$. Celle-ci satisfait à l'équation

$$\tan \frac{\Pi(x)}{2} = e^{-\frac{x}{k}}$$[29].

On en déduit immédiatement: $\Pi(x) = 2 \operatorname{arc\,tg} e^{-\frac{x}{k}}$. Cette relation montre qu'il est possible d'associer à toute longueur un angle; cette dépendance entre les longueurs et les angles constitue l'une des caractéristiques de la géométrie non euclidienne. Elle avait déjà été relevée par Lambert.

Les relations métriques non euclidiennes contiennent une constante k, appelée «unité absolue de longueur». Elle apparaît dans la relation donnant le rapport de deux arcs d'horicycles concentriques, dans celle donnant l'angle de parallélisme et dans les formules trigonométriques. La première de ces relations montre que k est la distance séparant deux arcs d'horicycle concentriques dont le rapport des longueurs vaut e; la seconde montre que $\Pi(k) = 2 \operatorname{arc\,tg} e^{-1} \cong 40.4°$. A la différence de

27 Bolyai (1832, § 21), Faber (1983, pp. 221-224), Efimov (1985, pp. 143-148).

28 Lobatchevski (1840, n° 35 et 36), Bolyai (1832, § 31), Faber (1983, pp. 232-238). Lobatchevski écrit ces relations en utilisant la fonction $\Pi(x)$; des détails sur son écriture sont donnés au chapitre 6, § 2.5. Bolyai n'utilise pas la notation avec les fonctions hyperboliques.

29 Lobatchevski (1840, n° 36), Bolyai (1832, § 29 et § 30), Faber (1983, pp. 227-230).

Bolyai, Lobatchevski prend comme unité de longueur l'unité absolue et les relations métriques qu'il obtient ne font pas apparaître explicitement la constante k.

Un dernier résultat important doit encore être mentionné. L'aire d'un triangle ABC est égale à $k^2\Delta$ où $\Delta = \pi - \alpha - \beta - \gamma$ est ce que l'on appelle le «déficit» du triangle[30]. Cette relation montre que cette aire est proportionnelle au déficit; par conséquent, plus l'aire d'un triangle est grande, plus la somme de ses angles s'écarte de π.

Au terme de ces quelques rappels, il faut signaler une différence entre Bolyai et Lobatchevski. Au contraire du second, le premier n'adopte pas dès le départ l'hypothèse non euclidienne. Il cherche d'abord à construire une géométrie «absolue» indépendante du postulat des parallèles, d'où le titre complet de son mémoire: *La science absolue de l'espace, indépendante de la vérité ou de la fausseté de l'Axiôme XI d'Euclide (que l'on ne pourra jamais établir a priori)*. La définition des parallèles ou celle de l'horicycle et de l'horisphère sont en effet indépendantes de toute hypothèse sur la validité du postulatum. En géométrie euclidienne, l'horicycle et l'horisphère n'offrent cependant guère d'intérêt puisqu'ils coïncident avec une droite ou un plan. Ce n'est qu'en certaines occasions que Bolyai distingue deux possibilités: celle du système Σ (correspondant à l'hypothèse euclidienne) et celle du système S (correspondant à l'hypothèse non euclidienne).

§ 4 Les définitions de la droite et du plan de W. Bolyai

Ces définitions ne concernent pas directement la géométrie non euclidienne. Nous aurons cependant l'occasion de les rencontrer à plusieurs reprises et il faut en dire quelques mots. Elles sont données par Bolyai père dans son *Kurzer Grundriss eines Versuchs* (1851, § 33 et suivants), un ouvrage dans lequel il tente de fonder l'arithmétique et la géométrie. Soient Σ et Σ' deux sphères de même rayon et de centres S et S'; elles se coupent en un cercle κ. L'ensemble des cercles κ obtenus lorsque le rayon des deux sphères varie constitue une surface Π appelée

30 Bolyai (1832, § 43), Efimov (1985, pp. 148-160).

plan. Soit A un point d'un des cercles κ. Il existe un déplacement $\mathfrak{I}$ laissant fixe A et échangeant les points S et S'; $\mathfrak{I}$ laisse aussi fixe le point B de κ diamétralement opposé à A. De plus, sur chacun des cercles κ composant le plan Π, il y a deux points fixes de $\mathfrak{I}$. L'ensemble de ces points fixes est une droite. Lobatchevski donne la même définition du plan dans son deuxième mémoire *Nouveaux principes de la géométrie* (1835-38, § 18) et dans son dernier mémoire *Pangéométrie* (1855, p. 4). Des idées analogues apparaissent aussi chez Fourier. Dans un débat avec Monge à l'Ecole normale de l'an III (le 30 janvier 1795), il propose de définir le plan comme le lieu des points équidistants de deux points donnés et la droite comme le lieu des points équidistants de trois points donnés[31]. Dans la seconde moitié du XIXe siècle, d'autres géomètres essaieront de fonder la géométrie à partir de ce genre de définitions, mais sans beaucoup de succès[32].

31 Dhombres (1992, p. 319).
32 De Tilly (1879) et Cassani (1882).

Chapitre 2

Introduction épistémologique

Avant d'aborder l'étude des réactions suscitées par la redécouverte de la géométrie non euclidienne, je dois décrire les principales tendances qui se manifestent dans ce débat et donc retracer l'origine de certaines idées défendues à cette occasion. Le lecteur pourra ainsi mieux situer les différentes opinions les unes par rapport aux autres.

§ 1 Les principales positions épistémologiques

Jusqu'à la découverte de la géométrie non euclidienne, la géométrie (euclidienne) est généralement considérée comme une science dont les énoncés possèdent les deux caractéristiques suivantes:

1) Ils concernent une réalité objective, qu'ils décrivent.

2) Ils sont des certitudes absolues ou apodictiques.

Si les philosophes classiques ont pratiquement tous partagé ce point de vue, ils ne l'ont pas justifié de la même manière. Pour Descartes, les premières propositions de la géométrie et de l'arithmétique sont des évidences qui nous sont révélées par une intuition rationnelle. Ce sont des vérités éternelles, indépendantes du monde sensible et de notre entendement; elles trouvent leur source en Dieu[1]. Au critère subjectif de l'évidence, aussi invoqué par Pascal[2], Leibniz substituera un critère logique: les axiomes sont vrais car ils sont démontrables à partir de défi-

1 Ces idées sont exprimées en particulier dans la deuxième et la troisième des *Regulae ad directionem ingenii* (*Œuvres complètes*, 1996, vol. 10, pp. 362-370; traduction française de G. Le Roy, *Œuvres et lettres*, 1954, pp. 39-45), dans trois lettres au P. Mersenne du 15 avril, du 6 mai et du 27 mai 1630 (*Œuvres complètes*, vol. 1, pp. 135-154; *Œuvres et lettres*, pp. 927-939) et dans la *Cinquième méditation* (*Œuvres complètes*, vol. 9, pp. 50-56; *Œuvres et lettres*, pp. 310-317).

2 *De l'esprit géométrique* (*Œuvres complètes*, 1954, pp. 584-585); Pascal englobe dans la géométrie l'arithmétique et la mécanique et envisage les axiomes de manière très générale.

nitions et du principe d'identité. Selon Leibniz, dans toute proposition vraie le prédicat est contenu dans le sujet[3]. Cette opinion sera remise en question par Kant, le philosophe de référence dans le débat qui va nous intéresser. Rappelons donc brièvement l'explication donnée dans la *Critique de la raison pure* et reprise dans les *Prolégomènes*. Elle repose sur la distinction entre jugements analytiques et synthétiques. Dans les premiers, le prédicat appartient au sujet alors que dans les seconds il est extérieur. A la différence de Leibniz, Kant considère que les jugements mathématiques ne sont pas analytiques mais synthétiques. Le caractère synthétique des principes géométriques est illustré par l'exemple suivant:

> Que la ligne droite soit, entre deux points, la plus courte, c'est une proposition synthétique. Car mon concept de ce qui est droit ne contient aucune détermination de grandeur, mais seulement une qualité. Le concept de ce qui est le plus court est donc entièrement surajouté et ne peut être par aucune analyse tiré du concept de la ligne droite. (*Critique de la raison pure*, B 16; traduction de A. Renaut, 2001, p. 105)

Kant affirme de plus que ces principes sont *a priori* car ils comportent une nécessité qu'on ne peut tirer de l'expérience. Expliquons pourquoi[4]. Dans tout phénomène, c'est-à-dire dans tout objet indéterminé d'une intuition empirique fournie par la sensibilité, il faut distinguer la matière de la forme. La première correspond à la sensation produite par l'objet et est donnée *a posteriori*; la seconde a pour fonction d'ordonner le divers du phénomène selon certains rapports; elle doit se trouver *a priori* dans notre esprit, prête pour l'ensemble des sensations, et doit pouvoir être considérée abstraction faite de toute sensation. Il y a donc en nous une forme pure *a priori* de la sensibilité. Dans le cas de l'intuition externe, cette forme est l'espace, dans le cas de l'intuition interne, c'est le temps. Pour Kant, «l'espace est une représentation nécessaire *a priori*, qui intervient à la base de toutes les intuitions externes»[5]. C'est une intuition pure dont dérivent tous les principes géométriques, et cela *a priori* et avec une certitude apodictique. Ainsi,

3 On pourra consulter à ce sujet l'ouvrage classique de Louis Couturat *La logique de Leibniz* (1901). Le chapitre 6 de ce livre contient de nombreuses citations illustrant le point de vue de Leibniz.

4 Je résume ici le début de l'*Esthétique transcendantale* à partir de la traduction de A. Renaut (Kant, 2001).

5 Kant (*Critique de la raison pure*, A 24, B 38).

dans le cas de l'exemple cité ci-dessus, Kant conclut que c'est l'intuition qui rend possible la synthèse entre les notions de droite et de plus court chemin. Dans la *Dissertation de 1770*[6], texte qui contient déjà pour l'essentiel la théorie de l'espace exposée dans la *Critique de la raison pure*, Kant écrit:

> On aperçoit aisément cette intuition pure dans les axiomes de la géométrie et dans n'importe quelle construction mentale de postulats, et même de problèmes. Il n'y a pas plus de trois dimensions dans l'espace; entre deux points, on ne peut mener qu'une seule droite; à partir d'un point donné dans un plan et avec une droite donnée, on peut décrire un cercle, etc.: tout cela ne peut être conclu de quelque notion universelle de l'espace, mais peut se *voir* dans l'espace lui-même comme dans un objet concret. (Traduction de F. Alquié, 1980, p. 653)

Les axiomes géométriques ne se déduisent pas logiquement de la notion d'espace mais sont «vus» grâce à cette intuition pure. Le verbe «voir» n'est utilisé ici que par analogie. L'intuition qui nous livre ces axiomes n'a rien d'empirique. Quelques lignes plus loin, Kant note encore que «la géométrie paraît dans les autres sciences le modèle de toute évidence».

Cette situation particulière de la géométrie par rapport aux autres sciences apparaît bien dans un texte rédigé par Legendre au soir de sa vie. Après avoir fait le bilan de ses recherches sur la question des parallèles et relevé les difficultés que présente une démonstration du postulatum, il écrit:

> Il n'en est pas moins certain que le théorème sur la somme des trois angles du triangle doit être regardé comme l'une de ces vérités fondamentales qu'il est impossible de contester, et qui sont un exemple toujours subsistant de la certitude mathématique qu'on recherche sans cesse et qu'on n'obtient que bien difficilement dans les autres branches des connaissances humaines. (1833, pp. 371-372)

Un demi-siècle plus tard, dans une conférence destinée à présenter la géométrie non euclidienne à un public élargi, le mathématicien et philosophe William Clifford fera le commentaire suivant:

6 *De mundi sensibilis atque intelligibilis forma et principiis (De la forme et des principes du monde sensible et du monde intelligible).*

> Mais il y a eu pendant des siècles une conviction dans les esprits des hommes que ces règles concernant l'espace sont vraies objectivement au sens exact ou théorique, et dans toutes les circonstances possibles. [...] Ils tenaient pour certain que la somme des angles d'un triangle, peu importe sa grandeur ou sa localisation, doit toujours être exactement égale à deux angles droits, ni plus ni moins. (1879, p. 266)

Dans le même contexte et à la même époque, Helmholtz notera aussi que la géométrie a toujours été citée comme l'exemple d'une connaissance concernant le monde réel et acquise sans recourir à l'expérience. Ses résultats sont obtenus par le raisonnement et sont toujours en accord avec l'expérience[7].

Torretti mentionne deux exceptions à cette conception classique: elles apparaissent chez le philosophe empiriste anglais John Stuart Mill et chez le philosophe allemand Friedrich Ueberweg[8]. Les idées de Mill sont bien connues et ont été souvent discutées. Pour lui, toutes les sciences déductives, y compris l'arithmétique, sont fondées sur des principes inductifs. Les énoncés géométriques ne sont donc pas des vérités nécessaires[9]. Cela ne l'empêche cependant pas d'affirmer que l'universalité et la certitude des prémisses de la géométrie sont évidentes pour «l'observateur le moins attentif»[10]. Ueberweg (1826-1871) offre l'exemple d'une réaction anti-kantienne antérieure à la découverte de la géométrie non euclidienne. Pour lui, les principes de la géométrie ne sont pas des jugements synthétiques *a priori* mais des faits empiriques idéalisés. La cohérence et l'accord constant avec l'expérience des résultats obtenus par déduction à partir de ces principes confèrent à l'ensemble du système une certitude apodictique[11]. Même s'ils rejettent l'idée d'une connaissance *a priori*, Mill et Ueberweg voient dans les énoncés géométriques des certitudes. Ces deux exemples montrent la quasi-impossibilité de penser autrement avant la découverte de la géométrie non euclidienne. La redécouverte de celle-ci, à la fin des années 1860, provoque une remise en question fondamentale et marque le début d'une période d'incertitude. On est en

7 Helmholtz (1876, p. 21).
8 Torretti (1984, pp. 256-264).
9 Mill (1843-1973, livre II, chap. V).
10 Mill (1843-1973, p. 617).
11 Ueberweg (1851-1860, p. 274).

présence d'une discipline qui prétend porter le nom de géométrie, mais dont certains énoncés contredisent ceux de la géométrie euclidienne. Trois questions principales surgissent: le postulatum est-il, selon une terminologie que l'on utilisait au XVIIIe siècle et de façon problématique pour la mécanique, une vérité «nécessaire» ou «contingente»? A quelle condition peut-on dire d'un objet ou d'un concept mathématique qu'il «existe»? La «vérité» d'une théorie mathématique se réduit-elle à sa consistance logique?

Les réponses apportées à ces questions entre 1870 et 1900 sont multiples. On peut cependant distinguer trois lignes de partage, qui correspondent à chacune des questions posées. La première oppose une conception aprioriste de la géométrie à une conception empiriste. Les aprioristes se fondent sur l'évidence ou la nécessité du postulatum pour rejeter la géométrie non euclidienne; ils se réclament souvent de Kant. Quant aux empiristes, ils affirment que le postulatum n'est pas un jugement synthétique *a priori* mais un fait expérimental; ils croient en particulier à la possibilité de réaliser une expérience afin de déterminer si la géométrie euclidienne est physiquement vérifiée. On observe souvent chez eux une réaction anti-kantienne. Pour les uns comme pour les autres, les énoncés géométriques se réfèrent à une réalité extérieure au sujet. La coupure avec la réalité et le passage à une conception abstraite de la géométrie ne s'effectueront qu'au tournant entre le XIXe et le XXe siècle, à la suite notamment des *Grundlagen* de Hilbert.

L'opposition entre aprioristes et empiristes a été relevée par les contemporains. Le mathématicien Genocchi note à ce sujet:

> Voici donc réunies a propos du postulatum d'Archimède[12] les deux doctrines qu'on a exprimées à propos du postulatum d'Euclide: celle qui le regarde comme une proposition évidente, et celle qui l'accepte comme un résultat de l'expérience, et qui d'après quelques uns de nos contemporains formerait un progrès si notable sur la première. (1877, p. 379)

Nous verrons que Genocchi appartient au premier camp. C'est aussi le cas du logicien Jevons qui, à peu près à la même époque, écrit:

12 Il s'agit du principe du levier. Quelques détails à ce sujet sont donnés au § 3.2 du chapitre 6.

> Tandis qu'une partie des philosophes, spécialement Kant et la grande école allemande, a pris la certitude des axiomes géométriques comme une preuve que ces vérités doivent être dérivées des conditions de l'esprit pensant, une autre partie soutient qu'ils sont empiriques et dérivés, comme les autres lois de la nature, de l'observation et de l'induction. (1871, p. 481)

Ces lignes sont extraites d'une réponse à un article de Helmholtz qui, pour Jevons, est le représentant de la seconde école[13].

A côté de l'opposition aprioriste-empiriste, on peut distinguer une autre ligne de partage entre une conception réaliste de la géométrie et une conception rationnelle. Cette opposition apparaît notamment en France durant la dernière décennie du XIXe siècle. Les réalistes soutiennent qu'un objet mathématique n'existe «réellement» que si l'on peut lui associer un objet concret; la géométrie non euclidienne est ainsi rangée parmi les théories analytiques ou rejetée parmi les «fictions»[14]; certains réalistes réservent d'ailleurs le même traitement aux espaces à n dimensions et aux nombres complexes. A l'opposé, les défenseurs d'une conception rationnelle considèrent que toute notion subjectivement concevable sans contradiction existe au point de vue mathématique. Cette opinion sera défendue en particulier par Poincaré.

La dernière ligne de partage a trait à la nature de la vérité en géométrie. Si, assez rapidement, l'idée apparaît que la consistance logique constitue le critère de vérité, tous ne sont pas de cet avis. Pour certains, il convient de distinguer le vrai du non-contradictoire; une théorie peut être non-contradictoire et en même temps fausse. Une telle idée suppose que l'on se réfère à un contexte extérieur. Elle est exprimée, sans doute pour la première fois, chez le philosophe Joseph Delbœuf (1831-1896), l'un des rares auteurs à citer Lobatchevski avant sa redécouverte. Pour lui, la géométrie non euclidienne donne l'exemple d'une «science enchaînée, quoique fausse»[15].

13 Le débat entre Jevons et Helmholtz sera examiné au chapitre 11.
14 Günther (1881, p. 311); ce texte est cité au chapitre 13, § 2.2.
15 Delbœuf (1860, p. 75).

§ 2 L'origine des idées empiristes

Les idées empiristes décrites auparavant apparaissent d'abord chez Gauss, Lobatchevski et Riemann. Ces auteurs seront souvent pris comme référence dans le débat épistémologique après 1860. Il faut donc présenter leurs idées; il convient aussi d'expliquer de quelle manière Lobatchevski a voulu démontrer expérimentalement la validité de la géométrie euclidienne.

2.1 La preuve astronomique de Lobatchevski

Lobatchevski expose sa preuve expérimentale dans son premier mémoire *Sur les fondements de la géométrie* (1829-30)[16]. Nous avons vu au chapitre 1 que la fonction $\Pi(x)$ vérifie la relation

$$\tan \frac{\Pi(x)}{2} = e^{-\frac{x}{k}}.$$

Dans le cas où l'unité absolue k est infinie, on a:

$$\tan \frac{\Pi(x)}{2} = e^{-\frac{x}{k}} = e^{-\frac{x}{\infty}} = 1.$$

Pour toute longueur x,

$$\Pi(x) = \frac{\pi}{2}$$

et c'est la géométrie euclidienne qui a lieu; la somme des angles d'un triangle est alors égale à π. La géométrie euclidienne se présente donc comme un cas limite et deux moyens s'offrent pour déterminer si elle est expérimentalement vérifiée. On peut montrer que la constante k est «très grande», ou montrer que la somme des angles d'un «grand» triangle est égale, aux incertitudes de mesure près, à π. Comme l'aire d'un triangle non euclidien est proportionnelle à son déficit, il est important de choisir un grand triangle car la somme de ses angles s'écartera davantage de π que celle d'un petit triangle.

16 Ce mémoire a été traduit en allemand par Engel en 1898. Cette traduction est accompagnée d'un commentaire; Engel complète notamment les calculs souvent succincts de Lobatchevski.

La preuve de Lobatchevski fait appel à des mesures de parallaxe. La rotation de la Terre autour du Soleil donne lieu à un mouvement apparent des étoiles proches sur le fond du ciel lointain, appelé «mouvement parallactique». L'angle de parallaxe est égal à la moitié de l'angle PEQ. Il est obtenu en mesurant à six mois d'intervalle la position de l'étoile E par rapport à une direction supposée fixe (celle d'une étoile très lointaine). En admettant que la somme des angles d'un triangle est égale à deux droits, cet angle est égal à $\alpha + \beta$.

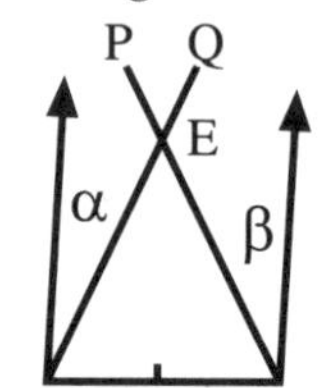

Cet angle avait fait l'objet de nombreuses tentatives de mesures depuis le XVIIe siècle[17]. La première mesure correcte fut effectuée en 1838 par Bessel[18]. Cet astronome mesura pour l'étoile 61 du Cygne une parallaxe d'environ 1/3″[19]. Dans son mémoire, Lobatchevski utilise des mesures de parallaxe dues à d'Assas-Montdardier[20]; elles sont trop grandes. Voici son raisonnement:

> Nous appelons a le diamètre[21] de l'orbite de la terre autour du soleil, 2p la plus grande parallaxe annuelle d'une étoile fixe; $\frac{1}{2}\pi - 2p$ est donc l'angle entre a et la droite reliant l'une des extrémités de a à l'étoile, tandis que la droite reliant l'étoile à l'autre extrémité tombe perpendiculairement sur a. On a nécessairement: $F(a) > \frac{\pi}{2} - 2p$, d'où l'on déduit:

17 La première tentative moderne est due à Robert Hooke (1635-1702), cf. Hoskin (1982, p. 7).

18 Friedrich Wilhelm Bessel (1784-1846) fut directeur de l'observatoire de Königsberg et correspondant de Gauss.

19 Cf. p. ex. Berry (1961, pp. 360-361) ou Hoskin (1982, pp. 10-11).

20 La référence est donnée dans le texte de Lobatchevski qui suit; la méthode de d'Assas-Montdardier ne semble pas avoir laissé de trace dans l'histoire de l'astronomie.

21 L'angle de parallaxe 2p est en principe la moitié de l'angle PEQ et la longueur a devrait plutôt être égale au rayon de l'orbite terrestre. C'est en tout cas ainsi que Bonola (1906b-1955, p. 94) interprète le calcul de Lobatchevski. Il est important de noter que l'angle effectivement mesuré est $\pi/2 - 2p$ et que l'on peut en déduire la valeur de 2p seulement si le triangle est euclidien.

$e^a < \frac{1 + \text{tang } p}{1 - \text{tang } p}$, $\frac{1}{2} a < \text{tang } p + \frac{1}{3} \text{tang}^3 p + \frac{1}{5} \text{tang}^5 p + \ldots$ et donc: $a < \text{tang } 2p$.

[...] C'est la méthode imaginée par M. d'Assas-Montdardier qui semble la plus fiable (Connaiss. des tems de 1831). Ce dernier trouve comme parallaxe de l'étoile Keid (29 dans l'Eridan) 2″, de Rigel 1″, 43, de Sirius 1″, 24. La dernière donne: a < 0,000 006 02, [...]. (Lobatchevski, 1829-30; 1883, pp. 18-19, 1898, pp. 22-23)[22].

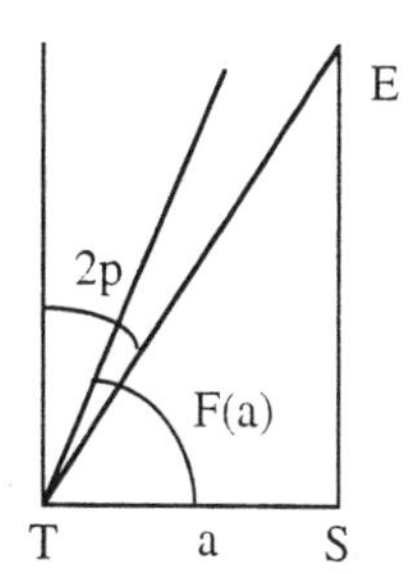

Voici quelques explications sur ces calculs. F(a) désigne l'angle de parallélisme Π(a). Lobatchevski suppose que l'unité absolue k est l'unité de mesure. On a donc, en utilisant l'expression de l'angle de parallélisme:

$$e^{-a} = e^{-\frac{a}{1}} = \text{tang } \frac{F(a)}{2} > \text{tang } (\frac{\pi}{4} - p) = \frac{1 - \text{tang } p}{1 + \text{tang } p}$$

$$\Rightarrow e^a < \frac{1 + \text{tang } p}{1 - \text{tang } p} \Rightarrow a < \log \frac{1 + \text{tang } p}{1 - \text{tang } p}$$

$$= 2(\text{tang } p + \frac{1}{3}\text{tang}^3 p + \frac{1}{5}\text{tang}^5 p + \ldots)^{23}.$$

Comme

$$\text{tang } 2p = \frac{2 \text{ tang } p}{1 - \text{tang}^2 p} = 2(\text{tang } p + \text{tang}^3 p + \text{tang}^5 p + \ldots)^{24},$$

22 Le texte original est en russe. J'ai utilisé la traduction allemande d'Engel pour établir une traduction française. Celle-ci a été comparée au texte russe et revue par Mme Ekaterina Velmezova; elle a aussi transcrit en orthographe moderne le texte original de Lobatchevski en faisant les adaptations nécessaires (cf. annexe III). La figure n'est pas de Lobatchevski.

23 En effet, comme $p < \frac{\pi}{4}$, tang p < 1 et on peut utiliser le développement $\log\left(\frac{1+x}{1-x}\right) = 2(x + \frac{x^3}{3} + \frac{x^5}{5} + \ldots)$, valable pour $|x| < 1$.

24 On utilise l'égalité $\frac{x}{1-x^2} = x + x^3 + x^5 + \ldots$ valable pour $|x| < 1$.

on en déduit: $a < \text{tang } 2p$. En prenant pour 2p la parallaxe de Sirius, on parvient à l'inégalité: $a < 0{,}000006012$. On constate que Lobatchevski s'est placé dès le début du calcul dans l'hypothèse non euclidienne. Il a montré que, dans cette hypothèse, le rapport $\frac{a}{k}$ est «très petit», ce qui constitue bien une première preuve expérimentale de la géométrie euclidienne.

Après avoir évalué l'ordre de grandeur de la constante k, Lobatchevski cherche à évaluer le déficit du triangle TSE. Il considère à cet effet deux étoiles E et E′ de parallaxes 2p et 2p′. Les angles STE et STE′ sont égaux à $\frac{\pi}{2} - 2p$ et $\frac{\pi}{2} - 2p'$. Soit 2ω le déficit du triangle TSE. On a $\frac{\pi}{2} - 2p + \frac{\pi}{2} + \angle \text{TES} = \pi - 2\omega$; l'angle TES est donc égal à $2p - 2\omega$. En utilisant des relations de trigonométrie non euclidienne, Lobatchevski établit l'inégalité suivante:

$$\sin(p\text{-}\omega) > \sin p \cos x \text{ avec } \sin x = \frac{\sin p'}{\sin p} \sqrt{\frac{\cos 2p}{\cos 2p'}}.$$

Comme p et ω sont très petits, on peut identifier l'arc à son sinus et écrire $p - \omega > p \cos x$, d'où l'on déduit $\omega < p(1 - \cos x) = 2p \sin^2\left(\frac{x}{2}\right)$. En prenant pour 2p la parallaxe de l'étoile 29 dans l'Eridan et pour 2p′ la parallaxe de Sirius, Lobatchevski trouve que $2\omega < 0'',43$. Comme dans le premier calcul, Lobatchevski s'est placé dans l'hypothèse non euclidienne. Il a montré que, dans cette hypothèse, la somme des angles d'un «grand» triangle est très proche de 180°. Il a obtenu ainsi une deuxième preuve expérimentale de la géométrie euclidienne.

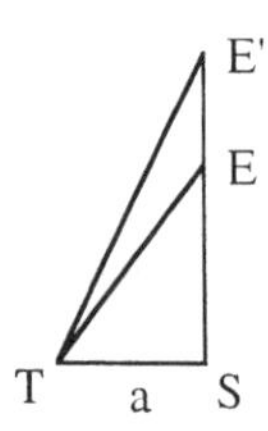

Lobatchevski effectue encore un troisième calcul. Considérons la figure précédente et supposons que le côté SE du triangle soit égal à a. A l'aide de relations trigonométriques non euclidiennes, Lobatchevski établit l'égalité

$$\text{tang } \omega = \cos^2\Pi\left(\frac{a}{2}\right) = \left(\frac{e^a - 1}{e^a + 1}\right)^2$$

Or les calculs de la première preuve ont montré que

$$e^a < \frac{1 + \text{tang } p}{1 - \text{tang } p}.$$ Il en déduit $\frac{e^a - 1}{e^a + 1} < \text{tang } p$ et $\text{tang } \omega < \text{tang}^2 p$.

En prenant comme valeur de 2p la plus petite des valeurs de parallaxe, c'est-à-dire celle de Sirius, il parvient à l'inégalité

$2\omega < 0'',000003727$[25].

Le déficit d'un triangle rectangle dont les cathètes sont égaux à la distance entre la Terre et le Soleil est donc négligeable. C'est sur ce dernier résultat que Lobatchevski se fonde pour affirmer que la géométrie euclidienne est expérimentalement vérifiée, du moins dans certaines limites:

> Généralement, on a dans un triangle rectangle dont les cathètes sont a et b et la somme des angles $\pi - 2\omega$:
>
> $$\text{tang } \omega = \left(\frac{e^a - 1}{e^a + 1}\right) \cdot \left(\frac{e^b - 1}{e^b + 1}\right)$$
>
> Donc plus le triangle est petit, moins la somme de ses angles diffère de deux angles droits. On peut par conséquent s'imaginer à quel point cette différence, sur laquelle notre théorie des parallèles est fondée, justifie bien l'exactitude de tous les calculs de la géométrie euclidienne et permet de considérer ces axiomes comme s'ils étaient strictement démontrés. (*ibidem*; 1883, p. 26; 1898, p. 24)

La géométrie euclidienne est donc expérimentalement vérifiée dans le monde qui nous entoure. Dans la suite du texte, Lobatchevski remarque cependant qu'il y a dans l'univers des distances par rapport auxquelles la distance de la terre aux étoiles fixes est négligeable, ce qui l'amène à la réflexion suivante:

> Après cela, il est impossible d'affirmer encore que l'hypothèse que la mesure des lignes soit indépendante[26] de celle des angles, une hypothèse que beaucoup

25 Dans son mémoire, Lobatchevski indique la valeur 0″,000372, qui est cent fois trop grande. L'erreur est rectifiée par Engel.

26 Dans l'original russe, on trouve le qualificatif «dépendant». Lobatchevski fait cependant ici allusion à la géométrie euclidienne, dans laquelle il n'y a pas de dépendance entre les longueurs et les angles; il faut donc suivre la traduction allemande d'Engel qui utilise le qualificatif «indépendant».

> de géomètres ont voulu prendre pour une vérité absolue n'ayant besoin d'aucune preuve, que cette hypothèse [ne][27] puisse se révéler fausse de façon sensible, peut être avant même que nous ne dépassions les frontières du monde visible pour nous.
> D'un autre côté nous ne sommes pas en mesure de saisir en quoi pourrait consister dans la nature des choses un lien qui associerait des grandeurs aussi différentes que des lignes et des angles. Par conséquent il est très vraisemblable que les thèses euclidiennes sont les seules vraies, bien qu'elles doivent rester pour toujours non prouvées. (*ibidem*, 1883, p. 26; 1898, p. 24)

Dans le premier paragraphe, Lobatchevski s'oppose au point de vue classique et à l'idée de vérité absolue. Il fait même preuve de hardiesse en laissant entendre que la géométrie non euclidienne pourrait être physiquement vérifiée si l'on se plaçait à une autre échelle. Norman Daniels (1975) a relevé le caractère précurseur de certaines idées de Lobatchevski. Il cite un passage du mémoire *Nouveaux principes de la géométrie* (1835-38) qui va dans le même sens que ce qui précède. Lobatchevski écrit en effet que l'apparente exactitude de la géométrie euclidienne peut être expliquée de deux manières: soit le système euclidien est présent par hasard dans la nature, soit toutes les distances qui nous sont accessibles dans celle-ci sont encore infiniment petites[28]. Dans le second paragraphe, Lobatchevski revient cependant en arrière: il pense que la dépendance entre longueurs et angles, caractéristique de la géométrie non euclidienne, n'est (intuitivement) pas saisissable. Cette impossibilité constitue donc un argument (non empirique) en faveur de la vérité de la géométrie euclidienne[29]. Il note encore:

> Quoi qu'il en soit, la nouvelle géométrie dont le fondement est maintenant donné ici peut, même si elle n'existe pas dans la nature, exister néanmoins dans

27 La négation ne se trouve pas dans l'original russe; Engel a cependant montré qu'elle est nécessaire pour que le texte complet ait un sens.

28 Daniels (1975, p. 78) et Lobatchevski (1835-38, 1898, p. 77).

29 Daniels cite deux autres textes de Lobatchevski qui remettent en question cette argumentation. Dans le premier, extrait de *Sur les fondements de la géométrie* (1829-30, 1898, pp. 65-66), Lobatchevski affirme qu'il faudrait voir de quelle manière l'introduction de la géométrie imaginaire modifierait la mécanique avant de porter un jugement. Dans le second, extrait des *Nouveaux principes de la géométrie* (1835-38, 1898, p. 77), Lobatchevski note qu'en physique nous admettons l'existence d'un lien entre des choses aussi différentes que la distance et la force; nous pourrions donc aussi admettre un lien entre les distances et les angles.

> notre imagination; et même si elle reste sans utilité pour des mesures réelles, elle ouvre pourtant un nouveau et vaste champ dans les applications de l'analyse à la géométrie et vice versa.
> Nous voulons maintenant voir de quelle manière dans cette géométrie imaginaire les valeurs des lignes courbes, des surfaces planes, des surfaces courbes et des volumes sont calculées. (*ibidem*; 1883, p. 26; 1898, pp. 24-25)

La géométrie non euclidienne n'existe donc que dans notre esprit, d'où l'appellation «géométrie imaginaire». Comme Rosenfeld l'a noté, cette appellation évoque celle des «nombres imaginaires»; elle montre que la relation entre la géométrie découverte par Lobatchevski et la géométrie euclidienne est du même type que celle existant entre les nombres complexes et les nombres réels[30]. Dans la suite de son mémoire, Lobatchevski calcule des aires et des volumes non euclidiens; certaines des intégrales qui apparaissent à cette occasion sont calculées à l'aide d'arguments géométriques; la géométrie non euclidienne a donc des applications en analyse.

Dans ses mémoires ultérieurs, Lobatchevski se contentera de réexposer le résultat de sa preuve expérimentale en renvoyant aux calculs présentés ci-dessus. En voici un exemple:

> Il n'existe donc pas d'autre moyen que les observations astronomiques pour s'assurer de l'exactitude des calculs auxquels conduit la géométrie ordinaire. Cette exactitude s'étend très loin, comme je l'ai fait voir dans un de mes Mémoires. Ainsi, dans les triangles qui sont accessibles à nos moyens de mesure, on n'a pas encore trouvé que la somme des trois angles différât d'un centième de seconde de deux angles droits. (Lobatchevski, 1840; traduction de Houël, 1866, p. 120)

Le texte de Lobatchevski est trompeur car il laisse entendre qu'il a effectivement mesuré les trois angles d'un triangle[31]; or, comme je l'ai montré, il n'en a mesuré que deux et a calculé le troisième en utilisant des relations de trigonométrie non euclidienne. C'est un point que les historiens n'ont, à ma connaissance, pas vraiment relevé[32]. Les lignes

30 Rosenfeld (1988, p. 207).

31 Helmholtz se référera plus tard à la preuve de Lobatchevski en affirmant que les trois angles ont été mesurés individuellement (1876, p. 43).

32 Bonola ne présente que la première des trois preuves (1906b-1955, pp. 94-96). Houzel résume les calculs sans les commenter (1992, p. 13). Les autres historiens ne mentionnent que le résultat final.

qui précèdent sont extraites des *Geometriche Untersuchungen zur Theorie der Parallellinien*, le mémoire de Lobatchevski le plus accessible et le plus diffusé. Entre 1865 et 1900, elles seront régulièrement reprises par les partisans de la géométrie non euclidienne et les défenseurs d'une épistémologie empiriste de la géométrie. Le philosophe Otto Schmitz-Dumont[33], un opposant, écrit à ce propos:

> Il est caractéristique des points de départ de ces conceptions pangéométriques de l'espace que dans presque chaque nouvelle publication de leurs défenseurs, la curieuse entreprise de Lobatschewsky est répétée, par laquelle ce dernier a cru pouvoir découvrir expérimentalement la forme de l'espace. (1877, p. 16)

2.2 Le point de vue de Gauss

L'étude de la correspondance de Gauss montre que dès 1792 il avait commencé à réfléchir à la question des parallèles et sans doute essayé de démontrer le postulatum[34]. Vers 1816, il était probablement arrivé à la conclusion qu'une telle démonstration est impossible et que la géométrie non euclidienne est non-contradictoire. La première mention claire à ce sujet figure dans une lettre à Gerling[35] du 11 avril 1816:

> Il est facile de prouver que si la géométrie d'Euclide n'est pas la vraie, il n'y a pas de figures semblables: dans un triangle équilatéral, les angles dépendent alors de la grandeur du côté; je ne trouve là absolument rien d'absurde. (Gauss, 1900, p. 169)

Cette reconnaissance de la possibilité logique de la géométrie non euclidienne a une conséquence épistémologique importante chez Gauss; elle l'amène en effet à penser que la géométrie euclidienne n'est pas «nécessaire»: rien ne permet d'affirmer *a priori* qu'elle est la géométrie de l'espace physique. Cette opinion apparaît à la même époque dans une lettre à Olbers[36] du 28 avril 1817:

33 Je n'ai trouvé aucun renseignement biographique sur ce philosophe.
34 On trouvera une étude détaillée de cette correspondance dans Stäckel (1917) et Reichardt (1976).
35 Christian Ludwig Gerling (1788-1864), mathématicien, physicien et astronome, fut l'un des principaux correspondants de Gauss. Il fut, à partir de 1817, professeur à Marburg.
36 Heinrich Wilhelm Mathias Olbers (1758-1840) fut un astronome célèbre.

> J'en viens toujours plus à la conviction que la nécessité de notre géométrie ne peut être prouvée, du moins pas par l'esprit *humain* ni pour l'esprit humain. Peut-être parviendrons-nous dans une autre vie à une autre compréhension de la nature de l'espace, qui maintenant nous est inaccessible. Jusque là on ne devrait pas mettre la géométrie au même rang que l'arithmétique, qui est purement *a priori*, mais plutôt au même rang que la mécanique. (*ibidem*, p. 177)

Comme la reconnaissance de l'indémontrabilité du postulatum, l'idée que la géométrie euclidienne n'est pas nécessaire semble s'être développée lentement dans l'esprit de Gauss. Cette lettre met en évidence le caractère nouveau et surprenant d'une telle idée[37]. Quoique non nécessaire, la géométrie euclidienne est néanmoins expérimentalement vérifiée. Cette opinion apparaît pour la première fois dans une lettre à Gerling du 16 mars 1819. Gauss y fait quelques commentaires sur un texte de Schweikart[38] et écrit:

> [...] car quoique je puisse très bien m'imaginer l'inexactitude de la géométrie euclidienne, la constante en question devrait être, d'après nos observations astronomiques, immensément plus grande que le rayon de la terre. (*ibidem*, p. 182)

Dans sa note, Schweikart affirme l'existence, à côté de la géométrie euclidienne, d'une géométrie «astrale» dans laquelle la somme des angles d'un triangle est inférieure à deux droits. Il remarque que dans cette géométrie la hauteur d'un triangle rectangle isocèle ne peut dépasser une certaine longueur C. Elle est proportionnelle à l'unité absolue de longueur. Considérons en effet la figure ci-dessous. Les droites d′ et d″ sont parallèles à d et l'angle α vaut 45°. La longueur DP est donc la hauteur limite d'un triangle rectangle isocèle; c'est la constante C de Schweikart. On a:

$$\Pi(C) = 45° \Rightarrow \tan\frac{45°}{2} = e^{-\frac{C}{k}} \Rightarrow -\frac{C}{k} = \log\tan 22.5° \Rightarrow C$$

$$= -k\log\tan 22.5° = -k\log\left(\frac{1}{1+\sqrt{2}}\right) = k\log(1+\sqrt{2}).$$

37 Elle est exprimée avec plus d'assurance dans deux lettres à Bessel du 27 janvier 1829 et du 9 avril 1830, Gauss (1900, pp. 200-201).

38 Il s'agit d'une courte note envoyée à Gauss par l'intermédiaire de Gerling; elle figure à la suite d'une lettre de Gerling à Gauss du 25 janvier 1819, Gauss (1900, pp. 179-181).

La constante C de Schweikart est donc proportionnelle à l'unité absolue k. En affirmant qu'elle est «immensément grande», Gauss reconnaît que la géométrie euclidienne est expérimentalement vérifiée dans le monde qui nous entoure; il n'indique cependant pas quelles mesures pourraient étayer cette affirmation.

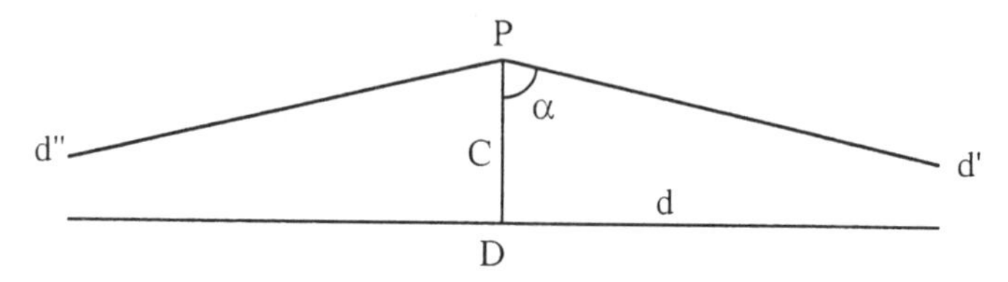

On a souvent dit que Gauss aurait effectué des mesures géodésiques afin de vérifier si la somme des angles d'un triangle était égale à 180°. Arthur Miller (1972) et Ernst Breitenberger (1984) ont montré que cette affirmation était fausse. Les mesures géodésiques effectuées par Gauss dans la région de Hanovre entre 1821 et 1825 étaient destinées à établir un système de triangulation et n'avaient pas pour but de fournir une preuve expérimentale de la géométrie euclidienne. Breitenberger relève par ailleurs que dans ses travaux en géodésie, Gauss ne remet jamais en question la géométrie euclidienne; il utilise en effet le fait que la somme des angles d'un triangle est égale à 180° comme moyen de vérification de ses mesures[39]. L'origine de cette légende réside probablement dans un passage de l'opuscule *Gauss zum Gedächtniss* de Wolfgang Sartorius von Waltershausen:

> Gauss considérait la géométrie comme un édifice conséquent seulement après que la théorie des parallèles fut admise en tête comme axiome; il était cependant parvenu à la conviction que cette proposition ne peut être démontrée, mais qu'on sait pourtant par l'expérience, par exemple à partir des angles du triangle Brocken, Hohehagen, Inselsberg[40], qu'elle est approximativement juste. (1856, p. 81)

Parmi tous les triangles mesurés par Gauss, le triangle Brocken-Hohehagen-Inselsberg est celui dont les dimensions sont les plus grandes (106 km pour le côté Brocken-Inseslberg). Selon Breitenberger, il est

39 Breitenberger (1984, p. 282).
40 Il s'agit de trois sommets situés dans la région de Hanovre.

possible que Gauss ait mentionné au cours de conversations que les résultats de ces mesures fournissaient une preuve expérimentale de la géométrie euclidienne[41]. C'est probablement là que le récit de Sartorius von Waltershausen trouve sa source. On peut cependant se demander de quelle manière ces mesures apportent une preuve expérimentale de la géométrie euclidienne. Le triangle BHI est en effet un triangle sphérique. Dans un tel triangle la somme des angles est supérieure à π; la différence entre cette somme et π est appelée «excès» du triangle. Les mesures publiées par Gauss donnent effectivement un excès de 14″,211[42]. Dans son mémoire *Recherches générale sur les surfaces courbes*, Gauss mentionne également le triangle BHI; il affirme sans explication que l'excès vaut 14″,85348[43]. Cette différence est curieuse et ne semble pas avoir frappé Breitenberger. Il est possible que Gauss ait calculé chaque angle du triangle en utilisant les longueurs des côtés. Notons enfin que Gauss était certainement conscient que si l'on voulait donner une preuve expérimentale, il fallait travailler à l'échelle céleste. Dans la lettre à Gerling citée précédemment, il invoque en effet des observations astronomiques et non terrestres.

L'idée d'une preuve expérimentale apparaît à la même époque, mais dans un autre contexte, dans un manuscrit inédit de Fourier. Il est conservé à la Bibliothèque Nationale de Paris et a été étudié par Pont[44]. Selon ce dernier, ce manuscrit date de la période 1820-1827. Fourier consacre 250 pages à essayer de démontrer le postulatum. Cela ne l'empêche pas de défendre un point de vue proche de celui de Lobatchevski. Des mesures lui permettent en effet d'affirmer «qu'il existe dans l'espace des triangles dont les côtés ont plus de 60 millions de lieues et tels que la somme de leurs trois angles diffère de deux angles droits d'une quantité moindre que la deux centième partie d'un angle droit»[45]. Il en conclut que, dans les limites de nos instruments de

41 Breitenberger (1984, pp. 288-289).
42 Gauss (1873, pp. 450-451).
43 Gauss (1828-1967, p. 58).
44 Pont (1984, pp. 533-586). Il est aussi question de ce manuscrit dans le livre de Jean Dhombres et Jean-Bernard Robert (1998, pp. 384-387).
45 Pont (1984, p. 577).

mesure, l'espace que «nous habitons et mesurons»[46] est euclidien. Fourier considère donc aussi la géométrie comme une science physique, indémontrable *a priori*. Il faudra attendre Poincaré pour que le principe même d'une preuve expérimentale soit remis en cause. Il en sera question au chapitre 15.

2.3 Le point de vue de Riemann

Comme indiqué dans l'introduction, un point de vue empiriste apparaît aussi dans l'*Habilitationsvortrag* de Riemann. Ce texte est bien connu et a été régulièrement étudié et commenté[47]. J'aurai l'occasion d'en présenter quelques aspects mathématiques au chapitre 8. Il suffit pour l'instant de rappeler que, pour Riemann, la notion fondamentale est celle de «grandeur plusieurs fois étendue». Une telle grandeur est susceptible de déterminations métriques différentes et l'espace physique (der Raum) n'est qu'un cas particulier d'une grandeur trois fois étendue. Les propriétés qui le distinguent «des autres grandeurs trois fois étendues imaginables»[48] ne peuvent être déterminées qu'expérimentalement. Riemann conclut:

> De là surgit le problème de rechercher les faits les plus simples au moyen desquels puissent s'établir les rapports métriques de l'espace, problème qui, par la nature même de l'objet, n'est pas complètement déterminé; car on peut indiquer plusieurs systèmes de faits simples, suffisants pour la détermination des rapports métriques de l'espace. Le plus important, pour notre but actuel, est celui qu'Euclide a pris pour base. Ces faits, comme tous les faits possibles, ne sont pas nécessaires; ils n'ont qu'une certitude empirique, ce sont des hypothèses. (1867, traduction de Houël, 1870-1968, p. 281)

Le terme «nécessaire» a une connotation philosophique claire. Ces idées ont probablement été développées indépendamment de la découverte de la géométrie non euclidienne, mais elles vont dans le même sens que celles de Gauss et Lobatchevski. Les contemporains ont noté

46 Pont (1984, p. 583).
47 Parmi les travaux récents, on pourra se référer aux analyses de Scholz (1980, pp. 24-51), Torretti (1984, pp. 82-109) et Boi (1995, chapitre 3).
48 Riemann (1867-1876, p. 255).

qu'elles ébranlaient la doctrine de Kant. Certains d'entre eux ont été particulièrement enthousiasmés par la leçon de Riemann et lui ont accordé la première place dans la remise en question de la conception classique de la géométrie[49].

49 Des exemples sont donnés dans des textes de Cayley (chapitre 10, § 1), Wagner (chapitre 13, § 1) et Tannery (chapitre 14, § 3). Cet aspect de l'*Habilitationsvortrag* a fait l'objet d'une étude détaillée de Gregory Nowak (1989).

Première partie

Les débuts de la renaissance de la géométrie non euclidienne

Chapitre 3

Les origines de la renaissance; le rôle de Gauss et des premiers traducteurs

La génération des découvreurs s'éteint avec Bolyai en 1860. Lobatchevski est mort quatre ans auparavant et Gauss cinq ans. Les travaux des deux premiers de ces mathématiciens, presque entièrement ignorés de leur vivant, sont alors à peu près oubliés. Quant à Gauss, à l'exception de ses correspondants et de quelques interlocuteurs, personne ne connaît son opinion sur la géométrie non euclidienne. L'ignorance qui règne au début des années 1860 apparaît dans l'une des rares allusions faites à cette époque à Lobatchevski. Il s'agit d'une courte note de Cayley, publiée en 1865, dans laquelle il commente quelques formules tirées du mémoire *Géométrie imaginaire* de Lobatchevski[1]. Après avoir remarqué que celles-ci sont formellement analogues à des formules de trigonométrie sphérique[2], il écrit:

> L'opinion de l'auteur à ce sujet est difficile à comprendre. Il mentionne que dans un mémoire publié cinq ans plus tôt dans un journal scientifique de Kazan, après avoir développé une nouvelle théorie des parallèles, il a tenté de montrer que c'est seulement l'expérience qui nous oblige à présumer que dans un triangle la somme des angles est égale à deux droits, et qu'une géométrie peut exister, si ce n'est dans la nature du moins dans l'analyse, fondée sur l'hypothèse que la somme des angles est moindre que deux angles droits; [...].
> Je ne comprends pas ceci; mais il serait très intéressant de trouver une interprétation *réelle* du système d'équations mentionné ci-dessus, [...]. (1865-1892, p. 472)

1 Jusqu'en 1866, ce mémoire était le texte de Lobatchevski le plus facilement accessible à l'extérieur de la Russie puisqu'il était paru dans le *Journal für die reine und angewandte Mathematik* (1837). Créée par August Leopold Crelle (1780-1855) en 1826, cette revue fut la première publication mathématique d'importance en Allemagne. Elle accueillit de nombreux travaux de mathématiciens de premier plan. L'article de Lobatchevski est aussi cité par Delbœuf (1860, p. 76) et par le mathématicien Philip Kelland (1809-1879) (1864, p. 434).

2 Cette analogie est expliquée à la fin du § 2.2 du chapitre 8.

Lobatchevski est un inconnu pour Cayley, qui n'a pas saisi la portée des découvertes du savant russe. On peut dire à la décharge de Cayley que l'article de Lobatchevski auquel il se réfère est très technique et ne permet guère de s'initier à la géométrie non euclidienne[3]. Notons que c'est précisément le souci de trouver une interprétation «réelle» qui guidera les recherches de Beltrami.

C'est dans ce contexte que C. A. F. Peters commence à publier, à partir de 1860, la correspondance entre Gauss et Schumacher. Cette publication durera jusqu'en 1865 et comprendra six volumes. Parmi les centaines de lettres échangées, quelques-unes concernent la question des parallèles. Elles montrent que Gauss avait depuis longtemps découvert la géométrie non euclidienne et donné sa caution aux travaux de Lobatchevski. Les deux lettres les plus importantes datent du 12 juillet 1831 et du 28 novembre 1846. Dans la première, Gauss commence par critiquer une démonstration du postulatum proposée par Schumacher; il affirme ensuite sans hésitation la possibilité de la géométrie non euclidienne:

> Dans ce sens, la géométrie non euclidienne ne contient absolument rien de contradictoire, même si beaucoup de ses résultats doivent être tenus au début pour paradoxaux; mais ce qui les fait considérer comme contradictoires serait seulement une illusion, provenant de l'habitude première de considérer la géométrie euclidienne comme strictement vraie. (1860, vol. 2, p. 269)

Gauss indique déjà clairement quel sera l'un des principaux obstacles à l'acceptation de la géométrie non euclidienne. Il explique ensuite qu'il n'y a pas de figures semblables en géométrie non euclidienne et donne la valeur de la demi-circonférence d'un cercle de rayon r:

$$\frac{1}{2}\pi k \left(e^{\frac{r}{k}} - e^{-\frac{r}{k}}\right)$$

Cette expression fait apparaître la constante k, caractéristique de la géométrie non euclidienne. Il ajoute que «nous savons par l'expérience qu'elle doit être immensément grande en regard de tout ce que nous

3 Lobatchevski donne, sans démonstration, quelques relations de trigonométrie non euclidienne et les utilise pour calculer de différentes manières des volumes dans l'espace non euclidien. Il parvient ainsi à calculer certaines intégrales.

pouvons mesurer»[4], ce qui revient à dire que la géométrie euclidienne est expérimentalement vérifiée, du moins dans les limites de nos mesures. La deuxième lettre concerne Lobatchevski:

> J'ai récemment eu l'occasion de parcourir à nouveau l'opuscule de Lobatschefski (Geometrische Untersuchungen zur Theorie der Parallellinien, Berlin 1840, chez G. Fincke). Il contient les éléments principaux de la géométrie qui devrait avoir lieu et qui pourrait avoir lieu rigoureusement en supposant que la géométrie euclidienne ne soit pas la vraie. Un certain Schweikardt a appelé une telle géométrie «géométrie astrale», Lobatschefsky l'a nommée «géométrie imaginaire». Vous savez que j'ai déjà depuis 54 ans (depuis 1792) la même conviction (avec certains développements plus tardifs que je ne veux pas mentionner ici). Je n'ai donc pas trouvé pour moi d'éléments nouveaux dans l'œuvre de Lobatschefsky, mais le développement est effectué en suivant un autre chemin que celui que j'ai moi-même pris, et à vrai dire de la part de Lobatschefsky d'une manière magistrale et dans un véritable esprit géométrique. Je crois devoir attirer votre attention sur ce livre qui vous procurera un plaisir tout à fait exquis. (1863, vol. 5, pp. 246-247)

La correspondance de Gauss et Gerling contient aussi des allusions à Lobatchevski[5]. Des extraits de cette correspondance n'ont cependant été publiés qu'à la fin du XIXe siècle et c'est donc à la lettre précédente qu'il faut attribuer la redécouverte de Lobatchevski. Celle-ci entraîne la publication en 1866 d'une traduction française des *Geometrische Untersuchungen* par Houël. Simultanément, l'*Appendix* de Bolyai est aussi tiré de l'oubli, et immédiatement traduit en français par Houël, puis en italien par Battaglini. Voilà le début d'une renaissance de la géométrie non euclidienne. L'un de ses premiers signes figure dans la deuxième édition de *Die Elemente der Mathematik* de Baltzer[6]. Ce manuel très populaire en Allemagne n'a connu pas moins de sept éditions entre 1860 et 1885. C'est dans le second tome de la deuxième édition (1867) que Baltzer cite pour la première fois les noms de Lobatchevski et Bolyai, dès la préface:

> Après que Legendre, par des recherches répétées et variées, eut essayé de combler la lacune perceptible dans l'ancienne théorie des parallèles sans parve-

4 Gauss (1860, vol. 2, p. 271).

5 Lettres des 4 et 8 février 1844, Gauss (1900, pp. 235-236); la première de ces lettres figure aussi dans (Stäckel, 1896).

6 Heinrich Richard Baltzer (1818-1887) fut professeur à l'Université de Gießen.

nir à une conclusion satisfaisante, le travail concernant le onzième axiome de la géométrie euclidienne était dans l'opinion générale moins bien considéré que les efforts ayant trait à la quadrature du cercle ou au mouvement perpétuel. L'intérêt général pour ce sujet avait disparu au point que les allusions que Gauss avait occasionnellement faites à propos de la fondation correcte de la théorie des parallèles restèrent inaperçues, et aussi que ceux qui entre-temps ont favorisé l'émergence de la vérité, Lobatschewsky à Kazan et Bolyai à Marosvasarhely, ne purent trouver audience. Depuis 1843 le titre parallèles avait disparu des tables des matières qui sont ajoutées aux Comptes rendus de l'Académie de Paris[7]. C'est seulement grâce à la publication des lettres de Gauss à Schumacher que la question non résolue a été remise à l'ordre du jour. Ces lettres nous apprennent que Gauss a reconnu précocement où réside la difficulté, que l'ancienne croix de la géométrie ne peut être surmontée par les méthodes suivies jusqu'à présent, que l'on a essayé de démontrer quelque chose qui ne se laisse pas démontrer mais qui est déterminé par l'expérience, et que Lobatschewsky a suivi avec succès le bon chemin. En même temps c'est grâce à Gerling que le travail de Bolyai, dirigé vers le même but et non moins réussi, a été arraché à l'oubli. (1867, p. III)

Plusieurs éléments doivent être relevés dans ce texte. Baltzer met d'abord en évidence un fait important, à savoir qu'après la disparition de Legendre en 1833, plus aucun mathématicien d'envergure ne s'intéresse, du moins publiquement, à la question des parallèles et que celle-ci passe au second plan. Le désintérêt relatif et la résignation qui caractérisent les années 1840-1860 n'empêchent pas de nouvelles tentatives de démonstration du postulatum de voir régulièrement le jour, mais elles sont dues à des mathématiciens secondaires[8]. La comparaison avec le problème de la quadrature du cercle est donc significative; elle montre que l'idée de l'indémontrabilité du postulatum se répand à cette époque, préparant par là un terrain favorable à la redécouverte de la géométrie non euclidienne[9]. On notera ensuite l'importance

7 On constate en effet que le titre «parallèles» figure régulièrement dans la table des matières jusqu'en 1843 et disparaît après cette date. Aucune décision officielle n'est cependant mentionnée dans les Comptes rendus de 1843. La question des parallèles reviendra à l'ordre du jour en 1870, avec la démonstration de Carton.

8 Cf. Pont (1984, pp. 589-626). Parmi les mathématiciens qui essaient durant cette période de démontrer le postulatum, on peut citer Lamarle (1856) et De Tilly (1860); (il sera question de ces auteurs au chapitre 6).

9 Pont (1984, pp. 463-465) a montré que le scepticisme commence à apparaître en Allemagne dès la fin du XVIIIe siècle, à la suite notamment de la publication en 1763 par Georg Simon Klügel d'un travail présentant et critiquant une trentaine

accordée par Baltzer à l'autorité de Gauss. Ce n'est pas la valeur des recherches de Lobatchevski qui importe, mais le fait que Gauss ait déclaré que ce dernier avait suivi le bon chemin[10]. On voit enfin apparaître l'idée selon laquelle le postulatum est une vérité expérimentale. Cette idée est ici manifestement attribuée à Gauss. Elle est exposée avec plus de détails dans une lettre de Baltzer à Houël du 19 juillet 1866. Après avoir annoncé la parution prochaine de la seconde édition de son manuel, et après avoir exposé la définition «correcte»[11] des parallèles, il déclare:

> Vous voyez par là le fait hautement inattendu que l'expérience a un mot à dire en géométrie. A l'occasion de mesures effectuées par Gauss, une différence extrêmement petite a été vraiment obtenue entre la somme des angles d'un certain triangle et 180°[12]; la géométrie euclidienne est donc empiriquement justifiée, mais elle n'est pas la géométrie nécessaire; la géométrie abstraite contient une constante indéterminée par la valeur particulière de laquelle les géométries possibles se distinguent. La géométrie vulgaire a en commun avec la géométrie abstraite toutes les propositions qui ne dépendent pas de la somme des angles d'un triangle. La droite de la géométrie vulgaire est souvent représentée dans la géométrie abstraite par un cercle infiniment grand qui ne coïncide pas avec une droite, par exemple l'équidistante d'une droite n'est pas droite mais est comme un cercle dont la concavité est tournée vers la droite. (AAS, *Dossier Houël*)

L'appellation «géométrie abstraite» est probablement due à Baltzer; on la retrouve dans son livre[13]; elle sera reprise par Houël et De Tilly[14].

---

de démonstration du postulatum. Pont cite plusieurs textes du début du XIXe siècle, qui affirment plus ou moins explicitement que le postulatum est indémontrable; on retrouve dans l'un d'eux la comparaison avec la quadrature du cercle (*ibidem*, pp. 466-467).

10 On retrouve cet élément dans une lettre de Baltzer à Houël du 19 juillet 1866: «Dans le volume V des lettres de Gauss à Schumacher, vous voyez à la page 246 que Gauss était tout à fait content de Lobatschewsky.» (AAS, *Dossier Houël*) («In Gauß' Briefen an Schumacher V p. 246 finden Sie, daß Gauß mit Lobatschewsky vollkommen zufrieden war»).

11 C'est la définition de Bolyai et Lobatchevski présentée au chapitre 1.

12 Il s'agit de la légende évoquée au chapitre 2. Baltzer se réfère ici certainement à Sartorius von Waltershausen, qu'il cite ailleurs dans son livre (1867, p. 17).

13 (Baltzer, 1867, p. 16).

14 Houël écrit: «Lobatschewsky a fait voir que l'on pourrait construire sur cette hypothèse un système complet de géométrie, à laquelle il a donné le nom de

Dans la dernière phrase, Baltzer fait allusion au fait que la géométrie de l'horisphère est euclidienne et que, sur cette surface, les horicycles jouissent des mêmes propriétés que les droites euclidiennes. L'équidistante d'une droite est le lieu des points situés du même côté et à même distance d'une droite; en géométrie non euclidienne, ce lieu n'est pas une droite mais une courbe dont la concavité est tournée vers la droite. En affirmant que la géométrie euclidienne n'est pas la géométrie «nécessaire», Baltzer utilise un terme philosophique qui indique bien le changement de conception entraîné par sa redécouverte.

Dans son manuel, Baltzer ne traite pas à proprement parler de géométrie non euclidienne. Il donne la définition des parallèles de Bolyai et Lobatchevski, qualifiée dans la préface de «positive», et prouve que la relation de parallélisme est symétrique et transitive. Il démontre ensuite les deux théorèmes de Legendre. Il conclut en affirmant que les mesures les plus précises ont montré que la somme des angles d'un triangle était «sans exception» égale à 180°; un tel résultat ne peut cependant être démontré car l'hypothèse contraire est admissible[15].

Le récit fait par Baltzer au début de son livre apparaît chez plusieurs auteurs à la même époque[16]. On le retrouve notamment dans un article de Johann August Grunert[17], rédacteur de la revue *Archiv der Mathematik und der Physik*. Fondée en 1841, cette revue s'adressait principalement aux maîtres de l'enseignement supérieur (gymnases, écoles militaires, professionnelles et polytechniques). Elle avait pour but de leur permettre de suivre les développements récents dans leur discipline. L'article date de 1867 et son titre, *Über den neuesten Stand der Frage von der Theorie der Parallelen*, est révélateur des changements qui sont alors en train de s'opérer. Il débute par une introduction historique. Après avoir rappelé les passions suscitées à diverses époques par la question des parallèles, Grunert écrit:

Géométrie imaginaire, nom qu'il serait plus convenable de remplacer par celui de *Géométrie abstraite*.» (1867, p. 77) Quant à De Tilly, il intitulera son premier mémoire *Etudes de mécanique abstraite* (1870a).

15 Baltzer (1867, p. 16).

16 Dans l'introduction de Houël à sa traduction des *Geometrische Untersuchungen* et dans une notice du mathématicien Angelo Forti (1818-1900) consacrée à Lobatchevski (1867).

17 Grunert (1797-1872) fut professeur à Greifswald.

> A une époque plus récente, la résolution de cette question autrefois si souvent discutée a été, comme il le semble, suspendue durant un bon nombre d'années ou du moins, à la différence d'autrefois, est passée très à l'arrière-plan. [...] Mais récemment, lorsque le professeur Peters d'Altona se fut attiré un mérite que l'on ne saurait assez reconnaître en publiant la correspondance entre Gauss et Schumacher, qui contient tant de choses intéressantes, on trouva que la question de la théorie des parallèles avait été aussi une fois vivement discutée et examinée avec soin par ces deux hommes remarquables. Schumacher avait fourni le premier motif à cette vive discussion; avec sa supériorité omniprésente, Gauss s'exprima de la manière la plus déterminée sur la question déjà souvent soulevée, et ne cacha pas que celle-ci avait été depuis de longues années l'objet de sa réflexion la plus soutenue. En même temps Gauss évoqua avec beaucoup de louanges un écrit paru, il y a maintenant déjà presque trente ans, de feu le mathématicien russe et professeur à Kazan Nicolaus Lobatschewsky, avec le contenu duquel il se déclarait pour l'essentiel entièrement d'accord. On trouva d'autre part que, encore plus tôt que Lobatschewsky, le mathématicien hongrois Bolyai, Farkas, et aussi son fils J. Bolyai, s'étaient, à plusieurs reprises et de façon approfondie, occupés de la théorie des parallèles et avaient exprimé des idées semblables, [...].
> Les écrits de Bolyai et Lobatschewsky étaient déjà presque tombés dans l'oubli et doivent remercier avant tout les remarques de Gauss d'avoir été maintenant de nouveau remis à la lumière, conformément à leur valeur incontestable. (1867, pp. 309-310)

Le schéma du récit est le même que chez Baltzer: est opposée la léthargie qui caractérise les années 1840-1860 au réveil dû à la publication de la correspondance de Gauss. Grunert témoigne de manière particulièrement hagiographique du prestige et de l'autorité de ce dernier.

La partie principale de l'article est consacrée aux deux théorèmes de Legendre. Après les avoir démontrés, Grunert examine quel est le type de vérité énoncée dans le postulatum:

> [...] mais on a aussi, en vertu des théorèmes démontrés précédemment [les deux théorèmes de Legendre], que la somme des angles est égale à deux droits dans tous les triangles plans, ou que la somme des angles est plus petite que deux droits dans tous les triangles plans; et là, pour parvenir à une décision à ce sujet, les avis des géomètres modernes, et à vrai dire pour une part de voix très importantes, semblent maintenant s'accorder sur le fait que la réflexion théorique et aprioriste a, avec ce qui précède, atteint son terme, et qu'il n'y a rien d'autre à faire que de recourir à l'expérience. La géométrie est donc au moins en *un* point une science expérimentale!! (1867, p. 319)

A l'instar de Baltzer, Grunert explique ensuite que les mesures les plus précises ont montré que la somme des angles d'un triangle ne différait pas sensiblement de deux droits. Le double point d'exclamation qui clôt ce texte est significatif de la remise en question suscitée par la redécouverte de la géométrie non euclidienne. Pour certains, la géométrie n'est plus absolument vraie ou, pour parler comme Baltzer, n'est plus nécessaire, car au moins un de ses énoncés a perdu une part de certitude. En relevant le crédit accordé aux idées empiristes, le texte de Grunert témoigne du développement et de la propagation de ces idées, suggérées au départ par Gauss et Lobatchevski.

Les récits de Baltzer et Grunert présentent Gauss comme l'autorité suprême; cet élément est une constante dans la littérature de l'époque et l'on peut se demander quel aurait été le développement de la géométrie non euclidienne si Gauss ne lui avait pas accordé sa caution. Je citerai encore trois textes mettant en évidence le prestige du prince des mathématiciens. Les deux premiers sont de Houël:

> Malheureusement ce grand mathématicien n'a jamais publié ses travaux sur ce sujet, et sans la publication récente de sa correspondance avec Schumacher, nous ignorerions encore l'existence des nouvelles théories qu'il a appuyées de son imposante autorité. (1867, p. 72)

> On peut certainement discuter les opinions de Gauss, quoique, par le fait, on ne l'ait pas encore, que je sache, pris en défaut. Sa devise *pauca sed matura* lui a fait perdre la priorité de bien des découvertes, mais elle lui a valu une réputation d'infaillibilité assez bien établie. Mais qu'on discute ses opinions, je l'admets parfaitement. Qu'on ne les *prenne pas au sérieux*, c'est autre chose... (Lettre à De Tilly du 19 avril 1870, AAS, *Dossier Houël*)

Le dernier est extrait d'une lettre de Darboux à Houël:

> Rien de ce qui touche à Gauss ne doit être étranger à un mathématicien. (AAS, *Dossier Darboux*, feuille 32, sans date)

Pour conclure cette présentation d'une renaissance, j'aimerais en relever deux caractéristiques importantes. La première concerne le rôle des premiers traducteurs. Si la publication de la correspondance de Gauss a constitué l'élément initial de ce processus, celui-ci n'a pu se développer que grâce au travail de plusieurs mathématiciens qui ont consacré leur énergie à traduire et à diffuser les textes fondateurs. Il s'agit de Houël, Battaglini et Frischauf. Ces trois mathématiciens ont chacun réalisé des traductions ou des adaptations des travaux de

Lobatchevski et Bolyai. Ils ont permis ainsi à un large public d'avoir accès à ces textes. Ils feront chacun l'objet d'un chapitre. L'*Appendix* de Bolyai semble avoir été particulièrement difficile à obtenir. Dans l'article mentionné précédemment, Grunert affirme ne pas encore avoir réussi à se le procurer[18]. Dans une biographie de Houël, G. Brunel écrit:

> S'il était facile de se procurer les mémoires de Lobatschewsky pour les tirer de l'oubli injuste où les laissait le monde savant, la chose présentait en ce qui concerne Bolyai plus de difficultés. Houël n'épargna ni son temps ni sa peine. Il parvint à se procurer par l'intermédiaire de M. F. Schmidt[19], architecte à Temesvar, deux exemplaires du rarissime opuscule de J. Bolyai. L'un d'eux lui servit à faire sa traduction, il envoya l'autre à M. Battaglini qui se chargeait de répandre en Italie la renommée des deux géomètres russe et hongrois. (1888, pp. 31-32)

Frischauf parle aussi du «si rare *Tentamen*»[20] dont il a pu obtenir un exemplaire.

Le deuxième caractéristique du processus de renaissance est sa lenteur; les lettres les plus importantes concernant la géométrie non euclidienne sont publiées dans les volumes 2 (1861) et 5 (1863) de la correspondance de Gauss et Schumacher, mais ce n'est qu'à partir de 1866 que l'on commence à en parler et il faudra encore plusieurs années pour que l'ensemble de la communauté scientifique soit informé, sinon convaincu. Des chercheurs de premier plan comme Helmholtz et Klein ne seront mis au courant qu'en 1869[21]. Des témoignages épistolaires indiquent que vers 1870, les nouvelles idées étaient encore peu répandues. Ainsi, après la fameuse affaire Carton, Darboux écrit à Houël:

> Quoi qu'il en soit cette affaire a appelé l'attention sur la Géométrie non euclidienne et bien des personnes profiteront de l'occasion pour faire des études sérieuses sur ce sujet. (AAS, *Dossier Darboux*, feuille 31, sans date)

18 Grunert (1867, p. 325).
19 Franz Schmidt (1827-1901) fut le premier biographe des deux Bolyai.
20 Frischauf (1872a, p. X). *Tentamen* est un livre de W. Bolyai (1832); comme son titre l'indique, l'*Appendix* de son fils, J. Bolyai, fut publié en appendice à ce livre.
21 Les circonstances dans lesquelles Klein et Helmholtz furent informés sont présentées aux chapitres 10 et 11.

Dans une lettre à Houël du 19 novembre 1871, Padova[22] fait l'observation suivante:

> Voyez aujourd'hui encore combien peu de géomètres admettent ces importantes théories de Lobatschewsky et de Bolyai que votre traduction a si popularisées dans nos écoles. (AAS, *Dossier Houël*)

Terminons par ce jugement de Darboux, qui explique peut-être le peu d'intérêt suscité tout d'abord en France par la découverte de la géométrie non euclidienne:

> Tous nos géomètres d'ailleurs, quoique tous fort distingués, semblent appartenir à un autre âge. Ce sont des savants restés à la science d'il y a vingt ou trente ans qu'ils perfectionnent avec beaucoup de succès, mais toutes les branches modernes sont pour eux très accessoires. (Lettre à Houël du 9 mars 1870, AAS, *Dossier Darboux*)

22 Ernesto Padova (1845-1896) fut professeur de mécanique rationnelle à l'Université de Pise (cf. Boi, Giacardi et Tazzioli, 1998, p. 161).

Chapitre 4

Houël

En traduisant des textes de Lobatchevski, Bolyai, Beltrami, Helmholtz, Riemann et Klein, Guillaume-Jules Houël, professeur à l'Université de Bordeaux, a joué un rôle essentiel dans le processus de diffusion de la géométrie non euclidienne. Il est aussi l'un des premiers à avoir pris conscience de la faiblesse axiomatique des traités de géométrie[1]. Ses recherches en vue d'améliorer la solidité de l'édifice géométrique (1863) marquent un réveil dans l'histoire de l'axiomatique. Houël a longuement médité sur l'origine des axiomes et des connaissances géométriques. Ses réflexions permettent d'observer les premières conséquences épistémologiques de la redécouverte de la géométrie non euclidienne. Elles se situent à la charnière entre deux mondes. Houël mérite enfin d'être lu pour son extraordinaire correspondance. Ecrite dans un style vivant et souvent passionné, elle comporte de nombreux passages savoureux. Elle donne des renseignements sur le climat dans lequel les idées non euclidiennes se répandirent dès 1870 et permet de mesurer la violence avec laquelle les controverses se déchaînèrent parfois. Les correspondants de Houël furent nombreux, plus d'une vingtaine. Les principaux sont Darboux, De Tilly, Forti, Battaglini, Beltrami, Bellavitis et Genocchi[2].

Houël ne s'est pas intéressé seulement à la géométrie; on lui doit aussi des travaux en analyse, en mécanique céleste ainsi que l'édition

1 Les débuts de Houël comme maître de lycée ne sont sans doute pas étrangers à son intérêt pour l'enseignement de la géométrie élémentaire.

2 Une partie importante de la correspondance de Houël est conservée aux Archives de l'Académie des Sciences à Paris. J'ai étudié en détail la correspondance entre De Tilly et Houël; elle comporte 76 lettres ou cartes de Houël à De Tilly et 116 de De Tilly à Houël. Elle débuta en 1870 à la suite de l'envoi à Houël par De Tilly de ses *Etudes de mécanique abstraite* (1870a) et se poursuivit jusqu'à la mort de Houël en 1885. Les deux mathématiciens n'eurent jamais l'occasion de se rencontrer. J'aurai aussi recours dans ce chapitre à des extraits des lettres de Houël à Genocchi. Elles sont au nombre de dix et sont conservées à la Bibliothèque «Passerini-Landi» de Plaisance. Elles ont été publiées par Lorenza Fenoglio et Livia Giacardi (1991).

de tables numériques. Dans l'étude qui suit, je me limiterai à trois aspects: le traducteur, l'axiomaticien et l'épistémologue.

§ 1 Le traducteur

C'est grâce à Baltzer que Houël eut connaissance des travaux de Bolyai et Lobatchevski[3] et c'est avec les *Geometrische Untersuchungen* qu'il commença, au début 1866, à étudier la géométrie non euclidienne[4]. L'enthousiasme fut grand puisque la même année il en fit paraître une traduction. L'expression «mon héros, Lobatschefsky»[5] utilisée dans une lettre à De Tilly du 25 juin 1870[6] témoigne de cet enthousiasme. Houël fit suivre sa traduction de celle de cinq lettres extraites de la correspondance entre Gauss et Schumacher. On peut supposer qu'il s'agissait pour lui d'une caution au travail de Lobatchevski.

L'accueil si favorable réservé par Houël aux nouvelles idées n'est pas fortuit car, avant même de connaître les travaux de Bolyai et Lobatchevski, il pressentait l'impossibilité de démontrer le postulatum. Dans l'introduction de son premier mémoire, il parle d'un «problème insoluble»[7]. Un passage d'une lettre de Houël à De Tilly du 21 février 1875 confirme cette explication et indique pour quelles raisons il déploya tant d'efforts afin de faire connaître les nouvelles idées:

3 C'est ce que Houël affirme dans (1867, p. VII). Par ailleurs, dans une lettre du 19 juillet 1866, Baltzer invite Houël à diffuser les nouvelles théories en France: «Chez nous ces choses sont aussi inconnues que dans le reste du monde savant et vous vous attirerez un mérite si vous frappez en France à ce sujet sur la grande cloche.» (AAS, *Dossier Houël*) («Bei uns sind diese Dinge gerade so unbekannt, wie in der übrigen gelehrten Welt, und Sie erwerben sich einen Verdienst, wenn Sie in Frankreich darüber an die große Glocke schlagen»).

4 Dans une biographie de Houël, G. Brunel cite un premier manuscrit de ce dernier consacré à la géométrie non euclidienne et datant du début 1866 (Brunel, 1888, pp. 28-31). Ce manuscrit est conservé la Bibliothèque universitaire de Bordeaux. Il fait allusion à la correspondance de Gauss et Schumacher et à Lobatchevski en insistant sur la preuve astronomique de ce dernier.

5 Dans le même style, on trouve dans une lettre de Houël à Victor Le Besgue du 3 juin 1868 les expressions «mon protégé J. Bolyai» et «mon Transylvain» (Bibliothèque de l'Institut de France, *Fonds Bertrand*, MS 2031, lettre 185).

6 AAS *(Dossier Houël)*.

7 Houël (1863, p. 171). Le texte intégral est cité au début du § 2 de ce chapitre.

> J'ai été assez heureux pour servir quelquefois de bureau de renseignements, lorsque le hasard m'avait fait tomber quelque bonne trouvaille entre les mains. C'est ainsi que j'ai eu la chance de me procurer l'opuscule de Lobatchefsky, et de trouver moyen d'en publier la traduction. Je fus frappé d'y rencontrer l'explication d'une circonstance qui m'avait frappé: l'impossibilité de démontrer le *postulatum*. J'étais bien convaincu qu'une proposition qui avait résisté aux efforts de tant de géomètres était bien indémontrable; mais je n'en pouvais encore alléguer d'autre preuve que ma confiance dans l'habileté des chercheurs. J'éprouvais une vive satisfaction quand je vis enfin le *pourquoi*, et je cherchai à répandre le plus possible mes renseignements. (AAS, *Dossier Houël*)

L'argument donné par Houël en faveur de l'indémontrabilité présumée du postulatum, à savoir les échecs successifs de toutes les tentatives de démonstration, donne une nouvelle preuve du changement d'opinion qui s'effectue, avant même la redécouverte de la géométrie non euclidienne. En 1860, la communauté scientifique était mieux préparée à entendre le «pourquoi» qu'en 1830. L'expression «bureau de renseignements» décrit bien l'une des fonctions de Houël dans le processus de diffusion. Sa correspondance avec De Tilly montre qu'il essayait de se tenir au courant de toutes les nouveautés. Non content de les obtenir pour lui-même, il se faisait un plaisir de les signaler et de les envoyer à ses correspondants.

L'année 1867 vit paraître la traduction par Houël de l'*Appendix* de Bolyai. Elle est précédée de la première notice biographique consacrée à J. et W. Bolyai; elle fut rédigée, à la demande de Houël, par Franz Schmidt[8]. Parmi les autres traductions réalisées par Houël, mentionnons les deux mémoires de Beltrami *Saggio di interpretazione della geometria non-euclidea* et *Teoria fondamentale degli spazii di curvatura costante* (en 1869), l'*Habilitationsvortrag* de Riemann (en 1870), *Über die thatsächlichen Grundlagen der Geometrie* de Helmholtz (en 1867) et *Über die sogennante Nicht-Euklidische Geometrie* de Klein (en 1871). Il faut également signaler son intense activité au sein du *Bulletin des Sciences mathématiques et astronomiques*. Houël créa cette revue avec Darboux en 1870. Il y signa plus d'une cinquantaine de comptes rendus.

8 Dans une biographie de Schmidt, Stäckel cite un extrait d'une lettre de Houël à Schmidt du 17 février 1867, Stäckel (1902, pp. 142-143). Dans cette lettre, Houël prie Schmidt de lui fournir des renseignements sur les deux Bolyai. Schmidt effectuera par la suite d'autres recherches sur les deux Bolyai, notamment en collaboration avec Stäckel.

§ 2 L'axiomaticien et l'épistémologue

En 1863, Houël publia son *Essai d'exposition rationnelle des principes de la géométrie élémentaire.* Sous le titre *Essai critique sur les principes fondamentaux de la géométrie*, ce mémoire connut deux rééditions en 1867 et 1883. Elles diffèrent peu de la première édition si ce n'est par l'adjonction de notes; la version de 1867 comprend en particulier une note consacrée à la géométrie non euclidienne et une autre aux définitions du plan et de la droite de W. Bolyai; la version de 1883 comporte, également en note, *Du rôle de l'expérience dans les sciences exactes* (1875), l'un des principaux textes épistémologiques de Houël. Dès l'introduction de son *Essai*, Houël expose ses principales idées. Il est important d'avoir à l'esprit que ce texte a été rédigé à une époque où il ne connaissait pas les travaux de Bolyai et Lobatchevski:

> Depuis longtemps les recherches scientifiques des mathématiciens sur les principes fondamentaux de la Géométrie élémentaire se sont concentrées presque exclusivement sur la théorie des parallèles; et si, jusqu'ici, les efforts de tant d'esprits éminents n'ont abouti à aucun résultat satisfaisant, il est peut-être permis d'en conclure qu'en poursuivant ces recherches, on a fait fausse route, et qu'on s'est attaqué à un problème insoluble, dont on s'est exagéré l'importance, par suite d'idées inexactes sur la nature et l'origine des vérités primordiales de la science de l'étendue.
> La source de cette erreur est, croyons-nous, dans le faux point de vue métaphysique où l'on s'est placé, en considérant la géométrie comme une science de raisonnement pur, et ne voulant admettre parmi ses axiômes[9] que des vérités nécessaires et du domaine de la pure raison. On a été conduit ainsi à attribuer aux axiômes une nature toute différente de celle des autres vérités géométriques que l'expérience nous révèle en dehors de toute étude scientifique, et que le géomètre rattache à ces axiômes comme conséquences.
> Cependant la Géométrie, comme la Mécanique et la Physique, a pour objet l'étude d'une grandeur concrète, l'étendue, affectant nos sens d'une certaine manière; et c'est seulement par les révélations des sens que nous avons pu connaître les propriétés fondamentales de cette espèce particulière de grandeur. Ces propriétés, indéfinissables et indémontrables, sont les termes de comparaison obligés auxquels nous ne pouvons que rapporter les autres propriétés, à l'aide du raisonnement abstrait.
> Ainsi les sens seuls peuvent nous mettre en relation avec l'étendue, et ils nous en font connaître déjà un grand nombre de propriétés, sans emprunter le secours de la logique déductive. Parmi ces propriétés, les unes sont tellement

9 Houël écrit «axiôme» au lieu de «axiome».

> simples, tellement faciles à constater, que la force de l'habitude, jointe à la tradition constante de l'Ecole, a bien pu faire oublier leur véritable origine, et le rôle essentiel qu'ont joué les sens dans leur découverte. On a confondu, sous le nom d'axiômes, ces vérités avec les vérités abstraites, qui se rapportent à la science des grandeurs en général ou à l'arithmétique universelle.
> D'autres propriétés, enseignées également par l'expérience, et jouissant de la même certitude immédiate que les précédentes, se déduisent néanmoins de celles-ci comme conséquences, et on les a classées, sous le nom de théorèmes, à côté des vérités plus cachées, que le raisonnement seul pouvait faire apercevoir. (1863, pp. 171-172)

C'est la question des parallèles qui est à l'origine de la réflexion de Houël sur les fondements de la géométrie. L'impossibilité apparente de démontrer le postulatum l'amène à rejeter le point de vue rationaliste et à exprimer des opinions empiristes analogues à celles défendues par Gauss dans sa lettre à Olbers du 28 avril 1817[10]; on retrouve aussi chez Houël la comparaison entre géométrie et mécanique de même que l'opposition entre arithmétique et géométrie. Notons que la lettre de Gauss n'a été publiée qu'à la fin du XIXe siècle et que Houël ne pouvait pas la connaître. La distinction entre des vérités géométriques et des vérités abstraites fait référence à la distinction entre postulats et notions communes (ou axiomes) chez Euclide. En critiquant la confusion entre ces deux types de vérité, Houël fait allusion à Legendre. Dans ses *Eléments de géométrie*, Legendre classe en effet les deux types d'énoncés sous le nom général d'axiomes. Cette confusion est aussi critiquée par Hermann Grassmann dans son *Ausdehnungslehre*[11]. A l'instar de Gauss et Houël, ce dernier oppose l'arithmétique à la géométrie[12]. Le livre de Grassmann n'ayant rencontré que très peu d'écho lors de sa parution, il est probable qu'Houël ne le connaissait pas.

En soutenant qu'il n'y a pas de vérités géométriques *a priori*, Houël est conscient qu'il s'oppose à une tradition; on notera à ce propos l'usage du terme «Ecole», qui tient plutôt du langage philosophique. Les idées développées dans ce texte seront renforcées par la découverte de la géométrie non euclidienne. Dans la troisième édition de son

10 Cf. chapitre 2, § 2.2.
11 Grassmann (1844-1994, p. 23).
12 Grassmann (1844-1994, p. III).

mémoire, Houël présente la géométrie comme «la plus simple des sciences physiques: l'étude des corps sous le rapport de l'étendue»[13]. Dans ce même texte, il revient de manière plus détaillée sur le fait que la géométrie n'est pas une science *a priori*:

> Ce n'est pas ainsi, on le sait, que l'expérience a parlé aux premiers inventeurs de la Géométrie, qui, comme le font encore beaucoup de modernes, ont confondu les données expérimentales avec celles de la raison pure. L'hypothèse euclidienne a été admise au nom de ce qu'on appelle l'*évidence*, c'est-à-dire d'un troisième moyen de connaître intermédiaire entre l'expérience et le raisonnement, et participant à la fécondité de l'une et à la certitude de l'autre. Pour nous l'*évidence* n'est autre chose qu'une expérience assez souvent répétée pour que la force de l'habitude nous en ait fait perdre la conscience, et dont les résultats, conservés par la mémoire, nous dispensent de la reproduire matériellement chaque fois que nous voulons y recourir[14]. Il nous est impossible d'admettre cette entité, si commode à invoquer quand les raisons solides font défaut. (1867-1883, note 1, pp. 69-70)

Ces lignes indiquent où se situe l'un des principaux obstacles rencontrés par la géométrie non euclidienne: il a trait à l'idée d'évidence. Si Houël refuse à celle-ci un caractère absolu, d'autres de ses contemporains restaient attachés à la conception de Descartes. Ainsi, dans son livre *Des méthodes dans les sciences de raisonnement*, le mathématicien Duhamel[15] écrit:

13 Houël (1867-1883, note 1, p. 67). La note 1 reprend *Du rôle de l'expérience dans les sciences exactes* (1875).

14 Cette idée apparaît aussi dans une lettre à Genocchi du 18 août 1869: «Ainsi, en y regardant de près, l'existence même de la ligne droite est-elle au fond plus évidente que l'axiôme XI d'Euclide? On ne songe pas ordinairement à démontrer l'un des principes, tandis que l'autre a été le but de tant d'efforts inutiles! A quoi cela tient-t-il? Ne serait-ce pas à ce que, dès notre plus tendre enfance, nous avons acquis expérimentalement l'idée de la ligne droite, qui s'est incorporée dans notre esprit par la force invincible de l'habitude, tandis que nous ne connaissons l'axiôme XI que depuis que nous faisons de la géométrie?» (Cité par Fenoglio et Giacardi, 1991, p. 186).

15 Jean-Marie-Constant Duhamel (1797-1872) enseigna l'analyse à l'Ecole Polytechnique de 1830 à 1869. Ses recherches concernent principalement les équations aux dérivées partielles. Il fut élu à l'Académie des Sciences en 1840. Son livre semble avoir eu une audience importante car il est souvent cité par les contemporains.

> Les vérités nécessaires existent par elles-mêmes; le raisonnement et la méthode ne sont que des moyens que l'homme emploie pour les découvrir ou les reconnaître, et ne doivent par conséquent être envisagés que par rapport à l'esprit humain: leur unique objet est de produire en lui la connaissance et la *certitude*. L'état de certitude est produit dans l'homme par le sentiment clair de la vérité, ou, en d'autres termes, par l'évidence. Descartes admet que lorsqu'on l'éprouve, c'est bien la vérité qu'on aperçoit, parce que, dit-il, Dieu ne peut avoir voulu nous tromper. (1865, vol. 1, p. 3)

Une telle conception de l'évidence apparaît dans une communication faite à l'Académie des Sciences le 20 décembre 1869 par Bertrand à propos de la démonstration de Carton du théorème sur la somme des angles d'un triangle. Etant donné le contexte, on peut penser que les lignes de Houël citées ci-dessus visent en particulier les propos de Bertrand[16]. En voici le début:

> Aucun géomètre depuis Euclide n'a conçu de doutes sérieux sur la valeur de la somme des angles d'un triangle: un *postulatum* est nécessaire pour prouver qu'elle est égale à deux angles droits; mais l'évidence de ce *postulatum* permet aux esprits de bonne foi de l'accepter comme un axiome, et les dialecticiens curieux de disputer, non de s'instruire, peuvent seuls en contester l'évidence. Jamais, nous devons l'avouer, il ne nous a paru bien nécessaire de les réduire au silence; la Géométrie, en effet, conserverait même après ce succès des difficultés bien autrement insolubles; la prétention de faire reposer la science sur le raisonnement seul, sans y laisser intervenir le sentiment intime relatif aux idées d'espace, semble absolument chimérique; l'évidence, quoi qu'on fasse, doit être invoquée, c'est sur elle seulement que peuvent reposer les idées premières de ligne droite et de plan. (Bertrand, 1869, pp. 1265-1266)

Pour Bertrand, la certitude de la géométrie est fondée sur l'évidence; comme il le déclare plus loin, une éventuelle démonstration du postulatum n'accroîtrait pas sa certitude. Une telle épistémologie ne laisse pas de place à la géométrie non euclidienne; réservée aux «dialecticiens», elle est qualifiée de «débauche de logique»[17]. Des termes analogues apparaissent dans une communication faite par Bertrand lors de la séance du 3 janvier 1870; il essaye à cette occasion de défendre tant bien que mal la démonstration de Carton en

16 Deux lettres à De Tilly du 17 et du 19 avril 1870 (AAS, *Dossier Houël*) montrent en effet que Houël fut particulièrement fâché par l'affaire Carton.

17 Bertrand (1869, p. 1266).

invoquant à nouveau l'évidence. Les lignes qui suivent sont particulièrement édifiantes. Il faut avoir à l'esprit, en les lisant, qu'elles ne sont pas dues à un obscur «postulateur», pour utiliser une expression de Houël[18], mais à un académicien, professeur au Collège de France:

> Le *postulatum* d'Euclide, dont pour ma part, l'évidence me satisfait complètement, équivaut à cette idée, inséparable de celle de la ligne droite, qu'on peut exprimer en langage vulgaire, en disant que «la ligne droite ne peut présenter aucune déviation, si légère qu'elle soit». La démonstration de M. Carton suppose seulement que les lignes qui composent sa figure ne sont pas entièrement crochues: c'est ce que ne veulent pas accepter les contradicteurs assez nombreux qui m'ont fait l'honneur de m'écrire. (1870, pp. 18-19)

L'incompatibilité d'une conception comme celle de Bertrand avec la géométrie non euclidienne a été relevée par Mario Pieri, l'un des premiers géomètres à avoir défendu à la fin du XIXe siècle une épistémologie formaliste de la géométrie:

> Comment pourra-t-on rendre compte de l'évidence intuitive des postulats qui distinguent les géométries dites non-euclidiennes, après avoir trouvé évident l'axiome XII sur les parallèles, ou vice versa? (1900, p. 387)

Refermons cette parenthèse sur Bertrand et l'évidence et revenons à l'introduction de l'*Essai*. Après avoir exposé des considérations d'ordre épistémologique, Houël fait une remarque d'ordre plutôt technique et observe que, suivant l'organisation d'une théorie, certains énoncés peuvent être ou des axiomes ou des théorèmes:

> Le partage de ces vérités fondamentales en axiômes et théorèmes est, jusqu'à un certain point, arbitraire. Ainsi, lorsque deux de ces vérités sont des conséquences réciproques l'une de l'autre, on peut prendre celle des deux que l'on voudra pour axiôme, l'autre devenant alors un théorème.
> Le nombre des axiômes peut varier, suivant l'ordre que l'on adopte dans la subordination des propositions. Il y a cependant un minimum, au-dessous duquel ce nombre ne saurait être réduit, [...]. (1863, p. 172)

Une telle observation est nouvelle. Elle annonce un type de recherches qui sera développé une trentaine d'années plus tard par les géomètres

18 Lettre de Houël à De Tilly du 17 avril 1870, AAS *(Dossier Houël).*

italiens; ils proposeront en effet des systèmes axiomatiques variés et chercheront en particulier à réduire le nombre des axiomes[19]. Houël poursuit en effectuant une comparaison entre Euclide et Legendre. Son but est de réhabiliter le premier contre le second:

> Nous nous proposons, dans ce travail, de présenter quelques considérations sur le nombre et la nature des axiômes nécessaires de la Géométrie rationnelle. Nous avons dû examiner, à cette occasion, les idées qui ont servi de base aux Eléments de Legendre, et qui dominent encore dans la plupart des traités modernes, auxquels celui de Legendre a servi de type. Pour y reconnaître de nombreuses inexactitudes, il nous a suffi d'en faire la comparaison avec les principes d'Euclide et les discussions des géomètres qui ont su se pénétrer de l'esprit de l'immortel auteur des anciens Eléments.
> L'ouvrage d'Euclide lui-même, quelque supériorité que l'on doive lui reconnaître sur ses successeurs, ne nous a pas paru à l'abri de toute critique, et nous avons cru pouvoir y signaler de légères imperfections, qu'il serait d'ailleurs aisé de faire disparaître, sans altérer au fond l'admirable enchaînement des vérités que renferme ce chef-d'œuvre de logique.
> L'immense succès qu'ont eu les Eléments de Legendre, à leur apparition, n'est pas dû seulement à la renommée scientifique de cet illustre analyste. Il tient aussi aux éminentes qualités de précision et de clarté qui distinguent la rédaction de ce livre, où l'auteur a si bien su reproduire la forme et le style des géomètres de l'antiquité. Malheureusement, Legendre, entraîné par l'exemple de ses contemporains, n'a pas su conserver dans toute leur pureté les méthodes vraiment géométriques des Anciens, et il les a profondément altérées, en y mêlant les procédés arithmétiques de l'Analyse moderne. (*ibidem*, pp. 172-173)

Ce texte témoigne de l'influence encore prépondérante du manuel de Legendre. A l'époque de Houël, on en était à la 15e édition (1866). Le principal grief adressé par Houël à Legendre est d'avoir abandonné la théorie des proportions d'Euclide et d'identifier les grandeurs géométriques et les nombres. Par «Analyse moderne», Houël entend l'algèbre. Plusieurs démonstrations de Legendre sont en effet fondées sur des raisonnements algébriques. L'opposition entre Euclide et Legendre apparaît à diverses reprises dans la correspondance de Houël. L'«illustre analyste» et ses continuateurs y sont traités avec moins d'amabilité que dans le texte précédent. En voici deux exemples:

19 Cf. Avellone, Brigaglia, Zappulla (2002).

> Votre travail sur la Géométrie[20] sera, d'après ce que vous m'indiquez, bien utile et bien intéressant. Il contribuera certainement à faire sortir nos auteurs et fabricants de Traités élémentaires de l'ornière où ils pataugent depuis des siècles, sans parvenir à comprendre même le vieux Euclide. On se dirait en plein moyen âge, malgré les pièces d'étoffe neuve qu'ils cousent à leur vieil habit. (Lettre à De Tilly du 26 août 1876, AAS, *Dossier Houël*)

> Mais, si j'avais entre les mains les pouvoirs des anciens inquisiteurs, je ferais brûler solennellement tous les Traités (ou peu s'en faut) composés après et d'après celui de Legendre. Il est difficile d'imaginer un plus triste exemple des effets de la routine. Plus ils se perfectionnent, plus ils sont mauvais. (Lettre à De Tilly du 23 octobre 1878, AAS, *Dossier Houël*)

La routine et l'absence d'intérêt pour la question des fondements ainsi que l'obscurité régnant dans ce domaine sont aussi évoquées dans la préface rajoutée à la deuxième édition de l'*Essai* de 1867.

En dépit de ses intentions, l'*Essai* de Houël ne marque pas de progrès réel par rapport à Euclide. Les définitions qu'il donne des notions fondamentales (surface, ligne et point) sont du même type que celles de ce dernier. Elles ont pour fonction de suggérer ce dont il va être question mais sont sans utilité dans les démonstrations. A côté de ces définitions, Houël énonce quatre axiomes. Voici à titre d'exemple la définition de la surface et l'énoncé du deuxième axiome:

> On appelle surface la limite de deux portions de l'espace.
> Nous nous élevons à l'idée abstraite de surface par la considération d'une enveloppe ou cloison matérielle, dont nous réduisons indéfiniment l'épaisseur. [...]
> Axiôme II. – Il existe une ligne, appelée ligne droite, dont la position dans l'espace est complètement fixée par les positions de deux quelconques de ses points, et qui est telle que toute portion de cette ligne peut s'appliquer exactement sur une autre portion quelconque, dès que ces deux portions ont deux points communs. (1863, pp. 177 et 179)

Comme nous l'avons vu, la géométrie est pour Houël une science expérimentale. Quelle est alors la fonction de la déduction logique et en quoi consiste le critère de vérité? Voici la réponse apportée à ces questions dans l'*Essai*:

> Comme nous l'avons déjà fait entendre, si l'on n'avait d'autre but que de mettre hors de doute chacune des vérités géométriques, on pourrait faire un

20 Il s'agit de l'*Essai sur les principes fondamentaux de la géométrie et de la mécanique* de De Tilly (1879).

> bien plus large appel à l'expérience, en supprimant la plupart des démonstrations dans cette partie de la géométrie, et prenant pour axiômes le plus grand nombre des propositions énoncées. [...]
> Mais l'auteur d'un traité de géométrie ne doit pas seulement chercher à convaincre l'esprit du lecteur; il doit chercher à l'éclairer; et, s'il ne s'attache pas à établir avec soin l'enchaînement et la subordination des propositions, il arrivera à rassembler des vérités qui resteront isolées et stériles. (*ibidem*, pp. 173-174)

La même opinion est exposée dans une lettre à Genocchi du 15 septembre 1869:

> En fait d'expériences, je crois qu'il n'est pas permis de négliger celles d'où les anciens, jusqu'à Galilée, avaient tiré toutes leurs connaissances, bien qu'ils n'en eussent qu'imparfaitement profité. J'oserais dire que les trois quarts des propositions du 1er livre d'Euclide sont dues à cette source. On est parvenu à les déduire de trois ou quatre d'entre elles; c'est une satisfaction pour l'esprit; mais à mes yeux, cela n'accroît guère leur certitude. Les démonstrations tirent, je crois, leur importance bien plus des liaisons qu'elles font apercevoir entre les diverses propositions que de l'accroissement de certitude qu'elles ajoutent à chacune d'elles. (Cité par Fenoglio et Giacardi, 1991, pp. 193-194)

Houël identifie vérité expérimentale et vérité logique. Les résultats obtenus par l'expérience sont les mêmes que ceux obtenus par le raisonnement. Dans une telle conception, des résultats déduits logiquement des axiomes ne peuvent être contredits expérimentalement. Le critère de vérité est celui d'adéquation à la réalité et la possibilité de démontrer n'accroît pas la certitude. La position de Houël n'est ici pas très éloignée de celle de Bertrand. L'idée d'une vérité fondée seulement sur la consistance logique est absente d'une telle épistémologie; celle-ci ne laisse de place qu'à une géométrie et est incompatible avec l'existence de la géométrie non euclidienne. Il est important de noter que le premier passage date d'une époque où Houël ne connaissait pas l'existence de cette géométrie. Quant au second, il date d'une époque où cette connaissance était encore récente. Celle-ci le conduira à modifier sa pensée et à distinguer clairement la consistance logique d'une théorie de sa validité expérimentale:

> La construction d'une telle science [une science exacte] se compose essentiellement de deux parties distinctes: l'une, qui est fondée sur l'observation et l'expérience, consiste à rassembler des faits et à en conclure par induction les lois et les principes qui serviront de base à la science; l'autre, qui n'est qu'une

branche de la Logique générale, s'occupe de combiner ces principes fondamentaux, de manière à déduire la représentation des faits observés et à prédire en outre des faits nouveaux.
L'observation des faits ne peut, en général, avoir lieu avec une rigoureuse exactitude, et n'est jamais complète. Rien ne peut donc nous garantir *a priori* que les lois fournies par l'induction seront toutes vraies, ni qu'elles seront suffisantes.
On reconnaîtra leur fausseté lorsque, combinées par les procédés logiques, elles aboutiront à des conséquences contradictoires, ou lorsque les faits nouveaux qu'elles conduiraient à prévoir seront en désaccord avec la réalité objective. (1867-1883, note 1, p. 63)

Et plus loin dans cette note:

Il importe essentiellement, dans ces sciences rationnelles et abstraites, de distinguer les hypothèses, considérées en elles-mêmes, lesquelles sont *a priori* essentiellement arbitraires, à la seule condition de n'être pas contradictoires entre elles, de la valeur de ces hypothèses, considérées au point de vue des applications. Toute science abstraite, fondée sur des hypothèses non contradictoires et développée conformément aux règles de la logique, est en elle-même *absolument vraie*. Mais elle peut bien n'avoir aucun rapport avec les phénomènes naturels, et se trouver fausse lorsqu'on l'examine au point de vue de la réalité physique. (*ibidem*, p. 66)

Les deux derniers passages expriment le stade final de la pensée de Houël. Il différencie la théorie géométrique de son interprétation physique et distingue une vérité «absolue», fondée sur la consistance logique, d'une vérité objective, fondée sur l'adéquation à la réalité. On voit apparaître ici la distinction entre géométrie «pure» et géométrie «physique» théorisée plus tard par les philosophes néo-positivistes[21]. Une lettre à De Tilly du 21 août 1876 témoigne aussi de l'évolution des idées qui s'effectue après la découverte de la géométrie non euclidienne:

Aucun de ces essais ne me semble rédigé avec assez de clarté, ni assez dégagé des préoccupations des anciens géomètres, qui ne s'élevaient pas assez dans l'abstraction pour traiter les conceptions géométriques comme de simples créations de l'intelligence. On croyait qu'il existait une *vraie* géométrie et une *fausse*, et que pour les distinguer il ne s'agissait que de savoir laquelle s'accor-

21 Cf. p. ex. l'introduction de Rudolf Carnap à la traduction anglaise de Reichenbach (1928).

dait le mieux avec la physique. Il me semble que le point de vue doit être maintenant complètement changé, et que l'on doit faire une distinction profonde entre la vérité intrinsèque d'une doctrine abstraite et son utilité au point de vue des applications physiques. (AAS, *Dossier Houël*)

Si la géométrie non euclidienne est reconnue comme «vraie en elle-même», son statut n'est pas le même que celui de la géométrie euclidienne dont les énoncés expriment des vérités concernant le monde extérieur. La différence de nature entre les deux géométries est mise en évidence dans ces deux extraits:

Gauss et les autres n'ont nullement prétendu que la somme des angles d'un triangle différât de 2 droits. Ils ont dit seulement que cette égalité était une vérité *indépendante* des autres principes admis, et ils l'ont *démontré aussi rigoureusement que possible*, en faisant voir que, si l'on fait abstraction de ce principe, on n'en peut pas moins construire une géométrie parfaitement logique et absolument complète, que l'on peut pousser jusqu'à ses extrêmes conséquences sans rencontrer aucune contradiction. Cela conduit, il est vrai, à des conséquences qui choquent le bon sens, l'évidence, l'expérience, pour parler plus juste. Eh! que disons-nous autre chose? Le postulatum est prouvé par le bon sens ou plutôt par l'expérience. Est-il croyable, je vous le demande, qu'une recherche aussi simple, aussi naturelle ait pu faire ainsi jeter les hauts cris aux géomètres ultra-conservateurs? Il faut pourtant bien le croire, puisque nous le voyons. (Lettre à De Tilly du 9 décembre 1873, AAS, *Dossier Houël*)

Pour savoir donc si une géométrie est vraie au point de vue purement mathématique, il ne faut pas s'inquiéter de savoir si elle est d'accord avec le monde extérieur, avec nos sens, avec notre intuition, etc. Il faut voir seulement s'il y a contradiction entre les hypothèses admises. Or il n'y a pas contradiction entre celles de la géométrie non-euclidienne; donc cette géométrie est parfaitement vraie, mais ne semble pas applicable à l'espace dans lequel nous vivons. Voilà, je crois tout ce qu'il y aurait à dire sur cette question, à propos de laquelle on a écrit et l'on écrira encore tant de pages inutiles. Mais où en seraient les métaphysiciens, si l'on supprimait toutes les pages inutiles? (Lettre à De Tilly du 4 janvier 1873, AAS, *Dossier Houël*)

La critique contre les métaphysiciens est une constante chez Houël; il faut y voir une influence positiviste[22]. Dans le premier texte, son juge-

22 En voici deux exemples particulièrement savoureux: «Mais on n'est pas métaphysicien impunément. J'aime mieux être d'accord avec vous sur la question qu'avec tous les métaphysiciens de la terre. Ces braves gens, se voyant expulsés des sciences physiques, se rejettent maintenant sur la géométrie, et plaisantent

ment est catégorique et il ne semble pas disposé à admettre que de nouvelles expériences puissent nous faire changer d'avis. Le postulatum reste une vérité quasi-absolue. Cette idée apparaît aussi dans une lettre à Genocchi du 23 février 1870:

> Mais je me demande avec anxiété en quoi la géométrie imaginaire peut tant inquiéter ces braves gens. Elle n'a en aucune façon la prétention d'ébranler la certitude de la géométrie usuelle. Bien plus elle indique tous les moyens les plus précis pour établir celle-ci d'une manière certaine sur l'expérience. (Cité par Fenoglio et Giacardi, 1991, p. 198)

D'autres textes expriment une opinion plus nuancée:

> En résumé, l'expérience ne nous ayant montré aucun triangle rectangle, si grand qu'il soit, dont la somme des angles soit moindre que deux angles droits, la géométrie d'Euclide est certainement vraie, au moins dans les limites de nos observations. Aussi suffira-t-elle toujours dans la pratique, et l'étude de la *Géométrie abstraite* n'offrira jamais d'intérêt qu'au point de vue philosophique, où elle acquiert, au contraire une importance capitale. (1867, pp. 77-78)

Houël a plusieurs fois souligné que l'incompréhension à l'égard de la géométrie non euclidienne résultait d'un malentendu, d'une confusion entre, selon ses termes, la «science du réel» et la «science abstraite»[23] et que la géométrie non euclidienne ne niait pas l'euclidienne[24]. C'est l'un de ses mérites d'avoir réussi, après plusieurs allers et retours, à distinguer clairement les deux choses.

---

agréablement sur la forme d'une saucisse, que, selon eux, Riemann indiquerait comme une des formes possibles de l'espace. Dans tous les cas, ce serait une saucisse autrement plus grande que *die grosse Wurst* du conte allemand.» (Lettre à De Tilly du 26 janvier 1873, AAS, *Dossier Houël*).

«Ce ne sont pas toutes ces balivernes là qui établiront que Gauss n'avait pas de bon sens et que les métaphysiciens en ont.» (Lettre à De Tilly du 9 décembre 1873, AAS, *Dossier Houël*).

Des critiques contre les métaphysiciens apparaissent aussi dans la correspondance de Beltrami avec Houël, Boi, Giacardi et Tazzioli (1998, p. 80 et p. 87).

23 Lettre du 4 janvier 1873 à De Tilly, AAS *(Dossier Houël)*.

24 Lettre du 10 avril 1870 à De Tilly, AAS *(Dossier Houël)*.

Chapitre 5

Battaglini

§ 1 Le traducteur et le diffuseur

Giuseppe Battaglini fut professeur de mathématiques à l'Université de Naples puis à l'Université de Rome. Par ses traductions des textes fondateurs, il a joué en Italie le même rôle que Houël en France. C'est d'ailleurs grâce à ce dernier que Battaglini prit connaissance des travaux de Lobatchevski et Bolyai[1]. Sa correspondance avec Houël nous apprend en effet qu'en 1867 ce dernier lui envoya sa traduction des *Geometrische Untersuchungen*, une copie de la *Pangéométrie* et un exemplaire du *Tentamen* de W. Bolyai.

La première lettre, datée du 27 avril 1867, fait suite à l'envoi du premier de ces mémoires. Elle montre que Battaglini accueillit immédiatement de façon favorable la géométrie non euclidienne:

> Monsieur
> Je viens de recevoir l'opuscule de Lobatschewsky sur la théorie des parallèles, que vous avez eu l'obligeance de m'envoyer; je vous en remercie infiniment. J'ai lu ce livre avec le plus grand plaisir, et quoique le principe nouveau qu'il introduit dans la Géométrie ne soit pas généralement accepté, il mérite néanmoins toute l'attention des géomètres. Comme je voudrais approfondir cette question, je vous serais bien obligé si vous vouliez avoir la complaisance de me

1 Quarante-six lettres de Battaglini à Houël sont conservées aux Archives de l'Académie des Sciences à Paris; elles ont été publiées par Calleri et Giacardi dans le cadre d'une étude générale sur Battaglini et sur sa correspondance avec différents mathématiciens (1996a et 1996b). Ces lettres ne contiennent malheureusement pas de considérations épistémologiques sur la géométrie non euclidienne. Battaglini semble avoir été peu intéressé par le problème des fondements si l'on en croit cette citation du mathématicien Enrico D'Ovidio (1843-1933): «[...] une autre fois il [Battaglini] m'écrivit à propos de certaines longues discussions: ‹mais il y a tant à faire dans la science *vraie* que l'on pourrait laisser de côté les questions sur les fondements de la science.›» D'Ovidio (1894, p. 560) («[...] un'altra volta mi scrisse a proposito di certe lunghe discussioni: ‹ma vi è tanto da fare nella scienza *vera*, che si potrebbero lasciar da parte le quistioni sui fondamenti della scienza›.»)

> donner des renseignements sur les écrits de J. Bolyai et de Schweikart qui se rapportent à cette Géométrie nouvelle, afin que je puisse en prendre connaissance. (AAS, *Dossier Houël* et Calleri et Giacardi, 1996a, pp. 61-62)

Le 17 juin 1867, après avoir reçu un exemplaire du *Tentamen*, Battaglini écrivit à Houël:

> J'ai lu l'*Appendix* de Bolyai fils; c'est un admirable écrit, incontestablement supérieur à ceux de Lobatschewsky, pour la simplicité de la rédaction, et je dirai même pour la recherche des résultats géométriques; [...]. (AAS, *Dossier Houël* et Calleri et Giacardi, 1996a, p. 67)

Le nom de Battaglini est étroitement lié au *Giornale di Matematiche* qu'il fonda en 1863 avec les mathématiciens Vincenzo Janni et Nicola Trudi. Destinée «aux étudiants des universités italiennes», cette revue joua dès 1867 un rôle important dans la diffusion de la géométrie non euclidienne. C'est en effet à cette date que Battaglini publia une traduction de la *Pangéométrie* de Lobatchevski ainsi qu'un article consacré à la trigonométrie non euclidienne (1867); il fera l'objet du prochain paragraphe. L'année suivante le *Giornale* publia une traduction de Battaglini de l'*Appendix* de Bolyai ainsi que le célèbre *Saggio* de Beltrami. Ces trois textes seront suivis durant la décennie 1870-1880 par une série d'articles sur la géométrie non euclidienne dus à la plume de Battaglini et de mathématiciens moins connus. Ces articles sont techniques et ne concernent pas des points fondamentaux.

§ 2 Fondements de la trigonométrie non euclidienne selon Battaglini

Après la redécouverte de Bolyai et Lobatchevski, Battaglini est le premier à essayer d'établir la trigonométrie non euclidienne en utilisant une autre méthode que ses prédécesseurs (1867). Une lettre de Battaglini à Genocchi du 14 mai 1867 décrit le climat dans lequel il publia ses recherches:

> Au cours du prochain mois de juin, j'espère pouvoir présenter à l'Académie des Sciences de Naples un travail sur le même sujet [la géométrie non euclidienne]; cependant puisque je suis *en guerre* avec toute la faculté mathématique de Naples pour m'être fait propagateur de ces nouvelles idées, je chercherais une

> confrontation dans l'opinion des géomètres pour lesquels je professe une grande estime, et c'est à cause de cela que je vous ai adressé ma requête. (Cité par Calleri et Giacardi, 1996b, p. 168)

La méthode de Battaglini est mathématiquement insatisfaisante. Son article contient malgré tout quelques résultats dignes d'intérêt qui réapparaîtront plus tard chez Beltrami et Klein. J'utiliserai la traduction française réalisée par Houël car elle contient des compléments utiles. Voici le début du raisonnement de Battaglini:

> Cela posé, considérons, dans un plan, le système des points ω d'une droite fixe L, et le système des droites Ω qui joignent ces points à un point fixe p. Si m, n sont deux positions fixes de ω, et M, N les positions correspondantes de Ω, alors, pour toute position déterminée de ω (ou de Ω), le rapport
>
> $$\frac{\operatorname{sh} m\omega}{\operatorname{sh} \omega n}$$ [2]
>
> (ou le rapport $\frac{\sin M\Omega}{\sin \Omega N}$)
>
> aura une valeur *unique*, positive ou négative; et réciproquement, pour une valeur donnée, positive ou négative, de l'un ou de l'autre de ces deux rapports, le point ω ou la droite Ω prendront une position *unique* et *déterminée*. En observant donc qu'à chaque position de ω correspond *une seule* position de Ω, et réciproquement, on en conclut que chacun de ces deux rapports
>
> $$r = \frac{\operatorname{sh} m\omega}{\operatorname{sh} \omega n} \quad R = \frac{\sin M\Omega}{\sin \Omega N}$$
>
> est une fonction *uniforme* de l'autre, c'est-à-dire qu'à chaque valeur de l'un deux correspond une valeur *unique et déterminée* de l'autre.
> Par conséquent[3], d'après les principes connus de la théorie générale des fonctions, chacune des quantités r et R doit être une fonction rationnelle de l'autre, ce qui exige que ces deux quantités soient liées par une équation algébrique du premier degré par rapport à chacune d'elles, et, par suite, de la forme
>
> $$(4) \qquad \alpha r R + \beta r + \gamma R + \delta = 0,$$
>
> $\alpha, \beta, \gamma, \delta$ étant des coefficients constants. Mais lorsqu'on fait coïncider respectivement la droite Ω et le point ω soit avec M et m, soit avec N et n, on a: dans le premier cas,

2 sh x désigne le sinus hyperbolique de x.
3 L'explication qui suit, jusqu'à l'égalité (5) non comprise, ne figure pas dans l'original et a été rajoutée par Houël.

sh $m\omega = 0$, sin $M\Omega = 0$, $r = R = 0$, d'où résulte $\delta = 0$; dans le second cas sh $\omega n = 0$, sin $\Omega N = 0$, $r = R = \infty$, d'où résulte $\alpha = 0$.
Donc l'équation (4) doit se réduire à la forme $\beta r + \gamma R = 0$, ou, en désignant par λ la constante $-\frac{\gamma}{\beta}$, à la forme

(5) $$\frac{\text{sh } m\omega}{\text{sh } \omega n} = \lambda \frac{\sin M\Omega}{\sin \Omega N}.$$ (1867, traduction de Houël, 1868, pp. 215-216)

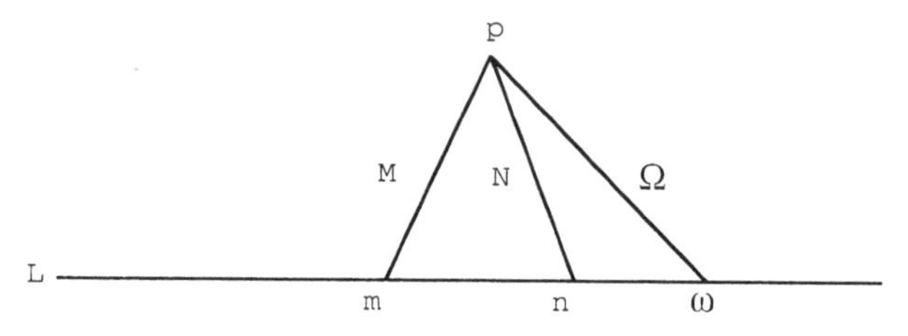

La démonstration de Battaglini est fausse; une fonction réelle bijective n'est en général pas rationnelle. Dans sa traduction, Houël renvoie au chapitre 4 du livre I du célèbre ouvrage de Briot et Bouquet: *Théorie des fonctions doublement périodiques* (1859)[4]. Dans le chapitre 4, les auteurs démontrent en particulier le théorème suivant:

> Toute fonction monodrome et monogène, qui n'admet qu'un nombre limité d'infinis, est une fraction rationnelle. (1859, p. 40)

Une fonction est «monodrome» si les valeurs obtenues par prolongement analytique ne dépendent pas du chemin parcouru; le terme «monogène» est synonyme d'«holomorphe». Ces deux termes sont dus à Cauchy. Si la fonction est bijective, elle n'admet qu'un infini et est de la forme

$$f(z) = \frac{\alpha z + \beta}{\gamma z + \delta}.$$

Est-ce sur ce résultat que Battaglini se fonde pour établir l'égalité (4)? Il appliquerait alors un théorème d'analyse complexe dans le cas réel. Notons encore que son raisonnement devrait être valable en géométrie non euclidienne et en géométrie euclidienne puisqu'il ne fait pas d'hypothèse particulière sur la validité du postulatum. Le résultat qu'il

4 Ce manuel a joué un rôle important dans la fixation de la théorie des fonctions holomorphes.

obtient n'est cependant pas vrai en géométrie euclidienne; l'égalité (5) doit être remplacée par l'égalité

$$\frac{m\omega}{\omega n} = \lambda \frac{\sin M\Omega}{\sin \Omega N}.$$

La méthode de Battaglini est sérieusement hypothéquée dès le début. D'Ovidio, Gérard et Bellavitis en ont relevé les faiblesses. Le premier juge le procédé de Battaglini «plus heureux que rigoureux». Quant au deuxième, il est d'avis que «la démonstration n'est peut être pas à l'abri de toute objection»[5].

L'égalité (5) permet malgré tout d'obtenir un premier résultat digne d'intérêt:

> Supposons les points m et n à égale distance du pied o de la perpendiculaire O abaissée du point p sur la droite L, et par suite les droites M et N également inclinées sur la droite O. On aura $\lambda = 1$, de sorte qu'en posant $o\omega = \theta$, $O\Omega = \Theta$, l'équation (5) deviendra
>
> $$(6) \qquad \frac{\text{th}\ \theta}{\tan \Theta} = \frac{\text{th}\ \frac{1}{2}\, mn}{\tan \frac{1}{2} MN} = \text{const.}$$ [6]
>
> Lorsque le point ω parcourt la droite L, dans la direction positive ou négative, depuis o jusqu'à l'infini, th θ prend toutes les valeurs depuis zéro jusqu'à +1 ou -1. A la limite des positions de ω, les droites correspondantes Ω feront avec O (de part et d'autre) un angle Δ *différent de l'angle droit* (à moins que p ne soit situé sur L), et déterminé par l'équation

5 D'Ovidio (1894, p. 588), Gérard (1892, p. 3), Bellavitis, (1868-69, pp. 166-167). Rouché et de Comberousse reprendront la méthode de Battaglini, avec la même erreur, dans la cinquième et la sixième édition de leur *Traité de géométrie* (1883 et 1891). Ils y renonceront dans les éditions ultérieures au profit d'une présentation à l'aide du disque de Poincaré.

6 Le passage de l'égalité (5) à l'égalité (6) mérite d'être justifié. On a:

$$\frac{\text{sh}\ m\omega}{\text{sh}\ \omega n} = \frac{\sin M\Omega}{\sin \Omega N} \Rightarrow \frac{\text{sh}\ (mo + \theta)}{\text{sh}\ (on - \theta)} = \frac{\sin (MO + \Theta)}{\sin (NO - \Theta)} \Rightarrow$$

$$\frac{\text{sh}\ mo\ \text{ch}\ \theta + \text{ch}\ mo\ \text{sh}\ \theta}{\text{sh}\ on\ \text{ch}\ \theta - \text{ch}\ on\ \text{sh}\ \theta} = \frac{\sin MO \cos \Theta + \cos MO \sin \Theta}{\sin NO \cos \Theta - \cos NO \sin \Theta} \Rightarrow$$

$$2\ \text{sh}\ mo\ \text{ch}\ \theta \cos MO \sin \theta = 2\ \text{ch}\ mo\ \text{sh}\ \theta \sin MO \cos \theta \Rightarrow \frac{\text{th}\ \theta}{\text{tg}\ \theta} = \frac{\text{th}\ mo}{\text{tg}\ MO} = \frac{\text{th}\ \frac{mn}{2}}{\text{tg}\ \frac{MN}{2}}$$

$$(7) \qquad \tan \Delta = \frac{\mathrm{th}\,\frac{1}{2}\,mn}{\tan \frac{1}{2}\,MN}.$$ [7]

On arrive ainsi à la conception fondamentale de la théorie des parallèles de Lobatcheffsky, savoir, que *par un point p on peut mener deux droites parallèles à une droite donnée* L, c'est-à-dire, deux droites *qui rencontrent* L *à une distance infinie.*

Des équations (6) et (7) on tire

$$\mathrm{th}\,\theta = \frac{\tan \Theta}{\tan \Delta},$$

de sorte que l'on aura th $\theta < 1$ ou > 1 (et par suite θ réel ou imaginaire), suivant que Θ sera $< \Delta$ ou $> \Delta$. Il suit de là que toute droite Ω, menée par le point p, et comprise dans l'angle 2Δ, rencontrera la droite L en un point ω, à une distance *finie* de o, donnée par l'équation

$$(9) \qquad \theta = \frac{1}{2k} \log \frac{\tan \Delta + \tan \Theta}{\tan \Delta - \tan \Theta};$$

et toute droite Ω, menée par p *en dehors* de l'angle 2Δ, rencontrera la ligne L en un point situé à une distance *idéale* de o, ayant pour expression

$$(10) \qquad \theta = \frac{1}{2k} \log \frac{\tan \Delta + \tan \Theta}{\tan \Theta - \tan \Delta} + i\,\frac{\pi}{2k}.$$ [8]

Les deux parallèles menées par le point p à la droite L (et la rencontrant à une distance *infinie*) marquent le passage des droites menées par p qui rencontrent L en des points situés à une distance *finie*, à celles qui rencontrent L en des

7 Si θ tend vers l'infini, th θ tend vers 1 et tan Θ tend vers $\dfrac{\mathrm{tg}\,\frac{MN}{2}}{\mathrm{th}\,\frac{mn}{2}}$.

8 Le passage aux égalités (9) et (10) mérite d'être justifié. Pour Battaglini, les fonctions hyperboliques sont définies «relativement à une base k». Ainsi

$$\mathrm{th}\,z = \frac{\mathrm{sh}\,z}{\mathrm{ch}\,z} = \frac{e^{kz} - e^{-kz}}{e^{kz} + e^{-kz}}.$$

On a donc: $\dfrac{\tan \Theta}{\tan \Delta} = \mathrm{th}\,\theta \Rightarrow \dfrac{\tan \Theta}{\tan \Delta} = \dfrac{e^{k\theta} - e^{-k\theta}}{e^{k\theta} + e^{-k\theta}} = \dfrac{e^{2k\theta} - 1}{e^{2k\theta} + 1} \Rightarrow \tan \Theta\,(e^{2k\theta} + 1) =$

$$\tan \Delta\,(e^{2k\theta} - 1) \Rightarrow e^{2k\theta} = \frac{\tan \Delta + \tan \Theta}{\tan \Delta - \tan \Theta}$$

On en déduit alors les égalités (9) ou (10) selon que $\tan \Delta - \tan \Theta$ est positif ou négatif.

points situés à une distance *idéale*. Nous considérerons les points de rencontre idéaux des droites Ω avec la droite L comme *des points de la droite situés au delà de l'infini*. (1867, traduction de Houël, 1868, pp. 216-217)

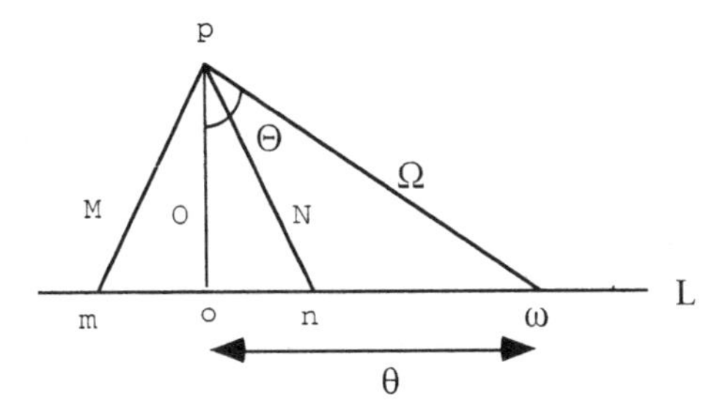

La fin de cet extrait est importante car c'est là qu'apparaît pour la première fois la notion de point idéal. On sait depuis Desargues (1639) que l'espace affine euclidien peut être complété par des points à l'infini de manière à ce que deux droites parallèles se coupent en un tel point. S'il est encore possible de dire, dans le cas non euclidien, que deux droites parallèles se coupent à l'infini, il faut en revanche considérer un nouveau type de points si l'on veut pouvoir dire que deux droites divergentes se coupent aussi en un point; ce sont précisément les points idéaux introduits ici de manière abstraite par Battaglini. Beltrami et Klein reprendront ce concept et montreront que, dans leur interprétation du plan non euclidien, ces points sont représentés par les points situés à l'extérieur du cercle limite[9].

Battaglini démontre un résultat important concernant ces points:

Nous remarquerons, en attendant, que, pour les diverses positions du point p sur la droite O perpendiculaire à la droite fixe L, toutes les droites Ω pour lesquelles le rapport

$$\frac{\text{tang } \Theta}{\text{tang } \Delta}$$

a une valeur déterminée (inférieure, égale ou supérieure à l'unité) rencontreront L en un même point (à une distance finie, infinie ou idéale), déterminé par l'équation (8); et *vice versa*. Toutes les droites correspondantes à

$$\frac{\text{tang } \Theta}{\text{tang } \Delta} = \infty,$$

c'est-à-dire toutes les droites perpendiculaires à O rencontreront L au point idéal déterminé par $\theta = i\,\frac{\pi}{2k}$. [...].

9 Cf. chapitres 8 et 10.

Le point idéal où concourent les perpendiculaires à une même droite (et qui est à la distance $i\frac{\pi}{2k}$ de tous les points de cette droite) sera dit le *pôle* de cette droite. (*ibidem*, pp. 218-219)

La figure ci-dessous illustre, dans l'interprétation de Klein[10], le raisonnement de Battaglini. Dans cette interprétation, le plan non euclidien est représenté par l'intérieur du cercle γ; le point l est le pôle de la droite O relativement à γ; les droites L, Ω et Ω' sont des perpendiculaires non euclidiennes à la droite O; elles concourent en l.

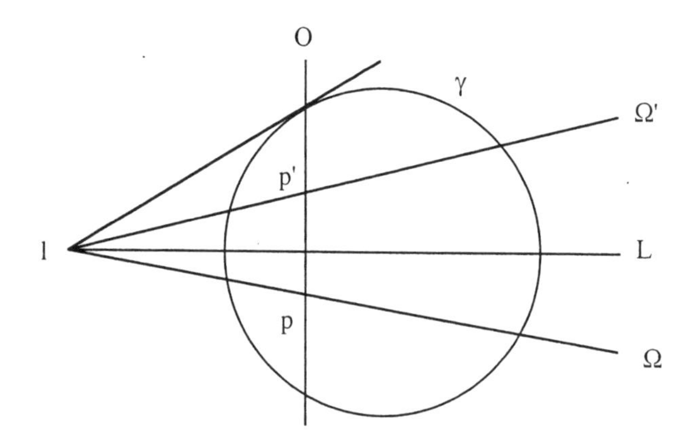

Il est étonnant de voir Battaglini parler de «pôle» alors qu'il ne se réfère pas explicitement à un cercle. Ce n'est probablement pas un hasard. Une lettre à Houël du 21 mai 1867 montre en effet qu'il connaissait les métriques projectives de Cayley et avait remarqué leur lien avec la géométrie non euclidienne:

Il m'est réussi (avec des principes de Géométrie iperbolique) à établir directement les relations données par Lobatschewsky entre les angles et les côtés d'un triangle rectiligne; on peut même arriver à ces formules en suivant la méthode de Cayley (*Sixth Mémoir on Quantics*, Philos. Trans.) pour établir les relations métriques du continu à deux dimensions, en supposant (lorsque on parle du plan) que l'*Absolu* soit une forme quadratique *quelconque*, tandis que dans la

10 Cette interprétation sera présentée au chapitre 10.

> Géométrie euclidienne, cette forme se décompose en deux facteurs linéaires. J'espère le mois prochain pouvoir communiquer mes recherches à l'Académie des Sciences de Naples. (AAS, *Dossier Houël* et Calleri et Giacardi, 1996a, pp. 63-64)

L'article annoncé ici est consacré aux formes quadratiques ternaires (1870). Battaglini y redonne la définition des métriques projectives de Cayley[11]. Il n'établit cependant pas de lien explicite avec la géométrie non euclidienne. L'existence de cette géométrie et les noms de Bolyai et Lobatchevski sont seulement mentionnés dans une courte note en fin d'article. Il serait instructif de savoir si Klein connaissait cet article. Le fait que les noms de Cayley, Bolyai et Lobatchevski apparaissent en même temps pourrait lui avoir suggéré le lien entre les deux théories. On remarquera que dans cette lettre Battaglini anticipe sur Klein en parlant de «géométrie hyperbolique». Il est difficile de dire si ce dernier a repris ce terme chez son prédécesseur. On notera quand même que dans son premier article sur la géométrie non euclidienne, Klein se réfère explicitement à Battaglini lorsqu'il introduit le concept de «point idéal» et observe que les perpendiculaires à une droite sont concourantes au pôle de cette droite relativement à la conique fondamentale[12].

L'introduction des points idéaux permet à Battaglini de distinguer trois types de «cercles», suivant que le centre est à distance finie, infinie ou idéale. Ils ont les propriétés suivantes:

> Tous les points du cercle sont équidistants non seulement du centre, mais encore de la droite dont ce centre est le pôle. Cette droite se trouve à une distance idéale, infinie ou finie, suivant que le centre se trouve à une distance finie, infinie ou idéale. (1867, traduction de Houël, 1868, p. 272)

Dans le cas où le centre est idéal, le cercle est une paire d'équidistantes à la polaire du centre; dans le cas où le centre est à l'infini, le cercle est un horicycle. Ces résultats seront repris par Beltrami[13].

Relevons pour terminer que Battaglini essaie aussi dans son article d'établir des relations trigonométriques dans le triangle. Ses preuves ne sont cependant pas rigoureuses.

11 Cf. chapitre 10, § 1.
12 Klein (1871b-1921, p. 290).
13 Cf. chapitre 8, § 2. Dans son mémoire, Beltrami se réfère à l'article de Battaglini (Beltrami, 1868a, p. 300).

Deuxième partie

Deux découvreurs tardifs de la géométrie non euclidienne

Introduction

Les *Etudes de mécanique abstraite* de Joseph-Marie De Tilly (1870a) et les *Etudes analytiques sur la théorie des parallèles* de Camille Flye Sainte-Marie (1871) sont les ouvrages de géométrie non euclidienne les plus importants publiés durant les premières années de renaissance. Ils ont plusieurs points communs qui justifient leur traitement en parallèle:

1) S'ils ont été publiés après la redécouverte de Bolyai et Lobatchevski, l'essentiel des recherches correspondantes a été effectué dans l'ignorance des travaux de ces géomètres.
2) De Tilly et Flye Sainte-Marie abordent la géométrie non euclidienne d'une autre manière que leurs prédécesseurs; ils établissent en particulier la trigonométrie par une méthode plane accordant une large place à des raisonnements infinitésimaux. Rappelons que Bolyai et Lobatchevski ont utilisé la propriété de l'horisphère d'avoir une géométrie intrinsèque euclidienne pour établir la trigonométrie non euclidienne. Leur méthode nécessite donc un passage par l'espace.

De Tilly et Flye Sainte-Marie ont aussi réfléchi au problème de la non-contradiction de la géométrie non euclidienne et à celui de l'indémontrabilité du postulatum. Dans ses *Etudes analytiques*, Flye Sainte-Marie a tenté d'établir ce résultat en donnant une interprétation algébrique de la géométrie; l'état encore très rudimentaire de l'axiomatique à cette époque ne lui a pas permis d'aboutir à une solution satisfaisante. De Tilly de son côté a d'abord essayé de résoudre ce problème en reprenant une méthode due à Houël, elle-même fondée sur les travaux de Beltrami. Cette première preuve est incomplète. Ce sont des résultats contenus dans les *Etudes analytiques* de Flye Sainte-Marie qui le conduiront à découvrir une nouvelle interprétation de la géométrie non euclidienne, différente de celle de Beltrami. Il l'utilisera pour établir de façon claire la non-contradiction de cette géométrie ainsi que l'indémontrabilité du postulatum. Il en sera question au chapitre 9.

Chapitre 6

Etudes de mécanique abstraite de De Tilly

§ 1 Historique de l'ouvrage

Joseph-Marie De Tilly accomplit sa carrière dans l'armée belge. Il occupa différents postes d'enseignement. Il s'intéressa très tôt au problème des parallèles et publia, dès sa sortie de l'Ecole militaire, un petit opuscule intitulé *Recherches sur les éléments de la géométrie* (1860). En dépit de plusieurs tentatives auprès de différentes bibliothèques, je n'ai pas réussi à me procurer cet ouvrage; nous savons cependant par Mansion et par Genocchi que De Tilly tentait d'améliorer les démonstrations de Legendre et proposait lui-même une démonstration du postulatum[1]. Comme ses prédécesseurs Bolyai et Lobatchevski, De Tilly commença donc par chercher une démonstration de ce postulat. L'introduction des *Etudes de mécanique abstraite*[2] montre qu'il dut assez vite arriver à la conclusion qu'il était indémontrable et qu'il fallait plutôt essayer d'examiner quelles étaient les conséquences de sa négation:

1 Mansion donne les renseignements suivants au sujet du premier ouvrage de De Tilly: «C'est alors, vers 1860, que M. De Tilly entre dans la carrière, par ses *Recherches sur les Eléments de la Géométrie*, où il signale toutes les imperfections et les lacunes des *Eléments* de Legendre et où il essaie de les faire disparaître ou de les combler. [...] Il montre très bien le point faible de la démonstration [du postulatum] que Legendre en donne, et en propose lui-même une nouvelle en la basant sur un postulat aussi admissible que celui que Legendre admet implicitement. Le postulat de M. De Tilly est le suivant: Il existe un minimum différent de zéro pour la valeur de l'angle d'un triangle équilatéral quelque grands que soient les côtés.» (1895a, p. 3) Ce résultat est faux en géométrie non euclidienne; il existe des triangles équilatéraux dont la somme des angles est inférieure à n'importe quelle valeur $\varepsilon > 0$ donnée.
La «démonstration» de De Tilly est aussi mentionnée dans un mémoire de Genocchi (1869, p. 181).

2 De Tilly présenta son mémoire à la Classe des Sciences de l'Académie royale de Belgique le 1er août 1868.

> J'avais établi, après plusieurs années de travail, les principes fondamentaux d'une géométrie abstraite, basée sur la négation de l'axiome XI d'Euclide*, qui, à mes yeux, et en tant que vérité absolue, ne repose sur rien. J'avais tiré de ces principes des déductions fort curieuses et je comptais les présenter au jugement des savants lorsque, il y a à peu près une année, je lus, dans le tome XVII du *Journal de Crelle*, un mémoire de Lobatschewsky, intitulé: *Géométrie imaginaire*[3], dans lequel je retrouvai mes formules fondamentales[4], sans démonstration, mais suivies de déductions qui, en certains points, étaient poussées bien plus loin que les miennes. Plus tard, je trouvai dans un autre mémoire du même auteur** la démonstration de ces formules fondamentales, très différente de la mienne, mais tout aussi exacte, et en même temps l'indication d'autres ouvrages traitant du même sujet.
> Je perdis ainsi la priorité de mes découvertes et je pus me convaincre que les travaux exécutés avant moi suffisent, et au delà, pour faire présumer que la nouvelle hypothèse qui sert de base à la géométrie abstraite ou imaginaire ne peut conduire à aucune conséquence en opposition avec la logique, ce qui permet de la considérer comme possible aussi bien que celle d'Euclide; car l'expérience ne peut ici servir à rien, les erreurs inhérentes à toute expérience humaine étant bien supérieures à la différence qui devrait exister entre les résultats dans les deux géométries. Pour cette raison, et bien que je sois arrivé à quelques faits remarquables dans la géométrie abstraite proprement dite, je n'insisterai pas sur cette partie, parce qu'il ne s'agit, dans l'état actuel de la science, que d'établir la possibilité de l'hypothèse et qu'elle me paraît suffisamment établie en géométrie pure. Mais il faut aussi que cette même hypothèse, transportée dans la mécanique rationnelle, permette d'édifier cette science sans aucune contradiction. Je m'en suis occupé depuis longtemps et je crois que, dans cette partie au moins, la priorité me reste. (1870a, pp. 3-4)
>
> * Souvent appelé *postulatum d'Euclide*
> ** *Etudes géométriques sur la théorie des parallèles*

Plusieurs points méritent d'êtres relevés dans ce récit. Il y a au départ un présupposé épistémologique fondamental: le postulatum n'est pas une vérité «absolue»; c'est cette conviction qui a conduit De Tilly à envisager la possibilité d'une géométrie fondée sur la négation de ce postulat. A partir de cette hypothèse, il a développé une géométrie qui lui a paru «curieuse» jusqu'au jour où il a découvert les travaux de Lobatchevski. Il a trouvé là une confirmation du bien-fondé de ses recherches. Pour De Tilly, l'absence de contradictions dans ses calculs ainsi que dans ceux de Lobatchevski constitue un indice sérieux de la

3 Nous avons déjà rencontré ce mémoire cité par Cayley (cf. chapitre 3).
4 Je montrerai au § 2.5 quelles sont ces formules.

non-contradiction de la géométrie non euclidienne. Cette non-contradiction n'apparaît cependant pas comme certaine puisqu'il utilise le terme «présumer». La possibilité de construire une mécanique non euclidienne constitue une raison supplémentaire de croire à cette non-contradiction. Dans la suite de l'introduction, il insiste sur le fait qu'en établissant la mécanique, il n'a trouvé que des «vérifications nouvelles»[5].

Dans ce texte, De Tilly se montre avant tout préoccupé d'établir la possibilité logique de la nouvelle géométrie, qu'il distingue clairement de sa validité expérimentale. Cela ne l'empêche cependant pas de songer aux applications éventuelles. Ce point est traité en note. En voici le début:

> Je veux dire qu'actuellement la géométrie abstraite est purement spéculative et ne peut avoir aucune application pratique, car l'expérience n'a jamais montré, dans la somme des angles d'un triangle rectiligne, la moindre déviation de deux angles droits. Mais rien ne dit qu'elle n'aura jamais d'applications. Il peut s'en présenter dans deux ordres d'idées différents:
>
> 1° Comme moyen d'intégration. Voir les applications de Lobatschewsky dans ce sens (*Journal de Crelle*, 1837). [...][6]
>
> 2° Il se peut qu'en astronomie ou en mécanique céleste on en vienne un jour à raisonner sur des figures très grandes dans lesquelles la géométrie et la mécanique ordinaire ne seraient plus applicables. (*ibidem*, p. 4)

Les deux premiers paragraphes reprennent des affirmations de Lobatchevski[7]. De Tilly voit cependant plus loin que son prédécesseur en envisageant que la physique ait une fois besoin de la géométrie non euclidienne. Il anticipe de plus sur Poincaré en remarquant à la fin de sa note que les preuves astronomiques du postulatum supposent que la lumière se déplace en ligne droite[8]. Il juge cependant ce problème «en dehors de ses études»[9].

5 De Tilly (1870a, p. 5).

6 Dans sa *Géométrie imaginaire* (1837), Lobatchevski calcule par intégration et de différentes manières des volumes dans l'espace non euclidien; il parvient ainsi à trouver la valeur de certaines intégrales.

7 Lobatchevski (1837, p. 302).

8 Cf. chapitre 15, § 2.

9 De Tilly (1870a, p. 4).

Plusieurs éléments du récit fait par De Tilly dans son introduction réapparaissent dans les lignes suivantes, extraites d'une *Note sur la théorie des parallèles* figurant dans sa correspondance avec Houël[10]:

> Bien que j'aie écrit sur la géométrie abstraite, je ne suis pas un de ceux que Lobatschewsky a «entraînés» à sa suite. J'avais trouvé, par une méthode spéciale, indiquée dans mon mémoire, toutes les formules fondamentales de la géométrie nouvelle avant de connaître même le nom du savant géomètre russe et avant de savoir qu'aucun géomètre eût douté du postulatum. Mais je dois avouer qu'à cette époque je n'en doutais pas moi-même et j'espérais encore trouver une contradiction dans mes formules. La lecture des travaux de Lobatschewsky figea seulement mon opinion sur l'inanité de cet espoir, sans m'apprendre rien de nouveau en ce qui concernait les formules principales. Je conserve, dans mon mémoire, la méthode qui m'avait conduit à ces formules, bien que les formules mêmes ne m'appartiennent pas comme je l'avais cru d'abord. 1° parce qu'elle est radicalement différente de celle de Lobatschewsky et n'emploie que la géométrie et la cinématique planes, alors que celle du géomètre russe s'appuie sur la géométrie de l'espace et même sur l'étude d'une surface nouvelle, l'horisphère. 2° parce qu'elle se résume en un petit nombre de résultats faciles à retenir et à appliquer dans une figure quelconque. 3° parce qu'elle me paraît se prêter mieux aux applications mécaniques. [...]
> Or si j'ai perdu la priorité dans la Géométrie, elle me reste, je pense, dans la Mécanique, et c'est là l'objet principal du Mémoire que j'ai l'honneur de joindre à cette Note. (AAS, *Dossier Houël*)

Les deux premières phrases justifient l'appellation de «découvreur tardif». Ce texte donne une version un peu différente du rôle joué par le géomètre russe et nous montre un De Tilly moins sûr de son chemin. La seconde partie a le mérite de mettre en évidence la différence «radicale» des méthodes. Au contraire de ses prédécesseurs, De Tilly raisonne uniquement dans le plan et fait appel à la fois à des considérations géométriques et cinématiques. On notera enfin que la mécanique constitue pour lui le point le plus important de ses recherches. S'il donne un exposé de géométrie non euclidienne en conservant sa méthode, c'est avant tout dans le but de pouvoir établir la mécanique, puisque c'est là qu'il peut encore réclamer la priorité. Il n'hésite d'ailleurs pas à affirmer au début de son mémoire que celui qui connaît

10 Cette note fait suite à une lettre de De Tilly à Houël du 20 avril 1870.

Lobatchevski peut sauter la première partie, qui ne constitue que des préliminaires, et passer directement à la mécanique[11].

Je citerai pour terminer les dernières lignes de l'introduction:

> Libre à lui [le lecteur] de considérer tous les résultats obtenus dans l'hypothèse nouvelle comme de simples jeux d'analyse qui, même avec cette portée restreinte, ne lui sembleront pas, j'espère, indignes de son attention. Tout ce que je lui demande, c'est d'entrer provisoirement, et pour le temps que durera la lecture du mémoire, dans l'idée de Lobatschewsky et dans la mienne, sauf à la rejeter après, s'il ne la trouve pas suffisamment étayée.
> Mais si le lecteur refusait d'entrer, même provisoirement, dans cette idée; si, partageant une manière de voir qui est encore assez répandue parmi les géomètres, il déclarait, *a priori*, impossible et absurde une hypothèse que Gauss a adoptée et maintenue pendant soixante ans, il ne me resterait qu'à le prier de s'arrêter ici et de ne pas continuer la lecture d'un mémoire qui ne renferme rien de compréhensible pour lui. (1870a, p. 6)

Le statut ontologique de la géométrie non euclidienne est mal défini et l'on ne sait pas si elle mérite le nom de géométrie ou si elle doit être considérée comme de l'analyse, c'est-à-dire comme une théorie abstraite sans rapport avec la réalité. L'hypothèse non euclidienne est de plus loin d'être acceptée, même dans les milieux spécialisés (les géomètres).

§ 2 Analyse de la partie mathématique

Les *Etudes de mécanique abstraite* comportent cinq parties; dans la première, De Tilly établit à partir de considérations cinématiques des relations de trigonométrie non euclidienne; dans la deuxième, il donne quelques compléments mathématiques. Dans les trois dernières, il étudie successivement la cinématique, la statique et la dynamique non euclidienne. J'examinerai en détail la première partie qui, du point de vue mathématique, est la plus importante. Je donnerai dans le paragraphe suivant deux exemples d'application à la mécanique non euclidienne.

11 De Tilly (1870a, pp. 6-7).

2.1 Le point de vue cinématique

De Tilly introduit deux notions: le cosinus et le sinus «cinématiques»:

> Voici comment j'établissais les bases de la géométrie abstraite avant de savoir que d'autres eussent déjà traité cette question:
>
> *Trigonométrie cinématique.* – Je considère un point M animé à la fois de deux vitesses rectangulaires[12], v et v′; soit u, en direction et en grandeur, la vitesse unique qui doit nécessairement en résulter pour le point mobile: on pourra, réciproquement, décomposer la vitesse u suivant v et v′; et il est évident que ces deux quantités sont les seules composantes possibles de la vitesse u suivant les deux directions assignées; il est évident aussi que si l'on doublait u, ses composantes seraient doublées et, en général, que les composantes de ku suivant les directions assignées seraient kv et kv′ (k étant un nombre entier); réciproquement, les composantes de $\frac{u}{k'}$ seraient $\frac{v}{k'}$ et $\frac{v'}{k'}$, et, en combinant ces deux résultats, on voit que les composantes de $\frac{ku}{k'}$ seraient $\frac{kv}{k'}$ et $\frac{kv'}{k'}$, k et k′ étant entiers; du coefficient commensurable on passerait à l'incommensurable par un raisonnement connu; ainsi donc, quelle que soit la quantité k, la vitesse ku aurait pour composantes kv et kv′ suivant les directions données. J'appellerai cosinus cinématique de l'angle α la quantité constante $\frac{v}{u}$ par laquelle il faut multiplier une vitesse quelconque ku dirigée suivant l'un des côtés de cet angle pour obtenir sa composante kv suivant l'autre côté, lorsque la seconde composante passe par le sommet de l'angle et qu'elle est perpendiculaire à la première.
>
> J'appellerai sinus cinématique d'un angle le cosinus de son complément. (*ibidem*, pp. 7-8)

De Tilly expose ensuite une méthode fonctionnelle permettant d'établir l'identité des fonctions trigonométriques cinématiques et des fonctions trigonométriques usuelles. Il ne fait cependant qu'esquisser la marche à suivre et ses raisonnements devraient être complétés. En repérant la décomposition d'une vitesse u dans différents systèmes d'axes, il établit tout d'abord les égalités suivantes:

$$\sin^2\alpha + \cos^2\alpha = 1 \qquad (1)$$
$$\sin(\alpha+\beta) = \sin\alpha\cos\beta + \sin\beta\cos\alpha \qquad (2)$$
$$\cos(\alpha+\beta) = \cos\alpha\cos\beta - \sin\alpha\sin\beta \qquad (3)$$
$$\sin 2\alpha = 2\sin\alpha\cos\alpha \qquad (4)$$
$$\cos 2\alpha = \cos^2\alpha - \sin^2\alpha = 1 - 2\sin^2\alpha \qquad (5)$$

12 Il s'agit de deux vitesses orthogonales.

Pour un angle α infiniment petit, le cosinus cinématique ne diffère de l'unité que d'un infiniment petit; ainsi, pour un tel angle, on a $\sin 2\alpha = 2 \sin \alpha$. De Tilly généralise ce résultat et démontre que l'on a $\sin K\alpha = K \sin \alpha$ pour un angle α infiniment petit[13]. Ces différents résultats l'amènent aux conclusions suivantes:

> Je pose $\sin \alpha = \frac{\pi\alpha}{2}$ (6)[14], α étant exprimé en fonction de l'angle droit, pris comme unité; j'aurai, dans l'infiniment petit, $\sin K\alpha = \frac{K\pi\alpha}{2} = \frac{\pi K\alpha}{2}$; ainsi la quantité π est une constante dans l'équation (6) et j'écrirai $\sin d\alpha = \frac{\pi d\alpha}{2}$ (7). Partant de la relation $\sin 1^d = 1$, on pourrait, par l'équation
>
> $$\sin 2\alpha = 2\sin \alpha \cos \alpha = 2\sin \alpha \sqrt{1 - \sin^2\alpha}$$
>
> résolue par rapport à $\sin \alpha$, trouver $\sin 45°$ et descendre, par la même formule, jusqu'à un angle très petit. On trouverait ainsi, par approximation, $\pi = 3{,}1415926...$ J'observe encore que, du sinus très petit que l'on aurait trouvé, on pourrait déduire le cosinus par la formule $\sin^2\alpha + \cos^2\alpha = 1$, puis au moyen des formules $\sin(\alpha+\beta)$ et $\cos(\alpha+\beta)$ trouver les lignes trigonométriques d'une série d'angles formant une progression arithmétique dont la raison serait très faible et construire, par conséquent, une table complète des lignes trigonométriques cinématiques. D'après les bases mêmes sur lesquelles repose cette construction de la table, il est évident qu'elle ne différerait en rien des tables construites d'après les définitions ordinaires des lignes trigonométriques. (*ibidem*, p. 10)

De Tilly achève l'étude des propriétés du sinus et du cosinus cinématiques en démontrant que

$$d \sin x = \frac{\pi}{2} \cos x \, dx \text{ et que } d \cos x = - \frac{\pi}{2} \sin x \, dx.$$

Partant de l'hypothèse que les composantes d'une vitesse dans un système d'axes perpendiculaires sont proportionnelles à celle-ci, De Tilly démontre donc que, au point de vue analytique, la loi de composition de deux vitesses concourantes est indépendante du postulatum. On prendra néanmoins garde au fait que, dans l'hypothèse non eucli-

13 La «rigueur weierstrassienne», et même celle de Cauchy, commence à peine à produire ses effets à cette époque et les raisonnements avec des infiniment petits sont encore fréquents. D'autres exemples seront donnés au chapitre suivant chez Flye Sainte-Marie.

14 L'angle α est supposé infiniment petit.

dienne, les composantes v et v′ de la vitesse u ne sont pas égales à la projection de u sur les axes.

La méthode suivie par De Tilly évoque des recherches analogues entreprises un siècle plus tôt par Daviet de Foncenex[15] et d'Alembert à propos de la composition des forces et, plus généralement, de celle des vecteurs. Rien ne permet de dire si ces recherches eurent une influence sur De Tilly; il vaut cependant la peine d'en dire quelques mots[16].

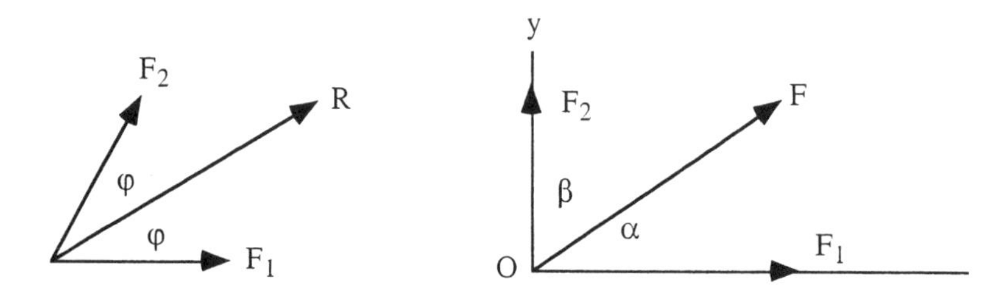

Dans son mémoire (1761), Daviet de Foncenex considère deux forces concourantes F_1 et F_2 de même intensité P formant un angle 2φ. A l'instar de De Tilly, il suppose que la résultante R est proportionnelle à P[17]; il admet aussi qu'elle partage l'angle 2φ en deux. Il peut donc écrire: $R = P\, f(\varphi)$. Il calcule la valeur de la fonction f de deux manières, à l'aide d'une équation différentielle et d'une équation aux différences finies, et arrive au résultat suivant: $f(\varphi) = 2\cos\varphi$.

L'originalité de la méthode de Daviet de Foncenex réside dans l'introduction de la fonction f et dans le traitement fonctionnel du

15 François Daviet de Foncenex (1733-1799) accomplit une carrière militaire au sein de l'armée savoyarde. Membre de l'Académie de Turin, il fut un élève et un ami de Lagrange.

16 D'Alembert s'est penché à plusieurs reprises sur ce sujet; ses recherches, ainsi que celles de Daviet Foncenex, ont été analysées par Jean Dhombres et Patricia Radelet-de Grave (1991). Auparavant, le mémoire de Daviet de Foncenex avait déjà fait l'objet de deux études de Genocchi (1869) et (1877); il en sera encore question plus loin. Une démonstration moderne de la loi de composition de deux vecteurs par une méthode fonctionnelle est donnée dans le livre de János Aczél et Jean Dhombres (1989, pp. 2-8).

17 Nous avons vu que, dans le cas des vitesses, De Tilly jugeait ce résultat évident. C'est aussi l'avis de Daviet de Foncenex. La démonstration d'Aczél et Dhombres montre que cette hypothèse n'est en fait pas nécessaire.

problème. Il généralise le résultat précédent et démontre, à l'aide d'un raisonnement géométrique indépendant du postulatum, qu'une force F peut être considérée comme la résultante de deux forces perpendiculaires F_1 et F_2 d'intensité $F\cos\alpha$ et $F\cos\beta$. Il relève que la même méthode est applicable dans le cas de la composition des vitesses[18].

Dans un mémoire postérieur de quelques années (1769) d'Alembert introduit aussi la fonction f et calcule sa valeur en résolvant une équation fonctionnelle[19]; toujours par un raisonnement fonctionnel, il démontre la loi de composition dans le cas général.

La définition du cosinus cinématique fit l'objet d'une discussion dans la correspondance entre Houël et De Tilly. Houël ne comprit d'abord pas le point de vue de De Tilly et craignit que ce dernier n'ait utilisé de façon inconsciente le principe de similitude, piège dans lequel plus d'un démonstrateur du postulatum était déjà tombé. Dans une lettre à De Tilly du 25 juin 1870, il écrit:

> J'ai commencé la lecture de votre brochure sur la *géométrie abstraite*. Il y a au début une petite difficulté qui m'a un peu arrêté, et dont je vous demanderai l'explication. v et v′ étant les composantes rectangulaires de la vitesse u, vous admettez que kv et kv′ seront celles de la vitesse ku. Mais n'est-ce pas là admettre le principe de similitude en cinématique, tandis qu'en géométrie on sait que ce principe est absolument équivalent au principe des parallèles? (AAS, *Dossier Houël*)

Dans sa réponse, datée du 29 juin 1870, De Tilly écarte cette objection. Il explique que si son principe a une analogie avec la similitude, ce n'est qu'avec la similitude dans un domaine infiniment petit. Il conclut en donnant un argument qui constitue une sorte de preuve par l'absurde:

> Du reste, permettez-moi de vous faire observer encore combien il est peu probable qu'en un point quelconque de mon mémoire j'admette quelque chose *de trop*. Si je prétendais démontrer le postulatum, c'est alors surtout qu'il y aurait lieu d'examiner scrupuleusement si nulle part je ne l'introduis d'avance sous une forme déguisée; mais l'introduire implicitement dans les prémisses, sans parvenir à le faire apparaître dans les conclusions serait une double maladresse. (AAS, *Dossier Houël*)

18 Daviet de Foncenex (1761, p. 314).

19 Il s'agit de la célèbre équation $f(x)f(y) = f(x-y) + f(x+y)$.

Le point de vue cinématique apparaît aussi dans la définition d'une courbe adoptée par De Tilly dans son mémoire:

> Une courbe est la trace d'un point qui glisse sur une droite mobile, qui est la tangente, pendant que cette droite tourne autour de lui. (1870a, p. 11)

Cette définition est due à Lamarle[20]. Il faut y ajouter la remarque suivante, indispensable pour comprendre les raisonnements de De Tilly:

> Comme je n'aurai à considérer que des courbes uniformes, je pourrai admettre l'uniformité de vitesse de glissement pour le point décrivant, ainsi que l'uniformité de vitesse de rotation pour la tangente; alors cette vitesse de rotation déterminera l'angle décrit par la tangente en un temps donné[21]. La vitesse angulaire de rotation est la vitesse qu'aurait un point situé à 1^m [1 mètre] de distance du centre instantané. (*ibidem*, p. 12)

Dans ce qui suit, les seules «courbes uniformes» considérées par De Tilly sont le cercle et l'équidistante.

2.2 Equidistante et circonférence

L'introduction de la fonction «équidistante» constitue un autre trait original du mémoire de De Tilly. L'équidistante apparaît souvent dans l'histoire de la géométrie non euclidienne et plusieurs chercheurs ont

20 Ernest Lamarle (1806-1875) fut professeur à l'Université de Gand. Il donne cette définition dans un article (1856, p. 413) ainsi que dans un *Exposé géométrique du calcul différentiel et intégral* (1861, p. 7) fondé sur des considérations cinématiques. L'utilisation de la cinématique pour fonder l'analyse apparaît déjà chez Roberval et Newton. La méthode de Lamarle est cependant originale et mériterait une étude détaillée.

21 De Tilly signale avec raison que cet angle n'est égal à l'angle des deux tangentes extrêmes que dans l'hypothèse euclidienne. L'erreur a été commise par le mathématicien Bernhard Friedrich Thibaut (1775-1832) dans un manuel de géométrie publié en 1809. Thibaut s'est fondé sur cette fausse hypothèse pour essayer de démontrer le postulatum. Sa «démonstration» eut un certain succès au XIXe siècle et fut reproduite par plusieurs auteurs (cf. Pont, 1984, pp. 240-244). Elle est aussi exposée dans Bonola (1906b-1955, p. 63).

essayé de démontrer le postulatum en prouvant que cette courbe était une droite[22]. Parmi eux figure Lamarle (1856); c'est probablement son article qui attira l'attention de De Tilly sur cette courbe (ce qui prouve aussi qu'il s'intéressa d'abord aux démonstrations du postulatum). Voici ce qu'il dit de cette courbe:

> L'équidistante d'une droite, appelée base, est une ligne située dans un plan passant par cette droite et dont tous les points en sont distants d'une même quantité appelée hauteur; la non-admission de l'axiome XI d'Euclide conduit à admettre que la ligne équidistante d'une droite est, non pas une droite, mais une courbe indéfinie et uniforme (Lamarle, second mémoire cité plus haut). Je ne préjugerai point la question de savoir si l'équidistante est droite ou courbe. (*ibidem*, p. 11)

La dernière ligne distingue Lamarle de De Tilly. Ce dernier poursuit:

> J'appellerai eq a le rapport de la longueur d'une portion d'équidistante de hauteur a à sa base; ce rapport est indépendant de cette base. (*ibidem*, p. 12)

De Tilly introduit également la fonction «circ R» qui représente la circonférence d'un cercle de rayon R[23]. Il établit d'abord trois résultats importants concernant les fonctions eq a et circ R:

(1) $\text{circ}\,2R = 2\,\text{circ}\,R\ \text{eq}\,R$

(2) $d\,\text{circ}\,R = \pi'\,dR\,\dfrac{\text{circ}\,2R}{R}$

(3) $\text{eq}\,(a+b) = \text{eq}\,a\ \text{eq}\,b + \sqrt{(\text{eq}^2 a-1)\,(\text{eq}^2 b-1)}$

Avec des notations modernes l'égalité (2) s'écrirait:

$$(\text{circ}\,R)' = \pi'\,\frac{\text{circ}\,2R}{R}.$$

La signification de la constante π' sera expliquée plus loin. La première et la troisième de ces égalités sont établies à l'aide de raisonnements cinématiques. Voici à titre d'exemple la démonstration de la première:

> Je considère une circonférence de rayon R, engendrée par le point A, glissant sur la tangente avec une vitesse v, tandis que cette tangente tourne autour du

22 Cf. Pont (1984, pp. 29-30 et pp. 200-203).

23 Cette fonction joue aussi un rôle important chez Bolyai; il note o r la circonférence d'un cercle de rayon r (1832, § 18).

point de contact avec une vitesse angulaire ω. Si l'on imagine que la normale ou le rayon AO suive le mouvement de manière à rester toujours perpendiculaire à la tangente au point de contact, le centre O participera aux deux mouvements; or le glissement lui communiquerait une vitesse v eq R, tandis que la rotation lui communiquerait, en sens inverse, une vitesse $\frac{\omega \text{ circ } R}{\text{circ } 1}$.[24]
Comme le point O est immobile, on doit avoir

$$v \text{ eq } R = \omega \frac{\text{circ } R}{\text{circ } 1}, \text{ d'où } \frac{\omega}{v} = \frac{\text{eq } R \text{ circ } 1}{\text{circ } R} \qquad (8)$$

J'examine maintenant la marche du point C situé à une distance 2R du centre. Pour ce point, les deux vitesses sont les mêmes que pour le point O, mais elles s'ajoutent et comme, d'ailleurs, la vitesse totale du point C est $\frac{v \text{ circ } 2R}{\text{circ } R}$, on a

$$\frac{v \text{ circ } 2R}{\text{circ } R} = v \text{ eq } R + \omega \frac{\text{circ } R}{\text{circ } 1}$$

$$\frac{\omega}{v} = \frac{\left(\frac{\text{circ } 2R}{\text{circ } R} - \text{eq } R\right) \text{circ } 1}{\text{circ } R} = \text{circ } 1 \left(\frac{\text{circ } 2R}{\text{circ}^2 R} - \frac{\text{eq } R}{\text{circ } R}\right) \qquad (9)$$

Egalant les valeurs de $\frac{\omega}{v}$ données par les équations (8) et (9), on a

$$\frac{\text{eq } R}{\text{circ } R} = \frac{\text{circ } 2R}{\text{circ}^2 R} - \frac{\text{eq } R}{\text{circ } R} \qquad \text{eq } R = \frac{\text{circ } 2R}{2\text{circ } R} \quad (10)$$ (*ibidem*, pp. 12-13)

En suivant un raisonnement analogue à celui présenté au § 2.1 pour le sinus cinématique, De Tilly établit que pour une quantité dR infiniment petite, on a: circ dR = 2π′ dR où π′ est une constante[25]. Il démontre l'égalité (2) à l'aide de ce résultat et de différents raisonnements cinématiques.

24 Ce raisonnement est repris de Lamarle (1861, p. 10). Ce dernier se place cependant dans l'hypothèse euclidienne; il n'est donc pas nécessaire d'introduire la fonction eq R et le rapport $\frac{\text{circ } R}{\text{circ } 1}$.

25 De Tilly ajoute à propos de cette constante: «Si l'on pouvait déterminer π′ approximativement par des opérations mécaniques, on trouverait π′ = 3,1415926.... ce qui ferait présumer que π′ = π. Je n'aurai pas à me servir de cette propriété qui est démontrée plus loin.» (*ibidem*, p. 16)
De Tilly démontre ultérieurement l'égalité π = π′ en calculant de deux manières différentes l'aire d'un disque (p. 27).

2.3 «Propriétés cinématiques des triangles rectangles»

De Tilly considère un triangle ABC rectangle en A et établit les trois égalités suivantes:

$$(4)\quad \text{circ } b = \text{circ } a \sin B$$

$$(5)\quad \text{eq } c = \frac{\cos C}{\sin B}$$

$$(6)\quad \text{eq } a = \cot B \cot C = \text{eq } b \text{ eq } c$$

Voici la démonstration de la première:

> Je considère un triangle rectangle ABC et j'imagine que ce triangle tourne autour du point C avec une vitesse angulaire ω; la vitesse absolue du point A sera $\frac{\omega \text{ circ } b}{\text{circ } 1}$ et sera dirigée suivant AB; la vitesse absolue du point B sera $\frac{\omega \text{ circ } a}{\text{circ } 1}$ et sa composante suivant AB sera $\frac{\omega \text{ circ } a}{\text{circ } 1}$ sin B; comme la ligne AB doit conserver sa longueur, on doit avoir $\frac{\omega \text{ circ } b}{\text{circ } 1} = \frac{\omega \text{ circ } a}{\text{circ } 1}$ sin B ou circ b = circ a sin B. (*ibidem*, p. 18)

La deuxième de ces égalités se démontre de manière analogue, en supposant cette fois que le triangle ABC glisse le long de la droite AC; le point B décrit alors une équidistante. De Tilly établit la troisième en combinant les deux premières et l'égalité (3).

Les raisonnements de De Tilly sont indépendants du postulatum. Les propriétés cinématiques des triangles rectangles constituent donc des résultats de géométrie absolue. L'égalité (4) n'est autre que le théorème du sinus pour un triangle ABC rectangle en A. Ce théorème est énoncé au § 25 de l'*Appendix* de Bolyai sous la forme suivante: o AC : o BC = 1 : sin CAB. Bolyai signale sans démonstration qu'il se généralise au cas d'un triangle quelconque

2.4 Génération de la circonférence par rotation et glissement

Les égalités (1), (2) et (3) expriment des relations fonctionnelles entre circ R, circ 2R et eq R mais ne font pas intervenir la valeur R elle-même. L'étape suivante consiste donc à calculer circ R et eq R en fonction de R. Pour y parvenir, De Tilly utilise la relation (6). Il considère à nouveau un cercle engendré cinématiquement:

> J'imagine qu'une circonférence de rayon R soit engendrée par le point B, tournant autour du point A, en même temps qu'il glisse sur AB. Soit α l'angle variable AOB; β l'angle variable BAO; ρ la distance variable AB. Quand l'angle α augmente de $d\alpha$, le point B avance, sur la circonférence, de $\frac{d\alpha}{4^d}$ circ R et la variation de AB ou ρ sera la composante de cette valeur dans la direction AB; donc $d\rho = \frac{d\alpha}{4^d}$ circ R sin β.
>
> Mais le triangle AOD donne eq R = cot β cot $\frac{\alpha}{2}$. Pour simplifier, je poserai eq R = R'; alors $R' = \cot\beta \cot\frac{\alpha}{2}$
>
> $$\cot\beta = \frac{R'}{\cot\frac{\alpha}{2}} = R' \operatorname{tg}\frac{\alpha}{2}; \qquad \sin\beta = \frac{1}{\sqrt{1 + R'^2 (\operatorname{tg}\frac{\alpha}{2})^2}}$$
>
> $$d\rho = \frac{d\alpha \text{ circ R}}{4\sqrt{1 + R'^2 (\operatorname{tg}\frac{\alpha}{2})^2}} = \frac{\text{circ R}}{2} \frac{d\frac{\alpha}{2}}{\sqrt{1 + R'^2 (\operatorname{tg}\frac{\alpha}{2})^2}}$$
>
> (*ibidem*, pp. 21-22)

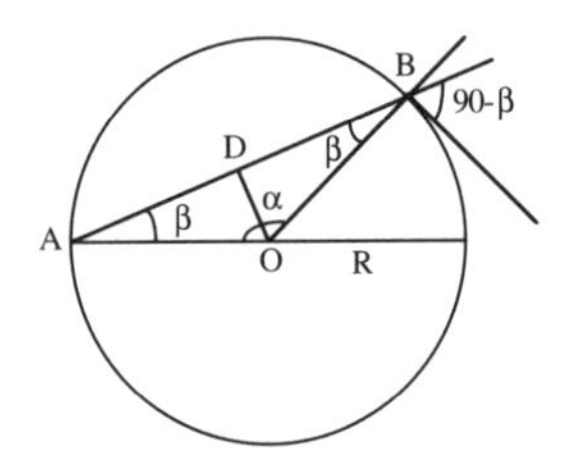

Pour reprendre les termes utilisés par De Tilly dans une lettre à Houël[26], le moment est maintenant venu de «quitter la différentielle et d'intégrer». Il résout cette équation différentielle en supposant que $R' > 1$; il élimine ainsi les cas $R' = 1$ (géométrie euclidienne) et $R' < 1$ (géométrie sphérique). En intégrant entre 0 et 1^d, il aboutit au résultat suivant:

$$(7) \quad 2R = \frac{\text{circ R}}{\pi\sqrt{R'^2 - 1}} \log\left(R' + \sqrt{R'^2 - 1}\right)$$

26 Lettre du 29 juin 1870, AAS *(Dossier Houël)*.

2.5 Trigonométrie non euclidienne

Nous arrivons au point central du mémoire:

> Dans l'hypothèse de celui qui nie l'axiome XI d'Euclide et ses conséquences, on peut poser $\frac{\text{circ } 2R}{\text{circ } R} = 2\sqrt{1 + \frac{\text{circ}^2 R}{M^2}}$, et M est alors une quantité finie, déterminable pour chaque valeur de R, car si M était infini, on aurait $\frac{\text{circ } 2R}{\text{circ } R} = 2$ et l'on en déduirait aisément une démonstration de cet axiome; [...]. (*ibidem*, p. 22)

En supposant que l'égalité $\frac{\text{circ } 2R}{\text{circ } R} = 2$ a lieu, on démontre en effet qu'il existe des figures semblables; dans ce cas, le postulatum est donc vérifié.

En utilisant (2) et une conséquence de (1) et (3), De Tilly prouve que M est une constante. Remplaçant $\frac{\text{circ } 2R}{\text{circ } R}$ par eq R (égalité (1)), il obtient deux relations simples entre eq R et circ R:

$$(8)\quad \text{eq } R = \sqrt{1 + \frac{\text{circ}^2 R}{M^2}} \quad \text{ou}$$

$$(9)\quad \sqrt{R'^2 - 1} = \frac{\text{circ } R}{M}$$

En utilisant les égalités (7) et (9), il calcule circ R en fonction de R:

$$\text{circ } R = \frac{M}{2}\left(e^{\frac{2\pi R}{M}} - e^{\frac{-2\pi R}{M}}\right)$$

Combinée avec (1), cette dernière égalité donne la valeur de eq R en fonction de R:

$$\text{eq } R = \frac{\text{circ } 2R}{2 \text{ circ } R} = \frac{1}{2}\left(e^{\frac{2\pi R}{M}} + e^{\frac{-2\pi R}{M}}\right)$$

Il ne reste alors plus qu'à revenir aux propriétés cinématiques du triangle rectangle et à remplacer circ R et eq R par les valeurs trouvées ci-dessus pour obtenir des relations trigonométriques. En choisissant comme unité de longueur $\frac{M}{2\pi}$, ces trois énoncés prennent la forme suivante dans un triangle PQR rectangle en R:

$$\frac{2e^r}{e^{2r}+1} = \frac{2e^p}{e^{2p}+1}\,\frac{2e^q}{e^{2q}+1}, \qquad \frac{2e^r}{e^{2r}+1} = \text{tg P tgQ},$$

$$\frac{2e^r}{e^{2r}-1} = \frac{2e^p}{e^{2p}-1}\sin P$$

Ce sont les relations fondamentales de la trigonométrie non euclidienne. Pour les mettre sous leur forme habituelle, il faut utiliser les fonctions hyperboliques, ce que De Tilly ne fait pas. Après quelques transformations simples, ces relations deviennent:

$$\text{ch r} = \text{ch p ch q} \qquad \text{ch r} = \text{ctg P ctg Q} \qquad \text{sh p} = \text{sh r} \sin P$$

De Tilly signale qu'en utilisant la fonction Π(x)[27] de Lobatchevski ces égalités se transforment en:

$$\sin \Pi(r) = \sin \Pi(p) \sin \Pi(q) \qquad \sin \Pi(r) = \text{tg P tg Q}$$
$$\text{tg}\, \Pi(r) = \text{tg}\, \Pi(p) \sin P$$

Il conclut:

> Ce sont les équations fondamentales que Lobatschewsky pose sans les démontrer (*Journal de Crelle*, 1837, page 296)[28] et qu'il démontre dans l'autre mémoire (traduit par M. Houël), mais en s'appuyant sur des considérations empruntées à la géométrie de l'espace et sur l'étude d'une surface nouvelle (l'horisphère), tandis que, dans ce qui précède, on n'emploie que la géométrie et la cinématique planes. (*ibidem*, p. 25)

Voilà donc les «formules fondamentales» auxquelles De Tilly faisait allusion dans son introduction. Dans une note, il explique qu'avant de

27 La définition de cette fonction a été donnée au § 2 du chapitre 1. De l'égalité $\text{tg}\,\frac{\Pi(x)}{2} = e^{-x}$, on déduit:

$$\sin \Pi(x) = \frac{2\,\text{tg}\,\frac{\Pi(x)}{2}}{1+\text{tg}\,\frac{\Pi(x)}{2}} = \frac{2e^{-x}}{1+e^{-2x}} = \frac{2e^x}{e^{2x}+1} = \frac{2}{e^x+e^{-x}} = \frac{1}{\text{ch x}}$$

28 Dans ce mémoire *(Géométrie imaginaire)*, Lobatchevski note x′ l'angle de parallélisme associé à la longueur x et admet sans démonstration la relation $\sin x' = \frac{2e^x}{e^{2x}+1}$. Dans son mémoire, De Tilly utilise aussi la notation x′ pour désigner l'angle Π(x).

connaître les résultats de Lobatchevski, il se contentait d'établir les énoncés cinématiques d'une part et les deux égalités donnant circ R et eq R d'autre part; il ne les combinait pas ensemble. Nous sommes ainsi précisément renseignés sur les résultats découverts par De Tilly avant qu'il ait pris connaissance des travaux de Lobatchevski.

2.6 Trigonométrie sphérique

Les propriétés cinématiques sont également valables sur la sphère. Dans le cas d'une sphère de rayon Ω, on a:

$$\text{circ } R = \text{circ } \Omega \sin R \qquad \text{et} \qquad \text{eq } R = \cos R.$$

En remplaçant dans les propriétés cinématiques circ R et eq R par ces valeurs, on obtient des relations classiques de trigonométrie sphérique.

2.7 Angle de parallélisme

Les propriétés cinématiques permettent de calculer de la manière suivante la valeur de l'angle de parallélisme:

> Si, par un point A, on mène à une droite CD différentes obliques AB, AB′, qui vont la rencontrer de plus en plus loin, elles forment avec CD des angles B, B′ qui diminuent indéfiniment. J'appellerai parallèle* l'oblique limite AP qui ne rencontre CD qu'à l'infini et forme avec elle un angle nul. Les propriétés cinématiques des triangles rectangles donnent
>
> $$\text{eq } AC = \frac{\cos 0}{\sin CAP} \text{ d'où } \sin CAP = \frac{1}{\text{eq } AC};$$
>
> ainsi, dans la géométrie abstraite, l'angle CAP est aigu, puisque eq AC > 1 et il en résulte qu'on peut par le point A mener à CD deux parallèles, savoir AP et sa symétrique AP′. (*ibidem*, pp. 34-35)
>
> * Avec Lobatschewsky. Auparavant je l'appelais asymptôte.

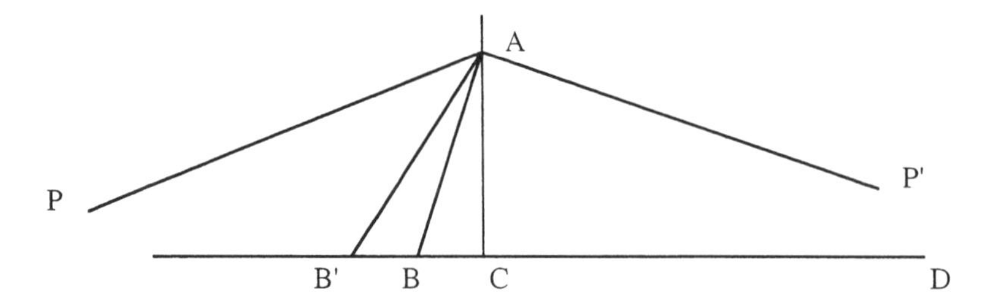

De Tilly applique donc l'égalité (5) au triangle limite APC dont l'angle en P est nul. Un calcul simple montre que l'on a $C\hat{A}P = 2 \text{ arc tg } e^{-AC}$. C'est la valeur obtenue par Lobatchevski pour l'angle de parallélisme. Curieusement, De Tilly ne le mentionne pas. Le choix du terme «asymptote» pour qualifier la parallèle AP montre que De Tilly n'était peut être pas entièrement convaincu de la validité de ses raisonnements avant de connaître Lobatchevski. Ce terme peut en effet laisser entendre que la ligne AP «ressemble» à une courbe, et qu'il y a donc une contradiction à vouloir la considérer comme une droite.

§ 3 Analyse de la partie mécanique

J'ai montré quelle importance De Tilly accordait à la partie mécanique de son mémoire; elle constitue plus de la moitié de l'ouvrage. Comme il s'agit avant tout d'applications des propriétés cinématiques, je me contenterai de donner deux exemples qui montrent en quoi la mécanique non euclidienne se distingue de l'euclidienne.

3.1 Composition des translations

La composition des translations offre une première application des énoncés cinématiques. Voici d'abord la définition du mouvement de translation:

> On dit qu'un système rigide est animé d'un mouvement pur de translation suivant la directrice AB, lorsque tous les points du système situés sur cette droite se déplacent dans sa direction avec des vitesses égales, tous les autres points du système décrivant des équidistantes dont la hauteur est égale à leur

> distance à la directrice et situées dans le plan passant par le point considéré et la directrice. (*ibidem*, p. 44)

De Tilly démontre que la composition est «compatible avec la liaison du système rigide»; en d'autres termes, si la directrice AB glisse sur elle-même, tous les points de l'espace se déplacent sur des équidistantes de base AB. Il met en évidence une différence importante entre le mouvement de translation en mécanique euclidienne et en mécanique non euclidienne:

> Il est essentiel d'observer que, dans l'hypothèse de la cinématique abstraite, la directrice de la translation est unique; elle est le lieu géométrique des points dont la vitesse est minima, tandis que dans la cinématique usitée toute directrice d'une translation peut être remplacée par une directrice parallèle (ce mot étant employé ici dans son sens ordinaire). (*ibidem*, p. 44)

Quatre cas sont à envisager lorsqu'on compose deux mouvements de translation:

1) Les directrices sont concourantes
2) Les directrices ont une perpendiculaire commune
3) Les directrices sont parallèles
4) Les directrices ne sont pas situées dans le même plan

J'examinerai le deuxième cas lorsque les translations sont dirigées dans le même sens. De Tilly donne deux solutions; je présenterai la seconde. Il considère un système rigide AB animé de deux vitesses de translation v et v′ dont les directrices sont perpendiculaires à AB en A et en B respectivement:

> J'introduis les deux translations égales et opposées u et je prends u assez grand pour que les résultantes partielles r et r′ se coupent[29]. Soit O leur intersection. D'après le théorème précédent[30], le mouvement total du système rigide peut être ramené aux deux translations simultanées r et r′. Or, celles-ci se coupent en O. Pour démontrer que leur résultante est perpendiculaire à AB, soit OC

29 Si u et u′ sont trop petites, les résultantes r et r′ peuvent être divergentes ou parallèles.

30 Il s'agit de la règle de composition de deux translations dont les directrices sont concourantes.

cette perpendiculaire; il suffit de faire voir que $r \sin \alpha = r' \sin \alpha'$[31]. Mais on a $r \cos \beta = u$, $r' \cos \gamma = u$, d'où $r \cos \beta = r' \cos \gamma$ (1).
D'ailleurs (*Journal de Crelle*, page 296, éq. 6, ou 1re partie, 2e énoncé cinématique)

$$\sin m' \text{ ou } \frac{1}{\text{eq } m} = \frac{\sin \alpha}{\cos \beta}\text{[32]}, \sin m' \text{ ou } \frac{1}{\text{eq } m} = \frac{\sin \alpha'}{\cos \gamma},$$

$$\text{d'où } \frac{\cos \beta}{\sin \alpha} = \frac{\cos \gamma}{\sin \alpha'} \qquad (2)$$

Divisant (1) par (2) on obtient le résultat demandé.
Quant à la position et à la grandeur de la résultante, on a (*Journal de Crelle*, page 296, éq. 3, ou 1re partie, 1er énoncé cinématique)

$$\frac{\text{circ } a}{\text{circ } b} = \frac{\text{circ OA} \sin \alpha}{\text{circ OB} \sin \alpha'} = \frac{\sin \gamma \sin \alpha}{\sin \beta \sin \alpha'} = \frac{v' \, r \sin \alpha}{r' \, v \sin \alpha'} = \frac{v'}{v}\text{[33]}$$

et (même page, éq. 6, ou 1re partie, 2e énoncé cinématique)
$v'' = r \cos \alpha + r' \cos \alpha' = r \text{ eq } a \sin \beta + r' \text{ eq } b \sin \gamma = v \text{ eq } a + v' \text{ eq } b$. (*ibidem*, pp. 49-50)

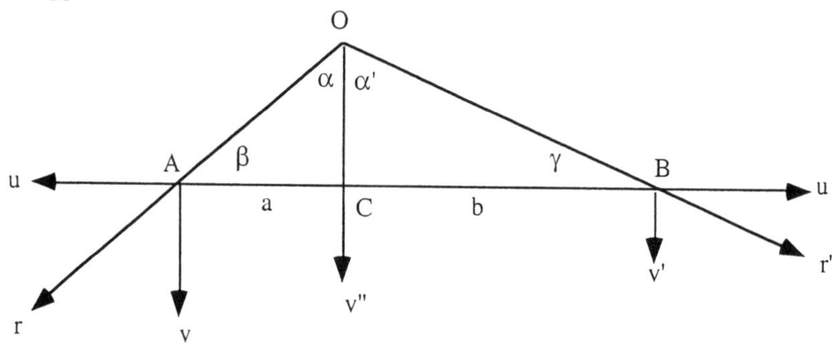

3.2 Composition des forces

De Tilly signale que les raisonnements effectués dans le cas de deux vitesses concourantes peuvent être repris sans changement dans le cas de deux forces concourantes. La loi de composition de deux telles

31 De Tilly suppose ici que r et r′ sont décomposées dans un système d'axes perpendiculaires dont l'un des axes est OC. Les composantes sur le deuxième axe sont alors $r \sin \alpha$ et $r' \sin \alpha'$. Si elles sont égales, la résultante de r et r′ est dirigée selon OC.

32 Je rappelle que m′ désigne l'angle de parallélisme associé à la longueur m = OC.

33 Les triangles OAC et OCB sont rectangles en C et on a: $\text{circ OA} \sin \beta = \text{circ OC} = \text{circ OB} \sin \gamma$ (1er énoncé cinématique).

forces est donc, au point de vue analytique, indépendante du postulatum. La loi de composition de deux forces situées dans le même plan et ayant une perpendiculaire commune n'est en revanche pas la même suivant que l'on adopte l'hypothèse euclidienne ou l'hypothèse non euclidienne. Considérons à cet effet deux forces F et F′ appliquées perpendiculairement au segment AB en A et B et dirigées dans le même sens. En reprenant le raisonnement exposé au paragraphe précédent, De Tilly démontre que la résultante F″ est appliquée perpendiculairement à AB en un point C de AB tel que $\frac{F}{F'} = \frac{\text{circ b}}{\text{circ a}}$.
De plus, $F'' = F \text{ eq a} + F' \text{ eq b}$.

Dans le cas où $F = F'$, on obtient une résultante R telle que $R = 2F \text{ eq a}$. En utilisant l'expression de eq a à partir des fonctions hyperboliques, on a: $R = 2F \text{ ch a}$.

En géométrie euclidienne, eq a = 1 et R = 2F. Il s'agit du principe du levier démontré par Lagrange au début de sa *Mécanique analytique*[34]; la démonstration de Lagrange utilise implicitement le postulatum[35].

Les relations entre le principe du levier et le postulatum ont été étudiées à la même époque par Genocchi[36]. Il démontre que ces deux énoncés sont équivalents. Il établit aussi la loi de composition de deux forces admettant une perpendiculaire commune en mécanique non euclidienne. Il faut souligner que les recherches de Genocchi et de De Tilly ont été conduites de manière indépendante[37].

§ 4 Analyse de la conclusion

Au terme de son mémoire, De Tilly réaffirme plusieurs points importants déjà exposés dans l'introduction, à savoir:

1) La géométrie et la mécanique non euclidiennes sont logiquement possibles.

34 Lagrange (1788-1888, pp. 4-5).

35 Cf. Bonola (1906b-1955, p. 182) ou Pont (1984, pp. 524-525).

36 Elles sont exposées dans les deux mémoires consacrés aux recherches de Daviet de Foncenex (1869 et 1877). Pour un traitement moderne de cette question, on pourra se référer à Aczél et Dhombres (1989, pp. 105-108).

37 Par la suite, chacun des deux géomètres insistera sur ce fait Genocchi (1873, p. 183) et De Tilly (1873, p. 125).

2) Dans le domaine infiniment petit, la géométrie non euclidienne tend vers l'euclidienne; celle-ci n'est qu'un cas particulier de la première.
3) La «science abstraite» ne peut avoir d'applications que dans l'analyse et la mécanique céleste.

Il fait encore la remarque suivante:

> 4° Lors même que la science abstraite serait seule rigoureuse, l'emploi de la science usitée ne peut conduire à aucune contradiction, ni théorique, ni pratique; ni théorique, parce que tous les raisonnements que l'on fait sont rigoureux et doivent se vérifier si les figures sur lesquelles on raisonne sont infiniment petites, ce que l'on peut toujours supposer, celles que l'on trace en grandeur finie pouvant être considérées comme conventionnelles et symboliques; ni pratique (sauf peut être en astronomie ou en mécanique céleste), parce que les erreurs inhérentes à toute expérience humaine et terrestre sont bien supérieures à la différence qui devrait exister entre les résultats dans les deux sciences. (*ibidem*, pp. 97-98)

Le début de ce paragraphe est obscur. Tout le mémoire ayant tendu à montrer que deux hypothèses sont logiquement possibles, on ne voit pas comment la géométrie non euclidienne pourrait être la seule géométrie «rigoureuse». On comprend en revanche mieux que seule l'une des deux puisse être «pratiquement» rigoureuse.

De Tilly n'exclut pas une application future de la géométrie non euclidienne; l'absence de nécessité dans ce domaine le conduit cependant à accorder à cette discipline un statut marginal:

> 5° Comme il résulte des 3° et 4° que l'on peut, en toute sécurité, employer la science usitée dans les applications terrestres et que, par conséquent, la science abstraite n'y sert à rien; et que d'ailleurs il n'est pas encore établi que cette dernière puisse conduire aux applications indiquées dans ces deux numéros, il convient peut-être, après en avoir posé les bases, d'ajourner la continuation de son étude jusqu'à ce qu'il soit prouvé qu'elle puisse être autre chose qu'un objet de curiosité. (*ibidem*, p. 98)

Au terme de ce brillant exposé de géométrie non euclidienne, le lecteur est surpris de voir cette discipline rejetée parmi les objets de curiosité. Cette affirmation montre que pour De Tilly il n'y a en fait qu'une seule géométrie: la géométrie euclidienne. Une telle conception n'est pas étonnante si l'on songe que la géométrie non euclidienne vient d'être redécouverte et qu'il n'y a eu jusque-là qu'une géométrie. Il faudra attendre deux décennies pour que la géométrie non euclidienne soit généralement admise comme une discipline mathématique à part entière.

§ 5 Les réactions

Le mémoire de De Tilly a fait l'objet de deux rapports dans le *Bulletin de l'Académie royale de Belgique*. Ils contiennent des indications sur les premières réactions des mathématiciens «moyens» face à la géométrie non euclidienne. Voici des extraits du premier de ces rapports, dû au colonel Liagre:

> Une école de géomètres, à la tête de laquelle on doit placer Gauss, refuse d'admettre le *postulatum* d'Euclide comme vérité absolue, et fonde sur cette négation une géométrie nouvelle, que Gauss appelle *non-euclidienne*, et à laquelle d'autres auteurs ont donné le nom de géométrie *imaginaire* ou *abstraite*. [...]
> Pour éviter au lecteur l'étude préalable des travaux de Lobatschewski, l'auteur donne, dans les deux premières parties de son mémoire, un exposé sommaire de la géométrie abstraite, exposé qui doit suffire pour comprendre la partie mécanique qui suit. Malgré la précision et la rigueur du style, je dois avouer que la lecture de cette introduction est très laborieuse: cela tient peut-être à la difficulté que nous éprouvons à faire table rase des idées fondamentales de la géométrie ordinaire, idées si simples, et qui nous sont devenues tellement familières, qu'elles nous paraissent des notions premières plutôt que des connaissances acquises. [...]
> J'ajouterai que le sujet est neuf, que l'auteur l'expose avec un talent consciencieux, et que la théorie sur laquelle il se base est presque complètement inconnue en Belgique. (Liagre et Quetelet, 1869, pp. 615-617)

Ce texte montre que la géométrie non euclidienne est à cette époque mal connue et pose de sérieux problèmes de compréhension; il ne témoigne cependant pas d'hostilité au sujet. Au point de vue épistémologique, le problème essentiel consiste à savoir si le postulatum est une vérité absolue ou non. On voit apparaître là l'opposition entre les deux doctrines, empiriste et aprioriste, décrite au chapitre 2. En relevant les «difficultés à faire table rase des idées fondamentales», Liagre met en évidence le point central du problème; il indique pour quelles raisons la géométrie non euclidienne aura de la peine à s'imposer et quelles seront les conséquences épistémologiques de son acceptation.

Chapitre 7

Etudes analytiques sur la théorie des parallèles de Flye Sainte-Marie

Introduction

Je n'ai pu me procurer qu'un seul document biographique concernant Camille Flye Sainte-Marie; il s'agit de sa fiche matricule conservée aux Archives de l'Ecole Polytechnique à Paris. On y apprend qu'il est né le 15 janvier 1834 à Vitry-le-François et qu'il est sorti de cette école en 1856. La page de titre des *Etudes analytiques sur la théorie des parallèles* mentionne qu'il était capitaine d'artillerie et chevalier de la légion d'honneur. Il s'agit à ma connaissance de son seul ouvrage. On peut s'étonner qu'une recherche aussi conséquente n'ait pas été précédée ou suivie d'autres publications. Aujourd'hui oublié, le livre de Flye Sainte-Marie a suscité l'attention de géomètres de renom. C'est ainsi qu'il a fait l'objet de comptes rendus de De Tilly (1872) et de Frischauf (1872b) et que certains de ses raisonnements ont été repris par Killing (1885). Il en est plusieurs fois question dans la correspondance de Beltrami, Houël et De Tilly ainsi que dans des écrits de Genocchi (1873 et 1877). Au début du XXe siècle, Flye Sainte-Marie semble avoir encore joui d'une certaine notoriété puisqu'il est mentionné par plusieurs auteurs[1].

A l'instar de De Tilly, Flye Sainte Marie commence son ouvrage par un récit:

> Après m'être livré, à plusieurs reprises, à d'infructueuses recherches sur la théorie des parallèles, j'ai fini par me poser la question suivante:
> *Est-il ou non possible de démontrer le postulatum d'Euclide, en s'appuyant uniquement sur les autres axiomes de la géométrie?*
> Pour résoudre une telle question, j'ai d'abord cherché quelles relations existent entre les éléments des figures infinitésimales, et j'ai reconnu que la géométrie

1 Liebmann (1904, p. 110), Bonola (1906b-1955, p. 91), Coolidge (1909, p. 47).

d'Euclide, lorsqu'on ne l'applique qu'à de telles figures, peut être établie sans le secours du postulatum.
M'aidant ensuite de quelques considérations géométriques, et passant de l'infiniment petit au fini d'après les règles du calcul intégral, je suis arrivé à poser les formules fondamentales d'une géométrie analytique indépendante de la théorie des parallèles. La géométrie de Lobatschewsky n'est autre que celle qui résulterait de ces formules, si l'on supposait le postulatum inexact (1). [...]

(1) Lobatschewsky, dans ses *Etudes géométriques sur la théorie des parallèles*, et Bolyai, dans la *Science absolue de l'espace*, ont chacun établi directement, par des considérations géométriques, les principes de cette géométrie imaginaire, de laquelle ils on tiré comme conséquence la géométrie des figures infinitésimales. Avant de connaître leurs travaux, j'ai été conduit aux mêmes résultats en suivant une marche inverse, que je n'ai pas cru, d'ailleurs, à propos de modifier. (1870, pp. I-II)

La démarche est la même que chez De Tilly. Flye Sainte-Marie a d'abord tenté de démontrer le postulatum avant d'arriver à la conclusion qu'une telle recherche était probablement vaine. Afin d'étayer cette idée, il a construit une géométrie indépendante du postulatum. Sur ce point, il se distingue de De Tilly; son intention n'est en effet pas de fonder une géométrie sur la négation du postulatum mais plutôt sur sa non-utilisation. Flye Sainte-Marie est à cet égard plus proche de Bolyai que de Lobatchevski. Son mémoire traite davantage de géométrie absolue que de géométrie non euclidienne. Ce n'est que dans le quatrième chapitre qu'il particularise ses formules en se plaçant explicitement dans l'hypothèse non euclidienne. Un tel choix a sans doute une raison épistémologique. Nous verrons en effet que Flye Sainte-Marie croit à la «vérité» du postulatum, même si elle ne peut être logiquement démontrée. L'usage du conditionnel dans la dernière phrase du texte cité en donne un premier exemple.

Comme Flye Sainte-Marie le rappelle, ce n'est qu'au terme de ses *Geometrische Untersuchungen* que Lobatchevski remarque que les relations métriques non euclidiennes «se rapprochent» des relations euclidiennes lorsque les dimensions des figures tendent vers zéro. Sa démarche est donc bien inverse de celle de Bolyai et Lobatchevski. Flye Sainte-Marie déclare avoir effectué ses recherches sans connaître les travaux de ses prédécesseurs; elles ont néanmoins été publiées après leur redécouverte. Il serait donc souhaitable de savoir jusqu'où il était parvenu avant d'être informé de ces travaux et quelle a pu être leur influence sur la rédaction finale de son livre. Au contraire de De Tilly, son texte ne donne malheureusement pas de réponse précise; Flye Sainte-Marie affirme seulement «avoir été conduit aux mêmes résultats». La différence des méthodes, mise en évidence dans la note (1), montre que s'il y a eu influence de Bolyai et Lobatchevski, celle-ci a été réduite. On peut supposer que, comme dans le cas de De Tilly, les résultats obtenus par ces géomètres ont avant tout conforté Flye Sainte-Marie. Je reviendrai sur ce problème au § 2.

Dans la suite de l'introduction, Flye Sainte-Marie met en évidence un autre aspect de son travail. Il s'agit non seulement d'établir les formules d'une géométrie analytique indépendante du postulatum mais aussi de les utiliser pour répondre à la question initiale: le postulatum est-il démontrable?

> Il est à remarquer qu'une telle géométrie [la géométrie imaginaire] est susceptible de recevoir la même extension que celle d'Euclide, sans que jamais ses résultats se contredisent; il s'ensuit qu'elle ne peut pas fournir une démonstration du postulatum, car s'il en était ainsi, elle serait en contradiction avec son point de départ. Lobatschewsky en avait conclu que le raisonnement seul ne peut pas suffire à établir les bases de la théorie des parallèles, telles qu'elles nous sont connues; toutefois, pour justifier entièrement cette assertion, il est nécessaire de faire voir qu'en se servant des seuls axiomes auxquels on a recours en dehors de cette théorie, on ne peut arriver qu'à des conclusions qui seront toujours comprises dans les formules adoptées comme fondements de la géométrie imaginaire.
>
> Il me restait donc à examiner si les formules analytiques auxquelles j'étais arrivé vérifient tous ces axiomes. Cet examen devait, d'une manière ou de l'autre, fournir la réponse à la question que je m'étais posée. En effet, s'il s'était rencontré un axiome incompatible avec des formules établies dans l'hypothèse où le postulatum serait inexact, ce postulatum eût été par là même démontré; au contraire, il est impossible d'admettre qu'il soit susceptible d'aucune démonstration, si tous les autres axiomes se trouvent vérifiés dans la géométrie imaginaire, de telle sorte qu'on n'en puisse rien tirer qui soit incompatible avec les bases de cette géométrie.
>
> C'est à ce dernier résultat que je suis arrivé, résultat dont jusqu'ici l'exactitude avait pu être mise en doute, et que je crois avoir établi d'une manière complète, en suivant la marche que je viens d'indiquer. (*ibidem*, pp. II-III)

Ce texte est confus et montre la difficulté à poser le problème correctement. Avant de le commenter, j'introduirai une terminologie moderne. Soit $\mathcal{A}$ l'ensemble des axiomes de la géométrie absolue, P le postulatum, $\mathcal{I}$ le système d'axiomes regroupant les énoncés de $\mathcal{A}$ et la négation de P. Si l'on démontre que $\mathcal{I}$ est non-contradictoire, P ne peut être dérivé de $\mathcal{A}$ car $\mathcal{I}$ contiendrait alors deux énoncés contradictoires. On établit habituellement la non-contradiction relative de $\mathcal{I}$ en en donnant une interprétation au sein de la géométrie euclidienne; les plus connues sont celles de Beltrami-Klein et de Poincaré; elles seront étudiées plus loin dans ce livre.

Dans le premier paragraphe, Flye Sainte-Marie met en évidence le lien entre l'indémontrabilité de P et la non-contradiction du système $\mathcal{I}$. Sa formulation n'est cependant pas claire; ce n'est pas parce que la géométrie imaginaire «ne peut pas fournir de démonstration du postulatum» qu'elle est non contradictoire; c'est l'inverse qui a lieu: c'est parce que la géométrie imaginaire est non contradictoire que le postulatum est indémontrable. Flye Sainte-Marie affirme ensuite qu'il faut montrer que les énoncés dérivés de $\mathcal{A}$ ne contredisent pas les «formules adoptées comme fondements de la géométrie imaginaire». Cette dernière expression est vague mais l'idée est correcte; si l'on réussissait en effet à dériver de $\mathcal{A}$ un théorème contredisant un théorème de $\mathcal{I}$, ce système serait contradictoire et le postulatum serait donc démontrable; cette affirmation est répétée au milieu du deuxième paragraphe. Le problème principal consiste donc à démontrer que les formules analytiques «vérifient» les axiomes de $\mathcal{A}$; je montrerai au § 4 comment Flye Sainte-Marie essaie de résoudre ce problème.

On notera que Flye Sainte-Marie ne mentionne pas l'interprétation de Beltrami. Il me paraît peu probable qu'il l'ait ignorée; les recherches de Beltrami ont en effet paru dans une traduction de Houël en 1869. S'il ne s'y réfère pas, c'est peut être parce que, à l'instar de certains de ses contemporains, il n'a pas vu là une preuve de l'indémontrabilité du postulatum[2].

Les *Etudes analytiques sur la théorie des parallèles* comportent quatre chapitres et un chapitre complémentaire. Je consacrerai un paragraphe à chacun des deux premiers chapitres. Je présenterai ensuite plus brièvement les deux derniers chapitres[3]. Je terminerai avec le problème de l'indémontrabilité du postulatum, qui est abordé en différents endroits de l'ouvrage.

2 Ce point sera discuté en détail au chapitre 9.
3 Une analyse détaillée de ces deux chapitres est donnée dans Voelke (2000).

§ 1 De quelques propriétés des figures infinitésimales

L'étude des relations métriques dans les figures infinitésimales est le point de départ de l'ouvrage; l'auteur y consacre le premier chapitre. Je citerai avec sa démonstration le premier résultat, qui est fondamental:

> 1. La somme des trois angles d'un triangle infinitésimal abc est, à la limite, égale à deux angles droits.
>
> Je supposerai pour plus de simplicité l'angle a constant en grandeur et de position invariable. Soit BC la direction limite du côté bc. Je prolonge les côtés ba et ca suivant ab′ et ac′; les angles b et c ont pour limites les angles Cab′ et Bac′. Si j'y ajoute l'angle b′ac′ égal à l'angle a du triangle, auquel il est opposé par le sommet, j'obtiens trois angles dont la somme vaut deux droits, et qui ne sont autres que les limites des trois angles du triangle; ce qui démontre la proposition énoncée.
>
> La même forme de raisonnement s'appliquerait au cas où l'angle a varierait en grandeur et en position. (*ibidem*, pp. 1-2)

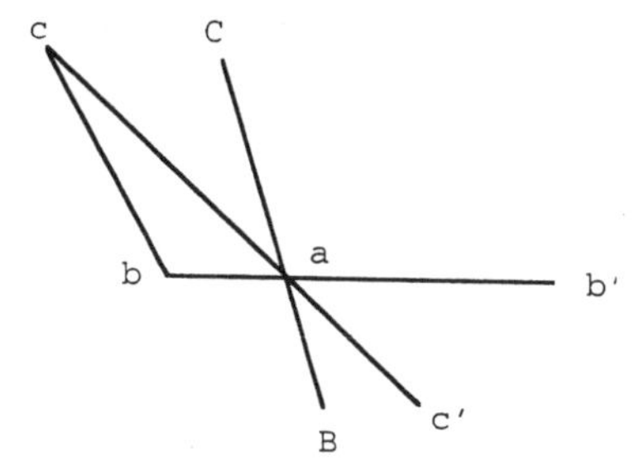

Le terme «infinitésimal» doit être pris au sens de Cauchy[4]: un triangle infinitésimal est un triangle dont les longueurs des côtés tendent vers zéro. Flye Sainte-Marie suppose que chaque angle tend vers une limite. Il est cependant facile d'imaginer une suite de triangles dont les angles oscillent et ne tendent pas individuellement vers une limite même si leur somme tend vers deux droits. De telles suites ne sont cependant pas envisagées par Flye Sainte-Marie et, dans son ouvrage, chacun des angles d'un triangle infinitésimal tend vers une limite; celle-ci peut être nulle et l'angle est alors «infiniment petit»; si elle ne l'est pas, il parle d'«angle fini». La démonstration elle-même ne prouve rien; en supposant que le côté bc a une position limite BC (ce qui est vague), Flye

4 Cf. *Cours d'Analyse*, Cauchy (1821-1989, p. 26).

Sainte-Marie admet que les angles en b et c tendent vers les angles Cab′ et Bac′; or on pourrait imaginer une suite de triangles dans lesquels l'angle en b resterait constant.

Flye Sainte-Marie expose dans le chapitre complémentaire une autre démonstration de ce théorème. En voici l'idée[5]. En se fondant sur le premier théorème de Legendre, on démontre que si un triangle ABC est inclus dans un triangle A′B′C′, la somme des angles de ABC est supérieure à la somme des angles de A′B′C′. Pour un angle ε donné, il est par ailleurs toujours possible de construire un triangle T ayant un angle égal à $180^\circ - \varepsilon$. Comme les côtés d'un triangle infinitésimal T′ tendent vers 0, un tel triangle peut être inclus dans T et la somme de ses angles est donc supérieure à $180^\circ - \varepsilon$. Cette démonstration est rigoureuse. Elle ne s'appliquerait cependant pas au cas d'un triangle infinitésimal sphérique car le premier théorème de Legendre n'est pas vrai en géométrie sphérique. Il faut encore mentionner qu'il n'est pas nécessaire de supposer que tous les côtés d'un triangle tendent vers zéro pour que la limite de la somme de ses angles soit égale à 180°. Il suffit que l'un des côtés tende vers zéro et que les deux autres restent bornés[6].

Le résultat le plus important de ce premier chapitre et qui en marque l'aboutissement est l'énoncé du théorème de Pythagore dans le cas infinitésimal:

> Si dans le triangle infinitésimal ABC l'angle A a pour limite un angle droit, le carré du côté opposé BC est égal, sauf une fraction infiniment petite de lui-

5 Pour une analyse plus détaillée, cf. Voelke (2000).

6 Ce résultat figure dans un traité de Coolidge. Voici son énoncé: «Si dans un triangle un côté peut être rendu moindre que tout segment fixé tandis qu'aucun des autres côtés ne devient infiniment grand, le déficit peut être rendu plus petit que n'importe quel angle fixé.» (1909, p. 47) («If in any triangle one side may be made less than any assigned segment, while neither of the other sides becomes indefinitely large, the discrepancy may be made less than any assigned angle.») Coolidge ajoute en note une remarque: «Ce théorème, insuffisamment démontré, est pris comme base de plusieurs travaux de géométrie non euclidienne, qui débutent dans le domaine infinitésimal et passent au fini par intégration.» (*ibidem*, p. 47) («This theorem, loosely proved, is taken as the basis of a number of works on non-euclidean geometry, which start in the infinitesimal domain, and work to the finite by integration.») Il cite à ce propos l'ouvrage de Flye Sainte-Marie.

> même, à la somme des carrés des deux autres côtés AB et AC, c'est-à-dire que le rapport $\frac{\overline{AB}^2 + \overline{AC}^2}{\overline{BC}^2}$ a pour limite l'unité. (*ibidem*, p. 10)

Le chemin conduisant à ce théorème est semblable à celui que l'on suit en géométrie euclidienne. Il passe par l'établissement de cas d'égalité des triangles infinitésimaux et d'un théorème de Thalès dans le cas infinitésimal. Certaines précautions doivent être prises car dans un triangle infinitésimal un des angles peut être «infiniment petit», i.e. la limite d'un des angles de la suite des triangles peut être nulle. Voici l'énoncé et la démonstration de l'un des cas d'égalité des triangles infinitésimaux:

> Si dans deux triangles infinitésimaux ABC, A′B′C′ dont tous les angles sont finis[7], deux côtés homologues AB et A′B′ ont entre eux un rapport tendant vers un, et sont adjacents à des angles homologues dont les limites sont les mêmes, le rapport de deux éléments homologues quelconques a pour limite l'unité.
> Je prends à partir du point A sur le côté AB, prolongé s'il est nécessaire, une longueur AD égale à A′B′, et sur AD, du même côté que le triangle ABC, je construis le triangle ADE égal à A′B′C′.
> D'après le théorème énoncé au n° 4[8], les trois côtés des deux triangles sont, dans l'hypothèse actuelle, des infiniment petits du même ordre, soit du premier ordre.
> Je mène la droite EB, et je dis que les éléments du triangle AED ne seront altérés que d'une fraction infiniment petite d'eux-mêmes, si je leur substitue ceux du triangle AEB. En effet, DB étant la différence entre deux infiniment petits du premier ordre dont le rapport tend vers un par hypothèse, est au moins du second ordre; d'où il suit que l'angle E du triangle DEB est infiniment petit (n° 6)[9]. On a donc, en appliquant au triangle EDB les théorèmes énoncés aux nos 1 et 5[10]: 1° lim. angle AED = lim. angle AEB; 2° lim. angle EDA = lim. angle EBA; 3° lim. $\frac{ED}{EB} = 1$.

7 Je rappelle qu'un angle «fini» est un angle non nul.

8 «4. Si dans un triangle infinitésimal les trois angles sont finis, le rapport de deux côtés quelconques est fini.» (*ibidem*, p. 3) Comme AB et A′B′ sont, par hypothèse, des infiniment petits du même ordre, AC, A′C′, BC et B′C′ sont donc aussi des infiniment petits du même ordre.

9 «6. Réciproquement, si dans un triangle infinitésimal ABC le rapport d'un côté AB à l'un des deux autres, AC par exemple, est infiniment petit, l'angle C opposé à AB l'est aussi.» (*ibidem*, p. 4)

10 L'énoncé du n° 1 est le théorème sur la somme des angles d'un triangle infinitésimal. Il permet de justifier l'égalité 2° qui suit. En effet, la somme des angles des triangles infinitésimaux ADE et ABE est égale à deux droits. Comme l'angle DEB

Je prolonge AE jusqu'à sa rencontre en F avec CB, et je dis que les éléments du triangle AEB ne seront altérés que d'une fraction infiniment petite d'eux-mêmes, si je leur substitue ceux du triangle AFB. En effet, l'angle FBA par hypothèse, et l'angle EBA d'après une des conclusions du paragraphe précédent, ont même limite que l'angle EDA; leur différence FBE est, par conséquent, infiniment petite, et le côté EF du triangle EFB est un infiniment petit du second ordre au moins, les deux autres étant du premier. Donc,

1° lim. $\frac{AE}{AF} = 1$; 2° lim. $\frac{EB}{FB} = 1$, et 3° lim. angle AEB = lim. angle AFB[11].

On démontrera de même que l'angle EAD ayant par hypothèse même limite que l'angle CAD, les éléments du triangle AFB ne seront altérés que d'une fraction infiniment petite d'eux-mêmes, si on leur substitue ceux du triangle ACB. Donc les éléments du triangle ADE, ou de son égal A′B′C′ ne seront altérés que d'une fraction infiniment petite d'eux-mêmes, si on leur substitue successivement ceux des triangles ABE, ABF, et finalement ABC. Donc enfin, dans les deux triangles ABC et A′B′C′ le rapport de deux éléments homologues quelconques a pour limite l'unité. (*ibidem*, pp. 5-6)

Cette démonstration donne un bon exemple des raisonnements infinitésimaux de Flye Sainte-Marie. Ceux-ci comportent une grande part d'intuition, mêlant des résultats vrais dans le fini à d'autres vrais seulement à la limite. On s'étonne aujourd'hui que ces raisonnements aboutissent à des résultats corrects. Malgré leur absence de fondements solides, ils sont habiles et témoignent d'une sûreté d'intuition. Il serait par ailleurs lourd de les retranscrire en termes de suites et on mesure l'avantage qu'il y a à utiliser des infiniment petits. Ce type de raisonnements a été utilisé par d'autres géomètres jusque vers 1895[12].

---

est infiniment petit, les angles AEB et AED sont égaux; il en est donc de même des angles EDA et EBA. L'énoncé du n° 5 est: «[dans un triangle infinitésimal], le rapport entre les côtés comprenant l'angle infiniment petit, a pour limite l'unité.» (*ibidem*, p. 3) Ce résultat permet de justifier l'égalité 3° qui suit.

11 La justification de l'égalité 2° repose sur le résultat du n° 5 et celle de l'égalité 3° sur le résultat du n° 1 (cf. note précédente).

12 Killing (1885), Simon (1892), La Vallée Poussin (1895), Calinon (1888 et 1896).

§ 2 Géométrie plane

Dans le deuxième chapitre Flye Sainte-Marie introduit un système de coordonnées dans le plan. Il calcule ainsi la distance de deux points à partir de leurs coordonnées et établit l'équation de la droite.

Il commence par définir l'«arc de rayon infini»:

> Soit AX une droite indéfinie issue du point A, et O un point quelconque sur cette droite. Par le point A je fais passer une circonférence ayant son centre en O, et par suite OA pour rayon. Cette circonférence a pour tangente en A la droite PQ perpendiculaire à AX, et si son rayon est suffisamment grand, elle coupera en un point M l'arc KH décrit du point A comme centre avec un rayon AH donné quelconque, et compris dans l'angle QAX. Il suffit pour cela que l'inégalité 2 AO > AK soit satisfaite, [...]. Plus le rayon OA, dont l'extrémité A est fixe, sera grand, plus l'intersection M se rapprochera de l'extrémité H de l'arc invariable HK; car si l'on construit ainsi deux circonférences tangentes l'une à l'autre en A, celle qui aura le plus grand rayon enveloppera l'autre. Si donc le point O s'éloigne indéfiniment sur AX, l'arc HM, constamment décroissant, aura une limite unique Hm finie ou nulle. Si cette limite est nulle, le point m se confond avec H; c'est effectivement ce qui a lieu, mais ce n'est qu'avec le secours de la théorie des parallèles qu'on sait le démontrer; je m'abstiens donc actuellement de rien préciser à cet égard. (*ibidem*, pp. 12-13)

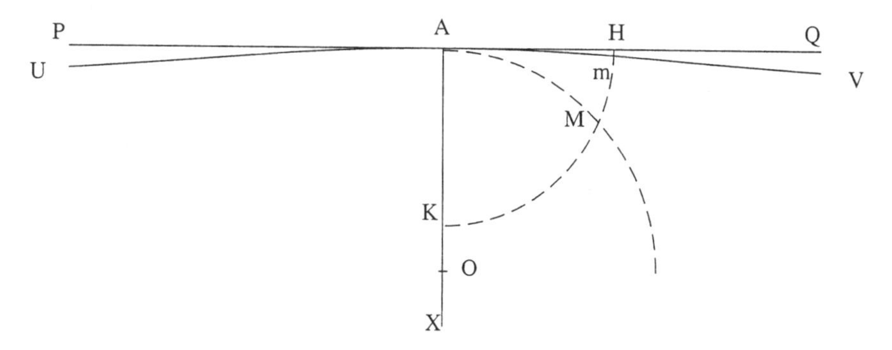

Si le rayon AH varie, le point m varie. On reconnaît dans le lieu des points m la «ligne L» de Bolyai. Dans l'hypothèse non euclidienne, il s'agit de l'horicycle. La fin de ce passage exprime une idée importante que l'on retrouve à plusieurs reprises dans l'ouvrage. Flye Sainte-Marie déclare que le point m va «effectivement» se confondre avec H mais qu'on ne peut le prouver qu'au moyen de la «théorie des parallèles», c'est-à-dire du postulatum. La certitude des énoncés de la géométrie euclidienne ne repose donc pas sur le raisonnement mais a un caractère absolu qui dépasse celle-ci. Cette idée sera explicitée dans la conclusion de l'ouvrage. On notera enfin que la dernière ligne montre encore une fois que le souci de l'auteur est avant tout de développer une géométrie indépendante du postulatum.

Flye Sainte-Marie étudie ensuite quelques propriétés de l'arc de rayon infini et établit le résultat suivant:

> [...] le rapport de deux arcs parallèles compris entre normales communes est constant, quel que soit l'écartement de ces normales: il ne dépend que de la distance des arcs. (*ibidem*, p. 18)

Il calcule ce rapport de la façon suivante:

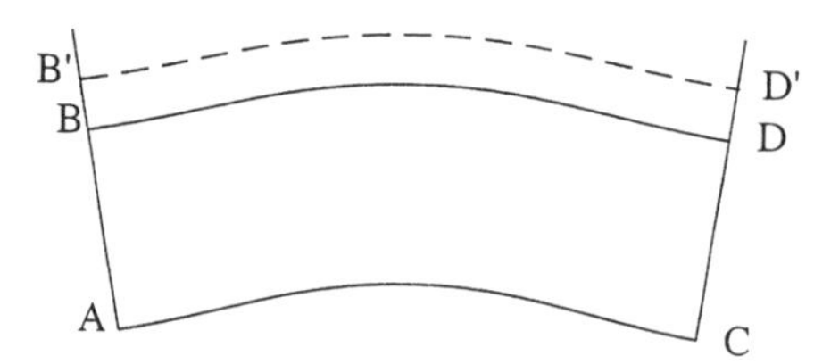

> Soient AC et BD deux arcs parallèles de rayon infini compris entre les normales AB et CD; je désigne la distance AB des deux arcs par z, et le rapport $\frac{BD}{AC}$ par f(z); je me propose de trouver la forme de la fonction z. Pour cela, entre les deux normales prolongées au delà des points B et D, c'est-à-dire du côté de la convexité, je mène l'arc B′D′ parallèle à BD, et distant de cet arc d'une longueur BB′ que je désigne par h. Tous les arcs de rayon infini étant identiques, et la fonction f dépendant uniquement de la distance des arcs parallèles, et non de l'écartement des normales, on a:
> $\frac{B'D'}{BD} = f(h)$ et $\frac{B'D'}{AC} = f(z+h)$. On en tire: $\frac{f(z+h)}{f(h)} = \frac{BD}{AC} = f(z)$.
> Multipliant les deux membres extrêmes par f(h), et retranchant des deux produits égaux la même quantité f(z), on obtient l'égalité:
> $f(z+h)-f(z) = f(z)[f(h)-1]$; d'où l'on tire, en divisant les deux membres par h:
> $\frac{f(z+h) - f(z)}{h} = f(z)\,\frac{f(h) - 1}{h}$.
> Si l'on fait tendre h vers zéro, le premier membre a pour limite la dérivée $f'(z)$ de la fonction f; et, comme pour z égal à zéro la fonction f est égale à 1, le second membre peut s'écrire $f(z)\,\frac{f(h) - f(0)}{h}$ et a pour limite $f(z)f'(0)$. D'où l'égalité $f'(z) = f(z)f'(0)$.

> Soit $f'(0) = \frac{1}{k}$, k étant une constante; la relation précédente peut s'écrire $\frac{f'(z)}{f(z)} = \frac{1}{k}$, équation différentielle de laquelle on tire par intégration, et en remarquant que ln f(z) s'annule avec z: $\ln f(z) = \frac{z}{k}$, ou $f(z) = e^{\frac{z}{k}}$. (a) (*ibidem*, pp. 18-19)

Il s'agit là d'un résultat déjà établi par Lobatchevski et Bolyai. Il joue un rôle essentiel dans l'établissement des relations métriques en géométrie non euclidienne. J'ai déjà soulevé dans l'introduction la question de l'influence de ces deux géomètres sur Flye Sainte-Marie. Il connaissait leurs écrits au moment de la publication de son mémoire. On peut donc légitimement se demander s'il a repris chez eux le résultat ci-dessus ou s'il l'a découvert seul. Si l'on se fie aux propos tenus par Flye Sainte-Marie dans l'introduction, il faut opter pour la seconde hypothèse. La différence des démonstrations fournit un argument supplémentaire. Lobatchevski a en effet recours à une autre équation différentielle qu'il ne pose d'ailleurs pas explicitement[13]. Quant à Bolyai, il prouve d'abord que la fonction f vérifie l'équation fonctionnelle $f(x)y = f(y)x$; il calcule ensuite la valeur de cette fonction en faisant intervenir notamment des propriétés de l'horisphère[14]. Nous retrouverons encore chez Flye Sainte-Marie d'autres résultats découverts par Bolyai et Lobatchevski; mais ses démonstrations sont chaque fois différentes de celles de ses prédécesseurs. Je pense donc qu'il est justifié de le qualifier de «découvreur tardif».

Revenons à la fin de la démonstration et au paramètre k qui apparaît dans l'égalité (a):

> Dans cette dernière formule, k représente un certain paramètre linéaire déterminé, mais dont la valeur nous reste inconnue. J'ai supposé l'arc BD du côté de la convexité de l'arc AC. Il en résulte que le rapport $\frac{BD}{AC}$ ne peut être plus petit que un; d'ailleurs, ce rapport est fini tant que z reste fini; donc, d'après la formule (a) elle-même, le paramètre k ne peut être nul, et doit être nécessairement ou bien fini et positif, ou bien infini. Supposer k fini, c'est admettre que des relations géométriques générales peuvent dépendre d'une certaine longueur

13 Cf. n° 33 des *Geometrische Untersuchungen* (1840). Des éclaircissements sont donnés par Houël dans sa traduction.

14 Cf. § 24 et § 30 de l'*Appendix* (1832).

> absolue, laquelle disparaît dans l'hypothèse contraire. Chacun a la certitude qu'un tel paramètre ne peut exister, et que par suite k est infini. Mais ce que je veux prouver, c'est que cette certitude ne peut pas se baser sur le raisonnement. (*ibidem*, pp. 19-20)

Flye Sainte-Marie démontre dans une note que si k est infini on obtient la géométrie euclidienne. On retrouve dans les deux dernières lignes l'idée que celle-ci est la seule «vraie» géométrie, même si d'autres géométries sont logiquement possibles. Flye Sainte-Marie qualifie d'ailleurs plus loin la géométrie euclidienne de «vraie» et l'oppose à la géométrie «imaginaire»[15].

Voyons maintenant la manière originale dont il définit un système de coordonnées dans le plan:

> La simplicité de la formule (a) m'a conduit à choisir pour système de comparaison dans un plan un arc de rayon infini, tel que uv, mené par un point O pris arbitrairement dans le plan. La position d'un point M du plan sera déterminée lorsqu'on connaîtra la longueur de la normale MP abaissée du point M sur uv, la distance OP, comptée suivant l'arc, du point O au pied de la normale, et le sens dans lequel chacune de ces deux longueurs doit être portée. (*ibidem*, p. 20)

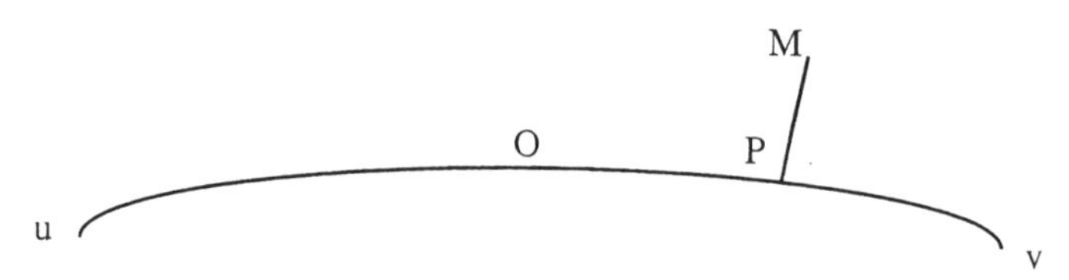

La première coordonnée est la longueur OP comptée positivement ou négativement suivant la position de P; elle est notée x. La deuxième est la longueur PM comptée positivement ou négativement, selon la position de P par rapport à l'arc de rayon infini de référence; elle est notée z.

A l'aide de l'égalité (a) et du théorème de Pythagore dans le cas infinitésimal, Flye Sainte-Marie calcule la longueur de l'arc infinitésimal:

$$ds = \sqrt{e^{\frac{2z}{k}} + \frac{dz^2}{dx^2}}\, dx$$

En utilisant le calcul des variations, il établit l'équation de la droite, celle-ci étant définie comme la plus courte ligne reliant deux points du plan. Elle a la forme suivante:

15 Flye Sainte-Marie (1871, p. 101).

$$z = \frac{-k}{2} \ln \frac{(x-P)\,(Q-x)}{k^2}$$

où P et Q sont des constantes arbitraires. Flye Sainte-Marie l'appelle équation «paramétrale» puisque elle contient le paramètre k. On observe que (x-P)(Q-x) doit être positif pour que z soit réel. Il faut donc que l'on ait $P < x < Q$. De plus, si x tend vers P ou Q la coordonnée z tend vers l'infini.

Afin d'éclairer la signification des constantes P et Q, et au risque de commettre un anachronisme, j'ai représenté ci-dessous la situation dans l'interprétation du demi-plan de Poincaré[16]; j'adopte donc l'hypothèse non euclidienne et les arcs de rayon infini sont des horicycles.

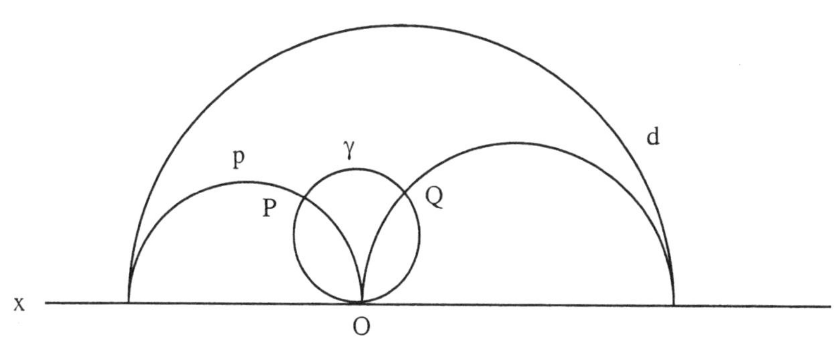

Soit x la frontière du demi-plan de Poincaré. Les droites non euclidiennes sont représentées par des demi-cercles orthogonaux à x ou par des demi-droites euclidiennes perpendiculaires à x. Les horicycles sont représentés par des cercles euclidiens tangents à x. Soit γ l'horicycle de référence et d une droite. Les normales à l'horicycle sont les demi-cercles euclidiens orthogonaux à la fois à γ et à x. Les points de d ont une abscisse comprise entre les deux valeurs limites P et Q qui sont les constantes figurant dans l'équation «paramétrale» de d. La figure indique aussi qu'il y a une correspondance biunivoque entre les droites d et les couples (P,Q) de nombres réels avec $P < Q$.

Flye Sainte-Marie observe que si Q est infini, l'équation paramétrale se réduit à $x = P$, équation de la normale p en P à l'horicycle de référence. On «voit» sur la figure que si Q tend vers l'infini en se rapprochant de O, la droite d se rapproche de p. A la limite elle se confond avec p.

16 Cette interprétation sera présentée au chapitre 15.

A partir de l'équation de la droite Flye Sainte-Marie calcule la distance de deux points dont les abscisses sont x_1 et x_2. Elle vaut:

$$\left| \frac{k}{2} \ln \frac{x_1-P}{x_1-Q} \frac{x_2-Q}{x_2-P} \right|$$ [17].

Il faut cependant connaître les constantes P et Q qui figurent dans l'équation de la droite passant par ces deux points. La représentation dans le demi-plan de Poincaré montre que ces constantes sont bien déterminées.

La fin du chapitre est consacrée à établir l'équation «paramétrale» du cercle et celle de l'arc de rayon infini.

§ 3 Géométrie de l'espace; trigonométrie

La méthode utilisée par Flye Sainte-Marie pour établir une géométrie analytique dans l'espace est proche de celle utilisée dans le plan. Il commence par introduire la «surface sphérique de rayon infini»; il s'agit de la «surface F» de Bolyai; dans l'hypothèse non euclidienne, c'est une horisphère. Elle est définie selon le même procédé que l'arc de rayon infini, comme limite d'une suite de sphères toutes tangentes à un plan en un point fixe et dont le rayon tend vers l'infini. Flye Sainte-Marie étudie quelques propriétés de cette surface. Il démontre en particulier que la somme des angles d'un triangle horisphérique vaut deux droits. Sa démonstration est différente de celle de Bolyai et Lobatchevski.

Flye Sainte-Marie définit un système de coordonnées dans l'espace:

> Je rapporte tous les points de l'espace à un système de comparaison composé: 1° d'une surface de rayon infini RS; 2° d'une section normale uv de cette surface; 3° d'un point O pris sur cette section.
> Soit MP la normale abaissée d'un point M sur la surface RS. La position du point M sera déterminée si l'on connaît d'une part les coordonnées x et y du pied P de la normale rapportées à l'arc uv et à l'origine O des abscisses, d'autre part la longueur PM et le sens dans lequel elle doit être portée suivant la normale à partir du point P. Cette longueur PM, affectée du signe + ou du signe –, selon que le point M est situé du côté de la convexité ou du côté de la

17 On reconnaît dans cette expression la définition de la distance comme logarithme d'un birapport donnée par Klein (1871b) (cf. chapitre 10).

concavité de la surface, est la troisième coordonnée du point M, x et y étant les deux autres; je la désignerai habituellement par z. (*ibidem*, p. 44)

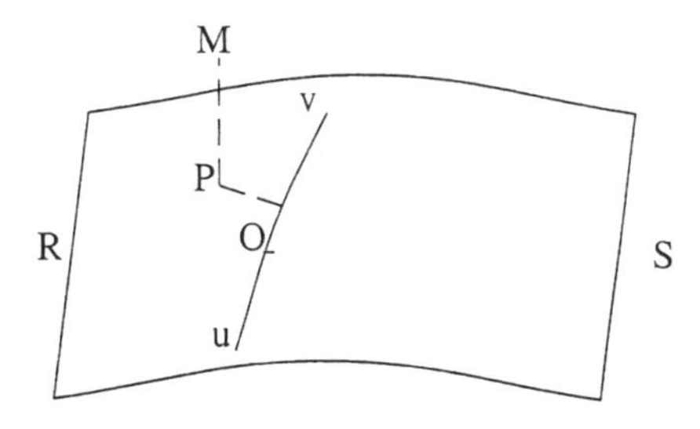

Comme les relations métriques sur la surface de rayon infini sont euclidiennes, la distance de deux points de coordonnées (x_0, y_0) et (x_1, y_1) situés sur cette surface est égale à $\sqrt{(x_1-x_0)^2 + (y_1-y_0)^2}$. En combinant ce fait avec la relation (a) du § 2 et le théorème de Pythagore dans le cas infinitésimal, Flye Sainte-Marie calcule la longueur de l'arc infinitésimal: $ds^2 = (dx^2 + dy^2)\, e^{\frac{2z}{k}} + dz^2$

Il établit alors les équations «paramétrales» de la droite dans l'espace, de la sphère, de la surface de rayon infini et du plan. L'équation paramétrale de la droite se présente sous la forme d'un système de deux équations: $y = mx+n$ et $(m^2+1)\,(x-P)\,(x-Q) = -\,k^2 e^{\frac{-2z}{k}}$

Celle du plan est: $x^2 + y^2 + Ax + By + C = -\,k^2 e^{\frac{-2z}{k}}$

Dans le quatrième chapitre, Flye Sainte-Marie donne des définitions infinitésimales des rapports trigonométriques. Il démontre à cet effet que, dans un triangle AOB rectangle en B, les limites

$$\lim_{OA \to 0} \frac{AB}{OA} \text{ et } \lim_{OA \to 0} \frac{AB}{OB}$$

existent. Ces limites sont, par définition, le sinus et la tangente de l'angle AOB; le cosinus d'un angle est, par définition, égal au sinus de son complémentaire.

Dans la suite du chapitre, Flye Sainte-Marie adopte l'hypothèse non euclidienne; il calcule la circonférence d'un cercle, son aire et l'aire d'un triangle. Il expose une série d'applications intéressantes de ces résultats et résout plusieurs problèmes de géométrie analytique non euclidienne.

§ 4 Indémontrabilité du postulatum

J'ai montré que Flye Sainte-Marie abordait ce problème de façon assez confuse dans son introduction. Il y revient à deux reprises dans la suite de son ouvrage, à la fin du deuxième et du troisième chapitre. La méthode exposée est les deux fois la même. En voici le principe:

> Quelle que soit une relation géométrique qu'on se propose de déterminer dans une figure plane, elle pourra donc être déduite des formules générales qui ont été établies dans les numéros précédents[18]. Le résultat qu'on obtiendra ainsi, tiré exclusivement de formules dans lesquelles un paramètre reste inconnu, ne pourra assurément jamais, fût-il combiné de quelque façon qu'on voudra avec les formules mêmes desquelles il a été déduit, conduire à la détermination de ce paramètre.
> D'ailleurs il est clair que si dans la démonstration d'une proposition de géométrie on ne s'appuie que sur des axiomes auxquels les formules soient soumises, on pourra reproduire le même raisonnement, et en tirer la même conclusion, sans l'intermédiaire de la figure, en s'attaquant directement aux formules qui, de quelque manière qu'on les combine, laisseront toujours indéterminée la longueur absolue k. Il serait donc prouvé que la théorie des parallèles, qui suppose k infini, exige un postulatum, s'il était reconnu que, tant qu'on s'en affranchit, tous les axiomes dont on peut faire usage sont toujours vérifiés par les formules paramétrales, quelque valeur qu'on suppose au paramètre absolu. (*ibidem*, p. 32)

Flye Sainte-Marie entend établir l'indémontrabilité du postulatum de la manière suivante: tout raisonnement géométrique effectué à partir d'axiomes auxquels les formules paramétrales sont «soumises» peut être transcrit en un calcul fondé sur ces formules. Mais celles-ci ne permettent pas de déterminer la valeur de la constante k. En démontrant que les axiomes de la géométrie absolue «vérifient» ces formules, on établira donc l'indémontrabilité du postulatum. En parlant de formules «soumises» aux axiomes, Flye Sainte-Marie veut probable-

18 Il s'agit de la relation donnant la distance de deux points et des équations paramétrales de la droite, du cercle et de l'arc de rayon infini.

ment dire qu'il existe une correspondance entre les formules et les axiomes. Ceux-ci peuvent être traduits en formules et réciproquement. Le problème est donc double: il s'agit d'une part de déterminer quels sont les axiomes de la géométrie absolue et d'autre part de prouver qu'ils vérifient les formules paramétrales, c'est-à-dire que leurs traductions donnent précisément ces formules. Il faut donc, en termes modernes, démontrer que celles-ci constituent un modèle algébrique ou analytique du système d'axiomes. Flye Sainte-Marie n'est peut-être pas le premier mathématicien à avoir eu cette idée. Gray suggère en effet que Lobatchevski n'en était pas très éloigné. Il écrit:

> Nous pourrions dire qu'il s'efforçait d'exhiber une consistance relative entre sa nouvelle géométrie et l'analyse en exhibant une traduction de la nouvelle géométrie en formules d'analyse. (1988, p. 151)

Gray ne cite pas de textes à l'appui de cette supposition. Un passage de la conclusion du premier mémoire de Lobatchevski peut à mon avis l'étayer. Ce dernier remarque en effet qu'après que les relations entre les côtés et les angles d'un triangle ont été établies, tout le reste du développement (calculs de longueurs, d'aires et de volumes) n'est plus que de l'analyse. Il note ensuite que si l'analyse et la nouvelle géométrie sont en concordance, «on peut attendre de chacune des deux un soutien pour l'autre»[19]. Gray écrit encore:

> Un tel modèle est assez difficile à établir et demande en tout cas plus de clarté concernant les notions fondamentales que ce que Lobatchevski possédait, [...]. (*ibidem*, p. 151)

Nous allons voir que cette remarque vaut aussi pour Flye Sainte-Marie. Ce dernier consacre le début du chapitre complémentaire à la première partie du problème. Après avoir défini la ligne droite «par la condition d'être le plus court chemin entre deux quelconques de ses points», il énonce les trois axiomes suivants:

> A. Soit, dans une figure invariable, un point P et une droite L passant par ce point; la figure peut être transportée d'un lieu de l'espace dans un autre, de manière que le point P coïncide avec un point P′ quelconque fixe dans l'espace, et que la droite L s'applique exactement sur une droite L′, quelle

19 Lobatchevski (1829-30, 1898, p. 65).

qu'elle soit, menée par le point P' [...]. En outre, si la figure ne se réduit pas à la droite L, elle pourra changer de lieu dans l'espace en tournant autour de deux points fixes pris sur cette ligne, et ce mouvement pourra être continué indéfiniment.

B. Par deux points on ne peut faire passer qu'une seule ligne droite.

C. Le lieu des points situés à des distances constantes de deux points fixes, est une courbe fermée unique, en dehors de laquelle aucun point de l'espace ne fait partie du lieu.

Il s'agit de ramener à ces trois propositions tous les axiomes particuliers à la géométrie, à l'exception du postulatum d'Euclide. Ces axiomes, ceux du moins qui ne sont pas explicitement compris dans les principes que je viens d'énoncer, peuvent être tous résumés dans les propositions suivantes:

1° Il existe des surfaces planes, c'est-à-dire des surfaces contenant entièrement toute droite qui joint deux quelconques de leurs points.

2° La longueur d'une courbe, l'aire d'une surface, le volume d'un solide sont des quantités susceptibles d'une mesure déterminée, [...].

3° L'aire plane est moindre que l'aire de toute surface terminée au même contour. [...]

Je ferai voir que ces trois principes ou axiomes peuvent être considérés comme résultant des propositions A, B et C. (*ibidem*, pp. 104-105)

La deuxième partie de l'axiome A évoque la propriété de monodromie de Helmholtz[20]. Comme ce dernier, Flye Sainte-Marie met au premier plan les notions de corps solide invariable et de déplacement. Ce texte donne un bon exemple de l'état de l'axiomatique vers 1870. On constate en particulier que la différence entre axiome et théorème n'est pas claire puisque Flye Sainte-Marie appelle «axiomes» les énoncés 1° à 3° qui sont des théorèmes et qui seront «démontrés» à partir de A, B et C. Le lecteur moderne, qui a pu admirer la maîtrise et l'habileté avec laquelle les calculs des quatre premiers chapitres ont été conduits, se trouve soudain déconcerté devant le caractère rudimentaire et confus des investigations axiomatiques de Flye Sainte-Marie. Ce décalage entre la maîtrise du calcul et la faiblesse des fondements axiomatiques n'est pas propre à ce dernier[21].

20 Cf. chapitre 11, § 1. Une telle approche de la géométrie apparaît aussi à peu près à la même époque chez Ueberweg et Houël, cf. Boi (1995, pp. 359-368).

21 L'*Essai sur les principes fondamentaux de la géométrie et de la mécanique* (1879) de De Tilly en donne un autre exemple.

Reste à examiner le second aspect du problème qui consiste à démontrer que les axiomes A, B et C sont vérifiés par les formules paramétrales. Comme indiqué précédemment, l'idée est probablement de donner un modèle algébrique de la géométrie. A cet effet, il faudrait commencer par définir une correspondance entre les notions et propriétés géométriques et algébriques. En particulier, pour pouvoir traduire dans le modèle algébrique l'axiome A et démontrer qu'il est vérifié, il faudrait dire à quelles opérations algébriques sur les formules correspondent les déplacements géométriques. En 1870 Flye Sainte-Marie ne peut naturellement pas effectuer ce travail, qui ne sera réalisé que trente ans plus tard, après Hilbert, lorsque les notions de système axiomatique et de modèle auront été précisées. Pour prouver que l'axiome A est vérifié, il se contente d'établir qu'un changement de coordonnées ne modifie pas la longueur de l'arc infinitésimal. Il faut enfin relever que dans sa «preuve», Flye Sainte-Marie admet sans discussion que la valeur du paramètre k ne peut être tirée des formules, or c'est justement l'élément essentiel du raisonnement. La méthode suivie par Flye Sainte-Marie constitue un exemple isolé. Ses contemporains ont cherché à donner des interprétations géométriques de la géométrie non euclidienne; il en sera question au chapitre 9.

Je citerai pour terminer la conclusion de l'ouvrage. Elle reprend la question de la vérité en géométrie, déjà évoquée deux fois dans l'analyse qui précède:

> Quoique les ressources du raisonnement soient impuissantes à établir en toute rigueur la théorie des parallèles, l'exactitude de cette théorie ne fait cependant l'objet d'aucun doute. Ainsi, nous avons la certitude que l'oblique rencontre la perpendiculaire, sans que ce principe résulte en rien de la loi de nécessité.
> Est-ce dans l'expérience que nous puisons une telle certitude? S'il en était ainsi, elle ne saurait être complète; car l'imperfection de nos sens ne nous permet pas d'embrasser dans nos observations une étendue infinie de l'espace, ni de relever avec une précision parfaite aucun élément dans une figure quelle qu'elle soit, de dimensions petites ou grandes.
> Est-ce simplement le sens commun qui nous fait voir clairement que l'oblique rencontre la perpendiculaire? Mais peut-on attribuer à ce sens commun le pouvoir de rendre évident un principe dont la négation ne peut conduire à aucune absurdité constatée?
> N'est-il pas plus naturel de chercher hors de nous, hors de nos facultés, la puissance qui nous révèle une telle vérité, et de reconnaître ainsi la nécessité d'une

> cause première, éternelle et immuable comme la vérité même qu'elle nous révèle? (*ibidem*, p. 102)

Cette conclusion est étonnante et l'on pourrait croire qu'elle est due à un adversaire de la géométrie non euclidienne. Pour Flye Sainte-Marie, la vérité de la géométrie euclidienne n'est ni de nature logique ni de nature expérimentale. Sur ce dernier point, il se distingue de De Tilly et l'idée d'une preuve astronomique n'apparaît nulle part dans son livre. Il ne s'agit pas non plus, comme dans l'explication kantienne, d'une vérité liée à la forme de notre intuition. A l'instar de Duhamel, dont il fut sans doute élève à l'Ecole Polytechnique, Flye Sainte-Marie reste attaché à la conception de Descartes: les énoncés géométriques sont des vérités «éternelles et immuables», indépendantes de notre esprit. Pour Descartes, ces vérités trouvent leur source en Dieu. Flye Sainte-Marie parle pour sa part de «cause première», terme tiré du vocabulaire scolastique.

Troisième partie

Les premières interprétations

Chapitre 8

Beltrami

La première interprétation de la géométrie non euclidienne plane a été donnée par Eugenio Beltrami dans son *Saggio di interpretazione della geometria non-euclidea* (1868a). Cette découverte marque une étape essentielle dans l'histoire de la géométrie non euclidienne. Les raisons de son importance ont été clairement mises en évidence par Boi:

> La découverte réalisée par Beltrami à propos de l'identité entre la géométrie non euclidienne et celle des surfaces à courbure constante négative, a fourni un argument important, bien que peut-être non encore décisif, en faveur de la *consistance* de la théorie de Lobatchevsky et Bolyai. Par ailleurs, elle a contribué à ce que cette théorie soit reconnue au même titre qu'une théorie mathématique, et à avoir ainsi raison, du moins en partie, de la large opposition et incompréhension que les idées des inventeurs de la géométrie non euclidienne avaient rencontrées. Les résultats du mathématicien italien donnent une sorte de légitimation mathématique aux nouvelles théories, car ils montrent que celles-ci peuvent être intégrées à la géométrie différentielle des surfaces courbes. (1995, p. 299)

Le mémoire de Beltrami concerne donc à la fois la géométrie non euclidienne et la géométrie différentielle. Il accorde la première place au concept de géométrie intrinsèque. La nouveauté de ce concept a fait que ce mémoire a souvent été mal compris par les contemporains qui n'en ont retenu que certains aspects[1].

1 Le mémoire de Beltrami a été pendant longtemps mal lu et les ouvrages généraux ne soulignent souvent qu'un de ses aspects: la réalisation d'une partie du plan non euclidien sur la surface de révolution engendrée par la courbe appelée «tractrice» (cf. § 2.3). Cette mauvaise lecture a été corrigée par les récents travaux de Scholz (1980), Giacardi (1984), Fenoglio et Giacardi (1991), Boi (1995) et Boi, Giacardi et Tazzioli (1998).

§ 1 Origine de l'interprétation; l'influence de Gauss; la notion de variété chez Riemann

Les *Disquisitiones generales circa superficies curvas* de Gauss (1828) ont eu une influence importante sur les recherches de Beltrami. Il est donc nécessaire de rappeler certains des résultats obtenus par Gauss[2]. Au début de son mémoire, Gauss explique qu'une surface peut être considérée de deux manières: comme le lieu des points de l'espace dont les coordonnées x, y, z satisfont à une relation de la forme $W(x,y,z) = 0$, ou comme le lieu des points dont les coordonnées sont de la forme $x(p,q)$, $y(p,q)$ et $z(p,q)$. Cette seconde représentation, généralement appelée «paramétrique», remonte à Euler (1771). Ce mathématicien est aussi le premier à s'être intéressé à la courbure de courbes situées sur une surface (1767); c'est à lui qu'est due la notion de «section principale». Soit P un point d'une surface Σ, $\vec{n}$ le vecteur normal à Σ en P. Les plans passant par $\vec{n}$ sont appelés «plans normaux» à la surface; ils la coupent en des courbes appelées «sections normales». Dans son mémoire, Euler démontre que, parmi ces courbes, il en existe deux pour lesquelles la courbure atteint un maximum et un minimum; elles sont situées dans des directions perpendiculaires; ce sont les sections principales de Σ en P[3]. Les sections principales peuvent être situées du même côté du plan tangent en P ou de chaque côté. Dans le premier cas, les courbures sont de même signe, dans le second elles sont de signes contraires. L'une des sections principales peut être aussi une droite; l'une des valeurs extrémales de la courbure est alors nulle.

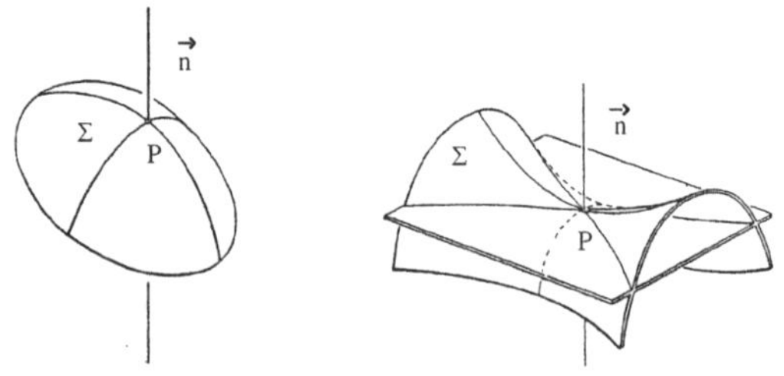

2 Peter Dombrovski a publié un commentaire du mémoire de Gauss (1979). On pourra aussi consulter Torretti (1984) et Boi (1995). L'article de Karin Reich *Die Geschichte der Differentialgeometrie von Gauß bis Riemann* (1973) constitue une référence précieuse.

3 Euler (1767-1955, p. 8). Les figures ci-dessous sont tirées de Kreyszig (1959-1991, pp. 125-126).

Revenons à Gauss. Soit Γ une sphère de centre O et de rayon 1. Soit P un point de Σ, $\vec{n}$ un vecteur unitaire normal à Σ en P; Gauss définit une application de Σ sur Γ qui, au point P de Σ, associe le point P′ de Γ tel que $\overrightarrow{OP'} = \vec{n}$. Soit σ un voisinage de P sur Σ, σ′ son image sur la sphère. Gauss définit la courbure de Σ en P comme la limite du rapport des aires de σ′ et σ lorsque ces aires tendent vers zéro.

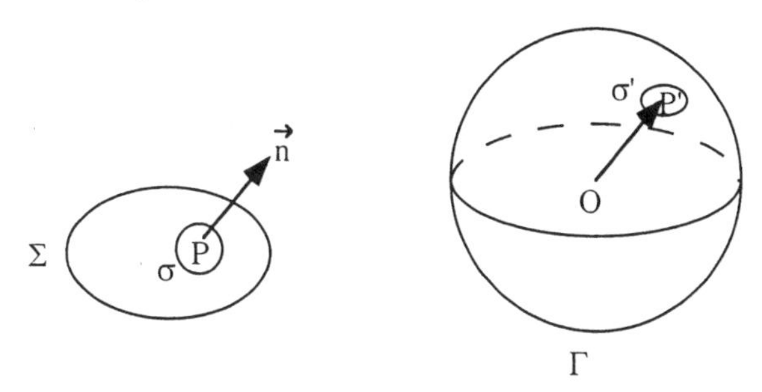

Soient d et e deux courbes de Σ issues du point P et d′ et e′ les courbes correspondantes sur la sphère. On suppose que d et e sont tracées sur Σ du même côté que la normale $\vec{n}$ et que d′ et e′ sont tracées sur l'extérieur de la sphère. Si l'orientation de d et e est la même que celle de d′ et e′, la courbure de Σ en P est positive; dans le cas contraire, elle est négative. Gauss fait le lien avec les recherches d'Euler et démontre que la courbure est égale au produit des courbures des sections principales.

Supposons la surface définie de manière paramétrique. Relativement à un système d'axes orthogonaux d'origine O, un point P de la surface est repéré par le vecteur $\overrightarrow{OP} = \overrightarrow{X}(p, q) = \begin{pmatrix} x(p, q) \\ y(p, q) \\ z(p, q) \end{pmatrix}$.

Gauss note $a = \frac{dx}{dp}$, $b = \frac{dy}{dp}$, $c = \frac{dz}{dp}$, $a' = \frac{dx}{dq}$, $b' = \frac{dy}{dq}$, $c' = \frac{dz}{dq}$ les dérivées partielles des fonctions coordonnées. Les vecteurs $\vec{X}_p = \begin{pmatrix} a \\ b \\ c \end{pmatrix}$ et $\vec{X}_q = \begin{pmatrix} a' \\ b' \\ c' \end{pmatrix}$ constituent une base du plan tangent à la surface au point P.

Gauss introduit les trois fonctions $E = a^2 + b^2 + c^2$, $F = aa' + bb' + cc'$ et $G = a'^2 + b'^2 + c'^2$. On note que $E = \vec{X}_p^2$, $F = \vec{X}_p \cdot \vec{X}_q$ et $G = \vec{X}_q^2$. Ces fonctions déterminent tous les rapports métriques de la surface. Ainsi, la longueur d'un arc de courbe $\vec{X}$ (p(t), q(t)) situé sur la surface est égale à:

$$\int_{t_1}^{t_2} \sqrt{E\left(\frac{dp}{dt}\right)^2 + 2F\left(\frac{dp}{dt}\right)\left(\frac{dq}{dt}\right) + G\left(\frac{dq}{dt}\right)^2}\, dt$$

L'angle de deux courbes et l'aire d'un domaine situé sur la surface se calculent aussi à partir des quantités E, F et G; ce sont, en termes modernes, les coefficients de la «première forme fondamentale». On dit que $ds^2 = Edp^2 + 2Fdp.dq + Gdq^2$ est le carré de l'élément de longueur sur la surface.

Gauss démontre que, dans le cas où la surface est définie de manière paramétrique, la courbure peut se calculer à partir de E, F et G et de leurs dérivées; l'expression est compliquée et il n'est pas nécessaire de la donner ici. Ce résultat l'amène à la conclusion suivante:

> Puisqu'on a toujours
>
> $$dx^2 + dy^2 + dz^2 = Edp^2 + 2Fdp.dq + Gdq^2$$
>
> il est clair que $\sqrt{Edp^2 + 2Fdp.dq + Gdq^2}$ est l'expression générale de l'élément linéaire sur une surface courbe. Cela étant, l'analyse exposée dans le § précédent nous apprend que, pour trouver la mesure de la courbure, on n'a pas besoin de formules finies donnant les coordonnées x, y, z en fonction des indéterminées p et q, mais qu'il suffit d'avoir l'expression générale de la grandeur de chaque élément linéaire. Venons à quelques applications de ce très important théorème.
>
> Supposons que notre surface courbe puisse être appliquée sur une autre surface, courbe ou plane, de telle sorte qu'à chaque point de la première surface déterminé par les coordonnées x, y, z il vienne correspondre un point déterminé de la seconde surface, dont les coordonnées soient x′, y′, z′. Il est évident que x′, y′, z′ peuvent aussi être considérés comme des fonctions de p et q, d'où pour l'élément $\sqrt{dx'^2 + dy'^2 + dz'^2}$ une expression telle que $\sqrt{E'dp^2 + 2F'dp.dq + G'dq^2}$, E′, F′, G′ étant aussi des fonctions de p et q. Mais par la notion même de l'*application* d'une surface sur une surface, il est clair que les éléments qui se correspondent sur chaque surface sont nécessairement égaux, et l'on a identiquement E = E′, F = F′, G = G′. La formule du § précédent conduit donc spontanément à ce théorème remarquable:
>
> *Si une surface courbe est appliquée sur autre surface courbe quelconque, la mesure de la courbure en chaque point reste invariable.* (1828, traduction de E. Roger, 1855-1967, pp. 27-28)[4]

Dans le deuxième paragraphe de ce texte, Gauss définit les notions d'application (isométrique) et de surfaces isométriques; il est le premier

4 La traduction de Roger est souvent imprécise et je l'ai un peu modifiée.

mathématicien à donner ces définitions dans un cadre général. Jusque là on se limitait aux surfaces développables, c'est-à-dire aux surfaces applicables sur un plan[5]. Le résultat du calcul précédent montre que la courbure ne dépend que de la métrique $ds^2 = Edp^2 + 2Fdpdq + Gdq^2$; deux surfaces isométriques ont donc même courbure aux points correspondants; c'est le fameux «teorema egregium» énoncé dans le dernier paragraphe. Ce théorème met en évidence l'importance des fonctions E, F et G définissant la métrique. Elles ont certes été calculées à partir des trois fonctions x(p,q), y(p,q), z(p,q), mais ne sont pas liées à une position particulière de la surface dans l'espace. Elles sont invariantes lorsque la surface se déforme isométriquement. Ces constatations amènent Gauss à exposer une nouvelle conception de la notion de surface:

> Les considérations que nous venons d'exposer se lient à un mode particulier d'envisager les surfaces, qui mérite au plus haut degré d'être attentivement étudié par les géomètres. En effet, si l'on considère une surface non comme la limite d'un solide, mais bien comme un solide flexible et inextensible, dont une dimension est censée s'évanouir, les propriétés de la surface dépendent en partie de la forme particulière dans laquelle celle-ci est conçue, et sont en partie absolues et restent invariables quelle que soit la forme dans laquelle celle-ci est fléchie. C'est à cette dernière sorte de propriétés, dont l'étude ouvre à la géométrie un champ nouveau et fécond, que doivent être rapportées la mesure de la courbure et la courbure intégrale, dans le sens que nous donnons à ces expressions; on peut envisager sous le même point de vue la théorie des lignes les plus courtes[6] et d'autres sujets que nous nous réservons de traiter plus tard. Dans cette manière de considération, une surface plane et une surface développable, qu'elle soit cylindrique ou conique, etc., sont regardées comme essentiellement identiques, et une façon naturelle d'exprimer de manière générale la nature intime de la surface ainsi considérée se fonde toujours sur l'expression $\sqrt{Edp^2 + 2Fdp.dq + Gdq^2}$ qui lie l'élément linéaire aux deux indéterminées p et q. (*ibidem*, p. 29).

Jusqu'à Gauss, les surfaces sont considérées comme plongées dans l'espace euclidien et leurs propriétés sont étudiées de manière «extrin-

5 Cf. Reich (1973, pp. 295-298).

6 On parle aujourd'hui de «géodésiques». Ces courbes ont la propriété de minimiser localement la distance de deux points de la surface et leur équation différentielle peut être établie par le calcul des variations. Une géodésique peut aussi être définie comme suit. Soit $\overrightarrow{X(t)}$ une courbe de l'espace. Le vecteur $\overrightarrow{X''}(t)$, dérivée seconde du vecteur $\overrightarrow{X(t)}$, est appelé «normale principale» à la courbe. Une géodésique d'une surface Σ est une courbe dont la normale principale est en tout point normale à Σ.

sèque». Gauss indique qu'il est possible d'étudier une surface de manière «intrinsèque», sans faire référence à l'espace dans lequel elle est plongée. Les propriétés intrinsèques d'une surface ne dépendent que des trois fonctions E, F et G. Du point de vue intrinsèque, deux surfaces isométriques ne présentent pas de différence et sont caractérisées, localement du moins, par la donnée de l'élément de longueur. Les géodésiques peuvent aussi être définies de manière intrinsèque. Cette conception des surfaces est l'une des nouveautés du mémoire de Gauss. Elle constitue le point de départ de la géométrie différentielle moderne et sera généralisée par Riemann dans son *Habilitationsvortrag*. Comme ce texte a aussi influencé le développement des idées de Beltrami, il faut brièvement en rappeler quelques éléments.

Riemann part de la notion de «grandeur n-fois étendue» ou «variété à n dimensions»[7]. Cette notion n'est pas clairement définie; il ressort cependant des explications de Riemann que tout point d'un variété à n dimensions est déterminé par la donnée de n grandeurs. Une variété se présente donc comme un ensemble S pouvant être envoyé injectivement dans R^n. Mais Torretti a relevé que cette caractérisation était «doublement inadéquate»[8], car à la fois trop large et trop restrictive. Elle est trop large; en effet, même s'il envisage au début de son mémoire la possibilité de grandeurs discrètes, Riemann se limite ensuite à des grandeurs variant continûment. L'application associant à tout point d'une variété S un n-tuple de coordonnées est donc pour lui continue. Cette caractérisation est aussi trop restrictive car il n'existe par exemple pas d'injection continue d'une sphère dans R^2. Or il ne fait pas de doute que pour Riemann la sphère est une variété à deux dimensions. Torretti note aussi que, dans le cours de son raisonnement, Riemann suppose «qu'une quantité[9] n-fois étendue S peut être envoyée injectivement dans R^n de plusieurs manières différentes, et que si f et g sont deux telles applications, l'application composée $f \circ g^{-1}$ est partout différentiable jusqu'à un ordre supérieur convenable»[10]; on

7 Les termes allemands sont «mehrfach ausgedehnte Grösse» et «Mannigfaltigkeit von n Dimensionen». Houël les traduit par «grandeur de dimensions multiples» et «variété de n dimensions».

8 Torretti (1984, p. 86).

9 Le terme allemand est «Grösse» et il vaudrait mieux dire «grandeur» que «quantité».

10 Torretti (1984, p. 86).

devine ici l'idée du changement de cartes. Torretti conclut «qu'une quantité n fois étendue, ainsi comprise, est ce que nous appelons aujourd'hui une variété différentiable (réelle) à n dimensions»[11]. La définition rigoureuse de cette notion n'a été donnée que vers 1930[12]; elle nécessite des considérations topologiques qui nous entraîneraient trop loin et je ne peux que renvoyer à un ouvrage de géométrie différentielle.

Riemann s'intéresse ensuite aux «rapports métriques dont est susceptible une variété à n dimensions»[13]. Le cas le plus simple, auquel il va d'ailleurs se limiter, est celui où, comme dans le cas des surfaces de Gauss, l'élément linéaire est exprimé par la racine carrée d'une expression différentielle du second degré. Si $(x_1(t), \ldots, x_n(t))$ sont les coordonnées des points d'un arc de courbe situé sur S, la longueur d'un d'arc P_1P_2 est donc égale à

$$\int_{t_1}^{t_2} \sqrt{\sum_{i,\, j=1}^{n} g_{ij}x'_ix'_j}\, dt$$

ou, ce qui revient au même, l'élément de longueur est de la forme

$$ds = \sqrt{\sum_{i,\, j=1}^{n} g_{ij}dx_idx_j}$$ avec $g_{ij} = g_{ji}$. Les rapports métriques d'une variété à n dimensions sont déterminés par la donnée de $n(n+1)/2$ fonctions g_{ij}. Elles peuvent être très générales; il faut seulement que la quantité sous la racine soit positive ou, en termes plus techniques, que la forme bilinéaire symétrique définie par la matrice des fonctions g_{ij} soit définie positive. Une surface au sens de Gauss est donc une variété à deux dimensions.

Riemann généralise aussi la notion de courbure. En voici, en termes modernes, l'idée. Soit S une variété, P un point de S. Soient $\vec{u}$ et $\vec{v}$ deux vecteurs linéairement indépendants de l'espace tangent en P[14]; ils engendrent un plan vectoriel π. Pour tout vecteur de $\vec{t}$ de π, il existe

11 Torretti (1984, p. 86).
12 Cf. Boi (1995, p. 148).
13 Riemann (1867-1876, p. 258).
14 La définition de l'espace tangent à une variété est délicate et n'a été mise au point que bien après Riemann. Pour en comprendre l'idée, on pourra se référer à Torretti (1984, pp. 88-90).

une géodésique passant par P et ayant en ce point $\vec{t}$ comme vecteur tangent. L'ensemble de ces géodésiques forment au voisinage de P une «surface géodésique». Si la courbure au sens de Gauss de cette surface est la même pour tout plan π et en tout point P de S, la variété est dite «à courbure constante».

Revenons à Beltrami. Ses premiers travaux, publiés à partir de 1861, sont principalement consacrés à la géométrie différentielle. Dans ses recherches sur les surfaces, il reprend et développe les idées de Gauss. Plusieurs de ses mémoires débutent par des considérations générales sur ces idées. Beltrami oppose le point de vue de Gauss au point de vue classique:

> Les admirables recherches entreprises par Gauss sur la théorie générale des surfaces et exposées par lui dans deux mémoires devenus justement célèbres[15], ont ouvert la voie à la solution de quelques problèmes dans lesquels les surfaces elles-mêmes sont considérées d'un point de vue essentiellement différent de celui des géomètres qui l'avaient précédé, parmi lesquels, pour ne rappeler que les sommités, je citerai Euler et Monge. (1865a-1902, p. 208)

Beltrami fait allusion à l'ouvrage *Application de l'analyse à la géométrie* de Monge (1807). Ce livre eut une grande influence durant la première moitié du XIXe siècle et connut plusieurs rééditions. Monge étudie les surfaces de manière extrinsèque: une surface est le lieu des points de l'espace dont les coordonnées satisfont à une équation de la forme $M(x, y, z) = 0$.

Au début d'un autre mémoire, Beltrami explique la nouveauté du point de vue de Gauss et en montre les avantages:

> Les surfaces peuvent être considérées sous deux aspects très différents, à savoir comme limites de solides, ou comme solides flexibles et inextensibles dont on regarde une des dimensions comme s'évanouissant.
> Quand on adopte ce second point de vue, les propriétés des surfaces doivent être divisées en deux classes: l'une comprend les propriétés qui sont essentiellement liées à la forme spéciale que l'on attribue actuellement à la surface considérée, et qui se modifient ensemble avec elle; à l'autre classe appartiennent en revanche les propriétés qui subsistent indépendamment de toute détermination particulière de la forme elle-même. Ces dernières peuvent être appe-

15 Il s'agit des *Disquisitiones* et d'un mémoire plus ancien consacré à la représentation conforme d'une surface sur une autre, Gauss (1825).

> lées *absolues*, les premières *relatives*. Ainsi, à titre d'exemple, le célèbre théorème de Gauss, relatif à la *conservation de la courbure*, exprime une propriété *absolue* qui, par la généralité dont elle jouit, et par l'étendue des recherches auxquelles elle ouvre la voie, mérite certainement d'être regardée comme l'une des plus importantes conquêtes de l'analyse moderne.
> Lorsqu'on considère les surfaces sous ce second aspect, la représentation cartésienne ordinaire est peu judicieuse, car elle est trop intimement liée à la position et à la forme actuelle de la surface. Quand celle-ci est considérée comme flexible et inextensible, ce qui reste invariant est la longueur de chaque élément linéaire, et toutes les propriétés absolues ne peuvent être que des conséquences de cette invariance. Par conséquent, dans l'ordre des recherches dont nous voulons maintenant nous occuper, la surface est parfaitement définie par l'expression de son élément linéaire, dont le carré a la forme $Edu^2 + 2Fdudv + Gdv^2$ [...]. (Beltrami, 1864-1902, p. 140)

Beltrami distingue clairement les propriétés extrinsèques et intrinsèques d'une surface. Cette distinction sera, quelques années plus tard, l'un des thèmes principaux de sa correspondance avec Houël[16]. Certains de ses contemporains auront de la peine à comprendre la différence entre ces deux types de propriétés. Beltrami insiste sur le fait qu'une surface est «définie» par sa métrique. Cette idée est défendue avec vigueur au début d'un autre mémoire, légèrement postérieur au précédent:

> Nous représentons par (1) $ds^2 = Edu^2 + 2Fdudv + Gdv^2$ le carré de l'élément linéaire de la surface S que nous devons considérer.
> Il ne sera pas inutile de rappeler au début que lorsqu'on regarde une surface comme définie par la seule expression de son élément linéaire, il faut faire abstraction de tout concept ou image qui implique une détermination concrète de sa forme relativement à des objets extérieurs, comme par exemple à un système d'axes rectangulaires. Chaque concept de ce genre conduit facilement à des équivoques. La seule chose qui doit être tenue pour sûre est que chaque couple distinct de valeurs des variables u, v détermine un point [...] de la surface qui reste [...] pour lui-même essentiellement distinct de celui [...] auquel correspond un autre couple de valeurs, non identique au premier. La possibilité de la coïncidence en un même lieu de l'espace de points n'ayant pas les mêmes coordonnées, n'intervient à proprement dire que lorsque on considère ou que l'on sous-entend une configuration déterminée de la surface. (1867-1902, p. 318)

16 Cf. chapitre 9.

Pour Beltrami, une surface est définie par la donnée d'un domaine D de variation des paramètres u et v et d'une métrique sur ce domaine. Cette définition est indépendante de toute idée de réalisation de la surface dans l'espace euclidien. Il n'est donc pas nécessaire de connaître une «intégrale» de la surface, c'est-à-dire une application $\vec{X}$ (u, v) de D dans R^3 telle que $\vec{X}_u^2 = E$, $\vec{X}_u \cdot \vec{X}_v = F$ et $\vec{X}_v^2 = G$. Comme nous le verrons plus loin, une telle intégrale n'existe parfois que localement. Les surfaces de Beltrami ne sont donc pas des surfaces au sens classique du terme, mais des surfaces «abstraites» ou, en termes modernes, des variétés différentiables de dimension 2[17]. Il est important de noter que deux points d'une surface abstraite doivent être considérés comme distincts, même s'ils coïncident lorsque la surface est réalisée dans l'espace euclidien.

Parmi les recherches effectuées entre 1861 et 1867, il convient de s'arrêter à celles exposées dans le mémoire *Résolution du problème: reporter les points d'une superficie de manière à ce que les lignes géodésiques soient représentées par des droites* (1865b). Dans l'introduction, Beltrami explique que ce problème a un intérêt cartographique et que la projection centrale d'une sphère sur un plan fournit une solution.

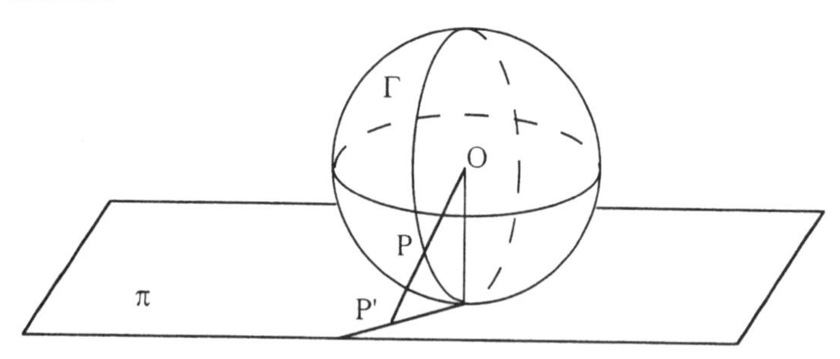

Soit en effet Γ une sphère de centre O. Soit π un plan tangent à la sphère, P un point de celle-ci. L'image de P est le point P′, intersection de la droite OP et du plan π. Les géodésiques de la sphère, c'est-à-dire les grands cercles, sont transformés en droites.

Soient x, y des coordonnées dans le plan, u, v des coordonnées curvilignes sur la surface. Pour que le problème posé puisse être résolu,

17 Scholz a insisté sur ce point (1980, p. 104).

l'équation d'une géodésique doit être de la forme au + bv + c = 0 ou, en exprimant v à partir de u, de la forme v = pu + q. On vérifie facilement que cette équation est équivalente à l'équation différentielle $dud^2v - dvd^2u = 0$. Comme Beltrami l'a montré dans un précédent mémoire[18], l'équation différentielle des géodésiques peut être mise sous la forme suivante[19]:

$$0 = (EG - F^2)\,(dud^2v - dvd^2u) +$$
$$(Edu + Fdv)\left\{\left(\frac{\partial F}{\partial u} - \frac{1}{2}\frac{\partial E}{\partial v}\right)du^2 + \frac{\partial G}{\partial u}\,dudv + \frac{1}{2}\frac{\partial G}{\partial v}\,dv^2\right\}$$
$$-\,(Fdu + Gdv)\left\{\left(\frac{\partial F}{\partial v} - \frac{1}{2}\frac{\partial G}{\partial u}\right)dv^2 + \frac{\partial E}{\partial V}\,dvdu + \frac{1}{2}\frac{\partial E}{\partial u}\,du^2\right\}$$

Si l'on veut que l'équation des géodésiques soit de la forme $du^2dv - dvd^2u = 0$, les deux derniers termes de l'équation précédente doivent être identiquement nuls. Cette condition conduit à quatre équations différentielles faisant intervenir les fonctions E, F, G et leurs dérivées. Le nombre des équations étant supérieur à celui des fonctions, le problème n'a en général pas de solutions. Plusieurs pages de calculs[20] permettent à Beltrami de démontrer que le problème a une solution lorsque les fonctions E, F et G ont la forme suivante:

$$E = \frac{R^2\,(v^2 + a^2)}{(u^2 + v^2 + a^2)^2},\; F = \frac{-\,R^2\,uv}{(u^2 + v^2 + a^2)^2},\; G = \frac{R^2\,(u^2 + a^2)}{(u^2 + v^2 + a^2)^2}$$

En vertu du *teorema egregium*, la donnée de ces fonctions permet de calculer la courbure de la surface; Beltrami trouve la valeur $\frac{1}{R^2}$. Une telle surface est donc à courbure constante et, dans le cas où la constante R est réelle, localement applicable sur une sphère. Ferdinand Minding, le premier géomètre à avoir poursuivi les recherches de Gauss en géométrie différentielle, a en effet démontré (1839) que deux

18 Beltrami (1864-1902, pp. 178-179).

19 Cette équation revient à poser que la courbure géodésique de la courbe est nulle, ce qui constitue l'une des propriétés d'une géodésique. La définition de la courbure géodésique est rappelée plus loin au § 2.3.

20 Le raisonnement de Beltrami a été considérablement simplifié par Luigi Bianchi (1902, pp. 403-405).

surfaces de courbure constante égale sont localement isométriques. Beltrami conclut:

> Les seules surfaces susceptibles d'être représentées sur un plan de manière qu'à chaque point corresponde un point et à chaque ligne géodésique une ligne droite, sont celles dont la courbure est partout constante (positive, négative ou nulle). Quand cette courbure constante est nulle, la loi de correspondance ne diffère pas de l'homographie habituelle f. Quand elle n'est pas nulle, cette loi est réductible à la projection centrale de la sphère et à ses transformations homographiques.
> Puisque parmi toutes les surfaces de courbure constante, la seule qui puisse recevoir des applications dans la théorie des cartes géographiques et dans la géodésie est probablement la surface sphérique, ainsi, du point de vue de ces applications, ce qui a été affirmé au début est confirmé, à savoir que la seule solution du problème est fournie en substance par la projection centrale. (1865b, p. 203)

Pour des raisons pratiques, Beltrami se limite au cas où la courbure est positive et laisse de côté celui où la courbure est négative. Ce sera pourtant ce second cas qui lui permettra de découvrir une interprétation de la géométrie non euclidienne.

§ 2 Analyse du *Saggio*

2.1 Généralités

C'est grâce à la traduction de Houël des *Geometrische Untersuchungen* de Lobatchevski que Beltrami prit connaissance de la géométrie non euclidienne[21]. Il rédigea son mémoire durant l'automne 1867 mais, pour des raisons qui seront expliquées au § 3, ne le publia qu'une année après. Voici le début du mémoire, avec la traditionnelle référence à Gauss:

> Ces derniers temps, le public mathématicien a commencé à s'occuper de quelques nouvelles idées qui, au cas où elles l'emporteraient, semblent destinées à changer profondément toute l'ordonnance de la géométrie classique.

21 Cf. la lettre de Beltrami à Houël du 18 novembre 1868 citée au § 3 de ce chapitre. Beltrami se réfère plusieurs fois à cette traduction dans ses deux mémoires.

> Ces idées ne sont pas de date récente. L'illustre Gauss les avait adoptées dès ses premiers pas dans la carrière scientifique, et bien qu'aucun de ses écrits n'en contienne l'exposition explicite, ses lettres témoignent de la prédilection avec laquelle il les a toujours cultivées et attestent de sa pleine adhésion à la doctrine de Lobatschewsky.
> Dans l'histoire de la science, on rencontre souvent de telles tentatives de renouveler radicalement les principes. [...] Quand ces tentatives se présentent comme le fruit d'investigations consciencieuses et de convictions sincères, quand elles sont placées sous le patronage d'une autorité imposante et jusqu'ici indiscutée, le devoir des hommes de science est de les discuter sereinement, en se tenant également éloigné de l'enthousiasme et du mépris. D'un autre côté, dans la science mathématique, le triomphe de concepts nouveaux ne peut jamais infirmer les vérités déjà acquises: il peut seulement en changer la place ou la raison logique, en accroître ou en diminuer la valeur et l'utilité. La critique profonde des principes ne peut jamais nuire à la solidité de l'édifice scientifique, quand cependant elle ne conduit pas à en découvrir et à en reconnaître mieux les bases vraies et propres.
> Guidé par de telles intentions, nous avons cherché, autant que nos forces le permettaient, à nous rendre compte nous-mêmes des résultats auxquels la doctrine de Lobatschewsky conduit; et, suivant un processus qui nous semble tout à fait conforme aux bonnes traditions de la recherche scientifique, nous avons tenté de trouver un substrat réel à cette doctrine, avant d'admettre pour elle la nécessité d'un nouvel ordre d'entités et de concepts. Nous croyons avoir réalisé cette intention pour la partie planimétrique de cette doctrine, mais nous croyons impossible d'y parvenir pour le reste (1868a, p. 284)[22].

Beltrami manifeste une certaine prudence. Une lettre à Houël du 4 décembre 1868 montre qu'il n'accepta pas immédiatement la géométrie non euclidienne; il y parle en effet de l'époque où il ne croyait «pas encore à la vérité entière de cette théorie»[23]. Ces réticences s'expliquent sans doute par le point de vue défendu par Beltrami dans cette introduction: il n'y a, pour lui, qu'une vérité en mathématiques. Deux théories contradictoires ne peuvent coexister; si une telle situation semble se présenter, c'est à cause d'une mauvaise interprétation. Et c'est en rattachant la géométrie non euclidienne à une théorie connue que Beltrami a pu l'admettre. Les dernières lignes posent un problème

22 Le premier paragraphe de cette citation ne figure pas dans la traduction de Houël; quant à la traduction du deuxième paragraphe, elle est approximative; j'ai donc ici traduit moi-même le texte de Beltrami.

23 Boi-Giacardi-Tazzioli (1998, p. 70); un extrait de cette lettre est cité au § 5 du chapitre suivant.

d'interprétation: qu'entendre par substrat «réel»? Pourquoi seule la partie planimétrique possède-t-elle un tel substrat? Qu'est ce qui la distingue de la partie stéréométrique? Avant de répondre à ces questions, il convient d'analyser les recherches de Beltrami. Celles-ci comportent trois aspects: il s'agit d'abord de définir une surface abstraite fournissant une interprétation de la géométrie non euclidienne plane, puis d'étudier les réalisations de cette surface sur des surfaces de l'espace euclidien. Il faut enfin étendre ces résultats à trois puis n dimensions.

2.2 La surface pseudosphérique

Au terme de l'introduction, Beltrami donne sans préambule l'élément de longueur d'une surface abstraite:

> La formule (1) $ds^2 = R^2 \frac{(a^2 - v^2)du^2 + 2uvdudv + (a^2 - u^2)\,dv^2}{(a^2 - u^2 - v^2)^2}$ représente le carré de l'élément linéaire d'une surface dont la courbure sphérique est partout constante, négative et égale à $\frac{-1}{R^2}$. La forme de cette expression, bien que moins simple que celles d'autres expressions équivalentes, que l'on pourrait obtenir en introduisant d'autres variables, a l'avantage très particulier (très important pour notre but actuel), que toute équation linéaire par rapport à u et à v représente une ligne géodésique, et que, réciproquement, toute ligne géodésique est représentée par une équation linéaire entre ces variables. (1868a, traduction de Houël, 1869, pp. 255-256)

Cette surface est appelée plus loin «pseudosphérique»; elle se distingue en effet d'une sphère par le fait que sa courbure vaut $-\frac{1}{R^2}$ au lieu de $\frac{1}{R^2}$. Beltrami calcule l'angle de deux géodésiques u = constante et v = constante et remarque que l'expression obtenue n'a de sens que si $u^2 + v^2 < a^2$. Un raisonnement dont la nécessité m'échappe l'amène à la conclusion suivante:

> Il s'ensuit de là que, sur la région considérée, à chaque couple de valeurs réelles de u, v satisfaisant à la condition (3) $[u^2 + v^2 < a^2]$ correspond un point réel, unique et déterminé; et réciproquement, à chaque point correspond un couple unique et déterminé de valeurs réelles de u, v satisfaisant à la condition en question.

> Si donc nous désignons par x, y les coordonnées rectangulaires des points d'un plan auxiliaire, les équations x = u, y = v établissent une représentation de la région considérée, représentation dans laquelle à chaque point de cette région correspond un point unique et déterminé du plan, et réciproquement; et toute la région se trouve représentée à l'intérieur d'un cercle de rayon a, ayant pour centre l'origine des coordonnées, et que nous appellerons *cercle-limite*. Dans cette représentation, aux lignes géodésiques de la surface correspondent les cordes du cercle-limite, [...]. (*ibidem*, p. 257)

Ces premières lignes appellent plusieurs remarques. Beltrami donne sans commentaire la valeur de l'élément de longueur; ce n'est pas étonnant; il a en effet plusieurs fois expliqué dans ses mémoires précédents qu'une surface abstraite était définie par cet élément. En affirmant qu'à chaque couple (u,v) vérifiant l'inégalité (3) correspond un point «réel» de la surface, Beltrami distingue la surface pseudosphérique de sa représentation à l'intérieur du cercle-limite; il semble ainsi admettre qu'il existe une réalisation de cette surface dans l'espace euclidien. Nous verrons cependant plus loin que ce n'est pas le cas: il n'existe que des réalisations locales. Pour utiliser une terminologie moderne, la surface pseudosphérique est une variété différentiable de dimension 2, constituée de l'intérieur du cercle-limite muni de la métrique donnée par la formule (1). La terminologie utilisée par Beltrami est sans doute à l'origine de certaines confusions; il parle en effet de surface pseudosphérique ou de surface à courbure constante négative et ne met pas en évidence la différence de nature entre une surface abstraite et ses réalisations. Le sens du terme «surface pseudosphérique» restera longtemps ambigu dans la littérature, certains auteurs entendant par là la surface abstraite de Beltrami, d'autres les surfaces à courbure négative constante en général ou encore la surface de révolution engendrée par la tractrice, appelée aussi «pseudosphère de révolution». Cette dernière surface sera étudiée au paragraphe suivant.

On reconnaît dans l'élément de longueur l'élément obtenu dans le mémoire étudié au paragraphe précédent (1865b); les constantes sont simplement supposées imaginaires de la forme $R\sqrt{-1}$ et $a\sqrt{-1}$. C'est donc grâce à des recherches entreprises dans un autre but que Beltrami fut conduit à la découverte d'une interprétation de la géométrie non euclidienne. Le lien avec le précédent mémoire est expliqué dans une note du *Saggio*:

> Dans le Mémoire cité [1865b], nous avons supposé réelles les constantes R et a, parce que le but en vue duquel nos recherches avaient été entreprises amenait naturellement cette hypothèse. C'est pour cette raison même que nous avons observé que cet élément convient en particulier à une surface sphérique de rayon R, tangente au plan figuratif à l'origine des coordonnées, et représentée sur ce plan à l'aide de la projection centrale; auquel cas les variables u, v sont précisément les coordonnées rectangulaires de la projection du point auquel les variables se rapportent.
> Mais comme les valeurs des constantes R et a sont réellement arbitraires, il est permis de les supposer imaginaires, si on le juge à propos. En effet, si l'on change ces constantes en $R\sqrt{-1}$, $a\sqrt{-1}$, l'élément linéaire résultant correspond à une surface de courbure constante négative $-\frac{1}{R^2}$ dont les lignes géodésiques ne cessent pas d'être, comme dans le cas précédent, représentées sur le plan par des lignes droites, et, partant, par des équations linéaires en u et v. (*ibidem*, pp. 283-284)

La découverte de Beltrami est davantage le fruit du hasard que celui d'une volonté délibérée. Dans une lettre à D'Ovidio du 25 décembre 1872, Beltrami situe l'origine de sa découverte dans les résultats du mémoire de 1865 et affirme «être entré sans le vouloir et presque sans le savoir dans les doctrines de Lobatchevski et Riemann»[24]. Dans une lettre à Houël du 25 mars 1869, Beltrami souligne aussi le hasard de sa découverte:

> Si peut-être, dans les recherches actuelles sur les principes de la géométrie [...] j'ai pu apporter quelque lumière, ce n'a été que par un simple hasard: c'est que des recherches antérieures, entreprises dans un but tout-à-fait différent, ont eu pour résultat de me familiariser avec des vues et des conceptions qui étaient susceptibles d'une application utile. (AAS, *Dossier Beltrami* et Boi, Giacardi et Tazzioli, 1998, p. 83)

Considérons le point O(0;0) et un point P(u;v). Beltrami démontre que, sur la surface, la distance géodésique ρ (distance mesurée le long d'une géodésique) des points O et P vaut:

$$\rho = \frac{R}{2} \log \frac{a + \sqrt{u^2 + v^2}}{a - \sqrt{u^2 + v^2}}$$

24 Cette lettre a été publiée par D'Ovidio (1900, pp. 544-545).

> Cette valeur est nulle pour $r = 0$; elle va en croissant indéfiniment, lorsqu'on fait croître r ou $\sqrt{u^2 + v^2}$ depuis 0 jusqu'à a; elle devient infinie pour $r = a$, c'est-à-dire pour les valeurs de u, v qui satisfont à l'équation (4) $[u^2 + v^2 = a^2]$, et elle est imaginaire quand $r > a$. Il est donc clair que le contour exprimé par l'équation (4), et représenté sur le plan auxiliaire par le cercle-limite, n'est autre chose que le lieu des points à l'infini de la surface, lieu qui peut être considéré comme un cercle géodésique ayant pour centre le point $(u = v = 0)$, et dont le rayon (géodésique) est infini. Au delà de ce cercle géodésique de rayon infini, il n'existe plus que les régions imaginaires ou idéales de la surface [...]. (Beltrami, 1868a, traduction de Houël, 1869, p. 258)

Comme les géodésiques de la surface pseudosphérique sont représentées par les cordes du cercle-limite, on voit que deux points de la surface déterminent une et une seule géodésique. Beltrami calcule l'angle de deux géodésiques et décrit les trois positions relatives possibles de deux géodésiques:

> I. A deux cordes distinctes qui se coupent à l'intérieur du cercle-limite correspondent deux lignes géodésiques qui se coupent en un point à une distance finie, sous un angle différent de 0 et de 180 degrés.
> II. A deux cordes distinctes qui se coupent sur la circonférence du cercle-limite correspondent deux lignes géodésiques qui concourent vers un même point à une distance infinie, et qui font en ce point un angle nul.
> III. Enfin, à deux cordes distinctes qui se coupent hors du cercle-limite, ou qui sont parallèles, correspondent deux lignes géodésiques qui n'ont aucun point commun dans toute l'étendue (réelle) de la surface. (*ibidem*, pp. 260-261)

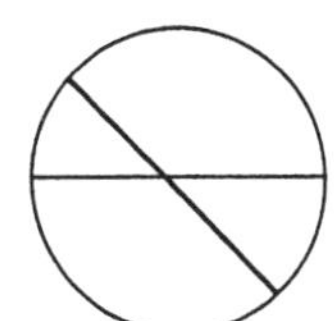
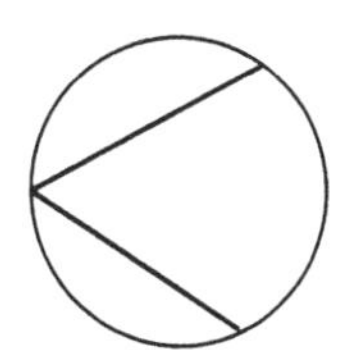
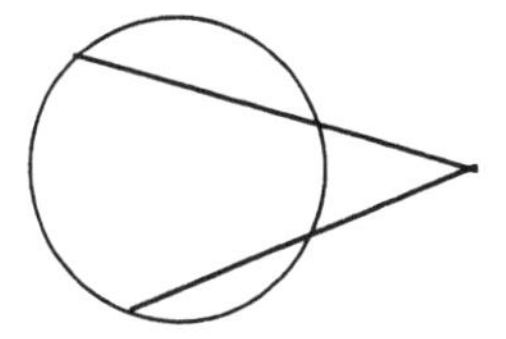

Considérons la figure ci-dessous[25]; pq est une corde du cercle-limite et r un point non situé sur pq. Les cordes rp et rq représentent des géodésiques de la surface parallèles à pq. Beltrami en conclut:

> Par un point (réel) quelconque de la surface, on peut toujours mener *deux* lignes géodésiques (réelles), parallèles à une même ligne géodésique (réelle) qui

25 C'est la figure originale de Beltrami.

> ne passe pas par ce point, et ces deux lignes géodésiques font entre elles un angle qui diffère à la fois de 0 et de 180 degrés.
> Ce résultat s'accorde, sauf à la différence des termes employés, avec ce qui forme la base de la géométrie non euclidienne. (*ibidem*, p. 262)

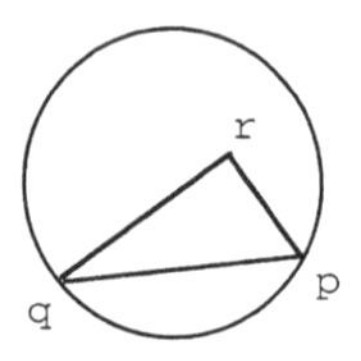

C'est ici le point central du mémoire. Beltrami reconnaît l'analogie qui existe entre la géométrie pseudosphérique et la géométrie non euclidienne. La surface pseudosphérique fournit une interprétation du plan non euclidien. Cette interprétation ne l'autorise cependant pas à identifier les géodésiques de la surface et les droites du plan non euclidien; à aucun moment il n'est question de droites non euclidiennes, mais toujours de géodésiques ou de cordes du cercle-limite. Sans doute pour Beltrami la droite ne peut être qu'euclidienne. La figure précédente joue un rôle essentiel dans le raisonnement de Beltrami; elle est familière au lecteur moderne et on la trouve dans tous les manuels de géométrie non euclidienne; il faut cependant souligner qu'elle est la seule du genre dans le mémoire de Beltrami. On peut se demander pourquoi il n'utilise pas plus souvent les possibilités offertes par la représentation à l'intérieur du cercle-limite. La réponse est apportée par Beltrami lui-même. Dans une longue digression, il expose en effet les critères auxquels doit satisfaire la représentation d'une surface non développable sur un plan; elle doit notamment conserver les rapports de longueur; une ligne infinie et une ligne finie ne peuvent être représentées toutes deux par des lignes de longueurs (euclidiennes) finies; or c'est précisément ce qui arrive lorsqu'on représente les géodésiques de la surface pseudosphérique par des cordes du cercle-limite; par ailleurs, l'angle des géodésiques pq et rq est nul alors que l'angle des cordes pq et rq ne l'est pas; une telle représentation ne satisfait donc pas aux critères de Beltrami et c'est sans doute pour cela qu'il n'y a pas recours ailleurs.

Notons encore que les points imaginaires ou idéaux de la surface correspondent aux points idéaux de Battaglini. Ils sont représentés par les points du plan auxiliaire situés hors du cercle-limite et acquièrent ainsi une interprétation géométrique.

Le demi-périmètre d'un cercle géodésique de la surface pseudosphérique est égal à $\frac{1}{2}\pi R\,(e^{\frac{r}{R}} - e^{-\frac{r}{R}})$. Or, comme Beltrami le rappelle, Gauss avait donné, dans une lettre à Schumacher du 12 juillet 1831[26], la valeur suivante pour le demi-périmètre d'un cercle non euclidien de rayon r: $\frac{1}{2}\pi k\,(e^{\frac{r}{k}} - e^{-\frac{r}{k}})$. Beltrami en conclut que l'unité absolue k de la géométrie non euclidienne est égale à la quantité R caractéristique de la surface pseudosphérique. Par analogie avec la sphère, il appelle cette quantité le «rayon de la surface pseudosphérique».

Beltrami poursuit son étude en calculant l'angle de parallélisme et en établissant des relations trigonométriques dans les triangles. Il calcule aussi l'aire d'un triangle. Il observe qu'il retrouve chaque fois les résultats de Lobatchevski. La trigonométrie des surfaces à courbure constante négative est donc la même que la trigonométrie non euclidienne. On a souvent noté que cette identité aurait pu être découverte beaucoup plus tôt. J'ouvrirai ici une parenthèse à ce sujet. On a dans un triangle non euclidien ABC rectangle en C la relation $\sin\alpha \sinh c/k = \sinh a/k$; par ailleurs, dans un triangle sphérique ABC rectangle en C, on a la relation: $\sin\alpha \sin c/R = \sin a/R$ (k est l'unité absolue, R le rayon de la sphère). Les deux relations sont formellement équivalentes; dans le cas du triangle sphérique le sinus hyperbolique est remplacé par un sinus trigonométrique. Cette analogie avait déjà été remarquée par Lobatchevski dans un mémoire publié en 1837 dans le *Journal für reine und angewandte Mathematik*[27]. Trois ans plus tard, dans le même journal, Minding publie un article dans lequel il remarque que les relations trigonométriques sur les surfaces à courbure constante négative sont formellement analogues aux relations de la trigonométrie sphérique, la seule différence étant que les fonctions hyperboliques des côtés remplacent les fonctions circulaires[28]. On aurait donc pu, en 1840 déjà, remarquer que la trigonométrie des surfaces à courbure constante négative est identique à la trigonométrie non euclidienne. Il faudra cependant attendre Beltrami pour que cette identité soit mise en évidence et on peut supposer qu'elle a joué un rôle important dans sa

26 Cf. chapitre 3.
27 *Géométrie imaginaire*, Lobatchevski (1837).
28 Minding (1840, p. 324).

découverte. On s'est demandé si Gauss n'avait pas remarqué la parenté entre la géométrie non euclidienne et la théorie des surfaces à courbure constante négative. Stäckel a montré que rien ne permet de répondre avec certitude à cette question[29]; plusieurs indices laissent néanmoins penser que Gauss avait découvert cette parenté. Stäckel relève en particulier que Gauss désigne par la lettre k l'unité absolue[30]; celle-ci est égale à la racine carrée de la valeur absolue de la courbure de la surface pseudosphérique. Or, dans ses *Disquisitiones*, Gauss désigne la courbure d'une surface par la lettre k.

2.3 Les trois espèces de cercles; les réalisations locales

Dans son mémoire, Beltrami donne trois exemples de réalisation locale de la surface pseudosphérique sur une surface de l'espace euclidien; la troisième de ces réalisations est la plus célèbre et je présenterai en détail le raisonnement et les calculs de Beltrami.

Considérons un faisceau de géodésiques concourantes en un point O de la surface pseudosphérique. Les trajectoires orthogonales de ce faisceau sont des circonférences géodésiques, c'est-à-dire des cercles de centre O. La notion de cercle peut être généralisée de la manière suivante:

> Néanmoins, puisque les lignes géodésiques de la surface sont toujours représentées par les cordes du cercle-limite, si plusieurs cordes sont telles que, prolongées, elles se rencontrent en un point extérieur au cercle, il est permis de regarder les lignes géodésiques correspondantes comme ayant un point *idéal* commun, et leurs trajectoires orthogonales comme quelque chose d'analogue aux circonférences géodésiques proprement dites. (*ibidem*, pp. 272-273)

Soit (u_0, v_0) un point réel ou idéal; les équations des cordes issues de ce point sont de la forme $v - v_0 = k(u - u_0)$. Beltrami démontre que les trajectoires orthogonales de ces cordes ont une équation de la forme

29 Stäckel (1917, pp. 39-40 et pp. 108-109).

30 C'est le cas dans l'expression de la demi-circonférence citée ci-dessus. Dans une note retrouvée dans son exemplaire des *Geometrische Untersuchungen* de Lobatchevski, Gauss établit des relations de trigonométrie sphérique et non euclidienne par une méthode infinitésimale (Gauss, 1900, pp. 255-257). La constante apparaissant dans ces relations est aussi notée k.

$\frac{a^2 - uu_0 - vv_0}{\sqrt{a^2 - u^2 - v^2}} = C$. Dans le cas où le centre est réel, ces trajectoires sont des cercles et la quantité C est liée au rayon ρ du cercle par la relation $\cos h \frac{\rho}{R} = \frac{C}{\sqrt{a^2 - u_0^2 - v_0^2}}$. Il poursuit:

> Quand, au contraire, le centre est idéal, la notion du rayon géodésique fait défaut; mais la constante C peut recevoir la valeur zéro, puisque l'équation résultante $a^2 - uu_o - vv_o$ représente, sur le plan auxiliaire, une corde du cercle-limite, et précisément la polaire du point extérieur (u_o, v_o). Cette équation définit une ligne géodésique réelle de la surface; on en peut donc conclure que, parmi les circonférences géodésiques en nombre infini qui ont le même centre idéal, il y a toujours une ligne géodésique réelle, et une seule, de sorte que les circonférences géodésiques à centre idéal peuvent aussi se définir comme des courbes parallèles (géodésiquement) aux lignes géodésiques réelles. Cette dernière propriété a déjà été remarquée par M. Battaglini, en des termes différents. (*ibidem*, p. 274)

Les cercles géodésiques de centre idéal sont des équidistantes. Il y a deux différences entre Battaglini et Beltrami. La première concerne la terminologie. Battaglini parle de droites tandis que Beltrami parle de géodésiques. La seconde concerne la définition de ces cercles; pour Battaglini, il s'agit du lieu des points situés à une distance imaginaire donnée d'un point idéal; pour Beltrami, il s'agit de la trajectoire orthogonale d'un faisceau de géodésiques concourantes en un point idéal.

Reste un troisième cas; c'est celui d'une famille de géodésiques représentées par des cordes concourantes en un point du cercle-limite. Les trajectoires orthogonales sont alors des «circonférences géodésiques de centre infini»; elles correspondent, comme Beltrami le constate dans la suite de son mémoire, aux horicycles du plan non euclidien. Leur équation est de la forme $\frac{a^2 - uu_0 - vv_0}{\sqrt{a^2 - u^2 - v^2}} = ke^{-\frac{\rho}{R}}$. Dans le cas où la circonférence passe par le point (0;0), la constante k est égale à a.

Considérons un système de coordonnées (ρ,σ) dont les lignes σ = constante sont une famille de géodésiques parallèles et les lignes ρ = constante les horicycles admettant ces géodésiques comme axes. L'horicycle ρ = 0 passe par le point (0;0) et les coordonnées ρ sont mesurées positivement dans la direction du centre de l'horicycle.

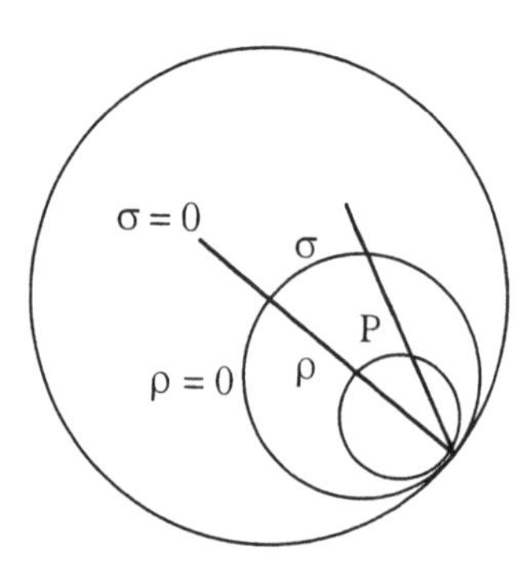

En utilisant l'équation d'une circonférence de rayon infini, Beltrami démontre que le carré de l'élément de longueur prend dans ce système la forme $ds^2 = d\rho^2 + e^{-\frac{2\rho}{R}} d\sigma^2$. Le lecteur ne sera pas surpris par ce résultat. Le système d'axes introduit ici par Beltrami est en effet le même que celui de Flye Sainte-Marie; la seule différence concerne l'orientation de l'axe ρ; chez Flye Sainte-Marie, il est dirigé du côté convexe de l'horicycle, d'où le facteur $e^{\frac{2\rho}{R}}$ au lieu de $e^{-\frac{2\rho}{R}}$.

Après avoir noté que l'élément de longueur ainsi obtenu «convient à une surface de révolution», Beltrami fait les remarques suivantes:

> En désignant par r_o le rayon du parallèle $\rho = 0$, dont σ est l'arc, et par r celui du parallèle ρ, il vient $r = r_o e^{-\frac{\rho}{R}}$, et par suite la surface de révolution n'est réelle que dans l'intervalle des limites déterminées par la relation $\rho > R \log \frac{r_o}{R}$, en sorte que la circonférence $\rho = 0$ ne peut pas devenir réellement un parallèle, si l'on ne prend pas $r_o \leq R$. Le parallèle maximum a pour rayon R, et correspond à la valeur $\rho = R \log \frac{r_o}{R}$; donc, en déterminant convenablement r_o, ce parallèle peut être recouvert par une quelconque des circonférences considérées; par exemple, en faisant $r_o = R$, on a la circonférence initiale elle-même $\rho = 0$. Le parallèle minimum correspond à $\rho = \infty$, et son rayon est nul, de sorte que la surface de révolution s'approche asymptotiquement de son axe d'un seul côté, tandis que de l'autre elle est limitée par le parallèle maximum, avec lequel elle se raccorde tangentiellement. Sur cette surface s'enroule une infinité de fois la surface pseudosphérique, terminée à la ligne $\rho = 0$, si $r_o = R$.
>
> La courbure tangentielle d'un parallèle quelconque se trouve être $\frac{1}{R}$, c'est-à-dire qu'elle est la même pour tous. Or le rayon de la courbure tangentielle d'un

> parallèle n'est autre chose que la portion de tangente au méridien comprise entre le point de contact (sur le parallèle considéré) et l'axe. Donc, pour la surface de révolution dont il s'agit, cette portion de tangente est constante; la courbe méridienne est la *ligne* connue *aux tangentes égales*, et la surface engendrée est celle que l'on regarde ordinairement comme le type des surfaces de courbure constante négative. (*ibidem*, pp. 277-278)

Ce texte mérite des explications. Rappelons d'abord que la courbure «tangentielle» ou «géodésique» en un point P d'une courbe Γ située sur une surface Σ est égale à la courbure de la courbe Γ′ obtenue en projetant Γ sur le plan tangent π à Σ en P. La courbure géodésique peut être calculée de manière intrinsèque. Cette notion remonte à Minding (1830)[31].

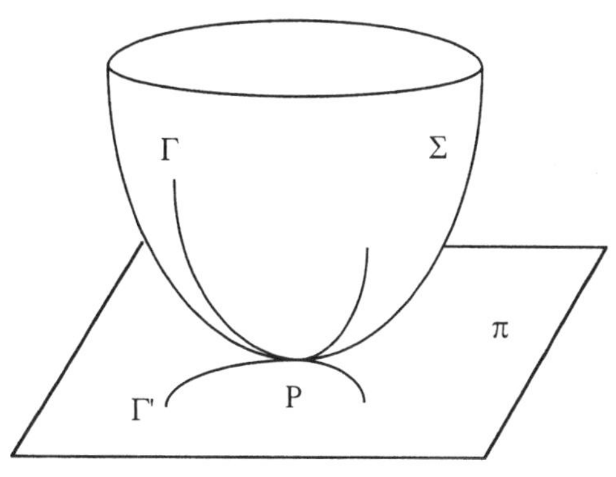

Passons à quelques propriétés des surfaces de révolution. Soit, dans l'espace euclidien, un repère Oxyz. Considérons dans le plan xz une courbe Γ d'équations paramétriques $x = \psi(u)$, $z = \varphi(u)$. Supposons que le paramètre u soit la longueur d'arc; on a donc $\psi'^2(u) + \varphi'^2(u) = 1$. Soit Σ la surface de révolution engendrée par la rotation autour de l'axe Oz de la courbe Γ. Les équations paramétriques de cette surface sont: $x = \psi(u) \cos v$, $y = \psi(u) \sin v$, $z = \varphi(u)$. Les courbes u = constante sont des parallèles de rayon $\psi(u)$. L'élément de longueur est $ds^2 = (\psi'^2(u) + \varphi'^2(u))du^2 + \psi^2(u)dv^2 = du^2 + \psi^2(u)dv^2$.

Supposons maintenant qu'une surface soit donnée par un élément de longueur ds^2 de la forme $du^2 + U^2(u)dv^2$. Elle est représentable par une surface de révolution. Il suffit de prendre $\psi(u) = U(u)$; la condition

31 Cf. Reich (1973, p. 298).

$\psi'^2(u) + \varphi'^2(u) = 1$ montre qu'il faut poser $\varphi(u) = \int \sqrt{1 - \psi'^2(u)}du$. La surface de révolution n'existe cependant que si $\psi'^2(u) \leq 1$. $\psi(0)$ est le rayon du parallèle correspondant à $u = 0$. Si l'on veut obtenir une valeur quelconque pour ce rayon, on peut considérer plus généralement une surface de révolution d'équations paramétriques $x = aU(u) \cos \frac{v}{a}$, $y = aU(u) \sin \frac{v}{a}$, $z = \int \sqrt{1 - a^2U'(u)}du$. On vérifie que le carré de l'élément de longueur est encore de la forme $du^2 + U^2(u)dv^2$. La condition d'existence est: $a^2U'^2 \leq 1$. Le rayon du parallèle $u = 0$ est égal à $aU(0)$.

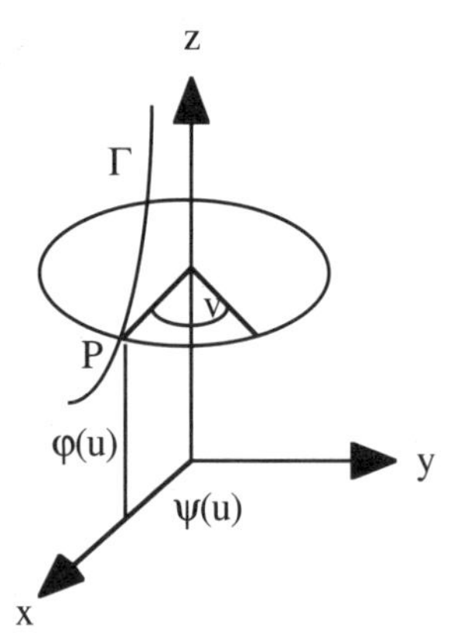

Revenons à Beltrami. La fonction U est, dans son cas, égale à $e^{-\frac{\rho}{R}}$. En prenant $a = r_0$, on obtient une surface de révolution dont les équations paramétriques sont:

$$x = r_0 e^{-\frac{\rho}{R}} \cos \frac{\sigma}{r_0}, \; y = r_0 e^{-\frac{\rho}{R}} \sin \frac{\sigma}{r_0}, \; z = \int \sqrt{1 - \left(\frac{r_0}{R}\right)^2 e^{-\frac{2\rho}{R}}} d\rho$$

La condition d'existence est: $\left(\frac{r_0}{R}\right)^2 e^{-\frac{2\rho}{R}} \leq 1 \Rightarrow \frac{r_0}{R} e^{-\frac{\rho}{R}} \leq 1 \Rightarrow \frac{r_0}{R} \leq e^{\frac{\rho}{R}} \Rightarrow$ $\log\left(\frac{r_0}{R}\right) \leq \frac{\rho}{R} \Rightarrow R \log\left(\frac{r_0}{R}\right) \leq \rho$. La surface est donc réalisable seulement si la coordonnée ρ est supérieure à un certain nombre. Pour que le parallèle $\rho = 0$ soit «réel», il faut que $R \log\left(\frac{r_0}{R}\right) \leq 0$ et donc que $\frac{r_0}{R} \leq 1$. Le rayon de ce parallèle est alors égal à r_0.

Reste à expliquer comment Beltrami démontre que la courbe méridienne est la «ligne aux tangentes égales». Dans le cas où l'élément de longueur a la forme $ds^2 = d\rho^2 + G(\rho,\sigma)d\sigma^2$, on démontre que la courbure géodésique des lignes de coordonnées ρ = constante est égale à $-\frac{1}{2}\frac{G_\rho}{G}$ [32]. Appliquant ce résultat, on trouve que la courbure géodésique des parallèles est égale à: $-\frac{1}{2}\frac{-\frac{2}{R}e^{-\frac{2\rho}{R}}}{e^{-\frac{2\rho}{R}}} = \frac{1}{R}$

Soit A un point de la surface Σ, Γ le méridien passant par A et Φ le parallèle passant par A. L'enveloppe des plans tangents à Σ le long de Φ forme un cône Σ′ de sommet O dont l'axe est celui de Σ. La droite AO est tangente à Γ en A; montrons que la longueur AO est constante, quelque soit le point A. Remarquons d'abord que la courbure géodésique de Φ considérée comme courbe de Σ ou de Σ′ est la même. En effet, la projection de Φ sur le plan tangent à Σ est la même que la projection sur le plan tangent à Σ′.

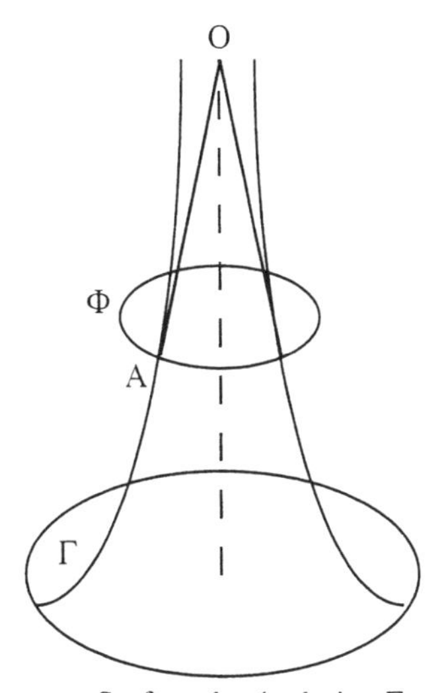

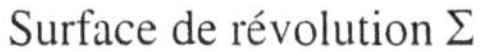
Surface de révolution Σ

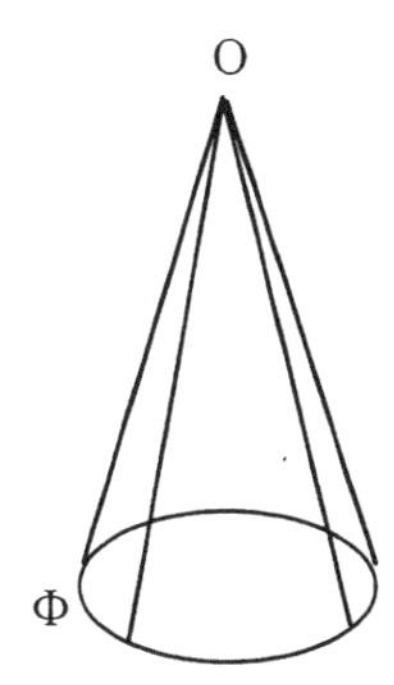

Le cône Σ' inscrit à Σ le long de Φ

32 Cf. p. ex. Stoker (1969-1989, p. 178).

La courbure géodésique est invariante par isométrie; en développant le cône sur un plan, elle demeure donc inchangée; le parallèle Φ est alors transformé en un arc de cercle de courbure $\frac{1}{R}$, c'est-à-dire de rayon R. Or le rayon de ce cercle n'est autre que la distance AO. Le méridien est donc la courbe dite «aux tangentes égales» ou «tractrice». La distance PP′ est constante quelque soit le point P de la courbe.

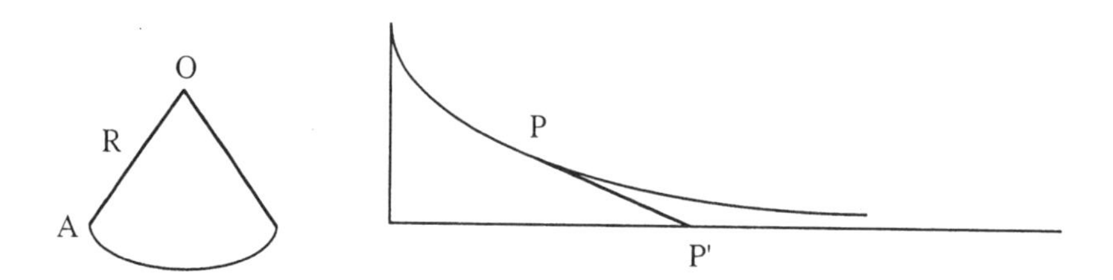

La surface engendrée par la révolution de cette courbe et la portion de l'intérieur du cercle limite qui lui correspond sont représentées ci-dessous[33]. Cette surface est appelée «pseudosphère de révolution».

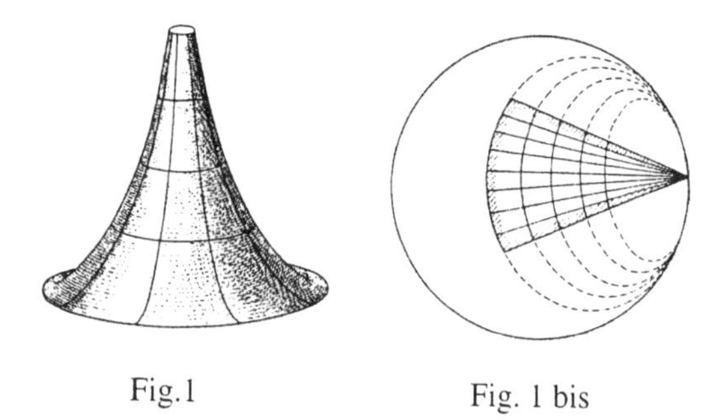

Fig.1 Fig. 1 bis

C'est en cherchant des surfaces de courbure constante négative que Minding découvrit cette surface (1839). On sait, grâce à ses papiers posthumes, que Gauss la connaissait aussi[34]. Dans la quatrième des notes ajoutées à son édition de *Application de l'analyse à la géométrie* de Monge, Liouville présente cette surface comme l'exemple type des

33 Cette figure, ainsi que les suivantes, sont extraites des *Vorlesungen über Nicht-Euklidische Geometrie* de Klein (1928).

34 Gauss (1900, p. 265).

surfaces de courbure constante négative[35]. Beltrami se réfère à cette note.

La pseudosphère de révolution est la troisième des réalisations locales étudiées par Beltrami. Les deux premières sont obtenues par une méthode analogue à celle qui vient d'être exposée. Considérons un système de cordonnées (ρ,φ) centré au point O(0;0), et dont les lignes de coordonnées ρ = constante sont les circonférences géodésiques de centre O et les lignes φ = constante les géodésiques issues de O. Dans un tel système, le carré de l'élément de longueur prend la forme:

$$ds^2 = d\rho^2 + \left(R \sin h \frac{\rho}{R}\right)^2 d\varphi^2$$

Cet élément convient aussi à une surface de révolution. Comme précédemment, cette surface ne constitue qu'une réalisation locale de la surface pseudosphérique. La surface de révolution et la portion de l'intérieur du cercle-limite qui lui correspond sont représentées ci-dessous.

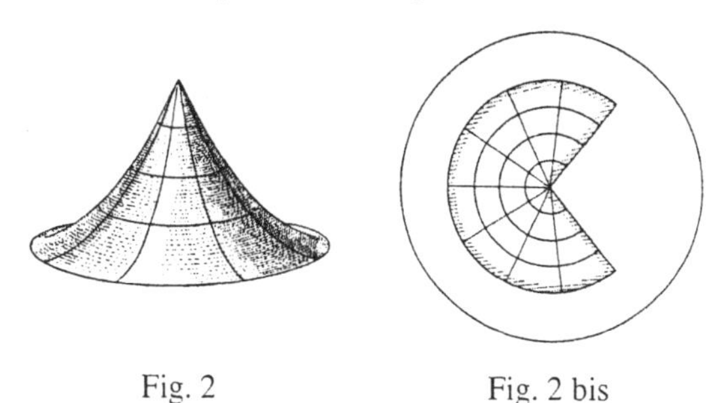

Fig. 2 Fig. 2 bis

Soit d une corde du cercle limite passant par le centre O et P un point du disque. Soit P′ la projection de P sur d; posons η = OP′ et ξ = P′P (distances géodésiques). Dans le système de coordonnées (ξ,η), le carré de l'élément de longueur est: $ds^2 = d\xi^2 + \left(\cos h \frac{\xi}{R}\right)^2 d\eta^2$

Cet élément convient encore à une surface de révolution. Elle est représentée sur la figure ci-dessous. La portion de l'intérieur du cercle limite qui lui correspond est limitée par deux arcs d'équidistante et deux arcs de géodésiques concourant en un point idéal:

35 Liouville (1850, p. 599).

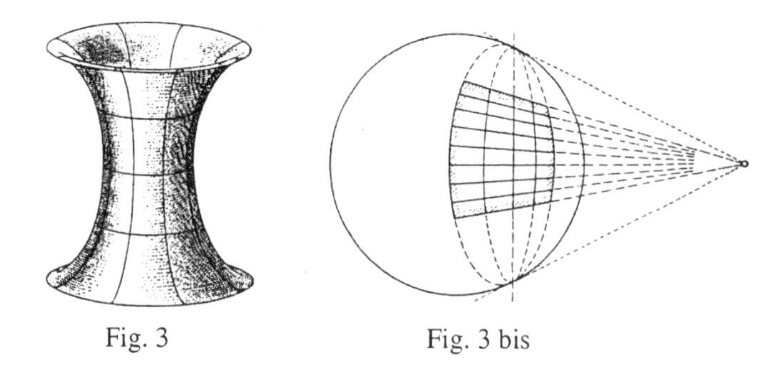

Fig. 3 Fig. 3 bis

Il est important de noter que dans ce cas, comme dans celui de la pseudosphère de révolution, Beltrami envisage la surface comme formée d'une infinité de nappes qui s'enroulent sur la surface de base. Deux points appartenant à des nappes différentes sont distincts; par deux points de la surface, il passe donc une seule géodésique. Une telle conception est en accord avec les idées générales présentées au § 1. La portion de la surface pseudosphérique représentée dans l'espace euclidien est alors plus grande que dans les figures 1 et 3. Elle apparaît sur les figures ci-dessous où chaque secteur hachuré correspond à une nappe de la surface.

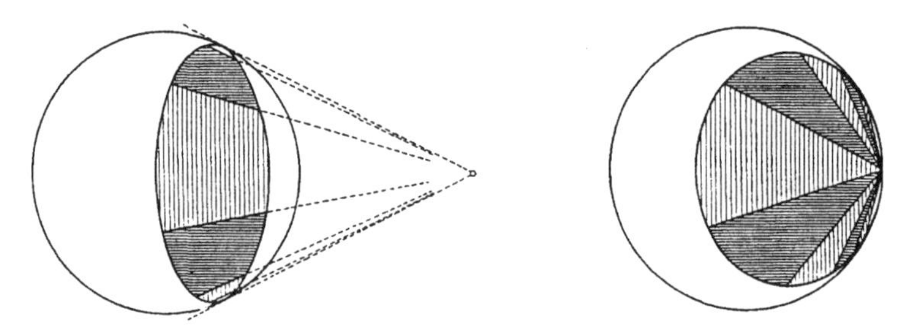

Une surface formée d'une infinité de nappes ne peut être considérée comme une surface au sens classique et cette idée fera l'objet de longues polémiques entre un opposant comme Genocchi et des défenseurs comme De Tilly et Houël. J'y reviendrai dans le chapitre suivant. Mais c'est surtout le caractère seulement local de la réalisation qui suscitera des discussions. Beltrami ne mentionne pas ce problème dans son *Saggio* mais une lettre à Helmholtz du 24 avril 1869 indique qu'il en était conscient:

> On ne connaît parmi les formes infinies (dont mon petit modèle me donne l'agréable spectacle) que la surface pseudosphérique peut prendre, que des surfaces de rotation et des hélicoïdes. Or ces formes spéciales ont un caractère commun, c'est de ne pouvoir servir au développement de la surface entière: il faut, pour les produire, couper la surface suivant une ou deux lignes. Elles ne peuvent donc, même en supposant, pour les surfaces de rotation, que la surface absolue y soit enroulée un nombre infini de fois sur elle-même, reproduire l'infinité en tous sens de la surface absolue. (Cité par Königsberger, 1903, p. 155 et par Boi, Giacardi et Beltrami, 1998, p. 205)[36]

Ce problème est aussi abordé dans une lettre à Houël du 2 janvier 1870[37]. Beltrami reconnaît que «l'analyse actuelle est probablement bien éloignée de pouvoir donner une intégrale générale en coordonnées ordinaires» de la surface pseudosphérique, c'est-à-dire une réalisation de toute la surface dans l'espace euclidien. Après Beltrami, Klein sera l'un des premiers à mettre en évidence ce problème:

> Cette dernière interprétation, malheureusement, semble ne pouvoir jamais fournir l'intuition du plan tout entier, les surfaces de courbure négative constante étant toujours limitées par des arêtes de rebroussement, etc. (Klein, 1871a, traduction de Houël, 1871, p. 345)

La solution sera donnée en 1901 par Hilbert. Ce dernier démontrera que toute surface à courbure constante négative présente des singularités. Il n'existe donc pas de surface de l'espace euclidien de classe C^2 isométrique au plan non euclidien dans son entier. Un plongement isométrique du plan non euclidien est en revanche possible dans l'espace euclidien à 6 dimensions. Toute variété riemannienne de dimension 2 peut en effet être plongée isométriquement dans $M^6[k]$[38]. $M^6[k]$ est l'espace homogène standard de courbure constante k. Pour $k = 0$, c'est l'espace euclidien.

Signalons pour terminer que Beltrami a étudié en détail la pseudosphère de révolution (1872) et en a construit des modèles. Il en est plusieurs fois question dans sa correspondance avec Houël et un

36 Le texte original est en français. C'est dans cette lettre que Beltrami signale à Helmholtz l'existence de la géométrie non euclidienne, qu'il ne connaissait pas encore (cf. chapitre 11).

37 Boi, Giacardi et Tazzioli (1998, pp. 114-115).

38 Cf. Gromov (1986, p. 296).

exemplaire est conservé à l'Institut mathématique de l'Université de Pavie[39].

§ 3 L'interprétation des espaces non euclidiens à n dimensions; l'influence de Riemann

Beltrami a généralisé les résultats du *Saggio* au cas d'un espace à n dimensions. C'est l'objet du mémoire *Teoria fondamentale degli spazii di curvatura costanta* (1868b). Beltrami a expliqué sa démarche dans une lettre à D'Ovidio du 25 décembre 1872:

> Ensuite, en voulant étendre ces considérations à l'espace, et en m'effrayant (à tort) des difficultés que présentait la résolution, dans le cas de 3 dimensions, du problème que j'avais déjà résolu en 1865, je tentai de construire la solution *a priori*, c'est-à-dire par induction, et par chance j'y réussis, en observant qu'à la place de l'équation (1) du *Saggio* on peut écrire:
>
> $$ds^2 = R^2 \frac{du^2 + dv^2 + dw^2}{w^2}, \; a^2 = u^2 + v^2 + w^2,$$
>
> formules qui, en ajoutant une dimension, suggèrent de poser:
>
> $$ds^2 = R^2 \frac{dt^2 + du^2 + dv^2 + dw^2}{w^2}, \; a^2 = t^2 + u^2 + v^2 + w^2.$$
>
> Je vérifiai donc que deux équations linéaires entre les trois variables t, u, v définissent une ligne géodésique, c'est-à-dire rendent $\delta \int ds = 0$. Mais à peine ce résultat obtenu, que je développai de manière prolixe et avec l'aide de variables auxiliaires (des espèces de coordonnées polaires non euclidiennes), je commençai à soupçonner que le théorème était vrai pour n quelconque, et en vérifiant cette conjecture, je parvins à la démonstration qui constitue le principe du *Mémoire* sur les espaces de courbure constante. (Cité par D'Ovidio, 1900, pp. 545-546)

Beltrami commence son mémoire en définissant un espace à n dimensions:

> L'expression différentielle
>
> $$(1) \qquad ds = R \frac{\sqrt{dx^2 + dx_1^2 + dx_2^2 + \ldots + dx_n^2}}{x}$$
>
> où $x, x_1, x_2, \ldots, x_n$ sont n+1 variables réelles liées par l'équation

39 On pourra consulter à ce sujet Bonola (1906a), Giacardi (1984) et Boi, Giacardi et Tazzioli (1998).

(2) $x^2 + x_1^2 + x_2^2 + ... + x_n^2 = a^2$

tandis que R et a sont constantes, peut être regardée comme représentant l'*élément linéaire*, ou la distance de deux points infiniment voisins, dans un *espace* de n dimensions, dont chaque *point* est défini par un système de valeurs des n *coordonnées* $x_1, x_2,..., x_n$. La forme de cette expression détermine la *nature* de cet espace. (1868b, traduction de Houël, 1869, p. 348)

L'expression de l'élément de longueur est la même que celle donnée dans la lettre à D'Ovidio; il y a cette fois n variables au lieu de 2 ou 3. Comme dans le cas des surfaces, c'est la métrique qui définit l'espace. Les coordonnées $x_1, ..., x_n$ doivent satisfaire à l'inégalité $x_1^2 + ... + x_n^2 < a^2$. Les points vérifiant l'équation $x_1^2 + ... + x_n^2 = a^2$ constituent l'«espace-limite»; ils sont situés à une distance infinie.

L'espace étudié par Beltrami est donc une variété de dimension n au sens de Riemann. La méthode suivie dans ce second mémoire ne diffère pas, du point de vue conceptuel, de celle suivie dans le premier. Dans les deux cas, Beltrami étudie des surfaces ou des espaces définis par leur métrique. La généralisation à n dimensions ne fut cependant pas immédiate. Dans sa première lettre à Houël, datée du 18 novembre 1868, Beltrami retrace l'histoire de ses recherches et explique dans quelles circonstances il réussit à effectuer cette généralisation:

Le dit écrit (celui qui a pour titre Interprétation etc.) a été rédigé en l'automne de l'année passée, d'après des réflexions qui avaient pullulé en moi à l'époque de la publication de votre traduction de Lobatschewsky. Je crois qu'alors l'idée de construire la géométrie non-euclidéenne sur une surface parfaitement réelle était tout-à-fait nouvelle. Je vous avouerai cependant que, entraîné un peu trop loin par l'explication complète en tous points que ma surface donnait de la planimétrie non-euclidéenne, je fus tenté d'abord de ne pas croire à la partie stéréométrique des recherches de Lobatschewsky et de n'y voir qu'une espèce de «hallucination géométrique» (c'est ainsi que je la qualifiais; dans ma pensée, bien entendu) que j'espérais pouvoir, après des réflexions plus mûres, réduire à sa vraie signification. En d'autres termes, je croyais alors que *la construction de la planimétrie non euclidéenne sur la surface que j'appelle pseudosphérique épuisait entièrement la portée de cette planimétrie transcendante*, à peu près comme la construction ordinaire des variables complexes sur un plan épuise toute entière leur signification arithmétique.
La première rédaction de mes recherches eut lieu sous l'empire de cette préoccupation (que je reconnais maintenant fausse), et je la soumis à mon excellent ami m.r le prof. Cremona, qui venait de livrer au public sa traduction des *Elements* de Baltzer et qui avait embrassé les nouvelles idées. L'exactitude de

mon explication (pour la partie planimétrique) parut le frapper au même degré que je l'étais moi-même, et il parut même partager mes doutes sur la géométrie de l'espace, car, après avoir lu mon manuscrit, il m'écrivit ces mots textuels: «je crois presque que tu as raison». Cependant plus tard il éleva une objection que je ne vous exposerai pas, car si elle eût de la valeur, elle renverserait, non seulement mes procédés, mais ceux de M. Riemann dans le Mémoire posthume qui vient de paraître sur les Hypothèses de la géométrie, et encore plus ceux de Mr Helmholtz dans les *Anzeigen*[40] de Goettingue; de sorte que je crois pouvoir lui appliquer la règle: *nihil probat qui nimis probat*[41]. Néanmoins la crainte de rencontrer des contradicteurs sur ce même terrain et de perdre par là cette fameuse «*rem prorsus substantialem*»[42] que tout le monde cherche à s'assurer, et encore plus la réflexion (qui ne m'avait jamais quitté) que la trigonométrie pseudosphérique était déduite par Lobatschewsky des théorèmes de sa stéréométrie, et se trouvait cependant bien exacte, me portèrent à différer la publication de mes recherches jusqu'à la solution de toutes mes difficultés. Je n'y pensais presque plus quand parut le mémoire de Riemann qui, au milieu des ses nombreuses obscurités, vint cependant me convaincre que je n'avais pas fourvoyé en cherchant les bases analytiques de la nouvelle doctrine dans les conceptions que Gauss a inauguré par ses fameuses *Disquisitiones generales circa superficies curvas*, où se trouvent de nouveau mises en scène ces fonctions quadratiques, qui introduites par lui dans l'arithmétique, dans la mécanique et dans la théorie des erreurs semblent en quelque sorte être une des pensées qui ont le plus occupé ce grand géomètre. J'ai cru que les vues larges de Riemann ne contredisaient nullement aux développements donnés par moi sur la simple planimétrie, et je repris ma rédaction, pour l'envoyer à Mr Battaglini. Ce fut quand je terminais de la transcrire, pour en supprimer tout ce qui se rapportait à mes doutes sur la stéréométrie de Lobatschewsky, que je trouvai l'explication analytique complète de la géométrie non euclidéenne pour un nombre quelconque de dimensions. Cette explication, qui paraîtra dans le prochain cahier des *Annali* de MM. Brioschi et Cremona, n'est que la confirmation des résultats de Mr Riemann, ou, si l'on veut, leur démonstration analytique, et j'espère que quiconque prendra la peine de la lire (et elle n'occupera pas beaucoup d'espace) ne pourra qu'en sortir convaincu de la vérité des nouvelles doctrines et bien fixé sur leur sens. (AAS, *Dossier Beltrami* et Boi, Giacardi et Tazzioli, 1998, pp. 65-67)

Beltrami ne dit pas explicitement quels problèmes lui posaient la stéréométrie non euclidienne C'est probablement l'impossibilité de lui trouver une «vraie signification», c'est-à-dire de la rattacher à une

40 Il s'agit de l'article *Über die Thatsachen, die der Geometrie zum Grunde liegen* (1868).
41 Celui qui prouve trop ne prouve rien.
42 Chose tout à fait substantielle.

théorie connue comme celle des surfaces. Il ne pouvait cependant la rejeter sans autre car c'est par des raisonnements dans l'espace que Lobatchevski établit la trigonométrie non euclidienne; de plus, pour ce dernier, la présence d'un ensemble cohérent de relations trigonométriques constitue une raison de croire à la validité de la théorie[43]. Cette lettre confirme les réticences de Beltrami à l'égard de la géométrie non euclidienne et la nécessité pour lui de trouver une interprétation avant de pouvoir l'accepter. Il se distingue de ses contemporains Houël et Battaglini qui, sans connaître d'interprétation, ont reconnu la validité de la géométrie non euclidienne et n'ont pas vu de difficultés particulières dans le cas de la stéréométrie.

Beltrami avait peut être eu l'idée de généraliser ses résultats, mais il fallut qu'il prenne connaissance des «vues larges» de Riemann pour y trouver une confirmation et un encouragement. Si le *Saggio* est placé sous l'autorité de Gauss, la *Teoria fondamentale* est placée sous celle de Riemann:

> Dans le présent Mémoire, j'expose les résultats beaucoup plus généraux auxquels m'a conduit le développement ultérieur de cette conception, combinée avec quelques principes tracés par Riemann dans son remarquable travail posthume [...]. (1868b, traduction de Houël, 1869, p. 347)

Dans son mémoire, Beltrami est le premier à utiliser les concepts introduits par Riemann. Il démontre que son espace est à courbure constante négative, c'est-à-dire que toutes les surfaces géodésiques sont à courbure constante négative au sens de Gauss. Dans le cas n = 3, cet espace constitue une interprétation de la stéréométrie non euclidienne. L'ensemble des points satisfaisant à une équation linéaire, appelé «surface du premier ordre», correspond à un plan non euclidien.

Le récit fait dans la lettre à Houël citée ci-dessus est confirmé dans deux lettres à Genocchi[44]. Dans la première, datée du 9 juin 1868, Beltrami déclare avoir trouvé «un appui» dans les travaux de Riemann. Dans la seconde, datée du 23 juillet 1868, il mentionne aussi que sa première rédaction contenait un faux jugement sur la stéréomé-

43 Lobatchevski (1840, n° 37).

44 Elles ont été publiées par Gino Loria (1901) et, récemment, par Boi, Giacardi et Tazzioli (1998).

trie non euclidienne. Beltrami ne donne pas d'explication sur ce jugement. Il donne en revanche des détails sur l'objection de Cremona:

> L'année passée, quand personne ne connaissait ce travail fondamental de Riemann, j'avais communiqué à l'excellent Cremona un de mes écrits, dans lequel je donnais une interprétation de la planimétrie non euclidienne, qui me semblait satisfaisante. Cremona n'en jugea pas autrement, mais me fit une objection de principe, me disant que puisque j'utilisais l'analyse ordinaire, qui est fondée sur le concept euclidien, je ne pouvais être sûr qu'avec ceci seulement je n'avais pas porté préjudice au résultat final. (Cité par Loria 1901, pp. 415-416 et par Boi, Giacardi et Tazzioli, 1998, p. 199)

Cette objection n'en est pas une; une surface ou une variété sont définies par leur métrique et cette définition est indépendante du postulatum. En 1867, Beltrami ne connaissait pas encore le travail de Riemann et ne pouvait peut-être pas répondre de façon sûre à cette objection. Ses idées sur ce sujet s'éclairciront. Il en est question dans une lettre à Houël du 2 janvier 1870:

> Ce qui prouve, en ligne de fait, la vérité de ce que je vous dis là, c'est le procédé que j'ai suivi dans le second Mémoire. Je suis parti d'une formule de la nature (1)[45], à un nombre quelconque de variables, ce qui ne change rien à la substance de la méthode de Gauss, et, par une suite de déductions fondées sur les simples règles de l'*analyse*, je suis arrivé aux théorèmes fondamentaux de la géométrie non-euclidienne. Or, il serait évidemment impossible qu'il en fût ainsi si la formule différentielle, base de la méthode, impliquait d'une manière quelconque les lois qui président à la géométrie euclidienne. Pour mieux dire, la formule (1) est en quelque sorte *antérieure* à toute hypothèse (hors celle de la continuité), en ce sens que la forme spéciale de ses coefficients décide d'elle-même sur l'hypothèse que l'on veut admettre. (AAS, *Dossier Beltrami* et Boi, Giacardi et Tazzioli, 1998, pp. 117-118)

Beltrami donne un argument par l'absurde du même type que celui donné par De Tilly dans sa lettre à Houël du 29 juin 1870[46]. Il n'y a plus trace des hésitations primitives et la filiation de Gauss à Riemann est présentée comme évidente. Houël semble avoir eu de la peine à admettre que les théories de Gauss et Riemann étaient indépendantes du postulatum, car Beltrami y revient plusieurs fois dans sa correspon-

45 $ds^2 = Edp^2 + 2Fdpdq + Gdq^2$.
46 Cf. chapitre 6, § 2.1.

dance, affirmant notamment que «le véritable postulatum est la donnée de l'élément quadratique»[47].

§ 4 Le problème de la réalité d'une interprétation

Dans l'introduction du *Saggio*, Beltrami déclare que seule la planimétrie non euclidienne possède un substrat réel. Selon Boi, ce substrat est à chercher dans la théorie des surfaces à courbure constante de Gauss[48]. Cette théorie permet d'interpréter la géométrie non euclidienne plane et on peut donc dire qu'elle en constitue un substrat. On pourrait cependant aussi soutenir que la théorie des espaces de courbure constante de Riemann constitue un substrat dans le cas à n dimensions. Il faut par ailleurs relever que la théorie de Gauss, telle que conçue par Beltrami, revêt un caractère abstrait qui ne s'accorde pas très bien avec le qualificatif «réel». Si Beltrami utilise ce terme, c'est probablement parce que la surface pseudosphérique est localement représentable par une surface de l'espace euclidien; son interprétation «rentre dans la géométrie ordinaire»[49]. Ce n'est en revanche pas le cas de l'interprétation à trois dimensions. Beltrami remarque à la fin du *Saggio* qu'il n'existe pas, pour utiliser une terminologie moderne, de sous-variété de l'espace euclidien localement isométrique à l'espace non euclidien. L'interprétation à trois dimensions exposée dans la *Teoria fondamentale* n'est donc pas possible à l'intérieur de l'espace euclidien; elle nécessite la considération d'un autre espace:

> Et puisque jusqu'à présent la notion d'un espace différent de celui-là semble nous manquer, ou du moins dépasser le domaine de la Géométrie ordinaire, il est raisonnable de supposer que, lors même que les considérations analytiques sur lesquelles s'appuient les constructions précédentes seraient susceptibles d'être étendues du champ de deux variables à celui de trois, les résultats obtenus dans ce dernier cas ne pourraient toutefois être construits par la Géométrie ordinaire. (1868a, traduction de Houël, 1869, p. 280)

47 Lettre du 14 février 1869, Boi, Giacardi et Tazzioli (1998, p. 77). La question est encore abordée dans une lettre du 19 décembre 1869 (*ibidem*, p. 108).

48 Boi (1995, p. 318).

49 Lettre à Houël du 18 novembre 1868, Boi, Giacardi et Tazzioli (1998, p. 68).

La différence de nature entre les deux interprétations apparaît clairement dans la conclusion de la *Teoria fondamentale*:

> Ainsi toutes les conceptions de la géométrie non euclidienne trouvent une correspondance parfaite dans la géométrie de l'espace de courbure constante négative. Il faut seulement observer que, tandis que les conceptions de la planimétrie reçoivent une interprétation vraie et propre, puisqu'elles sont *constructibles* sur une surface *réelle*, celles, au contraire, qui embrassent trois dimensions ne sont susceptibles que d'une représentation analytique, puisque l'espace dans lequel une telle représentation pourrait se réaliser est différent de celui auquel on applique généralement le nom d'*espace*. (1868b, traduction de Houël, 1869, p. 372)

«Analytique» et «réel» sont souvent conçus comme des antonymes. De Tilly parlait ainsi de «jeux d'analyse». Beltrami défend une épistémologie réaliste particulièrement forte: seule une interprétation «réelle» est véritable. En dépit de la différence entre les deux interprétations, la planimétrie et la stéréométrie non euclidienne peuvent être ramenées à des théories connues:

> La planimétrie non euclidienne n'est autre chose que la géométrie des surfaces de courbure constante négative. [...]
> La stéréométrie non euclidienne n'est autre chose que la géométrie des espaces à trois dimensions de courbure constante négative. (*ibidem*, p. 370)

Le programme annoncé au début du *Saggio* est ainsi réalisé. La géométrie non euclidienne n'est pas une théorie nouvelle dont les énoncées contredisent ceux de la géométrie euclidienne. Ces affirmations seront reprises par des opposants à la géométrie non euclidienne pour refuser à celle-ci toute existence propre.

Un dernier point doit être discuté. En exposant une interprétation de la géométrie non euclidienne, les deux mémoires de Beltrami contiennent tous les éléments nécessaires pour établir sa non-contradiction et par conséquent l'indémontrabilité du postulatum. Beltrami ne fait cependant aucune allusion à ces questions. C'est probablement parce qu'il cherche davantage à résoudre un problème ontologique qu'un problème logique. Il veut rattacher la géométrie non euclidienne à une théorie connue et lui fournir un «substrat». Comme Boi le note avec justesse, «il s'agissait de comprendre si la nouvelle géométrie avait le statut d'une véritable théorie mathématique, ou bien si elle n'était qu'une simple construction logique»[50]. Il remarque encore que ce n'est que plus tard, avec le développement de l'axiomatique, que les problèmes de consistance ont commencé à se poser. Citons pour terminer une curieuse lettre de Beltrami à Genocchi du 2 août 1869, qui semble indiquer qu'il n'était pas persuadé de l'impossibilité d'une démonstration du postulatum:

> J'aime pourtant déclarer que je ne suis même pas encore persuadé de l'impossibilité de prouver la géométrie euclidienne et j'espère qu'aucun passage de mes écrits n'est rédigé de manière à laisser supposer le contraire. (Cité par Fenoglio et Giacardi, 1991, p. 171)

Les premières preuves de l'indémontrabilité présentées dans le chapitre suivant montrent que la question était effectivement loin d'être claire et que ce résultat ne s'imposait pas comme évident après les deux mémoires de Beltrami.

50 Boi (1995, p. 285).

Chapitre 9

Les premières preuves de non-contradiction

§ 1 La preuve de Houël

Houël est le premier mathématicien à avoir réalisé que les résultats exposés dans le *Saggio* permettaient d'établir l'indémontrabilité du postulatum. Il a consacré à ce sujet une courte note (1870). Sa preuve est lacunaire et confuse. Elle montre que, en dépit de son enthousiasme pour les nouvelles théories, il était encore loin d'en avoir saisi tout le contenu. Le début du texte donne un aperçu du climat de l'époque:

> L'échec des innombrable tentatives faites jusqu'à ce jour pour arriver à la démonstration du fameux principe pouvait paraître une raison suffisante de croire à l'impossibilité de cette entreprise. [...] Cependant les chercheurs ne se sont pas encore découragés, et chaque jour voit éclore de nouvelles annonces de la découverte tant cherchée. Si, la plupart du temps, les essais trahissent une grande faiblesse de connaissances mathématiques, il n'en est pas moins vrai que dans certains d'entre eux [...] les auteurs ont fait preuve d'une ingénieuse sagacité, qui aurait pu rendre difficile la découverte du vice de raisonnement, si l'étude des travaux de Lobatchefsky et de Bolyai ne nous eût aidé à le reconnaître. Il était donc important de mettre fin à cette vaine dépense de travail, en prouvant rigoureusement l'inutilité de ces recherches, aussi longtemps du moins que l'on s'obstinera à n'employer que les constructions planes; et cette preuve s'offre d'elle-même, lorsqu'on réfléchit attentivement aux résultats mis en lumière par M. Beltrami. (1870, p. XII)

Il y a dans ces lignes une allusion à la démonstration de Carton, que Houël critique à la fin de sa note. L'une des premières conséquences de la redécouverte de la géométrie non euclidienne est de faciliter la recherche de l'erreur dans les «démonstrations» du postulatum. Il faut entendre par «constructions planes» des raisonnements dans le plan. Nous verrons que Houël n'exclut en effet pas la possibilité d'une démonstration du postulatum à l'aide d'un raisonnement dans l'espace.

Dans la première partie de sa note, Houël compare les propriétés des surfaces sphériques et pseudosphériques et de l'horisphère:

> Les surfaces de courbure constante positive, ou surfaces *sphériques*, comprennent la sphère et les surfaces qui en dérivent par simple flexion. Les surfaces de courbure constante négative, ou surfaces *pseudosphériques*, sont celles qui font l'objet du Mémoire de M. Beltrami.
> Ces deux classes de surfaces ont une limite commune, pour laquelle la courbure devient nulle. C'est de la fixation de cette limite que dépend la question des parallèles. Cette surface de courbure nulle, limite d'une sphère de rayon infini, a reçu de Lobatchefsky le nom de *sphère-limite* ou *d'horisphère*.
> En étudiant cette horisphère, on reconnaît qu'elle doit jouir des propriétés sur lesquelles repose la géométrie d'Euclide. Dans tout triangle formé par des lignes géodésiques de cette surface, la somme des angles est égale à deux angles droits, et le principe des parallèles a lieu avec toutes ses conséquences. La question des parallèles se réduit donc à examiner si l'horisphère est identique avec le plan. (*ibidem*, p. XIII)

Houël conçoit la surface pseudosphérique comme une surface de l'espace euclidien et non comme une surface abstraite. Il n'a sans doute pas compris la nouveauté du point de vue de Beltrami. Pour Lobatchevski, l'horisphère est une surface de l'espace non euclidien. Il n'est donc pas judicieux de dire que cette surface est la limite de deux familles de surfaces de l'espace euclidien, le terme «limite» étant d'ailleurs vague. Pour la même raison, l'emploi du terme horisphère dans la dernière phrase n'est pas heureux; il sous-entend en effet que l'on est dans l'espace non euclidien. Il vaudrait mieux dire, pour parler comme Flye Sainte-Marie, que la question des parallèles revient à savoir si l'on peut démontrer que la sphère de rayon infini est un plan. Ce mélange des géométries prête à confusion et l'on ne peut que souscrire aux remarques faites par De Tilly dans une lettre à Houël du 13 avril 1870[1]:

1 Il s'agit de la première lettre adressée par De Tilly à Houël. Le début de cette lettre vaut la peine d'être cité pour son caractère anecdotique. Il confirme la description de la situation faite par Houël au début de sa *Note*: «Vous avez rendu, selon moi, par vos traductions et votre ‹note sur l'impossibilité etc› un véritable service à la science. Profitera-t-il aux chercheurs de démonstration? Ce n'est pas sûr. Hier, rendant visite à un professeur de physique de l'Ecole Militaire, je le surpris en train de démontrer le postulatum d'Euclide, et à côté de lui se trouvait ma brochure ‹Etudes de mécanique abstraite› qu'il venait de lire. Cette lecture avait donc produit sur lui l'effet inverse de celui qu'on était en droit d'attendre. Je lui annonçai les communications que j'avais reçues de vous et il consentit à suspendre ses *études* jusqu'au moment où il aura pris connaissance des vôtres». (AAS, *Dossier Houël*)

> Quand un géomètre non-euclidien écrit, il fait bien, me semble-t-il, d'indiquer toujours dans quelle géométrie il raisonne et de ne pas passer de l'une à l'autre sans en avertir le lecteur.
> Mes «Etudes de Mécanique abstraite» sont écrites dans la science non-euclidienne; ma note ci-incluse au contraire est écrite dans le système euclidien. Mais votre brochure, je ne vois pas bien dans quel système elle est écrite. Prenons ce passage «On sait que l'on entend ... (page 2) ... de sphère-limite ou d'horisphère (page 3). Si nous sommes dans la géométrie euclidienne, il est inutile de parler d'horisphère; c'est le plan qui est la limite commune des deux classes de surfaces. Si nous sommes dans la géométrie abstraite, je ne comprends plus la courbure des surfaces, ni leur classification sous ce rapport. Il me faudrait pour cela une théorie nouvelle. Existe-t-elle? Dans ce cas, je confesse mes torts. Mais je ne la vois pas a priori. (AAS, *Dossier Houël*)

La suite de cette lettre montre que De Tilly ne savait effectivement encore rien des travaux de Riemann et Beltrami. Il essaie en effet de calculer la courbure de l'horisphère et arrive à la conclusion qu'elle n'est pas nulle.

Dans une lettre à Houël du 1er avril 1869, Beltrami fait des remarques du même ordre et répond, de manière anticipée, aux questions de De Tilly[2]. Il montre que deux surfaces peuvent avoir la même métrique intrinsèque et des propriétés extrinsèques différentes, suivant l'espace dans lequel elles sont plongées, et qu'il convient toujours de préciser le point de vue que l'on adopte:

> De la formule ds = const. $\sqrt{d\eta_1^2 + d\eta_2^2}$, que j'ai établie à la page 21 de mon dernier Mémoire on tire (ou plutôt on vérifie, car cela se trouve dans Lobatcheffsky) que la géométrie de la sphère-limite n'est pas autre chose que celle du plan euclidien. En disant que la courbure de cette surface est nulle je n'ai pas voulu dire autre chose. En d'autres termes j'ai voulu dire que toutes les propriétés métriques de cette surface sont les mêmes que celle du plan ordinaire, à cause de l'identité des éléments linéaires chez l'une et chez l'autre. Et cela a lieu indépendamment de l'axiome XI, seulement on ne doit pas se figurer la sphère-limite comme étant un plan euclidien véritable. Dans la géométrie ordinaire, aussi, on ne pourrait pas conclure, de ce que l'élément linéaire d'une surface serait réductible à la forme $\sqrt{dx^2 + dy^2}$, que cette surface est un plan: elle pourrait être aussi bien un cylindre, un cône, ou toute autre surface développable. Dans la géométrie abstraite on doit dire la même chose, c'est-à-dire que la surface de courbure nulle est identique, non par sa forme mais par ses propri-

2 Cette lettre est antérieure à la *Note* de Houël; elle concerne cependant directement son contenu.

tés métriques avec le plan euclidien, sur lequel on peut dire qu'elle est développable, ou *construible*, sauf le mot barbare (je crois). Pour mon compte je dirais que la sphère-limite est une des formes sous les quelles le plan euclidien existe dans l'espace non-euclidien, *en considérant le plan euclidien comme défini par la propriété d'avoir sa courbure nulle*.
Quand, au contraire, on définit le plan d'après la propriété (beaucoup plus essentielle dans la géométrie élémentaire) de contenir toute entière chaque droite passant par deux de ses points, alors on trouve, comme surface analogue dans l'espace non-euclidien, celle que j'ai appelée surface de 1er ordre, c'est-à-dire une surface dont la courbure est négative, constante et (ce qui est très important) *égale à celle de l'espace lui même*. Par conséquent il y a bien, sous le rapport de la courbure, une infinité de surfaces (de courbure négative constante) intermédiaires entre le plan non euclidien (ou surface de 1er ordre) et la sphère limite, mais ces surfaces ne sont plus des plans non-euclidiens, elles sont des sphères non-euclidiennes, dont le rayon varie depuis la valeur constante jusque à l'infini. [...]
A mon point de vue je trouve donc tout à fait exact ce que vous dites *dans votre lettre* du 28, sauf dans ceci, que la sphère-limite ne soit identique au plan que dans le cas où l'axiôme XI subsiste. Il faut bien spécifier ici ce que l'[on] entend par plan, savoir si c'est la surface de courbure nulle, ou celle sur laquelle existent en tout sens des droites. Dans le premier cas, il n'est pas nécessaire d'admettre l'axiôme (et c'est ainsi que j'ai entendu la chose, car je n'ai pas appelé *plan* la surface de 1er ordre); il le serait dans le second. (AAS, *Dossier Beltrami* et Boi, Giacardi et Tazzioli, 1998, pp. 87-88)

Ces explications sont remarquablement claires. Mais Houël eut probablement de la peine à les comprendre car Beltrami y revient à plusieurs reprises dans sa correspondance de l'année 1869[3]. Passons à la preuve proprement dite:

De cette seule propriété (commune à l'horisphère et aux surfaces pseudosphériques), que par deux points donnés on ne peut *dans aucun cas* faire passer plus d'une ligne géodésique, résulte seulement ce théorème, établi déjà par Legendre, que l'excès triangulaire *ne peut être positif*[4]. C'est en ayant recours à la géométrie à trois dimensions que l'on parvient à établir que cet excès est nul sur l'horisphère, négatif sur la pseudosphère.
Si l'on voulait maintenant établir ces propositions en se fondant seulement sur des constructions faites dans la surface même, il faudrait que la construction employée pour chaque espèce de surface ne s'appliquât pas à l'autre espèce,

3 Lettres à Houël du 8 janvier 1869, du 12 octobre 1869, du 25 octobre 1869 et du 19 décembre 1869 (AAS, *Dossier Beltrami* et Boi, Giacardi et Tazzioli, 1998).
4 C'est le premier théorème de Legendre.

> pour laquelle le résultat à obtenir ne peut être le même, comme on le sait par une autre voie. Ainsi on ne pourra pas établir que la somme des angles d'un triangle horisphérique est égale à deux angles droits, en se servant d'une construction applicable dans tous ses détails à la pseudosphère, puisqu'elle donnerait sur celle-ci un résultat contraire à la réalité. [...]
> Ce que nous venons de dire de l'horisphère s'applique également au plan, la géométrie euclidienne du plan n'étant autre chose que celle de l'horisphère. [...]
> Donc toute construction qui démontrerait sur le plan le principe des parallèles, le démontrerait aussi sur la pseudosphère, ce qui ne saurait avoir lieu.
> Il est donc démontré par là qu'aucune construction plane, non fondée implicitement sur le principe des parallèles, ne peut être employée pour établir ce principe, sous peine de conduire à un cercle vicieux. (1870, pp. XV-XVI)

Le passage intermédiaire par l'horisphère est inutile et, comme indiqué précédemment, source de confusion. Houël n'énonce qu'une «propriété commune» aux deux surfaces; c'est évidemment insuffisant et cela témoigne du caractère encore rudimentaire de l'axiomatique à cette époque. Le fonds du raisonnement est cependant correct; Houël note bien que si le postulatum était démontrable (à partir des propriétés communes), la géométrie de la pseudosphère serait contradictoire; il ne relève cependant pas que dans ce cas la géométrie euclidienne le serait aussi et que la non-contradiction de la première de ces géométries repose sur celle de la seconde. Le premier paragraphe contient une affirmation inexacte. La surface pseudosphérique de Beltrami est en effet une variété à deux dimensions et il n'est pas nécessaire d'avoir recours à un raisonnement dans l'espace pour prouver que l'excès d'un triangle y est négatif. Houël n'a pas compris l'idée de géométrie intrinsèque. Beltrami attirera son attention sur ce point dans une lettre du 14 janvier 1870:

> Au feuillet 5 vous dites: «Pour fonder chacune de ces trois géométries, on a *dû* commencer, etc.[5]» Il me semble que la considération des trois dimensions ne soit pas absolument *nécessaire* pour établir la géométrie d'une surface, *en tant qu'il ne s'agit que de rapports géodésiques*; témoin le récent Mémoire de Christoffel[6] où l'on donne les formules de la trigonométrie d'une surface *quel-*

5 La phrase complète de Houël est: «Pour fonder chacune de ces trois géométries, on a dû commencer par établir certaines propositions de la géométrie à trois dimensions, indépendantes de la distinction caractéristique des trois géométries» (1870, p. XV).

6 Christoffel (1868). Elwin Christoffel (1829-1900) fut professeur à l'Ecole polytechnique de Zurich et à Strasbourg. Ses travaux concernent de nombreux domaines des mathématiques.

conque, sans jamais sortir de la surface. Cependant ce que vous dites est exact *historiquement*, et s'explique aisément par cette circonstance, que les surfaces types que l'on a eu besoin de considérer (la sphère et le plan non euclidien) possèdent des caractères tellement simples, par rapport aux objets extérieurs, que l'on a pu en déduire avec la plus grande facilité les théorèmes en question, qui sont en eux mêmes indépendants de tout ce qui est hors de la surface. (AAS, *Dossier Beltrami* et Boi, Giacardi et Tazzioli, 1998, p. 123)

Ces explications ne semblent pas avoir convaincu Houël. Dans une lettre à Genocchi du 23 février 1870, il écrit:

> D'un autre côté, M. Beltrami m'a signalé un Mémoire de Christoffel, où ce géomètre établit les propriétés des triangles tracés sur une surface quelconque au moyen de considérations qui n'exigent pas que l'on sorte de la surface. Je n'ai pas encore eu le temps d'étudier ce Mémoire, dont les conclusions dérangent un peu les idées que je m'étais faites. (Cité par Fenoglio et Giacardi, 1991, p. 198)

A la fin de sa note, Houël revient sur la possibilité d'une démonstration du postulatum par un raisonnement spatial. Après avoir rappelé la preuve astronomique de Lobatchevski, il conclut:

> Si cette preuve expérimentale du principe des parallèles, la plus précise qui ait jamais été donnée dans aucune science, ne paraît pas suffisante, c'est alors à un nouvel ordre de considérations qu'il faut recourir. Il faut sortir du plan pour le distinguer des surfaces pseudosphériques, [...].
> La question pourra bien renaître sous une autre face, lorsque les essais se porteront sur les constructions à trois dimensions. (1870, pp. XVII-XVIII)

On est surpris de voir Houël admettre la possibilité d'une telle démonstration. Quel axiome spatial faudrait-il en effet choisir pour réussir?[7] C'est probablement l'absence d'une interprétation réelle de l'espace non euclidien qui lui laisse croire qu'une démonstration n'est pas exclue. Il ne dispose pas d'un objet concret pour répéter à trois

7 La question n'est pas malgré tout pas complètement absurde. La géométrie projective offre un exemple de cette situation avec le théorème de Desargues. Dans ses *Grundlagen*, Hilbert établit que ce théorème ne peut être démontré à l'aide des seuls axiomes projectifs plans. Il construit à cet effet une géométrie non arguésienne dans laquelle les axiomes projectifs plans sont vérifiés mais pas le théorème de Desargues. L'introduction d'axiomes projectifs spatiaux est nécessaire pour démontrer ce théorème, cf. Hilbert (1899-1971).

dimensions son raisonnement. Cette explication est étayée par un texte de De Tilly[8]:

> Quant à l'interprétation de la géométrie non-euclidienne à 3 dimensions elle a été essayée par M. Beltrami par la considération des espaces à plus de 3 dimensions mais cette théorie me paraît purement analytique et, d'accord avec M. Houël, j'admets que par la géométrie à trois dimensions, la démonstration du postulatum est encore possible, quoique bien peu probable. (AAS, *Dossier Houël*)

Il est enfin étrange de voir Houël situer au même niveau une preuve expérimentale et une démonstration mathématique. Il y a ici dans son esprit une confusion entre la consistance logique d'une théorie et sa validité expérimentale[9]. Pour lui le postulatum reste vrai même s'il est indémontrable, et il est ici proche de Flye Sainte-Marie. Houël s'est exprimé à propos de la possibilité d'une démonstration par un raisonnement spatial dans une lettre à Genocchi du 23 février 1870. Ses propos ne sont pas clairs:

> La conclusion que j'ai timidement risquée, en renvoyant les démonstrateurs du postulatum à la géométrie à trois dimensions était seulement fondée sur les moyens par lesquels on est parvenu aux démonstrations analogues sur les trois ordres de surfaces de courbure constante. C'est une analogie *historique*, qui peut être n'est pas fondée d'une manière inébranlable. Je me suis bien gardé de promettre le succès à ceux qui entreraient dans cette voie. (Cité par Fenoglio et Giacardi, 1991, p. 198)

Après avoir apparemment douté de l'indémontrabilité du postulatum, Beltrami se ralliera rapidement aux arguments de Houël. Dans une lettre du 2 janvier 1870, il lui écrit:

> Votre avis sur l'impossibilité de démontrer planimétriquement l'axiôme XI, en tant qu'elle peut découler de mon *Saggio*, est aussi le mien. (AAS, *Dossier Beltrami* et Boi, Giacardi et Tazzioli, 1998, p. 114)

8 Il est extrait d'une *Note sur les surfaces dont la courbure moyenne est constante* figurant à la suite de la lettre du 13 avril 1870 mentionnée précédemment. Deux lettres de De Tilly à Houël du 11 mai 1870 (cf. § 2) et du 16 novembre 1873 (cf. § 4) confirment cette explication.

9 Dans d'autres textes, Houël distingue clairement les deux choses (cf. chapitre 4).

Avant Houël, Beltrami réalisera que les résultats contenus dans sa *Teoria fondamentale* écartent la possibilité d'une démonstration du postulatum par un raisonnement spatial. Dans une lettre à Houël du 11 juillet 1871, il écrit:

> Mais il y a, je crois, un autre moyen simple d'éluder cette difficulté, c'est de se rappeler que la surface pseudosphérique peut être, comme je l'ai démontré, représentée complètement sur la surface finie d'un cercle ordinaire, *point* par *point*. Je vais plus loin, et je crois qu'en s'aidant de la possibilité de représenter de même l'espace pseudosphérique dans l'intérieur d'une sphère finie ordinaire, il sera possible de démontrer l'impossibilité d'établir le postulat à priori, soit par une construction plane soit même par une construction à trois dimensions. Songez-y. (AAS, *Dossier Beltrami* et Boi, Giacardi et Tazzioli, 1998, p. 158)

C'est à ma connaissance la première fois que l'idée du modèle au sens moderne, comme intérieur d'un disque ou d'une sphère, apparaît aussi clairement. Il n'est pas surprenant que Houël n'ait pas vu cette possibilité de représentation. Par la nouveauté de son cadre conceptuel, le second mémoire de Beltrami a certainement posé des problèmes de compréhension aux mathématiciens de l'époque. Un passage d'une lettre de Houël à De Tilly du 17 avril 1870 en donne un exemple:

> [...] le second Mémoire de Beltrami est relatif à cet objet. Malheureusement il y a bien des points que j'ai dû me contenter de traduire, n'ayant pas encore eu le loisir nécessaire pour approfondir cette nouvelle question, bien plus compliquée que celle des espaces à deux dimensions. (AAS, *Dossier Houël*)

§ 2 Une preuve de De Tilly

La démonstration de Houël a été reprise avec quelques modifications par De Tilly dans une *Note sur les surfaces à courbure moyenne constante*[10] (1870b). Il établit l'indémontrabilité du postulatum en raisonnant seulement sur la pseudosphère de révolution. Conformément aux

10 Le sens du terme «courbure moyenne» paraît encore incertain à cette époque. De Tilly entend par là le produit des courbures principales alors que Genocchi l'utilise dans le sens moderne de moyenne des courbures principales (Genocchi 1873, p. 186).

idées de Beltrami, De Tilly envisage celle-ci comme composée d'une infinité de nappes:

> Que l'on considère une courbe plane, rapportée à des axes rectangulaires, tangente à l'axe des x, asymptote à l'axe des y et ayant pour équation:
>
> $$y = \frac{a}{2} \log \frac{a + \sqrt{a^2 - x^2}}{a - \sqrt{a^2 - x^2}} - \sqrt{a^2 - x^2}$$
>
> et qu'on la fasse tourner autour de l'axe des y, on engendrera ainsi une pseudosphère de révolution, ou du moins le noyau de cette surface dont les nappes superposées s'enroulent indéfiniment sur ce noyau.
> Alors, par des méthodes connues, on s'assurera très aisément:
>
> 1° Qu'en chaque point de cette surface le produit des rayons de courbure des sections principales est constant et égal à $-a^2$ (– parce que ces sections laissent le plan tangent entre elles), d'où résulte qu'une partie quelconque de cette surface peut glisser sur la surface par flexion, mais sans extension, contraction, déchirure ni duplicature;
>
> 2° Qu'entre deux points quelconques de cette surface il existe une seule ligne géodésique, [...].
>
> Cela suffit pour prouver que toute démonstration du postulatum sur le plan réussirait aussi sur la pseudosphère de révolution; or, là le principe des parallèles ne peut pas exister puisqu'on voit clairement que toutes les lignes géodésiques méridiennes sont asymptotes entre elles. (1870b, pp. 34-35)[11]

De Tilly ne mélange pas les différentes géométries et son raisonnement est plus clair que celui de Houël. Il est aussi conscient qu'une démonstration géométrique fait appel à la notion de déplacement ou de congruence et qu'il ne suffit pas de supposer que par deux points il passe une seule géodésique. Dans sa *Note*, De Tilly est du même avis que Houël quant à la possibilité d'une démonstration du postulatum par un raisonnement dans l'espace. Une lettre à ce dernier du 11 mai 1870 indique que cette question le préoccupait:

> Depuis ma dernière lettre, j'ai vu de plus près le *second* mémoire de Beltrami. Il est vraiment profond. Mais je me demande s'il est bien nécessaire d'aller chercher si loin l'interprétation de la géométrie non euclidienne? Je ne sais si je m'avance trop en vous disant que j'ai dans la tête une autre interprétation, qui m'est inspirée sans doute par celle de Beltrami et que je n'eusse jamais trouvée autrement, mais qui vous paraîtrait plus avantageuse que la sienne en ce que je

11 Ce dernier point est longuement développé dans une lettre de De Tilly à Houël du 15 juillet 1871, AAS *(Dossier Houël)*.

> compte interpréter la géométrie non euclidienne à deux dimensions *sans sortir du plan* et la g.n.e. à 3 dimensions *sans sortir de l'espace ordinaire*, d'où résulterait accessoirement que le postulatum n'est pas plus démontrable par trois dimensions que par deux. (AAS, *Dossier Houël*)

Comme Houël, De Tilly ne semble pas avoir bien compris le second mémoire de Beltrami. On constate que l'indémontrabilité du postulatum par un raisonnement spatial ne pourra être établie que lorsqu'on aura trouvé une interprétation de la stéréométrie non euclidienne dans l'espace «ordinaire». Je n'ai pas trouvé trace de l'interprétation à laquelle De Tilly fait allusion. Une nouvelle interprétation lui sera suggérée un an et demi plus tard par la lecture des *Etudes analytiques* de Flye Sainte-Marie. Je la présenterai au § 4.

§ 3 Les critiques de Genocchi et de Bellavitis; controverses au sujet de la pseudosphère

Les démonstrations de Houël et de De Tilly ont fait l'objet de longues critiques de la part de Genocchi. Précisons tout de suite que Genocchi, professeur à l'Université de Turin, était un mathématicien de haut niveau. Ses critiques sont exprimées dans une lettre à Adolphe Quetelet, secrétaire perpétuel de l'Académie royale de Belgique (1873); elles seront développées dans un appendice au second mémoire consacré aux recherches de Daviet de Foncenex sur le principe du levier (1877). La *Lettre à M. Quetelet* a fait l'objet d'une réponse de De Tilly (1873).

Pour Genocchi, la démonstration de Houël n'est pas concluante car elle suppose l'existence d'une «vraie» surface pseudosphérique, c'est-à-dire d'une surface de l'espace euclidien «à courbure négative, qui s'étend à l'infini dans tous les sens, et simplement connexe»[12]. Or Beltrami n'a pas établi cette existence. Le seul exemple de surface à courbure constante négative est fourni par la pseudosphère de révolution, qui ne jouit pas des propriétés demandées. Cette objection avait déjà été prévue par Beltrami dans une lettre à Houël du 2 janvier 1870:

> Ainsi l'on pourrait objecter, avec une certaine apparence de raison, que tant qu'on ne prouve pas l'*existence* d'une surface pseudosphérique réellement

12 Genocchi (1873, pp. 185-186).

> infinie et simplement connexe, on ne peut pas regarder cette surface comme satisfaisant aux conditions primordiales qui résultent de la manière habituelle de concevoir ce qu'on est convenu d'appeler un plan. (AAS, *Dossier Beltrami* et Boi, Giacardi et Tazzioli, 1998, pp. 114-115)

A l'égard de la démonstration de De Tilly, Genocchi formule la critique suivante:

> M. De Tilly, en choisissant cette même surface de révolution pour y appuyer ses raisonnements, a prétendu démontrer que les lignes géodésiques de cette surface jouissent de la propriété d'être pleinement déterminées par deux de leurs points, comme les lignes droites. C'est une erreur: M. Bellavitis, par des considérations intuitives, et tout récemment M. Beltrami, par le calcul, ont prouvé que deux géodésiques d'une telle surface peuvent se rencontrer en plusieurs points[13]. Il arrive comme pour l'hélice, qui rencontre en une infinité de points chaque génératrice du cylindre, quoique, sur le plan, deux droites ne puissent se rencontrer qu'en un point unique. Ainsi la démonstration de M. De Tilly pèche par sa base. (1873, p. 186)

Pour éviter le problème des géodésiques qui se coupent en plusieurs points, il faut envisager la pseudosphère de révolution comme constituée d'une infinité de nappes; c'est le point de vue adopté par Beltrami et De Tilly. Genocchi le rejette; une note de la *Lettre à M. Quetelet* montre qu'il refuse de distinguer deux points de la surface pseudosphérique dont les coordonnées u et v sont distinctes, mais qui sont représentés par le même point de l'espace euclidien. Dans sa réponse à Genocchi, De Tilly met clairement en évidence la raison du désaccord:

> On voit que mon savant contradicteur a uniquement en vue, tant pour la pseudo-sphère que pour le cylindre, la surface noyau, car si l'on considère la surface cylindrique enroulée, l'hélice et la génératrice ne s'y rencontrent qu'en un seul point. Or, c'est la surface enroulée et non le noyau qu'il faut considérer. (1873, pp. 129-130)

Les objections de Genocchi sont aussi évoquées dans les correspondances entre Beltrami et Houël et entre Houël et De Tilly. En voici deux extraits:

13 Bellavitis (1869-70b, p. 1705); Genocchi fait probablement allusion à Beltrami (1872).

> Quant aux objections de M. Genocchi, la substance de celles que vous me rapportez dans la pénultième lettre ne repose que sur une équivoque. M. Genocchi croit, avec beaucoup de personnes, que l'on ne puisse parler de coordonnées curvilignes u, v sur une surface sans supposer connues, ou sans considérer en même temps les trois fonctions $x = x(u,v)$, $y = y(u,v)$, $z = z(u,v)$, exprimant les trois coordonnées cartésiennes par u, v. Or cela est tout-à-fait en dehors de l'esprit de la théorie de Gauss, à laquelle j'ai toujours voulu me tenir attaché. Je crois que nous avons causé autrefois de cela, et que je vous ai dit que la connaissance de l'expression $Edu^2 + 2Fdudv + Gdv^2$ suffisait pour définir une surface, au point de vue de la dite théorie; et, ce fait une fois reconnu, le doute au sujet des points coïncidents n'a plus aucun sens sérieux. (Beltrami à Houël, 3 mars 1871, AAS, *Dossier Beltrami* et Boi, Giacardi et Tazzioli, 1998, pp. 155-156)

> M. Genocchi n'est pas encore converti, et je ne puis lui mettre dans l'esprit qu'il en est, pour la déformation de la surface engendrée par la révolution de la tractoire, absolument comme pour celle d'un cylindre en un plan infini. Il ne veut pas entendre parler de l'infinité de feuilles dont on doit supposer la surface composée; du moins il n'a pas du tout l'air de s'occuper de cette considération, que je lui ai cependant présentée avec insistance[14]. (Houël à De Tilly, 12 avril 1872, AAS, *Dossier Houël*)

Les difficultés viennent d'une mauvaise compréhension du concept de géométrie intrinsèque. On ne saurait trouver un meilleur complément à ces textes que ce commentaire particulièrement lumineux de Betti[15], extrait d'une lettre à Genocchi du 16 août 1871:

> Dans le calme de la campagne j'ai repensé au sujet des travaux de Beltrami et je n'ai pas réussi à bien comprendre la portée des critiques faites à leur propos. Dans ces travaux, une surface est considérée seulement comme un espace ou peut être, pour mieux dire, comme une variété à deux dimensions définie seulement par l'expression de son élément linéaire; on fait complètement abstraction de la forme spéciale qu'elle peut avoir dans l'espace à trois dimensions auquel nous ne nous référons plus du tout. (Cité par Fenoglio et Giacardi, 1991, p. 178)

L'introduction d'un nouveau terme, celui de «variété à deux dimensions», est judicieuse; elle permet d'éviter les confusions dues à l'usage du terme «surface».

14 Une lettre de Houël à Genocchi du 1er février 1871 témoigne de cette insistance, citée par Fenoglio et Giacardi (1991, pp. 201-202).

15 Enrico Betti (1823-1892) fut professeur à l'université de Pise. Il est l'auteur d'importantes recherches en algèbre, en théorie des fonctions et en physique mathématique.

Dans l'appendice au second mémoire sur Daviet Foncenex, Genocchi se résigne à admettre que la pseudosphère de révolution puisse être composée d'une «infinité de feuilles» mais élève de nombreuse objections à l'égard de cet «amas de nappes pseudosphériques superposées»[16]. Dans la *Lettre à M. Quetelet*, il émet encore la critique suivante:

> Mais en supposant que l'existence de la pseudosphère avec toutes ses propriétés soit mise hors de doute, et qu'on possède par conséquent une surface courbe réelle superposable à elle-même, comme le plan, dans toutes ses parties, et dont les géodésiques ne puissent se rencontrer qu'en un point, comme les lignes droites, on pourra toujours objecter que la comparaison n'est pas complète, attendu que *le plan est la seule surface pour laquelle la superposition soit possible* sans retournement et sans déformation. Il restera donc toujours cette différence essentielle; et par suite il paraît impossible d'exclure *a priori* qu'on puisse profiter d'une telle propriété caractéristique du plan pour démontrer, à l'égard du plan, des théorèmes qui ne sont pas démontrables (parce qu'ils ne sont pas vrais) pour la pseudosphère. (1873, p. 188)

Genocchi semble penser que les figures se déforment lorsqu'elles se déplacent sur la pseudosphère. Confond-il les rapports métriques mesurés sur la surface avec ceux mesurés dans l'espace euclidien? Après avoir exposé ces critiques, il revient sur la possibilité de l'existence d'une vraie pseudosphère et conclut:

> J'ajouterai, relativement à la théorie des surfaces pseudosphériques, que si l'existence de la vraie pseudosphère était démontrée, il s'ensuivrait qu'il n'y a pas de géométrie abstraite, car ce qu'on croyait une nouvelle géométrie s'élevant à côté de l'ancienne géométrie d'Euclide, ne serait que la théorie de certaines lignes et surfaces analogues à la ligne droite et au plan, *fondée sur les principes de la géométrie euclidienne*. Ainsi faudrait-il dire que les découvertes de M. Beltrami ont tué la géométrie de Lobatscheffsky. (*ibidem*, pp. 191-192)

Cette affirmation sera reprise dans le second mémoire sur Daviet de Foncenex:

> [...]; mais je ferai remarquer que les partisans des Géométries non euclidiennes ont eu tort de citer en leur faveur les Mémoires de M. Beltrami, tandis qu'ils auraient dû en tirer une conclusion absolument contraire. En effet, suivant la théorie de M. Beltrami, la géométrie euclidienne suffit pour expliquer les résul-

16 Genocchi (1877, p. 398).

tats de ces deux géométries nouvelles, car la Géométrie elliptique n'est que la Géométrie euclidienne des surfaces appliquables à la sphère, et la Géométrie hyperbolique n'est que la Géométrie euclidienne des surfaces à courbure constante négative, [...]. Il n'y aurait donc pas aucune raison de poser trois géométries distinctes. (1877, pp. 383-384)

Nous retrouverons cette objection chez d'autres opposants[17]. Elle permet d'enlever à la géométrie non euclidienne son caractère gênant et d'affirmer la primauté de la géométrie euclidienne. Les raisons profondes de l'hostilité de Genocchi apparaissent dans la conclusion de son mémoire:

Par l'emploi d'espaces à n dimensions dont nous ne pouvons avoir aucune idée, et aussi peut-être par la considération des points à distance infinie ou imaginaires, dont je crains que les modernes n'aient un peu abusé, on dépouille la géométrie de ce qui forme son meilleur avantage et son charme particulier, de la propriété de donner une représentation sensible aux résultats de l'analyse, et l'on remplace cette qualité par le défaut contraire, puisque des résultats qui n'auraient rien de choquant sous leur forme analytique, n'offrent plus de prise à l'esprit, ou paraissent absurdes, lorsqu'on les exprime par une nomenclature géométrique supposant des points, des lignes ou des espaces qui n'ont aucune existence réelle, et dont l'admission répugne au bon sens ou dépasse notre intelligence. (*ibidem*, pp. 388-389)

Genocchi accorde le même statut ontologique à la géométrie non euclidienne, aux points imaginaires et aux espaces à n dimensions. Son épistémologie réaliste le conduit à refuser à ces trois théories tout caractère géométrique et à les confiner dans le domaine de l'analyse. L'étroitesse de Genocchi est évoquée dans une lettre de Houël à De Tilly du 9 octobre 1873:

Mon cher Monsieur, J'ai reçu avec le plus vif plaisir votre excellent rapport[18] sur les aberrations, j'ose le dire, de l'éminent professeur de Turin. Il est vraiment incroyable qu'un esprit aussi clairvoyant d'habitude se refuse avec une telle obstination à prendre la question comme on la lui pose, et à refuser de considérer la théorie des corps flexibles à deux dimensions dans le cas général, aussi bien qu'ils la considèrent dans le cas des surfaces développables. J'ai déjà épuisé avec M. Bellavitis mon arsenal de bonnes raisons pour le faire entrer

17 Cf. chapitre 13, § 2.2.

18 Il s'agit du *Rapport sur la lettre de M. A. Genocchi à M. A. Quetelet*, De Tilly (1873).

> dans la question. Pas plus que M. Genocchi, il n'a voulu rien entendre, et il continuera jusqu'à épuisement de son encre à foudroyer la géométrie imaginaire dans la *Rivista di Giornali* qu'il fait paraître dans les *Atti del R. Istituto Veneto*. M. Genocchi ne m'a pas encore envoyé sa Note; mais, comme j'ai aussi discuté la question plus d'une fois avec lui, je connais ses arguments, qui sont identiques avec ceux de son collègue de Padoue. C'est un phénomène qui me stupéfie, que celui de deux géomètres aussi distingués, dont l'un, M. Bellavitis, a un esprit novateur et une grande imagination, s'entêtent tous les deux à combattre une idée aussi simple, pour laquelle même M. Genocchi a fourni de bons arguments. Mais je crains bien qu'ils ne meurent tous les deux dans l'impénitence finale. L'essentiel est donc d'éclairer ceux qui sont accessibles à la lumière, et tel sera, je crois, l'effet de votre rapport. (AAS, *Dossier Houël*)

Bellavitis, professeur à l'Université de Padoue et lui aussi mathématicien qualifié, est plusieurs fois associé à Genocchi dans la correspondance de Houël[19]. Les attaques auxquelles Houël fait allusion ont paru dans des comptes rendus d'articles de Battaglini, Bertrand, Beltrami, Klein et D'Ovidio. La première réaction de Bellavitis à l'égard de la géométrie «imaginaire» figure dans un compte rendu de l'article de Battaglini étudié au chapitre 5[20]. Elle fait suite à une longue discussion sur les nombres imaginaires. Pour Bellavitis, ceux-ci ne sont qu'une «aberration de raisonnement» et ne constituent une «science réelle» que si on leur substitue des quantités géométriques[21]. Voici son appréciation sur la géométrie imaginaire:

> Il était réservé aux mathématiques et précisément à la géométrie, qui en est le fondement et le type, de présenter une aberration majeure: quelques Géomètres nordiques inventèrent une nouvelle géométrie dans laquelle [...] on suppose que les droites, les triangles et les autres objets considérés par tous les

19 Dans une lettre à De Tilly du 19 août 1873, Houël écrit: «Bellavitis et Genocchi sont deux *intransigeants* dont il n'y a pas lieu d'espérer la conversion. [...]. Ils forment, avec M. Transon, un trio de fanatiques *anti-lobatchefskiens*, qui nous poursuivront jusqu'au bout.» (AAS, *Dossier Houël*) 45 lettres de Bellavitis à Houël sont conservées aux Archives de l'Académie des Sciences à Paris. On y retrouve le même type d'objections que dans la *Rivista dei Giornali*. Abel Transon (1805-1876) fut élève de l'Ecole polytechnique puis répétiteur d'analyse dans cette école et examinateur aux examens d'admission. Il est l'auteur de nombreux articles mathématiques et philosophiques ainsi que d'une brochure critique sur la géométrie non euclidienne (1871).

20 Dans la partie purement mathématique de ce compte rendu, Bellavitis souligne avec pertinence les insuffisances du raisonnement de Battaglini.

21 Bellavitis (1868-69, p. 161).

> Géomètres ont des propriétés et des relations différentes des vraies; c'est pourquoi cette géométrie ne devrait pas être appelée *géométrie imaginaire* mais plutôt *géométrie fausse*. (1868-69, pp. 162-163)

Les mathématiques reposent sur la géométrie; une théorie mathématique n'est donc acceptable que si elle possède une interprétation géométrique; l'exemple des nombres complexes est à cet égard significatif. C'est ce réalisme étroit, semblable à celui de Genocchi, qui conduit Bellavitis à rejeter la géométrie non euclidienne:

> [...]; je ne vois aucune raison de donner à la nouvelle géométrie le nom de métrico-projective; je l'appelle la géométrie *fausse*; par là je veux seulement dire qu'elle n'est pas conforme au monde sensible; [...] du reste je ne nierai pas que la géométrie fausse soit valable pour le monde suprasensible et soit aussi conforme au raisonnement le plus rigoureux. (1876-77, p. 197)

L'appellation «métrico-projective» fait référence à l'interprétation de Klein. Bellavitis est opposé à la géométrie non euclidienne pour des raisons extra-mathématiques. Il semble en effet admettre que celle-ci est exempte de contradictions. La vérité n'est donc pas fondée sur l'absence de contradictions mais sur l'adéquation à une réalité extérieure. Nous retrouverons cette problématique chez d'autres auteurs[22]. A l'instar de Genocchi, Bellavitis pense aussi que les découvertes de Beltrami ont montré que «la géométrie de Lobatchevski ne peut exister par elle-même, mais doit tirer ses fondements de la géométrie d'Euclide»[23].

Au milieu du flot de critiques proférées par Bellavitis, j'en ai malgré tout trouvé une pertinente. Elle concerne la preuve astronomique de Lobatchevski:

> [...]; je crois au contraire qu'une telle expérience n'aurait aucune valeur: premièrement, celui qui voudrait douter que la somme [des angles d'un triangle] soit égale à deux droits aurait mille objections à faire sur la nature des objets matériels qu'on appelle lignes droites, et sur la façon de mesurer les angles. (1869-70a, p. 1667)

Ces lignes annoncent la critique de Poincaré, mais le contexte est différent puisque pour Bellavitis la géométrie euclidienne est la seule vraie.

22 Chapitre 14, § 6.2.
23 (1876-77, p. 204).

§ 4 Une nouvelle interprétation de De Tilly

De Tilly présente cette interprétation dans un compte rendu des *Etudes analytiques* de Flye Sainte-Marie (1872). Après en avoir résumé les quatre premiers chapitres, il donne son appréciation[24]. Il critique à juste titre les tentatives faites par l'auteur pour établir l'indémontrabilité du postulatum au moyen d'une interprétation arithmétique de la géométrie:

> En raison de la grande généralité de la méthode de M. Flye Sainte-Marie, qui permet, comme la Géométrie analytique ordinaire, de suivre pour toutes les questions une marche uniforme; en raison surtout de la simplicité inespérée des résultats, déduits de calculs fort compliqués et présentés avec le plus grand ordre, la partie analytique de ces *Etudes* nous paraît tout à fait digne d'éloges. Après cette déclaration bien sincère, nous osons espérer que l'on ne nous accusera pas de vouloir diminuer le mérite du travail que nous analysons, si nous nous montrons plus réservé en ce qui concerne l'appréciation de la partie philosophique de ce travail, et si nous nous permettons de proposer à l'Auteur une légère modification.
> Il croit déduire rigoureusement de ses résultats que le *postulatum* d'Euclide ne peut être démontré par le raisonnement, aidé des axiomes antérieurs, et sans appel nouveau à l'expérience.
> Sans vouloir contester d'une manière absolue l'exactitude des raisonnements qu'il fait dans ce but et sur lesquels il revient en plusieurs endroits de son Livre, tout en admettant qu'ils puissent porter la conviction dans l'esprit de leur auteur, nous devons déclarer qu'ils laissent le doute dans le nôtre.
> Pour faire disparaître ce doute, il nous semble qu'au lieu de transformer les opérations géométriques en simples opérations de calcul, ce qui paraît être l'idéal de l'Auteur, il faut, au contraire, chercher une interprétation réelle et concrète de tous les résultats trouvés dans la Géométrie imaginaire, afin qu'à toute contradiction dans cette dernière corresponde une contradiction dans la Géométrie euclidienne elle-même.
> C'est en vertu d'une interprétation semblable que nous ne conservons aucun doute sur l'impossibilité de démontrer le *postulatum* par la Géométrie plane, MM. Beltrami et Houël ayant fait voir qu'à toute contradiction dans la

24 On trouve aussi le jugement suivant dans une lettre de De Tilly à Houël du 15 avril 1872: «En me plaçant à un point de vue peut-être un peu égoïste, je ne saurais regretter que quelques auteurs emploient leur temps à refaire ce qui a déjà été fait. Ils ne le refont pas exactement de la même manière et il y a toujours quelques idées nouvelles à tirer de leurs écrits. Flye Sainte-Marie en est pour moi un exemple remarquable.» (AAS, *Dossier Houël*).

> Géométrie imaginaire du plan en correspondrait une autre dans la Géométrie réelle des pseudo-sphères. (1872, pp. 133-134)

Contrairement à ses prédécesseurs, De Tilly pose le problème de façon claire et relie la question de la non-contradiction à celle de l'indémontrabilité du postulatum. Il relève en particulier un élément fondamental: la non-contradiction de la géométrie non euclidienne repose sur celle de la géométrie euclidienne et ne peut donc être que relative. En dépit de ce qu'il affirme, cette constatation n'apparaît ni chez Houël ni chez Beltrami. Dans son livre *Ideas of Space*, Gray écrit qu'il est difficile de savoir qui le premier a remarqué que l'inconsistance de la géométrie non euclidienne entraînerait celle de la géométrie euclidienne[25]. Le texte qui précède montre à mon avis clairement qu'il faut attribuer la priorité de cette observation à De Tilly. On remarque que ce dernier invoque à son tour le critère de «réalité». Nous verrons cependant que celui-ci est moins restrictif que chez Beltrami. Relevons encore dans ce texte l'usage du terme «philosophique» pour qualifier la réflexion sur les fondements de la géométrie. Cette appellation revient à plusieurs reprises chez De Tilly. Elle montre que l'axiomatique n'est à cette époque pas encore considérée comme une discipline purement mathématique.

Avant de présenter l'interprétation de De Tilly, je citerai un extrait d'une lettre à Houël du 15 décembre 1871, qui montre que c'est la lecture du mémoire de Flye Sainte-Marie qui lui donna l'idée décisive:

> Hier par hasard, j'ai repris ce livre pour me distraire, ne me sentant plus capable d'un autre travail qu'une rêverie philosophique, et je crois avoir constaté qu'il me fournit précisément les résultats de calcul qui me sont nécessaires pour prouver définitivement l'indémontrabilité de l'axiome XI dans le plan et dans l'espace, résultats devant la recherche desquels je reculais depuis un an et demi. Vous devez vous rappeler que je vous avais annoncé l'idée. Mais il fallait un calculateur comme M. Flye pour la féconder. Maintenant je crois qu'il me suffit de deux pages pour en finir avec la question. Vous me direz que j'aurais mieux fait de vous envoyer ces deux pages-là que celles que j'écris en ce moment. Mais je ne suis pas fixé sur la forme à donner à cela. Je tiens en tout cas à bien faire ressortir le mérite de M. Flye, puisque sans lui mes idées fussent restées à l'état embryonnaire [...]. (AAS, *Dossier Houël*)

25 Gray (1989, p. 149).

Dans l'exposition de son interprétation, De Tilly se contente d'énoncer sans démonstration les principaux résultats:

> Voici comment nous pensons pouvoir présenter l'interprétation réelle de tous les résultats de la Géométrie abstraite, en nous servant des calculs de M. Flye Sainte-Marie.
> Plaçons-nous dans la Géométrie ordinaire, et rapportons tous les points de l'espace à un système de trois axes rectangulaires Ox, Oy, Oz. La distance de deux points infiniment voisins (x,y,z), (x + dx,y + dy,z + dz) étant alors $ds = \sqrt{dx^2 + dy^2 + dz^2}$, appelons *pseudo-distance* de ces deux mêmes points la quantité $d\sigma = \sqrt{(dx^2 + dy^2)\, e^{\frac{2z}{k}} + dz^2}$, k étant un paramètre arbitraire. De même que la longueur d'une ligne entre deux points est l'intégrale de *ds* entre des limites déterminées par les coordonnées de ces points, la pseudo-longueur de cette même ligne sera l'intégrale de $d\sigma$ entre les mêmes limites.
> Appelons encore pseudo-droites les lignes ayant pour équations
>
> $$y = mx+n, \quad (m^2 + 1)(x - P)(x - Q) = - k^2 e^{\frac{-2z}{k}};$$
>
> pseudo-plans les surfaces ayant pour équation $x^2+y^2+Ax+By+C = - k^2 e^{\frac{-2z}{k}}$.
> De ces définitions nous déduisons immédiatement par l'analyse les conséquences suivantes:
> Par deux points quelconques de l'espace, on peut faire passer une, et une seule, pseudo-droite.
> Par trois points quelconques de l'espace non situés sur une même pseudo-droite, on peut faire passer un, et un seul, pseudo-plan.
> Toute pseudo-droite qui a deux points dans un pseudo-plan s'y trouve tout entière.
> Ainsi que les théorèmes qui résultent de ces trois énoncés, considérons deux pseudo-droites partant du point A, et sur ces deux pseudo-droites deux points B et C. Menons la pseudo-droite BC et soient ka, kb, kc les pseudo-longueurs des trois côtés du triangle curviligne ABC. Posons
>
> $$(1) \qquad \cos\alpha = \frac{\mathrm{Ch}\, b\, \mathrm{Ch}\, c - \mathrm{Ch}\, a}{\mathrm{Sh}\, b\, \mathrm{Sh}\, c}$$
>
> et appelons α le pseudo-angle des deux pseudo-droites données. On peut s'assurer par l'analyse que ce pseudo-angle ne change pas lorsqu'on change la position des points B et C sur les pseudo-droites AB et AC. Or, la formule (1) donne, par l'échange progressif des six lettres, toutes les relations nécessaires pour calculer trois des six éléments (pseudo-côtés et pseudo-angles) d'un triangle en fonction des trois autres, et la question est déterminée dans le même cas que pour les triangles rectilignes, de sorte que les cas d'égalité des triangles pseudo-rectilignes sont les mêmes que ceux des triangles rectilignes ordinaires; [...].

> Les considérations qui précèdent suffiraient au besoin pour établir toute la Géométrie dans ce nouvel ordre d'idées, en remplaçant les droites, plans, angles, aires, volumes par les pseudo-droites, ..., pseudo-volumes.
> En particulier, on démontrerait, d'après Euclide, que la pseudo-droite est la plus courte pseudo-longueur entre deux points, ce que l'on pourrait faire aussi par le calcul intégral, d'après M. Flye Sainte-Marie. (1872, pp. 134-136)

De Tilly étudie encore les déplacements avant de conclure:

> On se trouve maintenant en possession, pour les pseudo-droites, ..., des mêmes principes que l'on admettait pour les droites, ..., antérieurement au *postulatum* d'Euclide. S'il existait donc une démonstration de ce *postulatum* (ou, ce qui revient au même, de la somme des angles d'un triangle rectiligne) basée uniquement sur lesdits principes, on pourrait la répéter pour un triangle pseudo-rectiligne et l'on démontrerait que dans un tel triangle la somme des trois pseudo-angles vaut deux angles droits, ce qui n'est pas exact. [...]
> Cette interprétation toute géométrique et réelle des formules non-euclidiennes se distingue surtout de celles qui l'ont précédée par cette circonstance: que l'impossibilité de trouver une contradiction dans le système non-euclidien doit se manifester, si elle existe, après un nombre *limité* de calculs déterminés. En effet, si ceux que nous avons indiqués plus haut réussissent (et l'on n'en saurait douter après avoir lu le livre de M. Flye Sainte-Marie), à toute contradiction ultérieure dans la Géométrie imaginaire correspondrait une contradiction dans la Géométrie réelle. (*ibidem*, p. 137)

De Tilly expose sa méthode de façon remarquablement claire. Il s'agit d'abord d'établir un «dictionnaire»[26] mettant en correspondance un ensemble A de termes non euclidiens avec un ensemble B de termes euclidiens. Il faut ensuite vérifier que les éléments de B satisfont aux axiomes de la géométrie non euclidienne. De Tilly se contente d'affirmer que les calculs sont possibles et son travail est insuffisant sur ce point. Il est en revanche conscient qu'il ne suffit pas de vérifier que par deux points passe une et une seule pseudo-droite. Il y a d'autres propriétés à examiner, notamment les cas d'égalité des triangles. On voit apparaître ici une ébauche d'une liste d'axiomes. Il faut insister sur le caractère extrêmement moderne pour l'époque de la démarche de De Tilly. Nous la retrouverons chez Poincaré, mais seulement une vingtaine d'années plus tard.

26 C'est le terme utilisé plus tard par Poincaré (cf. chapitre 15, § 2.2).

Il vaut la peine de représenter des pseudo-droites. Je rappelle que, dans le cas du plan, elles ont dans le système de coordonnées de Flye Sainte-Marie une équation de la forme suivante: $z = \frac{-k}{2} \ln \frac{(x-P)(Q-x)}{k^2}$ avec P < Q ou x = P si la droite est normale à l'horicycle de référence. Sur la figure ci-dessous[27], quatre pseudo-droites sont représentées en prenant la valeur k = 1. Les pseudo-droites d, e et f correspondent respectivement aux valeurs des constantes P et Q suivantes: – 4 et – 2, – 2 et 3, 0 et 4. Ces constantes sont bien les abscisses limites des points de ces pseudo-droites comme je l'ai montré au § 2 du chapitre 7. La pseudo-droite g a comme équation x = – 0.5; c'est une normale à l'horicycle de référence; celui-ci est représenté par l'axe horizontal z = 0. Par le point P passent les pseudo-droites e et f qui ne coupent pas d; de même, les pseudo-droites e et g passent par Q et ne coupent pas d. Le postulatum n'est donc pas vérifié. Les pseudo-droites d et e sont parallèles alors que d et f ou d et g sont divergentes. De Tilly ne semble pas avoir vu qu'il suffit de dessiner des pseudo-droites pour constater qu'elles ne satisfont pas au postulatum et qu'il n'est pas nécessaire de calculer la somme des angles d'un triangle.

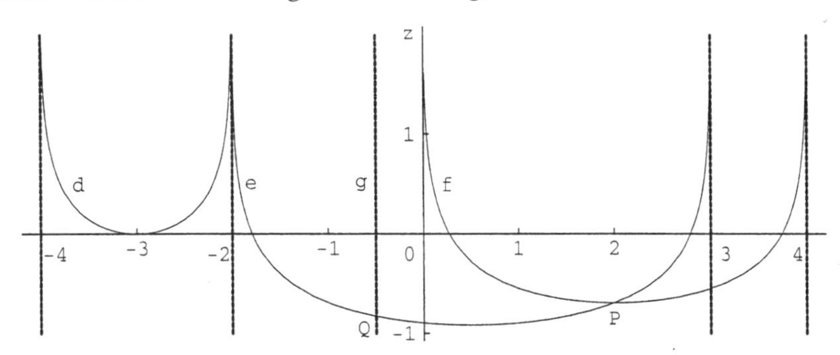

La fin du compte rendu contient quelques remarques dignes d'attention, qui montrent que l'analyse du rôle du postulatum n'est qu'une étape sur le chemin d'une refonte complète des fondements de la géométrie:

27 Cette figure a été réalisée par M. Robert Cabessa à l'aide du logiciel *Mathematica*.

> Dans toute la théorie de l'axiome XI d'Euclide qui précède, on admet sans discussion les principes antérieurs, mais une autre partie de la Géométrie philosophique consiste dans l'examen de ces principes, l'étude de leur origine, et leur réduction au moindre nombre possible. Cette partie, malgré de nombreux et remarquables travaux, est moins avancée que celle qui se rapporte au *postulatum*. (*ibidem*, pp. 137-138)

De Tilly fait allusion ici à ses préoccupations personnelles du moment. Elles connaîtront leur aboutissement quelques années plus tard dans son *Essai sur les principes fondamentaux de la géométrie et de la mécanique* (1879).

L'interprétation de De Tilly est aujourd'hui oubliée. Elle a cependant connu à l'époque une certaine audience. Genocchi, Darboux et Beltrami ont fait des commentaires à son propos. Dans la *Lettre à M. Quetelet* Genocchi formule notamment l'objection suivante:

> Comment donc écarter la possibilité de démontrer, pour la droite et pour le plan, des propositions qu'on ne pourra pas démontrer pour la pseudodroite et le pseudoplan? La forme et les propriétés de ces lieux géométriques sont trop différentes de celles de la vraie droite et du vrai plan, pour qu'il soit permis de conclure des unes aux autres. (1873, p. 189)

Genocchi considère que nous avons une connaissance de la droite ou du plan qui dépasse l'énoncé de leurs propriétés. Il ne suffit pas que des termes entretiennent les mêmes relations logiques pour qu'on puisse les identifier. Par contraste, le point de vue de De Tilly paraît presque formaliste.

Pour des raisons inconnues, Darboux ne semble guère avoir apprécié les idées de De Tilly. Dans une lettre à Houël du 18 avril 1872, il écrit:

> C'est bien assez de cet abominable de Tilly qui a rempli une page avec des pseudo longueurs pseudo aires pseudo droites pseudovolumes pseudoplans. Ne vous laissez donc pas intimider. Klein est fort, de Tilly ne l'est guère, Beltrami l'est. Mais dans l'intérêt même de la Géométrie abstraite, modérez de Tilly (sur ce sujet). (AAS, *Dossier Darboux*)

Dans une lettre à Houël du 8 octobre 1873, Beltrami parle aussi de l'interprétation de De Tilly:

> M. De Tilly vient de m'adresser plusieurs brochures, dont une est relative aux controverses suscitées par M. Genocchi, qu'il résout de la manière la plus natu-

> relle, excepté (à mon avis) lorsqu'il invoque les *pseudo-droites* et les *pseudo-plans* de M. Flye de Ste-Marie. Ne vous semble-t-il pas que les variables, *géodésiques linéaires* dont j'ai fait usage dans les deux Mémoires que vous m'avez fait l'honneur de traduire, conduisent au but de manière beaucoup plus naturelle? (AAS, *Dossier Beltrami* et Boi, Giacardi et Tazzioli, 1998, pp. 174-175)

Ces propos, rapportés par Houël dans une lettre à De Tilly du 22 octobre 1873[28], ont fait l'objet d'un commentaire de la part de ce dernier:

> Que la forme de l'élément linéaire donnée par M. Flye Sainte-Marie coïncide avec l'équation (21') de M. Beltrami, c'est incontestable.
> Que la preuve de l'impossibilité de démontrer le postulatum d'Euclide soit déjà contenue *implicitement* dans les deux Mémoires de M. Beltrami et même dans des travaux antérieurs aux siens, je l'accorde aussi.
> Mais d'abord je doute que la méthode de M. Beltrami puisse être appelée *plus simple et plus naturelle*, même en la réduisant au strict nécessaire. En admettant toutefois qu'elle remplacerait avantageusement celle de M. Flye-Sainte-Marie, il resterait, pour faire la preuve *explicite* et complète de l'impossibilité en question, à donner une interprétation réelle des résultats dans la Géométrie ordinaire et à faire voir que dans cette représentation réelle, la proposition qui correspondrait au postulatum est fausse. C'est ce que vous avez fait pour les deux dimensions, en suivant les indications de M. Beltrami lui-même (premier Mémoire).
> Mais pour les trois dimensions, ce géomètre dit: (second mémoire, p. 26) «Il faut seulement observer que, tandis que les conceptions de la planimétrie reçoivent une interprétation vraie et propre, puisqu'elles sont *constructibles* sur une surface *réelle*, celles, au contraire, qui embrassent trois dimensions ne sont susceptibles que d'une représentation analytique puisque l'espace dans lequel une telle représentation pourrait se réaliser est différent de celui auquel on applique généralement le nom d'espace.»
> Or, cette représentation géométrique réelle, que l'illustre géomètre italien considère comme impossible, elle est faite dans ma méthode des pseudo-distances et des pseudo-droites, moyennant un système convenable de déformation des lignes, lorsque celles-ci se meuvent, mais sans être obligé de considérer un autre espace que celui de la Géométrie ordinaire. La seule chose admissible, c'est donc que j'aurais pu prendre la forme de mes équations dans Beltrami, au lieu de les prendre dans Flye-Sainte-Marie, pour les interpréter ensuite de la même manière, mais ce qui prouve que cela n'était ni plus simple, ni plus naturel, c'est que j'avais déjà échoué avec le premier lorsque j'ai réussi avec le second. Il est vrai que je n'ai jamais pu faire de cette question une étude assidue, mais il en était de même pour les deux méthodes. Et combien n'y a-t-

28 (AAS, *Dossier Houël*).

il de géomètres qui seront dans le même cas, qui pourront lire mon explication, la comprendre à première vue et se convertir à nos idées, tandis qu'ils n'auront jamais le temps ou l'occasion d'étudier les profondes recherches de Beltrami? (Lettre de De Tilly à Houël du 16 novembre 1873, AAS, *Dossier Houël*)

L'utilisation, dans le deuxième paragraphe, de l'adverbe «implicitement» confirme que l'indémontrabilité du postulatum n'est pas apparue comme immédiate après la publication des travaux de Beltrami. Les deux paragraphes suivants montrent encore une fois que c'est l'absence d'une interprétation réelle à trois dimensions qui a permis à certains de croire à la possibilité d'une démonstration du postulatum par un raisonnement spatial. Dans le dernier paragraphe, De Tilly défend une conception de la réalité plus large que celle de Beltrami. Dans la mesure où les pseudo-droites et pseudo-plans peuvent être représentés par des figures de l'espace euclidien, il considère que son interprétation est réelle. Il ne lui importe pas que la métrique soit induite par la métrique euclidienne. Remarquons enfin le terme «convertir» dans la dernière phrase; il est caractéristique du climat de l'époque; la géométrie non euclidienne provoque des réactions d'enthousiasme chez les uns et de rejet chez les autres. Chacun est amené à choisir son camp.

Chapitre 10

Cayley et Klein

La parution de l'article de Felix Klein *Über die sogenannte Nicht-Euklidische Geometrie* (1871b) constitue une nouvelle étape importante dans l'histoire de la géométrie non euclidienne. Klein retrouve d'une autre façon l'interprétation de Beltrami et découvre la géométrie elliptique. Il situe ces différentes géométries dans le cadre général de la géométrie projective. Les raisonnements de Klein accordent une place essentielle à la notion de groupe de déplacements et sont à l'origine des idées qui seront développées dans le *Programme d'Erlangen* (1872). Avant d'examiner l'article de Klein, il est nécessaire d'analyser le travail qui en est à l'origine: le *Sixth Memoir upon Quantics* d'Arthur Cayley (1859).

§ 1 Les métriques projectives de Cayley

Cayley a rédigé une série de dix mémoires traitant des «quantics». Un «quantic» est un polynôme homogène à n variables. Nous rencontrerons ici uniquement des «quadriques binaires» ou «ternaires», c'est-à-dire des «quantics» à coefficients réels à deux ou trois variables de degré 2. Cayley utilise les notations suivantes pour les désigner:

$$(a,b,c)(x,y)^2 = ax^2 + 2bxy + cy^2 \text{ et}$$

$$(a,b,c,f,g,h)(x,y,z)^2 = ax^2 + by^2 + cz^2 + 2fyz + 2gxz + 2hxy.$$

La définition des métriques projectives apparaît à la fin du sixième de ces mémoires, mais plusieurs calculs préliminaires sont contenus dans le cinquième (1858). Il convient, avant de les présenter, de rappeler quelques propriétés de l'involution de six points. Cette notion remonte à Menelaüs et à Pappus, même si l'appellation est due à Desargues[1]. Je

1 Cf. Dahan-Dalmedico et Peiffer (1986, p. 130).

la présenterai à partir de l'*Aperçu historique* de Chasles (1837)[2]. Ce mathématicien est en effet cité par Cayley[3] et la Note X de son livre est consacrée à ce sujet. Commençons par la définition:

> Quand six points, situés en ligne droite, et se correspondant deux à deux, tels que A et A′, B et B′, C et C′, font entre eux de tels segments que l'on ait la relation
>
> $$\frac{CA \cdot CA'}{CB \cdot CB'} = \frac{C'A \cdot C'A'}{C'B \cdot C'B'}$$
>
> on dit que les six points sont en *involution*, et les points qui se correspondent sont dits *conjugués*. (Chasles, 1837-1989, p. 309)

Dans le cas où deux points conjugués sont confondus, on parle de «point double». Soient quatre points A, A′, B, B′. Chasles démontre qu'il existe deux points doubles E et F en involution avec A et A′, B et B′. Ces points ont la propriété d'être conjugués harmoniques par rapport aux couples de points A et A′, B et B′ ainsi que par rapport à tous les couples de points C et C′ en involution avec A et A′, B et B′. Si B et B′ sont situés tous deux à l'intérieur ou à l'extérieur du segment AA′, les points E et F sont réels; dans le cas contraire, ils sont imaginaires.

Ces résultats sont repris de manière algébrique par Cayley dans le cinquième mémoire. Soient $U = (a,b,c)(x,y)^2$ et $U' = (a',b',c')(x,y)^2$ deux quadriques dont les racines sont distinctes; les quantités $b^2 - ac$ et $b'^2 - a'c'$ sont donc non nulles. Ces quadriques se décomposent en $a(x - \alpha y)(x - \beta y)$ et $a'(x - \alpha' y')(x - \beta' y)$. L'équation $U = 0$ représente les points de la droite projective de coordonnées homogènes $(\alpha,1)$ et $(\beta,1)$; l'équation $U' = 0$ représente les points $(\alpha',1)$ et $(\beta',1)$. Les deux quadriques U et U′ sont dites «conjuguées» si l'on a $ac' - 2bb' + ca' = 0$. Les points représentés par les équations $U = 0$ et $U' = 0$ forment dans ce cas une division harmonique.

Si U″ est une troisième quadrique satisfaisant à une relation de la forme $\lambda U + \mu U' + \nu U'' = 0$, U, U′ et U″ sont dites «en involution». Parmi toutes les quadriques U″ satisfaisant à la relation précédente, il

2 Michel Chasles (1793-1880) étudia à l'Ecole polytechnique. Il enseigna ensuite dans cette école puis dès 1846 à la Sorbonne. Il est connu pour ses travaux en géométrie.

3 Cayley (1858-1889, p. 538).

en existe deux dont les racines sont confondues. Soient θ et θ' les racines doubles de ces deux quadriques. Un calcul simple montre que $(x - \theta y)(x - \theta' y)$ est conjuguée à U et U′. Les points $(\theta,1)$ et $(\theta',1)$ correspondent aux points E et F de Chasles; Cayley les appelle «points sibiconjugués» de l'involution déterminée par les quadriques U = 0 et U′ = 0.

Il appartiendra à Klein de mettre en évidence l'importance du concept d'application projective. Ce concept n'apparaît pas chez Cayley; il permet de formuler autrement les résultats précédents. Rappelons qu'une application projective est une bijection de la droite projective sur elle-même conservant le birapport de quatre points. Une application projective dont le carré est l'identité est une «involution». On démontre qu'une telle application admet deux points fixes réels ou imaginaires U et V; réciproquement, la donnée des deux points fixes détermine l'involution[4]. Un point A et son image A′ sont alors conjugués harmoniques relativement à U et V. On voit donc que si l'on se donne quatre points A, A′, B, B′, il existe une et une seule involution échangeant A et A′, respectivement B et B′. Les points fixes sont les points doubles E et F de l'involution déterminée par A, A′, B et B′.

Passons à l'analyse du *Sixth Memoir*. Il s'agit d'un texte difficile à saisir à la première lecture. Le fil conducteur est souvent malaisé à percevoir et certains calculs préliminaires ne prennent de sens qu'à la lumière des résultats finaux. Cayley ne donne aucune indication sur la genèse de ses idées. L'influence possible de Chasles sera discutée au § 2. Je ne suivrai pas systématiquement l'ordre du texte et je traiterai complètement le cas à une dimension avant de passer à celui à deux dimensions. Dans son adaptation du *Treatise on Conic Sections* du mathématicien irlandais Georg Salmon (1866), Wilhelm Fiedler expose la théorie de Cayley en donnant quelques explications utiles. Nous verrons que c'est grâce à cet ouvrage que Klein prit connaissance de cette théorie.

Dans la première partie de son mémoire, Cayley tire quelques conclusions des résultats exposés ci-dessus:

> La précédente théorie du rapport harmonique montre que si nous avons une paire de points $(a,b,c)(x,y)^2 = 0$, l'équation de n'importe quelle autre paire de points peut être exprimée, et ceci de deux manières, sous la forme

4 Cf. p. ex. Rédei (1968, pp. 249-251).

$$(a,b,c)(x,y)^2 + (lx+my)^2 = 0;$$

les points ($lx + my = 0$) correspondant aux deux valeurs admissibles de la fonction linéaire sont en fait les conjugués harmoniques de la paire de points relativement à la paire de points donnée $(a,b,c)(x,y)^2 = 0$, ou, ce qui revient au même, les points sibiconjugués de l'involution déterminée par les deux paires de points (voir cinquième mémoire, n° 105). La paire de points représentée par l'équation en question n'a pas de relation particulière avec la paire de points donnée $(a,b,c)(x,y)^2 = 0$; mais quand elle est ainsi représentée, elle est dite inscrite dans la paire de points donnée, et le point $lx + my = 0$ est appelé l'axe de l'inscription. Et le conjugué harmonique de ce point relativement à la paire de points donnée (c'est-à-dire l'autre point sibiconjugué de l'involution des deux paires de points) est appelé centre de l'inscription. (1859-1889, p. 568)

En effet, soient $U = (a,b,c)(x,y)^2 = 0$ l'équation du couple de points fixés, $U' = (a',b',c')(x,y)^2 = 0$ l'équation du couple de points variables. Soit $U'' = (x-\theta y)^2 = 0$ l'équation de l'un des points sibiconjugués de l'involution déterminée par U et U'. Il existe une relation de la forme $\lambda U + \mu U' + \nu U'' = 0$. L'équation $U' = 0$ peut donc être mise sous la forme $\lambda U + \nu U'' = 0$ ou sous la forme donnée par Cayley: $(a,b,c)(x,y)^2 + (lx+my)^2 = 0$.

Cayley réécrit ensuite de deux manières différentes l'équation d'une paire de points inscrits:

Nous pouvons, si nous le voulons, (x',y') et θ étant constants, mettre l'équation de la paire de points sous la forme

$$(a,b,c)(x,y)^2\ (a,b,c)(x',y')^2 \sin^2\theta - (ac - b^2)(xy' - x'y)^2 = 0,$$

où nous avons comme axe d'inscription et centre d'inscription respectivement, les équations $xy' - x'y = 0$, $(a,b,c)(x,y)(x',y') = 0$; ou, sous une forme équivalente,

$$(a,b,c)(x,y)^2\ (a,b,c)(x',y')^2 \cos^2\theta - \{(a,b,c)(x,y)(x',y')\}^2 = 0,$$

où nous avons comme axe d'inscription et centre d'inscription respectivement, les équations $(a,b,c)(x,y)(x',y') = 0$, $xy' - x'y = 0$. L'équivalence des deux formes dépend de l'identité

$$(a,b,c)(x,y)^2\ (a,b,c)(x',y')^2 - \{(a,b,c)(x,y)(x',y')\}^2 = (ac - b^2)(xy' - x'y)^2,$$

[...] (*ibidem*, pp. 568-569)

Voici quelques explications sur ce calcul. L'équation d'un point (x',y') peut être mise sous la forme $(xy' - x'y)^2 = 0$. En supposant que ce point est l'axe de l'inscription, l'équation $(a,b,c)(x,y)^2 + (lx + my)^2 = 0$

devient $(a,b,c)(x,y)^2 + (xy'-x'y)^2 = 0$. En prenant θ tel que $(a,b,c)(x',y')^2 \sin^2\theta = b^2 - ac$, l'équation de la paire de points inscrite prend la forme indiquée par Cayley. Si le rapport $\frac{b^2 - ac}{(a,b,c)\,(x',\,y')^2}$ est négatif ou supérieur à 1, θ est imaginaire. Si (x',y') est l'axe de l'inscription, le centre de l'inscription est le conjugué de (x',y') relativement à la paire $(a,b,c)(x,y)^2 = 0$ et son équation est $(a,b,c)(x,y,)(x',y') = 0$. On ne voit pas pourquoi Cayley inverse l'axe et le centre entre la première et la seconde équation; ceci n'a d'ailleurs guère d'importance puisque chacun des points peut être considéré comme axe ou comme centre. Cayley ne donne aucune explication sur la raison d'être de ces transformations et sur la nécessité d'introduire une constante de la forme sinθ ou cosθ. Celle-ci apparaîtra plus loin. Nous verrons que θ représente la distance projective du centre de l'inscription à l'un des deux points inscrits.

Soient (x,y), (x',y') et (x'',y'') trois points ne satisfaisant pas à l'équation $(a,b,c)(x,y)^2 = 0$. Introduisons, comme Cayley, les notations suivantes: $(a,b,c)(x,y)^2 = 00$, $(a,b,c)(x,y)(x',y') = axx' + bxy' + bx'y + cyy' = 01 = 10$, etc...

On a: $$\begin{pmatrix} x & y & 0 \\ x' & y' & 0 \\ x'' & y'' & 0 \end{pmatrix} \begin{pmatrix} a & b & 0 \\ b & c & 0 \\ 0 & 0 & 1 \end{pmatrix} \begin{pmatrix} x & x' & x'' \\ y & y' & y'' \\ 0 & 0 & 0 \end{pmatrix} = \begin{pmatrix} 00 & 01 & 02 \\ 10 & 11 & 12 \\ 20 & 21 & 22 \end{pmatrix}.$$

Le déterminant $\begin{vmatrix} 00 & 01 & 02 \\ 10 & 11 & 12 \\ 20 & 21 & 22 \end{vmatrix}$ est donc nul. Cayley affirme que cette égalité peut être écrite sous la forme

$$\cos^{-1}\frac{01}{\sqrt{00}\,\sqrt{11}} + \cos^{-1}\frac{12}{\sqrt{11}\,\sqrt{22}} = \cos^{-1}\frac{02}{\sqrt{00}\,\sqrt{22}}$$

et que la vérification est aisée. Le passage entre les deux égalités n'est cependant pas immédiat et mérite des explications; elles sont données par Fiedler[5].

5 Fiedler (1866, vol. 2, pp. 488-489). Il note S, S', S'', P, P' et P'' les six quantités 00, 11, 22, 01, 02 et 12. On a: $= \begin{vmatrix} S & P & P' \\ P & S' & P'' \\ P' & P'' & S'' \end{vmatrix} = 0 \Leftrightarrow SS'S'' + 2PP'P'' - SP''^2 - S'P'^2 - S''P^2 = 0$. Comme S, S' et S'' ne sont pas nulles, on peut diviser la dernière égalité

Passons à la définition de la distance:

> 209. Imaginons sur la ligne [...] une paire de points que j'appelle l'Absolu. Une paire de points quelconque peut être considérée comme inscrite dans l'Absolu, le centre et l'axe de l'inscription étant les points sibiconjugués de l'involution formée par les points de la paire de points donnée et par les points de l'Absolu; le centre et l'axe de l'inscription, c'est-à-dire les points sibiconjugués, sont conjugués harmoniques relativement à l'Absolu. Une paire de points considérée comme inscrite dans l'Absolu est appelée [...] un *cercle*; le centre d'inscription et l'axe d'inscription sont appelés le centre et l'axe. Chacun des deux points sibiconjugués peut être considéré comme le centre, mais, une fois le choix effectué, il faut s'y tenir. Il convient de noter que, étant donné le centre et un point du cercle, l'autre point du cercle est déterminé d'une manière unique. En fait, l'axe est le conjugué harmonique du centre relativement à l'Absolu, et l'autre point est le conjugué harmonique du point donné relativement au centre et à l'axe.
>
> 210. Comme définition, nous disons que deux points d'un cercle sont équidistants du centre. [...] (*ibidem*, p. 583)

En utilisant le concept de transformation, on peut dire que la distance doit être un invariant d'une certaine classe de transformations projectives: les involutions échangeant les deux points de la quadrique fondamentale $(a,b,c)(x,y)^2 = 0$, appelée «absolu». Etant donné deux points A et P, le «symétrique» de A par rapport à P est l'image de A par l'involution laissant fixe P et échangeant les deux points de l'absolu. Ces involutions constituent la classe des transformations «impropres» laissant fixe l'absolu. Klein commencera au contraire par étudier les transformations «propres», c'est-à-dire celles qui laissent fixe chacun des deux points de l'absolu. Cayley poursuit:

> 211. Afin de montrer comment la définition précédente conduit à une expression analytique de la distance de deux points à partir de leurs coordonnées, prenons $(a,b,c)(x,y)^2 = 0$ comme équation de l'Absolu. L'équation d'un cercle de centre (x',y') est
>
> $$(a,b,c)(x,y)^2\,(a,b,c)(x',y')^2\cos^2\theta - \{(a,b,c)(x,y)(x',y')\}^2 = 0;$$

---

par SS′S″; en tenant compte des égalités $SS'\cos^2\theta = P^2$, $SS''\cos^2\theta'' = P'^2$ et $S'S''\cos^2\theta' = P''^2$, on obtient: $1 - \cos^2\theta - \cos^2\theta' - \cos^2\theta'' + 2\cos\theta\cos\theta'\cos\theta'' = 0 \Leftrightarrow (\cos\theta\cos\theta' - \cos\theta'')^2 = (1-\cos^2\theta)(1-\cos^2\theta') \Leftrightarrow \cos(\theta + \theta') = \cos\theta'' \Leftrightarrow \theta + \theta' = \theta'' \Leftrightarrow$

$$\arc\cos\frac{P}{\sqrt{SS'}} + \arc\cos\frac{P''}{\sqrt{S'S''}} = \arc\cos\frac{P'}{\sqrt{SS''}}$$

et par conséquent, si (x,y), (x″,y″) sont deux points du cercle, alors

$$\frac{(a,b,c)\,(x,y)\,(x',\,y')}{\sqrt{(a,b,c)\,(x,y)^2}\,\sqrt{(a,b,c)\,(x',y')^2}} = \frac{(a,b,c)\,(x',y')\,(x'',\,y'')}{\sqrt{(a,b,c)\,(x',y')^2}\,\sqrt{(a,b,c)\,(x'',y'')^2}}$$

une équation qui exprime que les points (x″,y″) et (x,y) sont équidistants du point (x′,y′). Il est clair que la distance des points (x,y) et (x′,y′) doit être une fonction de

$$\frac{(a,b,c)\,(x,y)\,(x',\,y')}{\sqrt{(a,b,c)\,(x,y)^2}\,\sqrt{(a,b,c)\,(x',y')^2}}$$

et la forme de la fonction est déterminée par la propriétés susmentionnée, i. e que si P, P′, P″ sont trois points quelconques pris dans cet ordre, alors

Dist. (P,P′) + Dist. (P′,P″) = Dist. (P,P″).

Ceci conduit à la conclusion que la distance des points (x,y), (x′,y′) est égale à un multiple de l'arc ayant pour cosinus la dernière expression mentionnée [...]; et nous pouvons supposer en général que la distance est égale à l'arc en question, i. e. que la distance est

$$\cos^{-1}\frac{(a,b,c)\,(x,y)\,(x',\,y')}{\sqrt{(a,b,c)\,(x,y)^2}\,\sqrt{(a,b,c)\,(x',y')^2}},$$

ou, ce qui revient au même,

$$\sin^{-1}\frac{\sqrt{ac-b^2}\,(xy'-x'\,y)}{\sqrt{(a,b,c)\,(x,y)^2}\,\sqrt{(a,b,c)\,(x',y')^2}}$$

Il s'ensuit que les deux formes

$$(a,b,c)(x,y)^2\,(a,b,c)(x',y')^2\cos^2\theta - \{(a,b,c)(x,y)(x',y')\}^2 = 0$$

$$(a,b,c)(x,y)^2\,(a,b,c)(x',y')^2\sin^2\theta - (ac-b^2)(xy'-x'y)^2 = 0,$$

de l'équation d'un cercle expriment que les distances des deux points au centre sont respectivement égales à θ; ou, si nous voulons, que θ est le rayon du cercle. (*ibidem*, pp. 584-585)

L'égalité

$$\cos^{-1}\frac{01}{\sqrt{00}\,\sqrt{11}} + \cos^{-1}\frac{12}{\sqrt{11}\,\sqrt{22}} = \cos^{-1}\frac{02}{\sqrt{00}\,\sqrt{22}}$$

montre que la distance est additive. Klein définira la distance comme logarithme d'un birapport; l'additivité apparaît alors immédiatement. Dans une note ajoutée à ses *Collected Mathematical Papers*, Cayley remarque que sur ce point la définition de Klein constitue une «grande amélioration» par rapport à la sienne[6]. Cayley s'arrête à la définition

6 (1889, vol. 2, p. 604).

de la distance et ne discute pas les différents cas, selon que l'absolu est formé de deux points réels ou imaginaires; ce sera le travail de Klein.

Reste le cas où l'absolu est formé d'un point double. Le déterminant $ac-b^2$ s'annule et il n'est plus possible d'utiliser l'expression de la distance donnée par la deuxième formule. Cayley recourt à un artifice afin de définir une distance:

> En ce qui concerne l'expression analytique, dans le cas en question $ac-b^2$ s'annule, ou la distance est égale à l'arc d'un sinus évanescent. En réduisant l'arc à son sinus et en omettant le facteur évanescent, nous avons une expression finie pour la distance. Supposons que l'équation de l'Absolu soit $(qx-py)^2 = 0$, ou, ce qui revient au même, soit (p,q) l'Absolu (considéré comme un seul point), nous trouvons alors comme distance des points (x,y) and (x′,y′) l'expression $\frac{xy' - x'y}{(qx - py)\,(qx' - py')}$ [...] (*ibidem*, p. 585)

Cayley ne fait aucun commentaire sur cette expression qui donne la métrique euclidienne si l'on prend comme absolu le point à l'infini (1,0).

Passons au cas à deux dimensions. Un point du plan projectif est déterminé par trois coordonnées homogènes x, y, z. De même, une droite est déterminée par trois coordonnées ξ, η et ζ. L'équation $\xi x + \eta y + \zeta z = 0$ représente donc l'ensemble des points de la droite (ξ,η,ζ) ou l'ensemble des droites passant par le point (x,y,z). L'équation d'une courbe du second degré est de la forme $U = (a,b,c,f,g,h)(x,y,z)^2 = 0$. Si cette courbe est non dégénérée, il est possible de donner son équation sous forme «tangentielle», c'est-à-dire de donner une équation satisfaite par les tangentes à la courbe[7]. Celle-ci est: $(\mathcal{A}, \mathcal{B}, \mathcal{C}, \mathcal{F}, \mathcal{G}, \mathcal{H})(\xi,\eta,\zeta)^2 = 0$ avec $\mathcal{A} = bc-f^2$, $\mathcal{B} = ca-g^2$, $\mathcal{C} = ab-h^2$, $\mathcal{F} = gh-af$, $\mathcal{G} = hf-bg$, $\mathcal{H} = fg-ch$.

Dans le cas à deux dimensions, l'absolu est constitué par une conique non dégénérée U = 0. La notion de couple de points inscrits dans l'absolu est remplacée par celle de conique inscrite:

> 203. En particulier, si U = 0 est l'équation d'une conique, et si P = 0, Q = 0 sont les équations de deux droites, alors $U+\lambda PQ = 0$ est l'équation d'une conique passant par les points d'intersection de la conique avec les deux droites; et si les

7 On pourra se référer à Klein (1928, p. 35).

> deux droites coïncident, alors $U+\lambda P^2 = 0$ est l'équation d'une conique ayant un double contact avec la conique U = 0 en ses points d'intersection avec la ligne P = 0. Une telle conique est dite inscrite dans la conique U = 0; la ligne P = 0 est l'axe d'inscription; cette ligne a le même pôle relativement à chacune des deux coniques, et le pôle est appelé le centre d'inscription; la relation entre les deux coniques est complètement déterminée en disant que les quatre points communs coïncident en des paires situées sur l'axe d'inscription, ou que les quatre tangentes communes coïncident en des paires passant par le centre d'inscription; [...] (*ibidem*, pp. 580-581)

Afin d'éclairer le texte de Cayley, j'ai représenté ci-dessous la situation dans le cas où la conique U = 0 et la conique inscrite Γ sont réelles; C est le pôle de P = 0 relativement aux deux courbes. Rappelons que si une droite coupe une courbe du deuxième degré en deux points A et B, le pôle de cette droite est le point d'intersection des tangentes à la courbe issues de A et B. Comme les courbes U = 0 et Γ ont des points d'intersection doubles, les tangentes aux courbes en ces points sont les mêmes. Soit encore une droite d issue de C et coupant la droite P = 0 en C′, la conique U = 0 en E et E′ et la conique Γ en F et F′. Par définition de la polaire, les points C et C′ sont conjugués harmoniques relativement à E et E′ et à F et F′. C et C′ sont donc les points sibiconjugués de l'involution déterminée par E, E′, F et F′; F et F′ forment un cercle de centre C et d'axe C′ au sens vu précédemment.

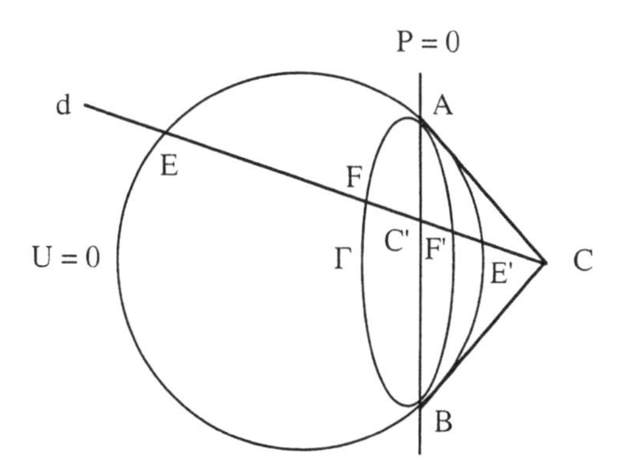

L'équation d'une conique inscrite se met sous une forme analogue à celle d'un couple de points inscrits:

205. Prenons (x′,y′,z′) comme coordonnées du centre de l'inscription; l'équation de l'axe de l'inscription est (a,b,c,f,g,h)(x,y,z)(x′,y′,z′) = 0; et nous pouvons, si nous voulons, mettre l'équation de la conique sous la forme

$$(a,\dots)(x,y,z)^2(a,\dots)(x',y',z')^2\cos^2\theta - \{(a,\dots)(x,y,z)(x',y',z')\}^2 = 0,$$

où θ est constant. Cette équation peut aussi être écrite sous la forme

$$(a,\dots)(x,y,z)^2(a,\dots)(x',y',z')^2\sin^2\theta \; - \; (\mathcal{A},\dots)(yz'\text{-}y'z,zx'\text{-}z'x,xy'\text{-}xy')^2 \; = \; 0;$$

les deux formes sont équivalentes en vertu de l'identité

$$(a,\dots)(x,y,z)^2(a,\dots)(x',y',z')^2 - \{(a,\dots)(x,y,z)(x',y',z')\}^2$$
$$= (\mathcal{A},\dots)(yz'\text{-}y'z,zx'\text{-}z'x,xy'\text{-}xy')^2.$$

(*ibidem*, p. 581)

Les coniques inscrites jouent le rôle des cercles et Cayley définit la distance de deux points (x,y,z) et (x′,y′,z′) d'une façon semblable au cas d'une dimension:

$$\cos^{-1}\frac{(a,\ \dots)\ (x,\ y,\ z)\ (x',\ y',\ z')}{\sqrt{(a,\ \dots)\ (x,\ y,\ z)^2}\ \sqrt{(a,\ \dots)\ (x',\ y',\ z')^2}}\ \text{ou}$$

$$\sin^{-1}\frac{\sqrt{(\mathcal{A},\ \dots)\ (yz' - y'\,z,\ zx' - z'\,x,\ xy' - x'\,y)^2}}{\sqrt{(a,\ \dots)\ (x,\ y,\ z)^2}\ \sqrt{(a,\ \dots)\ (x',\ y',\ z')^2}}$$

On montre que si P, P′ et P″ sont trois points alignés, on a dist. (P,P′) + dist. (P′,P″) = dist. (P,P″)[8].

8 Soient P(x,y,z), P′(x′,y′,z′) et P″(x″,y″,z″) les trois points. Posons comme avant $(a,b,c,f,g,h)(x,y,z)^2 = 00$, (a,b,c,f,g,h)(x,y,z)(x′,y′,z′) = 01 = 10, etc...

$$\text{On a: }\begin{pmatrix} x & y & z \\ x' & y' & z' \\ x'' & y'' & z'' \end{pmatrix}\begin{pmatrix} a & b & f \\ b & c & g \\ f & g & h \end{pmatrix}\begin{pmatrix} x & x' & x'' \\ y & y' & y'' \\ z & z' & z'' \end{pmatrix} = \begin{pmatrix} 00 & 01 & 02 \\ 10 & 11 & 12 \\ 20 & 21 & 22 \end{pmatrix}.$$

En notant K le déterminant de la matrice $\begin{pmatrix} a & b & f \\ b & c & g \\ f & g & h \end{pmatrix}$,

$$\text{on a: } K\begin{vmatrix} x & x' & x'' \\ y & y' & y'' \\ z & z' & z'' \end{vmatrix}^2 = \begin{vmatrix} 00 & 01 & 02 \\ 10 & 11 & 12 \\ 20 & 21 & 22 \end{vmatrix}.$$

Si les trois points sont alignés, $\begin{vmatrix} x & x' & x'' \\ y & y' & y'' \\ z & z' & z'' \end{vmatrix} = 0$ et $\begin{vmatrix} 00 & 01 & 02 \\ 10 & 11 & 12 \\ 20 & 21 & 22 \end{vmatrix} = 0$. Le calcul effectué dans le cas à une dimension montre que l'on a: dist. (P,P′) + dist. (P′,P″) = dist. (P,P″).

La dualité entre droites et points, caractéristique de la géométrie projective plane, permet à Cayley de donner des formules exprimant la «distance» de deux droites, c'est-à-dire leur angle, à partir de leurs coordonnées tangentielles. Il faut pour cela partir de l'équation de l'absolu en coordonnées tangentielles.

Cayley étudie encore le cas où l'absolu dégénère en un couple de points A et B. La droite AB est appelée «droite absolue» et peut être considérée comme une paire de droites confondues. Toute droite coupe AB en un point double et le même artifice qu'avant permet de définir une métrique. Cayley observe qu'en prenant les deux points (1,i,0) et (1,-i,0) on retrouve les relations métriques euclidiennes.

Comme dans le cas de la droite, Cayley ne discute pas les différentes possibilités, selon que l'absolu est une conique réelle ou imaginaire. Il étudie néanmoins le cas où l'absolu est la conique imaginaire d'équation $x^2 + y^2 + z^2 = 0$; la distance de deux points $P(x,y,z)$ et $P'(x',y',z')$ est alors égale à: $\arccos \dfrac{xx' + yy' + zz'}{\sqrt{x^2 + y^2 + z^2}\,\sqrt{x'^2 + y'^2 + z'^2}}$.

Les coordonnées homogènes d'un point étant définies à un facteur de proportionnalité près, on peut supposer sans restriction que $x^2 + y^2 + z^2 = 1$ et $x'^2 + y'^2 + z'^2 = 1$. Les points du plan projectif peuvent être ainsi identifiés aux points d'une demi-sphère[9] de rayon 1 centrée à l'origine; la distance projective de deux points P et P′ est égale à arc cos $(xx' + yy' + zz')$; c'est la distance des points correspondants sur la sphère. Il en va de même pour les droites; à toute droite projective correspond un demi-grand cercle sur la sphère et l'angle projectif de deux droites est égal à l'angle des demi-grands cercles correspondants. Ces observations sont importantes car elles ont peut être incité Klein à examiner plus en détail les interprétations des différentes métriques projectives; dans le cas où la conique est imaginaire, il obtiendra la métrique elliptique qui, comme le calcul précédent le montre, est identique à la métrique sphérique. Pour Cayley en revanche, l'essentiel est d'avoir réussi à établir la primauté de la géométrie projective, appelée ici «descriptive», sur la géométrie euclidienne:

9 Cayley ne signale pas qu'il faut se limiter à une demi-sphère si l'on veut avoir une correspondance bijective.

> [...]; car en fait la théorie est que les propriétés métriques d'une figure ne sont pas les propriétés de la figure considérée pour elle-même et en faisant abstraction de tout le reste, mais ses propriétés considérées en rapport avec une autre figure, à savoir la conique appelée l'Absolu. [...] La géométrie métrique est donc une part de la géométrie descriptive, et la géométrie descriptive est *toute* la géométrie, et réciproquement;. [...]. (*ibidem*, p. 592)

Parmi les mathématiciens de premier plan, Cayley est l'un des rares à avoir exprimé des considérations épistémologiques. Celles-ci apparaissent dans un discours prononcé devant la *British Association for the Advancement of Science* (1883). Cayley défend d'abord une conception platonicienne de la géométrie:

> Je dirais moi-même que les objets purement imaginaires sont les seules réalités, les ὄντωσ ὄντα[10], en regard desquels les objets physiques correspondants sont comme les ombres dans la caverne; c'est seulement par leur intermédiaire que nous sommes capables de nier l'existence d'un objet physique correspondant; s'il n'y a pas de conception de la rectitude [straightness], alors cela n'a pas de sens de nier l'existence d'une ligne parfaitement droite. (1883-1896, p. 433)

Il poursuit en exposant une conception kantienne de l'espace, opposée à celle de Riemann:

> Ma propre opinion est que le douzième axiome d'Euclide sous la forme de Playfair[11] n'a pas besoin de démonstration, mais fait partie de notre notion d'espace, de l'espace physique de notre expérience, c'est-à-dire de l'espace dont nous prenons connaissance par l'expérience, mais qui est la représentation située à la base de toute expérience externe. Je pense que l'opinion de Riemann présentée précédemment peut être formulée en disant que, ayant dans l'intellect une notion plus générale d'espace (en fait une notion d'espace non euclidien), nous apprenons par l'expérience que l'espace (l'espace physique de notre expérience) est, à défaut d'exactitude, du moins au plus haut degré d'approximation, l'espace euclidien. (*ibidem*, p. 435)

C'est bien le caractère anti-kantien de l'*Habilitationsvortrag* de Riemann qui frappe les contemporains. Ils retiennent surtout l'idée que le postulatum n'est pas une vérité absolue mais expérimentale.

10 Les choses qui sont réellement.

11 Cet axiome est donné par John Playfair dans un manuel de 1797. Je le cite dans la traduction de Pont: «Deux lignes droites qui se coupent ne peuvent être parallèles à une même droite» (Pont, 1984, p. 29).

§ 2 L'interprétation de Klein

J'ai montré au chapitre 5 que Battaglini avait déjà remarqué le lien entre les métriques projectives de Cayley et la géométrie non euclidienne. Ce fut aussi le cas de Beltrami. Dans une lettre à Houël du 29 juillet 1869, il écrit:

> Quant à des additions, j'en ai en vue deux. Je vous ai déjà parlé de l'une, qui consiste dans un essai de géométrie analytique de l'espace non-euclidien: je pourrai m'en occuper aussitôt après mon arrivée à Venise, et je vous l'enverrai, pour que vous voyiez s'il en peut résulter quelque utilité pour votre but. La seconde serait plus importante, si je parvenais à lui donner une forme concrète, car elle n'existe jusqu'ici dans ma tête qu'à l'état de conception assez vague, quoique sans doute fondée dans le vrai. C'est la conjecture d'une étroite analogie, et peut-être identité, entre la géométrie pseudosphérique et la théorie de M. Cayley sur l'*origine analytique des rapports métriques*, à l'aide de la conique (ou de la quadrique) *absolue*. Je ne connaissais presque pas cette théorie, quand l'identité de certaines formes m'a vivement frappé. Seulement, comme la doctrine des invariants y joue un rôle assez considérable, et que je l'ai perdue de vue depuis quelques années, je veux maintenant m'y remettre par quelques études préliminaires, avant d'aborder la comparaison dont il s'agit. (AAS, *Dossier Beltrami* et Boi, Giacardi et Tazzioli, 1998, pp. 96-97)

Par la suite, Beltrami regrettera de s'être laissé «prévenir» par Klein[12]; c'est en effet à ce dernier qu'il appartiendra de mettre en pleine lumière la relation entre les deux théories. Klein a relaté dans ses *Vorlesungen über die Entwicklung der Mathematik im 19. Jahrhundert* les circonstances dans lesquelles il effectua cette découverte:

> En 1869, j'avais lu la théorie de Cayley dans la version de Fiedler des «Conics» de Salmon; là-dessus j'entendis pour la première fois parler de Bolyai et Lobatscheffski par Stolz[13], durant l'hiver 1869/70 à Berlin. Sur la base de ces indications je n'avais compris que très peu de choses, mais j'eus tout de suite l'idée qu'il devait y avoir là un rapport. En février 1870, je fis au séminaire de Weierstrass une conférence sur la métrique de Cayley; je conclus en me demandant s'il n'y avait pas là une correspondance avec Lobatscheffsky. On me répondit cependant que c'étaient des manières de penser tout à fait distinctes; en ce qui concerne les fondements de la géométrie, il fallait avant tout prendre

12 Lettre de Beltrami à Houël du 5 juillet 1872 (AAS, *Dossier Beltrami* et Boi, Giacardi et Tazzioli, 1998, p. 165).

13 Otto Stolz (1842-1905) fut professeur à Vienne et à Innsbruck.

> en considération la propriété de la droite d'être le plus court chemin entre deux points. Je me laissais impressionner par cette attitude de refus et mis de côté l'idée déjà aperçue [...].
> L'été 1871 me ramena [...] à Göttingen avec Stolz, dont j'évoque encore une fois le souvenir avec une reconnaissance particulière. Car comme avec Staudt, il m'a aussi rendu accessibles Lobatscheffsky et Bolyai, dont je n'avais moi-même jamais lu une ligne. C'était un logicien par excellence et, au cours de débats sans fin avec lui, l'idée que les géométries non euclidiennes étaient des parties de la géométrie projective au sens de Cayley se fit jour en moi en toute clarté; je l'imposai aussi à mon ami après une résistance opiniâtre. Je formulai cette idée dans une courte note parue dans les Nachrichten de Göttingen puis dans un premier mémoire *über die sog. nichteuklidischen Geometrie* paru en 1871 dans le volume 4 des Annales. (1926, pp. 151-152)

Klein connaissait à cette époque les travaux de Beltrami; il les cite en effet dans son article[14]; ils ne semblent cependant pas avoir eu une influence importante.

L'article de Klein est bien connu et sa matière a été par la suite intégrée aux *Vorlesungen über Nicht-Euklidische Geometrie*[15]. Mon analyse sera donc brève et cherchera avant tout à mettre en évidence les idées essentielles ainsi que les différences avec l'article de Cayley.

Klein indique d'abord le but de ses recherches:

> Les développements suivants sont relatifs à la Géométrie dite *non euclidienne* de Gauss, Lobatschewsky, Bolyai et aux considérations qui s'y rattachent, présentées par Riemann et Helmholtz sur les fondements de notre Géométrie. Nous ne poursuivrons pas toutefois les spéculations philosophiques qui ont conduit aux travaux en question; notre but est surtout de présenter *les résultats mathématiques de ces recherches en tant qu'ils se rapportent à la théorie des parallèles, sous une forme nouvelle et intuitive et de rendre claire et accessible à tous l'intelligence de cet ensemble de vérités.*
> La voie qui nous y conduira est la *Géométrie projective.* On peut, en effet, à l'exemple de Cayley, construire une métrique projective générale dans l'espace, relative à une surface du second degré choisie à volonté comme surface dite *fondamentale.* Cette détermination métrique projective fournit, suivant l'espèce de surface du second degré employée, une image pour les différentes théories des parallèles établies dans les travaux précités. Mais elle n'est pas seulement une image pour ces théories, elle en révèle en outre la nature intime. (1871b; traduction de L. Laugel, 1889, pp. 1-2)

14 Klein (1871b-1921, pp. 258-259).
15 Klein (1889 et 1928).

Klein affirme ici une intention pédagogique: il veut rendre compréhensibles des travaux difficiles. Dans le récit de sa découverte cité précédemment, il reconnaît lui-même avoir eu de la peine à comprendre les recherches de Bolyai et Lobatchevski. Comme chez Beltrami, la première fonction d'une interprétation n'est pas de résoudre un problème de non-contradiction mais d'éclaircir un statut ontologique problématique. L'utilisation dans la dernière phrase de l'expression «nature intime» est à cet égard significative. A l'instar de Beltrami, Klein donne l'impression de réduire la géométrie non euclidienne à son interprétation. Notons enfin que la nécessité de séparer les questions mathématiques et philosophiques est une préoccupation qui apparaît à plusieurs reprises dans les travaux de Klein[16].

Il poursuit en relevant ce qui le distingue de Cayley:

> Je commencerai par l'analyse rapide des théories des parallèles en question (paragraphe I). Je m'occuperai ensuite de la métrique de Cayley, que je développe simultanément et corrélativement avec les théories des parallèles des diverses espèces. Je suis d'autant plus volontiers entré dans des considérations détaillées que les recherches de Cayley sur ces sujets ne semblent pas suffisamment connues et, de plus, parce que son point de vue n'est pas le même que le mien. Pour Cayley, il s'agit de démontrer que la Géométrie métrique habituelle (euclidienne) peut être présentée comme un cas particulier de la Géométrie projective. Dans ce but il établit la métrique projective générale et montre alors que de ses formules procèdent les formules de la Géométrie métrique habituelle, lorsque la surface fondamentale dégénère en une section conique déterminée, le cercle imaginaire à l'infini. Dans notre étude, au contraire, il s'agit de présenter le plus clairement possible le *contenu géométrique* de la métrique générale de Cayley et de reconnaître non seulement comment celle-ci nous fournit par une particularisation convenablement choisie la Géométrie métrique euclidienne, mais encore et surtout qu'elle a tout à fait les mêmes relations avec les diverses Géométries métriques qui dérivent des diverses théories précitées des parallèles. (*ibidem*, p. 2)

A ces différences j'en ajouterai deux autres. La première est technique: Klein définit les métriques projectives de façon géométrique à partir de birapports. La seconde a trait à la présentation générale des exposés. Celui de Klein offre une remarquable mise en perspective, à la fois historique et mathématique. La théorie s'y trouve sous une forme

16 Un exemple extrait du *Programme d'Erlangen* a été cité au chapitre 2. Un autre exemple apparaît dans Klein (1873-1921, pp. 311-312).

achevée qui la rend facilement compréhensible. Il constitue encore maintenant une bonne introduction au sujet.

La question fondamentale posée par Klein au début de son article est la suivante: comment définir de la manière la plus générale possible une métrique? Afin d'y répondre, il se livre d'abord à une comparaison entre la mesure des longueurs et celle des angles; malgré certaines différences, elles jouissent toutes deux des propriétés fondamentales d'additivité et d'invariance par les déplacements. Ceci suggère qu'elles ne sont qu'un cas particulier d'une notion générale. Inversant l'ordre initial, Klein donne la première place à la notion de groupe de déplacements et envisage une métrique comme un invariant d'un tel groupe; on observe là une première application des principes explicités par la suite dans le *Programme d'Erlangen* (1872). Le cadre dans lequel Klein se situe étant celui de la géométrie projective, les déplacements seront des applications projectives. Dans le cas des «figures élémentaires à une dimension»[17], c'est-à-dire de la droite, du faisceau de droites dans le plan ou du faisceau de plans dans l'espace, il y a deux types fondamentaux de transformations et de groupes:

> 1° Celles où deux éléments (réels ou imaginaires) de la figure élémentaire restent fixes (cas général);
>
> 2° Celles où un seul élément (double) de la figure élémentaire reste fixe (cas particulier).
>
> Par conséquent, il n'y a de même que deux espèces essentiellement différentes de déterminations métriques projectives pour les figures élémentaires à une dimension: l'une, *générale*, qui fait usage des transformations de la première espèce; l'autre, *particulière*, qui fait usage de celles de la deuxième espèce.
> La détermination métrique habituelle pour le faisceau de rayons est de la première espèce. En effet, pendant une rotation du faisceau dans son plan autour de son centre, deux rayons distincts restent inaltérés. Ce sont ceux qui passent par les deux points circulaires imaginaires à l'infini.
> Au contraire, la métrique habituelle relative à la ligne droite est de la deuxième espèce. En effet, pour un déplacement de celle-ci sur elle-même, un seul de ses points, d'après l'hypothèse de la Géométrie parabolique ordinaire reste fixe: c'est le point à distance infinie. (*ibidem*, p. 12)

17 C'est la traduction proposée par Laugel pour «Grundgebild erster Stufe».

Le résultat mentionné dans l'avant-dernier paragraphe est démontré par Chasles dans son *Traité de géométrie supérieure*[18]. Les points circulaires imaginaires à l'infini sont les points du plan projectif complexe de coordonnées homogènes (1;i;0) et (1;-i;0). Ils ont la propriété d'appartenir à tous les cercles. Soit en effet $x^2 + y^2 + 2dxz + 2eyz + fz^2 = 0$ l'équation d'un cercle en coordonnées homogènes; on voit immédiatement que cette équation est satisfaite par ces deux points. Ces points ont été introduits pour la première fois par Poncelet[19]; nous les avons déjà rencontrés dans le *Sixth Memoir* de Cayley et le résultat de Chasles a pu inspirer ce dernier. L'idée d'utiliser ces points pour définir l'angle de deux droites apparaît pour la première fois dans un article de Laguerre[20] (1853). Considérons un angle de sommet A et de côtés d et d′, soient P et Q les points circulaires à l'infini. Laguerre affirme implicitement que l'angle Add′ est égal à $\frac{\log a}{2\sqrt{-1}}$ où a est le birapport des quatre droites d, d′, AP et AQ. Laguerre ne démontre pas ce résultat; il en souligne néanmoins l'importance en remarquant que «toute relation entre des angles est projective»[21]. Nous allons retrouver ce résultat chez Klein. Dans ses *Gesammelte Mathematische Abhandlungen*[22], il affirme qu'il ne connaissait pas l'article de Laguerre à l'époque de ses premières recherches en géométrie non euclidienne et qu'il a été redécouvert plus tard. On peut donc penser que Cayley aussi ignorait cet article.

Revenons à Klein. Il examine d'abord le cas «général». Le groupe d'applications projectives a deux éléments fixes; il peut s'agir de deux points fixes (cas de la droite projective), de deux droites ou de deux plans fixes (cas du faisceau). Reprenant la terminologie de Cayley, je dirai que ces deux éléments constituent «l'absolu» du groupe. En supposant que ces éléments ont comme coordonnées 0 et ∞, les applications sont de la forme $z' = \lambda z$. Un calcul simple montre que la

18 Chasles (1852, p. 447 et p. 461).
19 Poncelet (1822, p. 49).
20 Edmond Nicolas Laguerre (1834-1886) fut élève, puis professeur à l'Ecole Polytechnique.
21 Laguerre (1853-1905, p. 13).
22 Klein, *Gesammelte Mathematische Abhandlungen* (vol. 1, 1921, p. 242).

distance de deux éléments z et z′ doit être de la forme c log $\frac{z}{z'}$ où c est une constante. Or le quotient $\frac{z}{z'}$ n'est autre que le birapport (z,z′,0,∞), d'où la conclusion:

> *Par conséquent, dans notre détermination métrique la distance entre deux éléments de la figure élémentaire est égale au produit d'une certaine constante par le logarithme du rapport anharmonique formé par ces deux éléments et les deux éléments fondamentaux.* (*ibidem*, p. 16)

Partant de cette dernière définition, Klein démontre que si l'absolu a comme équation $\Omega = ax_1^2 + 2bx_1x_2 + cx_2^2 = 0$, la distance de deux éléments $x = (x_1,x_2)$ et $y = (y_1,y_2)$ est égale à

$$c \log \frac{\Omega_{xy} + \sqrt{\Omega_{xy}^2 - \Omega_{xx}\Omega_{yy}}}{\Omega_{xy} - \sqrt{\Omega_{xy}^2 - \Omega_{xx}\Omega_{yy}}}$$

avec $\Omega_{xx} = ax_1^2 + 2bx_1x_2 + cx_2^2$, $\Omega_{xy} = ax_1y_1 + b(x_1y_2 + x_2y_1) + cx_2y_2$ et $\Omega yy = ay_1^2 + 2by_1y_2 + cy_2^2$.
Les coefficients a, b et c sont implicitement supposés réels par Klein. Il considère en effet plus loin que l'absolu est formé de deux éléments réels ou imaginaires conjugués. L'expression de la distance peut encore se mettre sous la forme suivante:

$$2ic \arccos \frac{\Omega_{xy}}{\sqrt{\Omega_{xx}\Omega_{yy}}}$$

On reconnaît là l'expression obtenue par Cayley; la seule différence est l'introduction d'une constante de la forme 2ic.

Après avoir défini une métrique de manière générale, Klein examine les divers cas suivant que la figure élémentaire est une droite ou un faisceau et que les deux éléments O et O′ de l'absolu sont réels ou imaginaires conjugués. Cette discussion constitue la principale nouveauté par rapport à Cayley. Klein traite d'abord le cas de la droite. Si O et O′ sont réels, il faut choisir une constante c réelle pour que la distance de deux points réels non séparés par O et O′ soit réelle. La droite possède deux points à l'infini O et O′ et on a une métrique qualifiée d'«hyperbolique». Si O et O′ sont imaginaires conjugués, c doit être imaginaire de la forme c_1i afin que la distance de deux points réels soit réelle. Il n'y a pas de point à l'infini et on a une métrique «elliptique».

Il existe de même deux types de métriques pour le faisceau de droites. Klein écarte cependant le premier type car il ne correspond pas, selon lui, à notre intuition. Les deux droites réelles du faisceau constituant l'absolu forment en effet un angle infini avec chaque autre droite du faisceau. En choisissant comme absolu deux droites imaginaires conjuguées et une constante c de la forme $\frac{i}{2}$, la mesure d'un tour complet est égale à 2π. La mesure euclidienne des angles est donc de type elliptique. Klein redémontre à cette occasion le résultat de Laguerre.

Reste enfin le cas où l'absolu est formé d'un seul élément double. Klein recourt au même artifice que Cayley pour définir une métrique qualifiée de «parabolique».

A ce stade, l'essentiel du travail a été réalisé et la suite de l'article n'apporte pas d'éléments fondamentalement nouveaux; elle est consacrée à une généralisation des résultats obtenus ci-dessus. Dans le cas à deux dimensions, l'absolu est constitué d'une «conique fondamentale» non dégénérée:

> A cette conique fondamentale se rattache d'abord la détermination métrique de toutes les figures élémentaires à une dimension, qui appartiennent au plan, c'est-à-dire la détermination métrique relative à la droite et au faisceau de rayons dans le plan. Chaque droite coupe la conique fondamentale en deux points (réels, ou imaginaires, ou coïncidents). Ceux-ci seront les points fondamentaux pour la détermination métrique relative à cette droite. Parmi les rayons de chaque faisceau, il se trouve deux tangentes (réelles, ou imaginaires, ou coïncidentes) à la conique. Celles-ci seront prises comme rayons fondamentaux pour la détermination métrique relative au faisceau de rayons. (*ibidem*, p. 30)

Si la conique est imaginaire, le plan projectif est muni d'une métrique elliptique; il n'y a pas de points à l'infini et la droite est une ligne fermée de longueur finie. Dans le cas où la conique est réelle, l'intérieur de celle-ci est muni d'une métrique hyperbolique. Klein montre que l'on obtient ainsi une «image» du plan non euclidien. Les points de la conique correspondent aux points à l'infini du plan.

Dans le cas à trois dimensions, l'absolu est constitué d'une quadrique fondamentale. Si celle-ci est imaginaire, on obtient une métrique elliptique dans l'espace projectif. Si la quadrique est réelle et non réglée, son intérieur constitue une image de l'espace non euclidien.

Klein publia en 1873 un deuxième article consacré à la géométrie non euclidienne. Il complète le précédent et comporte deux parties. Dans la première, Klein met en évidence l'importance des groupes de déplacements pour caractériser une géométrie; c'est une ébauche du *Programme d'Erlangen*[23]. Dans la seconde, il reprend un point important qui avait été rapidement traité dans le premier article, à savoir que la géométrie projective est indépendante du postulatum. Cette indépendance est en effet nécessaire si l'on veut éviter un cercle vicieux dans la définition des métriques projectives. Plusieurs objections semblent avoir été élevées à ce propos. Dans ses *Vorlesungen über die Entwicklung der Mathematik im 19. Jahrhundert*, Klein écrit:

> Mais plus importante encore fut l'objection que je reçus du côté mathématique. Dans mon article paru dans le volume 4 des Annales je ne m'attendais pas aux difficultés logiques que le problème offrirait et j'avais commencé par un usage innocent de la géométrie métrique; c'est seulement à la fin que je mentionnais d'une manière succincte l'indépendance de la géométrie projective de toute métrique en renvoyant à Staudt. De plusieurs côtés on me fit le reproche d'un cercle vicieux. On ne saisissait pas la définition purement projective de Staudt du birapport comme nombre, et on s'en tenait fermement au fait que ce nombre n'était donné que comme birapport de quatre distances euclidiennes. (1926, p. 153)

Dans sa *Geometrie der Lage*[24], Staudt donne une définition projective du conjugué harmonique d'un point relativement à deux autres points; elle repose sur une construction et est indépendante de toute idée de mesure. Dans son article, Klein indique comment cette définition permet d'attribuer à chaque point d'une droite des cordonnées «projectives»[25]. Relevons enfin cette importante remarque:

> Les recherches en géométrie non euclidienne n'ont certainement pas pour but de décider de la validité de l'axiome des parallèles; elles concernent au contraire seulement la question de savoir si l'axiome des parallèles est une

23 Dans une note de ses *Gesammelte Mathematische Abhandlungen* (1921, vol. 1, p. 314), Klein explique que cet article parut après le *Programme d'Erlangen* mais fut rédigé avant.

24 Staudt (1847, p. 43).

25 Un exposé plus détaillé est donné dans les *Vorlesungen über nicht-euklidische Geometrie*, Klein (1928, pp. 153-163). On pourra aussi se référer à Efimov (1985, pp. 277-289).

> conséquence mathématique des autres axiomes énumérés par Euclide, une question à laquelle on peut, grâce aux recherches en question, répondre définitivement par la négative. (1873-1921, p. 312)

Pour Klein, l'indémontrabilité du postulatum apparaît comme un fait solidement établi. Comme nous le verrons dans la suite de ce livre, il faudra néanmoins attendre encore au moins deux décennies pour que cette opinion soit largement acceptée.

§ 3 Remarques sur l'histoire de la géométrie elliptique

Klein a donné avec la géométrie elliptique l'exemple d'une géométrie dans laquelle l'espace est à la fois fini et illimité. La première allusion à une forme d'espace finie apparaît dans l'*Habilitationsvortrag* de Riemann:

> La propriété de l'espace d'être illimité possède donc une plus grande certitude empirique qu'aucune autre donnée externe de l'expérience. Mais l'infinité de l'espace n'en est aucune manière la conséquence; au contraire, si l'on suppose les corps indépendants du lieu, et qu'ainsi l'on attribue à l'espace une mesure de courbure constante, l'espace serait nécessairement fini, dès que cette mesure de courbure aurait une valeur positive, si petite qu'elle fût. En prolongeant, suivant des lignes de plus courte distance, les directions initiales situées dans un élément superficiel, on obtiendrait une surface illimitée de mesure de courbure constante, c'est-à-dire une surface qui, dans une variété plane de trois dimensions, prendrait la forme d'une surface sphérique, et qui serait par conséquent finie. (1867, traduction de Houël, 1870-1968, pp. 295-296)

La géométrie de l'espace fini a donc été appelée par les contemporains «géométrie riemannienne». De nos jours, cette appellation désigne l'étude des variétés munies d'une métrique riemannienne. Certains commentateurs dont Klein ont affirmé qu'on ne peut dire si Riemann pensait à un espace sphérique ou à un espace elliptique[26]. La référence à une surface sphérique indique qu'il avait probablement en vue la première possibilité. C'est en tout cas ainsi qu'il fut compris par Beltrami et Helmholtz, qui n'envisagent qu'un seul type d'espace de

26 Klein (1890-1921, p. 363) et Klein (1928, p. 292).

courbure constante positive: l'espace sphérique[27]. Ceci n'est d'ailleurs pas étonnant puisque ce n'est qu'avec Klein qu'un autre exemple d'espace de courbure constante positive sera donné. Dans sa première présentation, Klein ne distingue pas clairement ce nouvel espace de l'espace sphérique:

> L'image de la partie planimétrique de la Géométrie elliptique est, comme on le voit immédiatement, la Géométrie sur la sphère ou, plus généralement, sur les surfaces de courbure constante positive. (1871a, traduction de Houël, p. 345)

Dans ses *Gesammelte Mathematische Abhandlungen*, Klein écrit à propos de ce texte:

> Il n'y a ici pas encore de distinction claire entre la géométrie sphérique et elliptique. (vol. 1, 1921, p. 247)

Des confusions ont subsisté pendant plusieurs années entre les deux espaces[28]. Il est en particulier difficile de dire combien de temps Klein lui-même mit pour faire la distinction. Dans un texte postérieur de deux ans il considère que la sphère n'est pas l'exemple le plus simple d'une variété de courbure positive constante mais que c'est le faisceau de droites[29]. Un faisceau constitue en effet une représentation du plan elliptique; les droites du faisceau correspondent à des points et l'angle de deux droites à la distance de deux points. Weierstrass semble avoir aussi eu d'abord de la peine à distinguer les deux géométries. Dans une lettre au mathématicien suédois Gösta Mittag-Leffler du 4 août 1900, Killing écrit:

> J'ai eu des conversations détaillées avec W. sur la géométrie de l'espace fini principalement en automne 1877, lorsque je lui expliquais que les indications de Klein-Newcomb d'un côté et celles de Helmholtz-Beltrami de l'autre étaient justifiées par le fait qu'il y a deux formes différentes d'espace fini (dans le sens que j'attachais encore à cette époque). Weierstrass adoptait à cette époque entièrement le point de vue de Beltrami, que Riemann a sans aucun doute aussi partagé. (Lettre citée par Hawkins, 1980, p. 325)

27 Beltrami (1868a, p. 287) et Helmholtz (1868-1869, p. 199).
28 La confusion apparaît notamment chez Frischauf (cf. chapitre 12).
29 Klein (1873-1921, p. 324).

Dans une conférence faite en 1873, Clifford distingue en revanche clairement les deux formes[30]. Après Klein la géométrie elliptique fut étudiée par l'astronome américain Simon Newcomb[31] (1877). Les recherches de Newcomb ont leur origine dans le travail de Riemann. Newcomb cherche à construire de manière synthétique une géométrie à courbure constante positive dans laquelle deux droites ne se coupent qu'en un point. Il ne semble pas avoir connu le travail de Klein car celui-ci n'est pas cité. Du point de vue de la rigueur mathématique, l'article de Newcomb n'est pas à comparer avec les travaux de Klein; les démonstrations sont souvent omises ou vagues. L'idée de fonder la géométrie elliptique de façon synthétique sans référence à une autre géométrie est cependant nouvelle et originale. Une remarque faite à la fin de l'article montre que Newcomb interprète le texte de Riemann de la même manière que Helmholtz et Beltrami. Mais à la différence de certains de ses contemporains, il fait clairement la différence entre les deux géométries:

> Je cite ceci seulement pour remarquer que le plan complet décrit dans cet article ne doit en aucune façon être confondu avec une sphère dont il diffère par plusieurs caractéristiques essentielles. (1877, p. 299)

Newcomb met en évidence une importante propriété du plan elliptique, à savoir que «les deux côtés ne sont pas distincts comme dans une surface euclidienne»[32]. En effet, si à partir d'un point P l'on suit une droite jusqu'à revenir en P (ce qui est possible puisque la droite est une ligne fermée), on se trouvera de l'autre côté du plan (la normale à la surface sera opposée). Le plan elliptique est donc une surface «double» ou «unilatérale». Dans un article légèrement antérieur, Klein avait déjà noté que le plan projectif est une surface double[33]. Ces surfaces furent découvertes au début des années 1860 par Listing et Möbius[34] et leur connaissance était encore récente. Il n'est donc pas étonnant que plusieurs mathématiciens aient été surpris par ces propriétés. Klein note à ce sujet:

30 Clifford (1879, pp. 322-323).
31 Newcomb (1835-1909) fut professeur d'astronomie et de mathématiques à Baltimore.
32 Newcomb (1877, p. 299).
33 Klein (1874, p. 550).
34 Cf. p. ex. Pont (1974, pp. 108-110).

> La géométrie elliptique est simplement restée si longtemps inaperçue parce que le concept de surface double n'était pas familier aux géomètres [...]. (1890-1921, p. 365)

Au début du XXe siècle, la situation ne semble guère avoir changé. Bonola écrit en effet:

> On doit rechercher la raison pour laquelle la Géométrie elliptique paraît être négligée ou inconnue dans la difficulté que le plan elliptique présente à la représentation intuitive. (1903, p. 320)

Quatrième partie

La diffusion des nouvelles idées entre 1870 et 1900

Introduction

Houël et Battaglini ont joué un rôle essentiel dans la redécouverte de Bolyai et Lobatchevski. Leurs traductions marquent le début d'un processus de diffusion qui va se poursuivre durant une trentaine d'années, jusqu'au début du XXe siècle, époque à laquelle paraissent les premiers traités de géométrie non euclidienne. On peut considérer que cette publication marque son achèvement. L'étude de ce processus constitue l'objet de cette quatrième partie. Elle s'ouvre avec un chapitre consacré à Helmholtz. Ses écrits épistémologiques sur la géométrie ont suscité un vaste débat et, aujourd'hui encore, constituent un sujet de réflexion. Le chapitre suivant est consacré à Frischauf, auteur de deux adaptations en allemand de l'*Appendix* de Bolyai. La parution de ces ouvrages a été le point de départ d'interminables polémiques. Les chapitres 13 et 14 présentent divers textes mathématiques et épistémologiques parus en Allemagne, en Belgique et en France. J'ai intitulé ces deux chapitres «les années d'incertitude», et ceci pour deux raisons. La première est qu'on observe dans les textes cités des opinions très variées. Klein parle à ce sujet de la «diversité la plus colorée» de visions[1]. Cette diversité d'opinions s'atténuera au tournant du siècle lorsque la géométrie non euclidienne sera reconnue comme une branche à part entière des mathématiques. La seconde raison tient au fait que l'on voit souvent apparaître une idée déjà rencontrée chez Baltzer et Grunert[2], à savoir que la géométrie a perdu une part de sa certitude.

Les travaux mathématiques et épistémologiques de Poincaré font l'objet du chapitre 15. Ses critiques des preuves expérimentales de la géométrie euclidienne et de l'empirisme en géométrie marquent un renouveau dans la discussion. Les chapitres 16 et 17 sont consacrés aux deux prosélytes que furent Mansion et Halsted; le premier fut engagé dans plusieurs controverses dignes d'intérêt. Le chapitre 18 présente quelques textes qui montrent que vers 1900 la géométrie non euclidienne est une théorie acceptée et que le processus de diffusion est achevé.

1 Klein (1892, p. 279).
2 Cf. chapitre 3.

Chapitre 11

Helmholtz

Physicien, physiologiste et philosophe, Helmholtz fut l'un des savants les plus universels de la seconde moitié du XIXe siècle. Ses écrits épistémologiques sur la géométrie ont permis à un public non spécialisé de se mettre au courant des nouvelles théories. Ils ont joué un rôle très important dans le processus de diffusion et ils ont été constamment pris comme point de référence dans les discussions. Klein écrit à ce sujet:

> L'importance des travaux de Helmholtz discutés ici ne réside pas seulement dans les considérations et résultats mathématiques mais surtout dans le fait qu'ils ont été lus par un public plus large que tout autre écrit concernant ce domaine. Ainsi la discussion populaire dans le cercle des non-mathématiciens, des philosophes, des maîtres qui ont du goût et de l'intérêt pour la géométrie élémentaire sans pourtant être des mathématiciens qualifiés, se fonde presque exclusivement sur les travaux de Helmholtz. (1892, p. 275)

L'influence de Helmholtz ne s'est pas limitée à l'Allemagne. Ses textes furent traduits et publiés en Angleterre et en France où ils provoquèrent aussi de vives controverses[1]. Avant d'étudier ces textes, il faut présenter brièvement quelques résultats mathématique obtenus par Helmholtz; ce sera aussi l'occasion de retracer les circonstances dans lesquelles il fut mis au courant de l'existence de la géométrie non euclidienne.

§ 1 Les faits qui sont à la base de la géométrie

En 1868, Helmholtz publia un article intitulé *Über die Tatsachen, die der Geometrie zugrunde liegen*[2]. Ce titre évoque celui de l'*Habilita-*

1 Les discussions suscitées par les idées de Helmholtz en Angleterre ont été étudiées par Richards (1988).

2 Cet article figure dans le recueil *Hermann v. Helmholtz Schriften zur Erkenntnistheorie* (1921), accompagné d'un commentaire de Paul Hertz. Torretti (1984),

tionsvortrag de Riemann, *Über die Hypothesen, die der Geometrie zugrunde liegen*, et les deux textes poursuivent le même but fondationnel. Helmholtz effectua l'essentiel de ses recherches sans connaître la leçon de Riemann qui, rappelons-le, ne fut publiée qu'en 1867. Ce n'est qu'au terme de son travail qu'il lut le texte de Riemann et vit qu'il offrait des points communs avec le sien. Au début de l'article, Helmholtz affirme que ce sont des recherches en optique physiologique qui l'ont amené à réfléchir aux caractéristiques et à l'origine de notre intuition spatiale[3]. Comme il l'expliquera dans un autre texte, cette intuition n'est pas innée mais est acquise expérimentalement; elle repose sur la possibilité de se déplacer, d'observer des congruences et de comparer des grandeurs[4]. De telles observations ne sont possibles que si l'on dispose d'un étalon de mesure, c'est-à-dire d'un corps solide rigide et mobile. On comprend donc pourquoi Helmholtz met au premier plan cette notion dans sa construction de la géométrie. Celle-ci est fondée sur quatre faits ou hypothèses[5]:

1) L'espace à n dimensions est une variété n fois étendue. La position de tout point est déterminée par n grandeurs ou coordonnées variant continûment et indépendamment. Helmholtz reconnaît que son point de départ est le même que celui de Riemann.
2) Il existe des corps mobiles et rigides. Ceux-ci sont caractérisés par la propriété suivante: il existe entre les 2n coordonnées de toute

Scholz (1980) et Boi (1995) ont aussi analysé ce travail. Une version abrégée de cet article a paru sous le titre *Über die thatsächlichen Grundlagen der Geometrie* (1868-69). Une traduction française de cette version due à Houël a paru dans le volume 5 des *Mémoires de la Société des sciences physiques et naturelles* de Bordeaux; curieusement, la date d'édition figurant sur la couverture de ce volume est 1867. Cette date ne correspond cependant pas à la réalité; le volume 5 contient en effet des communications faites jusqu'à la fin de 1868.

3 L'influence de ces recherches sur l'épistémologie de la géométrie de Helmholtz a été étudiée par Richards (1977) et Robert DiSalle (1993). Ces deux auteurs effectuent aussi une comparaison entre les recherches de Riemann et celles de Helmholtz. Ce dernier thème a été également abordé par Torretti (1984, pp. 156-158) et Boi (1995, pp. 336-341).

4 Helmholtz (1879, pp. 20-21); dans ce mémoire, Helmholtz analyse en détail le processus de formation de l'intuition spatiale.

5 Dans le titre de son mémoire, Helmholtz parle de faits; mais dans le courant du mémoire, il parle d'hypothèses.

paire de points appartenant à un corps rigide une équation indépendante du mouvement du corps, et qui est la même pour toutes les paires de points congruentes.

3) Les corps rigides sont librement mobiles. Tout point d'un tel corps peut donc se déplacer continûment à la place d'un autre point de l'espace, pour autant que les équations liant ce point et les autres points du solide rigide dont il fait partie le permettent.

4) Si un corps rigide tourne autour de n-1 de ses points et que ceux-ci sont choisis de telle façon que sa position ne dépende plus que d'une variable indépendante, la rotation complète du solide le ramène à sa position initiale. Cette dernière propriété est dite «de monodromie».

A partir de ces quatre hypothèses, Helmholtz démontre que l'élément de longueur est de la forme

$$ds = \sqrt{\sum_{i,j=1}^{n} g_{ij} dx_i dx_j}.$$

Sa démonstration n'est pas rigoureuse et a été critiquée par Lie. Si l'on veut exprimer de manière précise les énoncés de Helmholtz et traiter de manière satisfaisante le problème, il faut utiliser la notion de groupe de déplacements[6].

Rappelons que Riemann admettait à titre d'hypothèse que l'élément de longueur a la forme ci-dessus. Dans son *Habilitationsvortrag*, il affirme aussi, sans véritablement le démontrer, que les variétés dans lesquelles «les figures peuvent se mouvoir sans subir d'extension»[7] sont à courbure constante. En tenant compte de ce résultat, les quatre hypothèses de Helmholtz permettent de conclure que l'espace est une variété (à trois dimensions[8]) de courbure constante nulle, négative ou positive. Il est donc euclidien, non euclidien ou sphérique. Lors de la publication de son article, Helmholtz ne connaissait pas encore la géométrie non euclidienne; il en déduisit donc que si l'espace est infini, il est euclidien. Beltrami fut troublé par cette affirmation; il pensa en particulier que si Helmholtz excluait la géométrie non euclidienne,

6 Cf. Lie (1893) ou, pour une présentation rapide, Torretti (1984, pp. 175-179).

7 Riemann (1867-1876, p. 264).

8 L'hypothèse n = 3 n'est énoncée explicitement qu'à la fin de l'article, mais tous les calculs sont faits dès le début dans ce cas.

c'était parce que son *Saggio* contenait une erreur. Dans une lettre à Houël du 14 février 1869, il écrit:

> Dans le passage de Helmholtz que vous me transcrivez, tout me semble exact, hors le dernier alinéa: « Soll die Ausdehnung einer solchen Flächen unendlich sein, *so muss sie eine Ebene sein*, etc.»[9] Si je ne suis tout-à-fait dans l'erreur, la propriété de s'étendre infiniment appartient à toutes les surfaces à courbure constante *négative*. [...] Je souhaiterais vivement d'être mis en garde, si j'avais commis une erreur aussi capitale, dont je ne puis maintenant voir en aucune façon la source. Je crois plutôt à une équivoque due à la croyance assez répandue [...] que les surfaces à courbure constante négative soient des lieux imaginaires. (AAS, *Dossier Beltrami* et Boi, Giacardi et Tazzioli, 1998, p. 75)

Après plusieurs hésitations, Beltrami se décida à écrire le 24 avril 1869 à Helmholtz. Ce dernier reconnut aussitôt son erreur et la rectifia dans la revue où il avait publié une version abrégée de son article (1869). Des détails sur cette lettre et sur la réponse de Helmholtz sont donnés par Beltrami dans une lettre à Houël du 2 janvier 1870:

> Je vais vous l'exposer pourtant, en reproduisant un passage de la lettre que M. Helmholtz a bien voulu m'adresser en date du 27 avril 1869, pour répondre à celle que je lui écrivis afin de lui indiquer les différences qui subsistaient entre ses résultats et les miens. Comme il paraissait exclure l'existence d'une géométrie pseudosphérique, et ne considérait que les espaces sphériques et plans, ces derniers seuls étant infinis, et, partant, nécessairement posés par la seule condition de l'*infinité*, je lui demandais si la cause de cette exclusion devait être cherchée dans l'impossibilité, suivant lui, de réaliser une surface pseudosphérique infinie et ne se coupant nulle part. C'était la seule manière de justifier, en quelque sorte ses assertions, et quoique ce ne fût qu'un prétexte, je croyais de mon devoir de le lui offrir, par un respect bien dû à un tel homme. Or voici ce qu'il me répondit à ce sujet, avec une loyauté admirable: je ne prendrais pas la liberté de le rapporter, si cette lettre n'était pas destinée à rester uniquement dans vos mains. «Wenn sich auch nachweisen liesse, dass in unserem wirklichen Raume unendliche pseudosphärische Flächen nicht existiren können, ohne sich zu schneiden oder unstet zu werden, so wurde dies meinen Fehler nicht verbessern, *denn im unendlichen pseudosphärischen Raume würde es auch unendliche pseudosphärische Fläche geben*, wie man mittels Ihrer ausserordentlich sinnreichen und einfachen geometrischen Darstellung leicht einsieht.»[10] (AAS, *Dossier Beltrami* et Boi, Giacardi et Tazzioli, 1998, p. 116)

9 Si l'extension d'une telle surface doit être infinie, alors elle doit être un plan, etc.

10 Si l'on pouvait aussi démontrer que dans notre espace réel des surfaces pseudosphériques infinies ne peuvent exister sans se couper ou sans devenir discontinues,

§ 2 Les écrits épistémologiques sur la géométrie

Les recherches sur la vision et sur les fondements de la géométrie évoquées dans le paragraphe précédent amenèrent Helmholtz à défendre une nouvelle conception de la géométrie, différente de celle de ses prédécesseurs. Elle est développée dans une série d'articles publiés dans la décennie 1870-1880. En voici la liste. Le premier, *The Axioms of geometry* (1870), fut publié dans la revue *The Academy*[11]. Il donna lieu à une critique du logicien et économiste William Stanley Jevons (1872). Cette critique fut suivie d'une réponse de Helmholtz (1872). Un exposé plus développé des idées de Helmholtz parut ensuite sous le titre *Über den Ursprung und die Bedeutung der geometrischen Axiome*. Il s'agit d'une conférence faite à Heidelberg en 1870 et publiée en 1876. Elle a été traduite avec quelques légères modifications en anglais et en français et figure dans le recueil *Hermann v. Helmholtz Schriften zur Erkenntnistheorie* accompagnée d'un commentaire de Moritz Schlick (1921)[12]. Elle fit l'objet d'une critique d'un philosophe hollandais, J. N. Land[13] (1877), suivie d'une réponse de Helmholtz (1878). Certaines idées exprimées dans cette conférence sont développées dans *Die Tatsachen in der Wahrnehmung* (1879), l'un des textes épistémologiques les plus importants de Helmholtz. Il contient en appendice un large extrait de la réponse à Land ainsi qu'une réponse à un autre contradicteur: Albrecht Krause. Ce texte figure aussi dans le recueil *Hermann v. Helmholtz Schriften zur Erkenntnistheorie* accompagné d'un commentaire de Schlick (1921).

Je prendrai comme point de départ de mon analyse la conférence de Heidelberg. Elle débute par une présentation du statut classique de la

---

cela ne corrigerait pas ma faute car il y aurait aussi dans l'espace pseudosphérique infini des surfaces pseudosphériques infinies, comme on le voit facilement à partir de votre représentation géométrique exceptionnellement judicieuse et simple.

11 Ce texte a fait l'objet de deux traductions françaises différentes. Richards écrit qu'il s'agit de la première présentation en anglais des idées non euclidiennes, Richards (1988, p. 78).

12 Schlick (1882-1936) enseigna la philosophie à Vienne. Il fut l'un des créateurs du Cercle de Vienne et l'un des principaux représentants du néo-positivisme. Cette conférence a aussi été étudiée par Scholz (1980), Torretti (1984) et Boi (1995).

13 Je n'ai trouvé aucun renseignement biographique sur ce philosophe.

géométrie[14]. Helmholtz résume ensuite l'explication kantienne de ce statut:

> En réponse spécialement à la fameuse question de Kant «Comment des propositions synthétiques *a priori* sont-elles possibles?», les axiomes géométriques constituent probablement les exemples qui semblent montrer de la manière la plus évidente que des propositions synthétiques *a priori* sont possibles. Le fait que de telles propositions existent et s'imposent avec nécessité à notre conviction constitue de plus pour lui la preuve que l'espace est une forme *a priori* de toute intuition extérieure. Il semble par là attribuer à cette forme *a priori* non seulement le caractère d'un schème purement formel et en soi vide dans lequel chaque contenu arbitraire de l'expérience s'adapterait, mais aussi inclure certaines particularités du schème qui ont pour effet que précisément seul un contenu limité d'une certaine manière conformément à des règles peut entrer en lui et devenir accessible à notre intuition. (1876, p. 24)

Dans la première édition de la *Critique de la raison pure*, Kant affirme que si l'espace était *a posteriori*, les principes géométriques ne pourraient pas être *a priori*; or comme ils le sont, l'espace doit être *a priori*[15]. Dans la seconde édition, il soutient que le caractère *a priori* de l'espace constitue la seule explication possible du fait que ces principes sont *a priori*[16]. L'interprétation de Helmholtz est donc correcte. La distinction entre une forme générale et des spécifications n'apparaît en revanche pas chez Kant; elle est propre à Helmholtz et est explicitée dans *Die Tatsachen in der Wahrnehmung*:

> Comme on le sait, Kant supposa non seulement que la forme générale de l'intuition spatiale est donnée de manière transcendantale, mais aussi qu'elle contient par avance, et antérieurement à toute expérience, certaines spécifications plus étroites exprimées dans les axiomes de la géométrie. Celles-ci se laissent ramener aux propositions suivantes:
>
> 1) Entre deux points une seule ligne de plus courte distance est possible. Nous appelons une telle ligne «droite».
> 2) Par trois points passe un plan. Un plan est une surface qui contient entièrement toute droite qui passe par deux de ses points.
> 3) Par chaque point il passe seulement une parallèle à une droite donnée. [...]
>
> En fait Kant utilise le fait allégué que ces propositions géométriques nous apparaissent comme nécessairement correctes, et que nous ne pourrions jamais

14 Cf. § 1 du chapitre 2.
15 Kant, *Critique de la raison pure* (A 24).
16 Kant, *Critique de la raison pure* (B 41).

> nous représenter un comportement déviant de l'espace, comme une preuve qu'elles devraient être données antérieurement à toute expérience, et que pour cette raison l'intuition spatiale contenue en elles devrait être une forme transcendantale de l'intuition, indépendante de l'expérience. (1879, p. 22)

Je reviendrai à la fin de ce paragraphe sur l'idée de forme générale de l'intuition. Comme Schlick le note, il faut, dans la dernière phrase, parler d'une forme *a priori* de l'intuition, et non d'une forme transcendantale[17]. Kant cite seulement les deux premiers axiomes[18]; mais pour lui, toutes les propositions géométriques sont apodictiques[19]; le commentaire de Helmholtz est donc justifié et le postulatum doit aussi être rangé parmi les propositions synthétiques *a priori*. Kant ne dit en revanche pas que nous ne pouvons pas nous représenter un comportement «déviant de l'espace». Une telle idée ne lui serait sans doute pas venue à l'esprit puisqu'il ne connaissait que la géométrie euclidienne. Helmholtz donne ici une interprétation faite à la lumière de la découverte de la géométrie non euclidienne. Son intention est précisément de montrer que nous pouvons nous représenter un comportement déviant. Au terme de ces rappels, Helmholtz expose les objectifs de sa conférence. Le premier est d'ordre pédagogique:

> J'ai l'intention de vous présenter une série de travaux mathématiques récents; ils sont reliés entre eux et concernent les axiomes géométriques, leurs rapports avec l'expérience et la possibilité logique de les remplacer par d'autres.
> Comme les travaux originaux des mathématiciens sur ce sujet [...] sont assez inaccessibles pour le non-mathématicien, je veux essayer de lui montrer intuitivement de quoi il s'agit. (1876, pp. 24-25)

Voilà qui explique le succès rencontré par Helmholtz auprès des profanes. Le second objectif est d'ordre épistémologique et reflète le titre de la conférence; il s'agit d'étudier l'origine des axiomes géométriques:

> D'où proviennent donc de telles propositions [les axiomes], indémontrables et pourtant indubitablement vraies dans le domaine d'une science où tout le reste s'est laissé soumettre au pouvoir de la déduction? Sont-ils une part d'hé-

17 Helmholtz (1921, p. 162).
18 Kant, *Critique de la raison pure* (A 24 et A 261/B 316-317; A 732-733/B 760-761).
19 Kant (*Critique de la raison pure*, B 41).

> ritage de la source divine de notre raison, comme les philosophes idéalistes le pensent, ou est-ce seulement que la perspicacité des générations précédentes de mathématiciens n'a pas encore été suffisante pour trouver la preuve? (*ibidem*, p. 26)

Helmholtz fait référence ici à une conception cartésienne des axiomes. Il est sans aucun doute conscient qu'une théorie logique doit être fondée sur des hypothèses non démontrées, faute de quoi on tombe dans un cercle vicieux. Il ne pense donc pas, comme Leibniz, que tous les axiomes puissent être démontrés et il faut probablement voir dans la dernière question une allusion aux tentatives de démonstration du postulatum, encore courantes à cette époque. Elles font l'objet d'une digression. Helmholtz relève que beaucoup de ces «démonstrations» contiennent une erreur et font implicitement appel à l'intuition. Par rapport à la méthode «intuitive» d'Euclide, la méthode analytique offre les avantages suivants:

> Tout le développement du calcul est une pure opération logique; il ne peut pas donner une relation entre les quantités soumises au calcul qui ne soit pas déjà contenue dans les équations qui forment le point de départ du calcul. Pour cette raison, les recherches récentes mentionnées ont été presque exclusivement menées au moyen de la méthode purement abstraite de la géométrie analytique. (*ibidem*, p. 27)

Helmholtz fait allusion à ses propres recherches et à celles de Riemann et probablement Beltrami. Il semble faire peu de cas des travaux de Bolyai et Lobatchevski, développés en partie de manière synthétique et avec rigueur. Il est probable qu'il ne les connaissait que de seconde main.

L'utilisation d'une méthode analytique et abstraite ne dispense pas de donner un contenu intuitif aux résultats obtenus. C'est le but principal de la conférence. Dans le cas à deux dimensions, Helmholtz y parvient en introduisant ses célèbres êtres superficiels:

> Imaginons – il n'y a là aucune impossibilité logique – des êtres raisonnables n'ayant que deux dimensions, vivant et se déplaçant sur la surface d'un de nos corps solides. Nous admettons qu'ils n'ont pas la faculté de rien percevoir en dehors de cette surface, mais qu'ils ont, à l'intérieur de l'étendue de la surface sur laquelle ils se déplacent, des perceptions semblables aux nôtres. Si des êtres de ce genre développaient leur géométrie, ils n'attribueraient naturellement à leur espace que deux dimensions. (*ibidem*, pp. 27-28)

Pour des êtres superficiels, les lignes de plus courte distance sont les géodésiques de la surface; elles jouent le rôle des droites dans le plan. Pour des êtres vivant sur un plan euclidien, il ne passe qu'une parallèle à une droite par un point extérieur à la droite. Pour des êtres vivant sur une sphère, il n'y a en revanche pas de parallèles; les géodésiques de la sphère sont en effet les grands cercles, et ceux-ci se coupent toujours en deux points opposés. Ces différences amènent Helmholtz à la conclusion suivante:

> Il est clair que les êtres sur la sphère, en présence des mêmes capacités logiques que ceux sur le plan, devraient pourtant poser un tout autre système d'axiomes géométriques que ces derniers, et que nous-mêmes dans notre espace à trois dimensions. Ces exemples nous montrent déjà que des êtres dont les capacités intellectuelles pourraient tout à fait correspondre aux nôtres devraient, selon la nature de l'espace dans lequel ils habitent, poser des axiomes géométriques différents. (*ibidem*, p. 30)

En soutenant que la géométrie que l'on construit dépend de l'espace dans lequel on vit, Helmholtz répond déjà partiellement à la question posée au début de la conférence et contredit implicitement les explications idéaliste ou kantienne de la nature des axiomes. Il donne aussi l'exemple d'une surface en forme d'œuf dont les habitants ne connaîtraient pas la libre mobilité. Il présente ensuite en détail la pseudosphère de révolution. Sur cette surface, deux points déterminent une seule géodésique mais le postulat des parallèles n'est pas vérifié; ses habitants adopteraient la géométrie non euclidienne. Il est donc possible de donner des représentations intuitives des nouvelles géométries dans le cas à deux dimensions. Mais le procédé utilisé par Helmholtz ne se généralise pas à trois dimensions. Il faudrait en effet que nous puissions partir d'un espace à quatre dimensions et abandonner une dimension. Or, selon Helmholtz, nous ne pouvons nous représenter un tel espace[20]. Le sens à donner à cette expression est le suivant:

> Par l'expression – dont on a beaucoup abusé – de «se représenter» ou de «pouvoir se figurer comment quelque chose se passe» j'entends – et je ne vois pas comment on peut entendre autre chose sans abandonner tout le sens de l'expression –, que l'on peut s'imaginer la série des impressions sensibles que

20 Helmholtz revient deux fois sur ce point (1876, p. 35 et p. 48).

l'on aurait si une telle chose se présentait à nous dans un cas particulier. (*ibidem*, p. 28)

Il faut donc aborder les choses différemment, en ayant recours à des projections des nouveaux espaces au sein de l'espace ordinaire. Un certain nombre de préliminaires et d'explications sont nécessaires. Helmholtz revient tout d'abord sur la méthode analytique. Elle permet un traitement «scientifique» de la géométrie et deux raisons justifient son emploi. La première est que tous les axiomes géométriques font intervenir la notion de grandeur:

> Nos axiomes parlent déjà de grandeurs spatiales. La ligne droite est définie comme la plus courte entre deux points, ce qui est une détermination de grandeur. L'axiome des parallèles affirme que si deux lignes droites situées dans le même plan ne se coupent pas (sont parallèles), les angles correspondants, respectivement les angles alternes-internes, qu'elles forment avec une troisième droite sécante, sont deux à deux égaux. (*ibidem*, pp. 35-36)

Comme je l'ai relevé au début du § 1, Helmholtz pense que notre intuition spatiale est fondée sur la possibilité d'effectuer des mesures; il est donc naturel qu'il mette au premier plan la notion de distance. On pourrait opposer à cette approche métrique l'approche projective dont il ne parle pas. La seconde raison a déjà été évoquée précédemment: la méthode analytique est plus sûre que celle d'Euclide et évite l'utilisation inconsciente de certaines propriétés comme «nécessités de pensée»[21]; cette terminologie est ici incorrecte et il faudrait parler de nécessités d'intuition.

La conception métrique de la géométrie défendue par Helmholtz l'amène à aborder mathématiquement l'espace à partir des notions de coordonnée et de variété. Helmholtz explique la signification de ces notions et présente les résultats de Riemann. Il rappelle que ce dernier a «montré que le genre de liberté de mouvement sans déformation qui caractérise les corps dans notre espace»[22] n'est possible que si la courbure est constante. L'espace doit donc être euclidien, sphérique ou pseudosphérique. Helmholtz écrit à ce propos:

21 Helmholtz (1876, p. 36).
22 Helmholtz (1876, p. 37).

> M. Beltrami a rendu ces dernières relations accessibles à l'intuition en montrant comment on peut représenter les points, les lignes et les surfaces d'un espace pseudosphérique à trois dimensions à l'intérieur d'une sphère de l'espace euclidien, de telle manière que chaque ligne de plus courte distance de l'espace pseudosphérique soit représentée dans la sphère par une droite, et que chaque surface plane du premier soit représentée par un plan dans la seconde. La surface de la sphère elle-même correspond aux points à l'infini de l'espace pseudosphérique; les différentes portions de celui-ci sont d'autant plus rapetissées dans leur représentation dans la sphère, qu'elles sont plus voisines de la surface de la sphère, et plus raccourcies dans la direction des rayons que dans les directions perpendiculaires. (*ibidem*, pp. 38-39)

En dépit de ce qu'il affirme, cette interprétation n'apparaît pas dans la *Teoria fondamentale* de Beltrami[23]. A la différence de ce dernier, Helmholtz montre qu'une interprétation de l'espace non euclidien peut être donnée dans l'espace ordinaire, à condition de modifier la définition de la distance. On devine ici une idée importante: c'est la façon de définir la distance qui détermine une géométrie. On notera qu'à ce stade déjà, Helmholtz affirme que les relations non euclidiennes sont accessibles à l'intuition.

Après avoir rappelé la méthode de Riemann, Helmholtz expose la sienne. Au lieu d'admettre à titre d'hypothèse, comme Riemann, que la métrique est égale à la racine d'une expression quadratique, il est parti du «fait d'observation que dans notre espace le mouvement de figures spatiales fixes est possible avec le degré de liberté que nous connaissons»[24]. Il est finalement arrivé à la même conclusion que Riemann. Nous verrons plus loin jusqu'à quel point on peut parler d'un fait d'observation. Au terme de ces explications, une chose ressort en tout cas clairement: la détermination euclidienne de notre espace n'est pas contenue dans le «concept général d'une grandeur étendue à trois dimensions et de la libre mobilité des figures bornées contenues en elle»[25]. Cette détermination n'est donc pas une nécessité de pensée ou, en d'autres termes, n'est pas un jugement analytique. Helmholtz poursuit:

23 Beltrami y fait tout au plus allusion dans une lettre à Houël citée à la fin du § 1 du chapitre 9.

24 Helmholtz (1876, p. 39).

25 Helmholtz (1876, p. 42).

> Nous voulons maintenant examiner l'hypothèse contraire qui peut être faite à propos de leur origine, c'est-à-dire la question de savoir s'ils sont d'origine empirique, s'ils peuvent être dérivés de faits expérimentaux, s'ils peuvent être prouvés à partir de tels faits, testés et peut-être aussi contredits. Cette dernière éventualité inclurait alors aussi que nous devrions pouvoir nous représenter des séries de faits expérimentaux observables grâce auxquels une autre valeur de la courbure apparaîtrait que celle de l'espace plat d'Euclide. Mais en supposant que des espaces d'un autre type sont représentables dans le sens donné, le fait que les axiomes de la géométrie sont des conséquences nécessaires d'une forme transcendantale donnée *a priori* de notre intuition, dans le sens de Kant, serait contredit. (*ibidem*, p. 42)

Schlick note que le contraire d'analytique est synthétique. Il faudrait donc en toute rigueur envisager deux possibilités: synthétique *a priori* ou *a posteriori*. Helmholtz ne retient que la seconde possibilité. Pour lui la doctrine kantienne revient en effet à dire que les seules relations géométriques imaginables sont euclidiennes. En démontrant, comme il va le faire, qu'il est possible d'imaginer les impressions que l'on aurait dans un espace non euclidien, Helmholtz exclut la première possibilité. Mais avant de parvenir à cette conclusion, il fait encore quelques remarques importantes. Il rappelle d'abord le résultat de la preuve astronomique de Lobatchevski. Il relève ensuite que toutes les mesures géométriques sont fondées sur une «hypothèse», à savoir que notre corps ou certains instruments de mesure sont «vraiment» rigides. Helmholtz ajoute que cette hypothèse va au delà du «domaine des pures intuitions spatiales»[26]. Il veut sans doute dire par là qu'il n'est pas possible de déterminer par une intuition pure, c'est-à-dire de manière immédiate et certaine, si un corps est rigide ou non. On notera la résonance kantienne du terme «pur». Si c'est par hypothèse seulement que certains corps sont considérés comme rigides, l'existence de ces corps ne peut pas, contrairement à ce que Helmholtz a affirmé auparavant, être considérée comme un fait d'observation; elle constitue plutôt la condition de la mesure[27]. Remarquons aussi que le choix d'un instrument de mesure détermine une géométrie. L'exemple suivant illustre cette idée:

26 Helmholtz (1876, p. 44).

27 Torretti écrit que la notion de corps solide est chez Helmholtz un «concept constitutif de l'expérience physique, c'est-à-dire un concept transcendantal au sens de Kant» (1984, p. 168). Mais il ne s'appuie à mon avis pas sur le bon texte pour étayer cette interprétation.

Pensons à l'image du monde dans un miroir convexe. [...] Les images de l'horizon lointain et du soleil dans le ciel sont situées derrière le miroir à une distance finie égale à sa distance focale. Entre ces images et la surface du miroir sont comprises les images de tous les autres objets situés devant lui, images d'autant plus rapetissées et aplaties que ces objets sont plus loin du miroir. [...] Chaque ligne droite du monde extérieur est représentée dans l'image par une ligne droite, chaque plan par un plan. L'image d'un homme mesurant avec une règle une ligne droite s'éloignant du miroir serait de plus en plus ratatinée, à mesure que l'original s'éloignerait; mais avec sa règle se ratatinant dans la même proportion, l'homme dans l'image mesurerait exactement le même nombre de centimètres que l'homme dans la réalité. [...] Bref, je ne vois pas comment les hommes dans le miroir devraient faire ressortir que leurs corps ne sont pas des corps solides et leurs expériences ne sont pas de bons exemples de la justesse des axiomes d'Euclide. Mais s'ils pouvaient regarder dans notre monde, comme nous regardons dans le leur, sans pouvoir traverser la frontière, ils devraient expliquer notre monde comme l'image d'un miroir convexe et parler de nous exactement comme nous parlons d'eux; et si les hommes des deux mondes pouvaient se parler, aucun ne pourrait, à mon avis, persuader l'autre qu'il a les vrais rapports et l'autre les faux; [...]. (*ibidem*, pp. 44-45)

L'intuition visuelle ne suffit pas à déterminer une géométrie; si c'était le cas, les géométries du monde extérieur et du miroir seraient différentes. Si elles sont identiques, c'est parce que les étalons de mesure se comportent dans les deux cas de la même manière. L'image dans le miroir constitue une interprétation d'un demi-espace euclidien. En donnant cet exemple, Helmholtz montre que la même réalité peut être décrite de plusieurs façons différentes. En affirmant qu'il n'y a pas de différence entre le monde extérieur et l'image dans le miroir, il légitime l'utilisation d'une interprétation. Il est donc autorisé à utiliser l'interprétation de Beltrami et à considérer l'espace non euclidien comme projeté dans une sphère de l'espace euclidien. Les corps solides non euclidiens sont alors représentés par des corps dont les dimensions euclidiennes diminuent lorsqu'ils s'approchent de la surface de la sphère. Imaginons un observateur éduqué dans le monde euclidien et placé dans cette sphère. Que verrait-il?

Un tel observateur continuerait à voir les rayons lumineux ou les lignes de vision de son œil comme des lignes droites semblables à celles de l'espace plat et comme elles sont vraiment dans l'image sphérique de l'espace pseudosphérique. L'image visuelle des objets dans l'espace pseudosphérique lui donnerait la même impression que s'il se trouvait au centre de la sphère de Beltrami. Il croirait voir autour de lui les objets les plus éloignés de cet espace à une

> distance finie, par exemple à cent pieds. Mais s'il s'approchait de ces objets éloignés, ceux-ci se dilateraient en face de lui, et à vrai dire plus en profondeur qu'en surface, tandis que derrière lui ils se contracteraient. Il reconnaîtrait qu'il a mal jugé par estimation visuelle. (*ibidem*, p. 46)

N'importe quel point de l'espace pseudosphérique peut être représenté par le centre de la sphère de Beltrami. On peut donc supposer que l'observateur est toujours situé au centre de la sphère et que ce sont les images des corps, dans la sphère, qui se rapprochent ou s'éloignent de lui. Du point de vue euclidien la taille de l'observateur est fixe; les dimensions (euclidiennes) des objets grandissent ou diminuent lorsque l'observateur s'en rapproche ou s'en éloigne[28]. Comme le précédent, cet exemple montre que ce n'est pas l'intuition visuelle qui est déterminante mais la façon de mesurer les distances.

On obtient les mêmes impressions en regardant notre monde à travers une lentille concave. Les objets semblent grandir lorsqu'on s'en approche; mais Helmholtz affirme qu'après une période d'hésitation, il est possible d'estimer correctement les distances en dépit des illusions optiques. Il donne aussi une description analogue des impressions qui seraient reçues dans un espace sphérique et conclut:

> Ceci suffira pour montrer comment on peut, en suivant le chemin indiqué, déduire des lois connues de nos perceptions sensibles la série des impressions sensibles qu'un monde sphérique ou pseudosphérique nous donnerait s'il existait. Là aussi nous ne butons jamais sur une contradiction ou sur une impossibilité, pas plus que dans le traitement calculatoire des rapports de grandeurs. Nous pouvons nous figurer l'aspect d'un monde pseudosphérique dans toutes les directions aussi bien que nous pouvons en développer le concept. Pour cette raison, nous ne pouvons pas non plus admettre que les axiomes de la géométrie soient fondés dans la forme de notre faculté d'intuition ou soient liés d'une manière ou de l'autre à une telle forme. (*ibidem*, p. 48)

Les axiomes géométriques ne sont pas des nécessités d'intuition; ils sont donc des jugements synthétiques *a posteriori*. C'est uniquement par l'expérience que nous savons que notre espace est euclidien. Helmholtz achève ainsi sa démonstration. Il distingue ici un développement conceptuel de la géométrie d'un développement intuitif. Mais il est d'abord intéressé par le second.

28 Ce point est clairement expliqué dans la réponse à Land, Helmholtz (1878, p. 220) ou Helmholtz (1879, p. 60).

Il nous faut maintenant revenir sur deux points. Le premier concerne l'existence d'une forme générale de l'intuition. Dans un autre texte, Helmholtz affirme que l'espace peut très bien être une forme transcendantale de l'intuition au sens de Kant; mais il reproche à ce dernier d'avoir versé, avec les axiomes euclidiens, un contenu trop précis dans cette forme[29]. Elle doit être suffisamment souple pour recevoir plusieurs contenus; si l'on suit le raisonnement précédent, ceux-ci dépendent du comportement des corps rigides. Afin de mieux faire comprendre la différence entre forme générale et spécifications particulières, Helmholtz se livre à une comparaison avec l'intuition visuelle. Tous les objets nous apparaissent colorés; on peut donc dire que la couleur constitue la forme *a priori* de la vision. Mais la façon dont les couleurs sont juxtaposées et se succèdent dans le temps n'est pas déterminée *a priori*[30]. Notons encore que si les axiomes géométriques constituent les spécifications particulières de l'intuition spatiale, Helmholtz ne dit nulle part quelles pourraient être, du point de vue mathématique, les caractéristiques générales de cette forme. Dans la mesure où Helmholtz affirme qu'un espace à quatre dimensions n'est pas imaginable, Torretti est d'avis que le nombre des dimensions doit constituer l'une des caractéristiques de cette forme. Il écrit encore:

> Puisque le nombre des dimensions de l'espace est conçu par lui en relation avec sa structure de variété, la consistance demande que nous regardions aussi cette structure comme incluse dans la forme générale d'étendue. (1984, p. 166)

Il ne s'agit cependant que d'une hypothèse qu'aucun texte ne vient étayer.

Le second point concerne la définition des corps solides rigides. Celle-ci intervient au milieu de la conférence, au moment où Helmholtz résume les résultats mathématiques de ses recherches. Après avoir expliqué qu'il faut pouvoir repérer la position d'un point par des coordonnées, il écrit:

> En second lieu il faut donner la définition d'un corps solide, respectivement d'un système fixe de points, comme elle est nécessaire pour pouvoir entreprendre la comparaison des grandeurs spatiales par la congruence. Comme nous ne

29 Helmholtz (1878, p. 213) ou Helmholtz (1879, pp. 67-68).

30 Helmholtz (1878, p. 213); cet argument sera repris par Poincaré (1899, p. 275).

> devons supposer encore ici aucune méthode spéciale pour mesurer les grandeurs spatiales, la définition d'un corps solide ne peut être donnée que par la caractéristique suivante: il doit exister entre les coordonnées de deux points appartenant à un corps solide une équation exprimant une relation spatiale entre les deux points; cette relation est invariable par tout déplacement du corps et elle est la même pour deux paires de points congruentes (elle apparaîtra finalement comme leur distance). Mais les paires de points congruentes sont celles qui peuvent coïncider avec la même paire de points solides dans l'espace. (*ibidem*, p. 40)

Cette définition est problématique car l'attribution de coordonnées ne peut se faire pratiquement qu'au moyen de mesures; elle suppose donc l'existence de corps rigides permettant d'effectuer ces mesures. De plus, comme Schlick l'a noté, la définition de la congruence est circulaire: elle implique en effet l'existence de paires de points considérés comme fixes, c'est-à-dire l'existence de corps rigides. On ne sort de ce cercle qu'en supposant que certains corps sont rigides; nous avons vu que c'est précisément ce que fait Helmholtz, quelques pages après avoir donné cette définition. Il fait encore à ce propos les remarques suivantes à la fin de sa conférence:

> Si jamais nous le trouvions utile, nous pourrions, d'une manière complètement logique, regarder l'espace dans lequel nous vivons comme l'espace apparent derrière un miroir convexe avec son arrière-plan raccourci et contracté. Ou nous pourrions regarder une sphère bornée de notre espace, au delà de la frontière de laquelle nous ne percevons rien, comme l'espace pseudosphérique infini. Nous devrions alors seulement attribuer les étirements et contractions correspondants aux solides qui nous apparaissent fixes, et également en même temps à notre propre corps, et devrions à vrai dire en même temps changer complètement le système de nos principes mécaniques; car déjà la proposition que tout point mobile sur lequel n'agit aucune force poursuit son mouvement en ligne droite avec une vitesse inchangée ne s'applique plus à l'image du monde dans le miroir convexe. La trajectoire serait certes encore droite mais la vitesse dépendante du lieu. (*ibidem*, p. 49)

Si l'on essayait de mesurer dans la sphère de Beltrami les dimensions des corps qui nous semblent fixes au moyen d'une règle non euclidienne, elles varieraient. Les dimensions non euclidiennes d'un corps qui s'éloigne (à vitesse euclidienne constante) augmentent et sa vitesse non euclidienne aussi. La construction de la géométrie est donc liée à celle de la mécanique. Selon Martin Carrier, la nécessité de conserver le principe d'inertie constitue pour Helmholtz un critère permettant de choisir de manière unique un étalon de mesure[31]. C'est à mon avis solliciter exagérément le texte ci-dessus. Helmholtz ne semble en effet pas exclure la possibilité d'un changement simultané de la géométrie et de la mécanique. Notons encore que si le choix d'un instrument de mesure est une hypothèse, celle-ci peut être guidée par des considérations d'utilité. On voit ici apparaître les idées de convention et de commodité, qui seront développées par Poincaré.

§ 3 Les réactions

Les idées de Helmholtz suscitèrent de nombreuses réactions, en particulier de la part des philosophes kantiens. Une analyse complète de ces réactions dépasserait le cadre de mon étude et je me contenterai d'examiner de quelle façon la fiction des êtres superficiels fut reçue et appréciée. C'est un point qui a en effet beaucoup frappé les contemporains de Helmholtz. Plusieurs auteurs y ont eu recours pour expliquer les nouvelles géométries[32]. Les critiques émises à l'encontre de cette fiction sont de deux types: pour certains, il est contradictoire de refuser aux êtres superficiels la connaissance d'une troisième dimension; pour d'autres, ces êtres finiraient par découvrir d'une façon ou d'une autre que la géométrie euclidienne est la seule «vraie» géométrie. Cette vérité n'est ni empirique ni logique; elle peut être qualifiée de «transcendante» ou d'«idéale»». J'étudierai les critiques du premier type dans le paragraphe 3.1 et celles du second dans le paragraphe 3.2.

31 Il écrit: «De son [Helmholtz] point de vue, le cercle vicieux peut être surmonté en tenant compte du comportement mécanique réel des corps mobiles.» (1994, p. 282) (In his view, the circularity problem can be overcome by drawing on the actual mechanical behavior of moving bodies.)

32 Renouvier (1874), Liard (1874), Fano (1908), Dupuis (1897), Poincaré (1891) et Delbœuf. Ce dernier écrit à ce sujet: «Pour faire un exposé populaire de la géométrie méteuclidienne, rien de mieux que de recourir à l'artifice ingénieux qu'Helmholtz lui-même a mis en pratique.» (1894, p. 360)

3.1 Krause, Lotze, Dupuis

Albrecht Krause[33] est l'auteur d'un livre destiné à défendre Kant contre Helmholtz (1878). Les premières lignes permettent de mesurer à la fois l'autorité de ce dernier et le choc provoqué dans certains milieux par sa remise en question du philosophe de Königsberg:

> Helmholtz a attaqué Kant dans les fondements de son système en niant l'immuabilité et la certitude apodictique des axiomes géométriques sur lesquels il se base.
> Si Helmholtz a maintenant raison et si le fondement kantien est faux, alors le contenu et la méthode qui en sont nécessairement issus s'écroulent avec; la direction suivie par la philosophie allemande pendant un siècle est alors fausse, et il ne reste plus rien d'autre à faire que de renvoyer la jeunesse allemande étudier la philosophie chez les Anglais, une philosophie dont on pensait jusqu'à maintenant qu'elle avait été réfutée ou améliorée par Kant et ses élèves. [...]
> Même si à vrai dire des écrits de cette tendance, qui considère la méthode inductive comme la seule admissible et qui pour cela critique la théorie kantienne, paraissent chaque jour, aucune attaque contre le fondement de la théorie de la connaissance de Kant n'a encore été aussi violente que celle figurant dans les conférences de vulgarisation scientifique de Helmholtz[34]. Cette attaque est d'autant plus sérieuse qu'elle a été portée par le nom brillant du célèbre naturaliste de l'Université de Berlin. (1878, p. II)

C'est la critique de Kant qui frappe les contemporains. Il s'agit effectivement d'un des éléments importants de la pensée de Helmholtz. Mais celle-ci ne se réduit pas à cette critique. Pour Helmholtz, Kant est le philosophe de référence à partir duquel il pense et qu'il cherche à dépasser ou à réinterpréter. Il n'y a nulle trace chez lui de l'antikantisme primaire qui apparaîtra chez d'autres défenseurs de la géométrie non euclidienne.

Krause utilise contre les êtres sphériques l'argument suivant:

> Mais dès qu'une surface se courbe, elle reste certes une figure à deux dimensions seulement, mais sa courbure s'effectue dans la troisième dimension, et par là elle se distingue du plan. La surface d'une boule ne peut pas exister sans

33 Krause (1838-1902) fut pasteur à Hambourg. Docteur en philosophie, il est l'auteur de plusieurs études sur Kant.

34 Le titre allemand est *Populäre wissenschaftliche Vorträge*. C'est dans ce recueil que figure la conférence de Heidelberg analysée au paragraphe précédent.

> une boule, et une boule ne peut pas exister sans les trois dimensions. Un être superficiel avec un corps courbé et une connaissance de deux dimensions seulement constitue la même contradiction qu'un être à trois dimensions avec une connaissance de deux dimensions seulement [....]. (*ibidem*, p. 47)

Krause envisage les surfaces de manière classique et n'a probablement jamais entendu parler de la notion de géométrie intrinsèque. Il n'a pas non plus compris le concept de courbure:

> Les lignes, les surfaces, les axes des corps dans l'espace ont une direction et par conséquent une mesure de courbure; mais l'espace en tant que tel n'a aucune direction car tout ce qui est dirigé est dans l'espace, et pour cela il n'a pas de mesure de courbure; mais c'est autre chose que d'avoir une mesure de courbure nulle. (*ibidem*, p. 84)

Dans sa conférence, Helmholtz avait déjà mis en garde ses auditeurs contre une fausse interprétation de ce concept, en rappelant que la courbure d'un espace est une grandeur calculée de façon analytique à partir de la métrique de l'espace et qu'elle n'a de signification géométrique que dans des cas particuliers[35]. Il reviendra sur ce point dans une réponse aux critiques de Krause (1879).

Le philosophe Hermann Lotze[36] consacre deux chapitres de sa *Métaphysique* (1879) au problème de l'espace. Au nom de l'intuition, il rejette les nouvelles théories géométriques; à ses yeux, «tout l'ensemble de ces spéculations n'est qu'une seule grande et systématique erreur»[37]. Ses critiques portent notamment sur les êtres superficiels. Il admet que de tels êtres vivant sur un plan euclidien ne parviendraient pas à l'idée d'une troisième dimension. La situation serait en revanche différente pour des êtres vivant sur une sphère. En effet, après avoir décrit la trajectoire d'un être sphérique W le long d'un méridien d'un point A jusqu'à lui-même, Lotze conclut:

> Or, cette idée [la troisième dimension] naîtra en lui sans doute, non en vertu de perceptions immédiates, mais à raison de l'intolérable contradiction que

35 Helmholtz (1876, p. 38).

36 Lotze (1817-1881) fut professeur de philosophie à Leipzig, Göttingen et Berlin. Sa théorie de l'espace et son point de vue sur les nouvelles géométries ont été étudiés par Torretti (1984, pp. 285-291).

37 Lotze (1879, p. 234 ou 1883, p. 241).

> présenterait cette droite retournant sur elle-même, si l'on regardait comme un fait réel ce résultat apparent de l'expérience. Pour une intuition à laquelle divers points apparaissent comme ordonnés en juxtaposition dans l'Espace, le résultat de l'expérience faite n'est rien de plus que la définition d'une courbure, et, tout considéré, de la courbure uniforme du cercle; mais, puisqu'elle ne peut être dirigée ni vers l'Est ni vers l'Ouest, il faut nécessairement qu'il y ait une troisième dimension, de laquelle jamais, – il est vrai, – ne viennent des impressions directes, et qui par cette raison ne peut être pour W, de la même manière que les deux autres, l'objet d'une perception sensible, mais qu'il conçoit avec la même certitude que nous concevons l'espace intérieur d'un corps physique enveloppé de sa superficie. (1879; traduction de A. Duval, 1883, p. 260)

Lotze élève aussi une importante objection à l'égard des preuves expérimentales du postulatum:

> Jusqu'à présent, ces observations ont été d'accord avec la géométrie d'Euclide; mais, s'il arrivait une fois que des mesurages astronomiques de grandes distances montrassent, après correction de toutes erreurs d'observation, une plus petite somme d'angles dans le triangle, que faire alors? Alors nous croirions simplement avoir découvert une nouvelle et très singulière sorte de réfraction qui aurait fait dévier les rayons lumineux servant à déterminer les directions; c'est-à-dire nous inférerions de là une particulière manière d'être de la réalité physique dans l'Espace, mais nous n'attribuerions certainement pas à l'Espace lui-même une manière d'être qui contredirait toutes nos intuitions, et ne serait garantie par aucune intuition exceptionnelle. (*ibidem*, p. 257)

Cette objection apparaissait déjà chez Bellavitis et sera reprise par Poincaré[38]. Pour Lotze il n'y a qu'une seule intuition possible de l'espace et, en présence de phénomènes nouveaux, nous ne renoncerions pas aux lois géométriques dictées par cette intuition mais changerions plutôt les lois de la physique.

Dans une conférence faite à la *Société Royale du Canada* (1897), Nathan Dupuis, professeur de mathématiques et de chimie à l'Université Queen de Kingston, juge également contradictoire l'hypothèse d'êtres superficiels ne connaissant pas la troisième dimension. Il soutient notamment que si l'on sépare une surface du volume qu'elle délimite, celle-ci devient une abstraction. Et il est pour lui impossible d'imaginer des êtres intelligents habitant une abstraction.

38 Torretti écrit qu'à sa connaissance Lotze est le premier à avoir formulé cette objection (1984, pp. 288-289). Mais le texte de Bellavitis cité au § 3 du chapitre 9 est de dix ans antérieur à celui de Lotzte.

3.2 Jevons, Cayley, Land, Günther, Schmitz-Dumont

La critique de Jevons parut dans la revue *Nature*, ce qui, selon Richards, montre l'impact des idées de Helmholtz; cette revue s'adressait en effet à un lectorat cultivé dépassant largement les limites de la communauté mathématique[39]. Richards a bien résumé le point de vue de Jevons:

> La position de Jevons était essentiellement que, quoique Helmholtz soit parvenu avec succès à créer des modèles d'un monde dans lequel les axiomes géométriques euclidiens ne décriraient pas précisément l'expérience, l'existence de ces modèles n'affectait pas la *vérité* des axiomes d'Euclide; simplement dans les situations particulières supposées par Helmholtz, les axiomes d'Euclide seraient moins *applicables*. (1988, p. 87)

Selon Jevons, des êtres superficiels, sphériques ou pseudosphériques, seraient nécessairement amenés à découvrir ces axiomes en étudiant les figures infinitésimales:

> Posons-nous la question: «Est-ce que les habitants d'un monde sphérique pourraient se rendre compte de la vérité de la 32e proposition du premier livre d'Euclide?»[40] Je suis sûr qu'ils le pourraient s'ils étaient en possession des capacités de l'intellect humain. Dans de grands triangles, la vérification de cette proposition échouerait complètement, mais ils ne pourraient pas s'empêcher d'observer que plus les triangles examinés deviendraient petits, plus l'excès sphérique des angles diminuerait, de sorte que la nature d'un triangle rectiligne se présenterait à eux sous la forme d'une limite. Toute la géométrie plane serait aussi vraie pour eux que pour nous, sauf qu'elle serait vraie exactement seulement pour des figures infiniment petites. (1871, p. 481)

Jevons relève que dans notre monde aussi la géométrie euclidienne n'est pas strictement vérifiée. Selon l'univers supposé, la géométrie euclidienne n'est donc pas plus ou moins vraie mais seulement plus ou moins applicable; dans tous les cas elle est «exacte en théorie»[41].

39 Richards (1988, p. 86). Les controverses entre Jevons et Helmholtz et entre Land et Helmholtz ont déjà été en partie étudiées par Richards.

40 L'énoncé de cette proposition est le suivant: «Dans tout triangle, un des côtés étant prolongé, l'angle extérieur est égal aux deux angles intérieurs et opposés, et les trois angles intérieurs du triangle sont égaux à deux droits.» (Traduction de B. Vitrac, 1990, p. 255).

41 Jevons (1871, p. 481).

Jevons croit ainsi à une vérité transcendante de cette géométrie. Il affirme aussi qu'une comparaison entre la géométrie des figures finies et celle des figures infinitésimales permettrait aux êtres sphériques de découvrir toutes les propriétés d'un espace à trois dimensions.

La réponse de Helmholtz fut publiée dans *The Academy*, journal dans lequel avait paru son premier article. Il observe tout d'abord que des propriétés vraies seulement pour les figures infinitésimales ne peuvent être considérées comme des «vérités nécessaires ou des axiomes de la géométrie en général»[42]. Si les êtres sphériques imaginaient la géométrie euclidienne, ils auraient l'exemple d'une théorie mathématique logiquement consistante mais non vérifiée physiquement. Helmholtz reproche à Jevons de ne pas distinguer clairement la consistance logique d'une théorie de sa validité expérimentale:

> Je pense par conséquent que M. Jevons ne distingue pas suffisamment entre la vérité qui correspond à la réalité et la vérité analytique qui est dérivée d'une base hypothétique par un processus logique consistant en lui-même et ne conduisant à aucune contradiction. Pour nous, la géométrie euclidienne est vraie en réalité: un théorème de géométrie sphérique ou pseudosphérique pourrait être appelé vrai dans le second sens, en tant que consistant avec tout le système d'une telle géométrie. Au contraire, pour les esprits d'un monde pseudosphérique la géométrie euclidienne serait fictive et celle de Lobatschewsky réelle. (1872, p. 53)

Pour Helmholtz, il n'y a pas de place pour un troisième type de vérité. C'est l'une des rares fois où il mentionne la possibilité d'une vérité seulement logique. Pour lui, la géométrie est d'abord une théorie physique. Ce point apparaîtra clairement dans sa réponse à Land.

Dans un discours prononcé devant la *British Association for the Advancement of Science*[43], Cayley défend des idées proches de celles de Jevons. Des observations locales conduiraient les êtres sphériques à développer d'abord la géométrie euclidienne; des observations plus étendues leur montreraient ensuite que l'espace à deux dimensions de leur expérience est sphérique. Ceci n'empêcherait pas la géométrie euclidienne d'être idéalement vraie pour eux:

42 Helmholtz (1872, p. 52).

43 Un extrait de ce discours a été cité au chapitre 9.

> Mais leur géométrie euclidienne initiale n'en serait pas moins un système vrai: elle s'appliquerait seulement à un espace idéal, non à l'espace de leur expérience. (1883-1896, p. 435)

Sans doute inspiré par ses travaux sur les métriques projectives, Cayley remarque qu'il y a plusieurs façons de définir une distance:

> Deuxièmement, considérons un plan ordinaire indéfiniment étendu; et modifions seulement la notion de distance. Admettons que nous mesurons la distance par une règle graduée en yards ou en pieds, [...]; imaginons alors que la longueur de cette règle change constamment (comme cela pourrait arriver à cause d'un changement de température), mais avec la condition que sa longueur réelle dépende seulement de sa situation dans le plan et de sa direction [...]. La distance le long d'une droite donnée ou d'une ligne courbe entre les deux points pourrait alors être mesurée d'une manière habituelle avec cette règle et aurait une valeur parfaitement déterminée: elle pourrait être mesurée et remesurée et serait toujours la même; mais bien entendu, ce ne serait pas la distance dans l'acception ordinaire du terme, mais dans une acception tout à fait différente. (Cayley, 1883-1896, pp. 435-436)

La nécessité de choisir un étalon de mesure pour définir une distance et le caractère relatif de ce choix sont deux points importants mis en évidence par Helmholtz. Ils seront repris par Poincaré et lui permettront de développer l'idée de «convention». En dépit des apparences, Cayley est éloigné de ces idées: même s'il admet que la distance peut être mesurée de plusieurs manières, il privilégie l'«acception ordinaire» de la distance. Le monde fictif présenté ici est sans doute inspiré des mondes de Helmholtz. Il réapparaîtra chez Poincaré sous la forme d'une sphère à l'intérieur de laquelle la température et l'indice de réfraction varient en fonction de la distance au centre[44].

La critique de Land, de même que la réponse de Helmholtz, furent publiés dans la revue de philosophie et de psychologie *The Mind*, qui venait d'être fondée. Land défend l'idée que les êtres sphériques ne manqueraient pas de découvrir la géométrie euclidienne et la troisième dimension:

> Comme toutes les lignes droites sur une sphère finissent par se rencontrer quelque part, pourquoi ne supposeraient-ils pas une fois une surface différente sur laquelle des lignes droites pourraient être tirées dans n'importe quelle

44 Ce monde fictif est décrit dans Poincaré (1892) et Poincaré (1895).

> direction en restant à la même distance jusqu'à l'infini, et, en raisonnant à partir de ceci et de quelques autres hypothèses, découvrir la géométrie analytique du plan? En combinant ceci avec leurs théorèmes sphériques originaux, quelque génie parmi eux pourrait concevoir l'hypothèse hardie d'une troisième dimension, et démontrer que les observations concrètes sont parfaitement expliquées par celle-ci. Il y aurait donc un double ensemble d'axiomes géométriques; l'un identique au nôtre appartenant à la science, et un autre résultant de l'expérience sur une surface sphérique seulement, appartenant à la vie quotidienne. Le dernier exprimerait l'«objet» de l'intuition sensible; le premier une «réalité» incapable d'être représentée dans l'espace empirique mais parfaitement capable d'être pensée et admise par les savants comme réelle, quoique différente de l'espace habité. (1877, p. 44)

La géométrie euclidienne ne serait pas découverte, comme chez Jevons et Cayley, par des mesures dans un domaine restreint, mais par un processus d'abstraction qui paraît peu naturel. On retrouve chez Land l'idée du double système d'axiomes, empirique et idéal. Pour lui, Helmholtz n'a pas réussi à montrer que l'espace sphérique et l'espace non euclidien étaient imaginables:

> Mais l'on nous parle d'un espace sphérique et d'un espace pseudosphérique, et les non Euclidiens déployent toutes leurs forces afin de légitimer ces espaces en les rendant imaginables. Nous ne trouvons pas qu'ils y parviennent, à moins que la notion d'imaginabilité ne soit élargie bien au delà de ce que les kantiens et les autres entendent par ce mot. [...] Et lorsque nous sommes assurés que Beltrami a rendu les relations dans l'espace pseudosphérique à trois dimensions imaginables par un procédé qui remplace les lignes droites par des courbes, les plans par des surfaces courbes et les points à l'infini par les points d'une sphère finie, nous pourrions aussi bien croire qu'un cône est rendu suffisamment imaginable à un élève en montrant simplement sa projection sur un plan [...]. Seulement les caractéristiques de la chose que nous devons imaginer sont écartées et tout ce que nous sommes capables de saisir avec notre intuition est une traduction de cette chose en quelque chose d'autre. (*ibidem*, pp. 41-42)

Land a une conception restrictive de la représentation. Celle-ci a un caractère absolu et toute modification, ou traduction, fait perdre aux notions géométriques une partie de leurs propriétés.

Dans sa réponse, Helmholtz réaffirme d'abord qu'il est possible d'imaginer les impressions que l'on aurait dans un monde non euclidien; l'explication kantienne du caractère *a priori* des axiomes géométriques est donc fausse. Helmholtz insiste sur le fait que le processus d'imagination peut être lent et difficile puisqu'il s'agit d'imaginer des objets jamais perçus. La spontanéité des représentations n'est cependant pas une condition déterminante. Il cite à ce sujet la difficulté de se représenter des objets existant réellement comme un nœud compliqué ou un cristal à plusieurs faces. Helmholtz présente ensuite deux conceptions possibles de la géométrie. La première est celle d'une science physique, fondée sur l'existence de corps rigides et sur la possibilité de mesurer et comparer des distances:

> Dès que nous aurons trouvé les moyens physiques convenables pour déterminer si les distances de deux couples de points sont égales, nous serons aussi capables de distinguer le cas où trois points a, b et c sont situés sur une ligne droite, car il n'existera alors aucun point distinct de b situé à la distance ab de a et à la distance bc de c.
> Nous devrions alors être capables de chercher trois points A, B, C équidistants l'un de l'autre et formant les sommets d'un triangle équilatéral, et sur les côtés AB et AC deux autres points b et c équidistants de A. La question se poserait alors de savoir si la distance bc = Ab = Ac. La géométrie euclidienne répondrait affirmativement. La géométrie *sphérique* dirait que bc > Ab lorsque Ab < AB; la géométrie *pseudosphérique* dirait le contraire. Nous trouverions ainsi, lors de nos premiers pas, que nous devrions poser nos axiomes. (1878, p. 218)

A côté d'une telle géométrie, il pourrait y avoir une géométrie «pure»:

> Mais mon contradicteur pense que, à côté de cette *géométrie physique* qui prend en compte les propriétés physiques (aussi bien que géométriques) des corps, il y a aussi une *géométrie pure*, fondée seulement sur l'intuition transcendantale – que nous avons, indépendamment de l'expérience, une représentation des corps géométriques, surfaces, lignes, qui sont absolument rigides, et immuables, et pourtant pourraient être en relation d'égalité et de congruence. (1878, pp. 218-219)

Le terme «pur» n'est pas utilisé dans le sens néo-positiviste de logique mais dans un sens kantien. La géométrie pure concerne une réalité extérieure mais est obtenue sans expérience. Dans une telle géométrie, on pourrait décider sans les déplacer si deux corps rigides sont congruents. Helmholtz remarque que l'intuition sur laquelle est fondée cette géométrie devrait être absolument exacte, sinon il ne serait pas possible de dire si deux lignes prolongées à l'infini se coupent une fois ou deux. Selon lui, cette intuition serait donc bien différente de l'intuition visuelle[45]. Cette remarque s'adresse directement aux kantiens mais n'est pas judicieuse. Comme Schlick l'a noté, l'intuition visuelle ne serait pas considérée par Kant comme une intuition pure mais seulement comme une intuition empirique[46]. Par ailleurs, dans la conférence de Heidelberg, Helmholtz a bien montré que notre intuition de l'espace n'est pas seulement visuelle. Selon Helmholtz, une géométrie pure n'apporterait rien de plus que la géométrie physique car il faudrait commencer par vérifier si ses propositions sont physiquement vraies. Si c'était le cas, on retrouverait alors les propositions de la géométrie physique:

> Si nous avions réellement une forme innée et indestructible de l'intuition spatiale, incluant les axiomes, leur application scientifique objective au monde phénoménal serait justifiée seulement dans la mesure où l'observation et l'expérimentation rendraient manifeste que la géométrie physique pourrait établir des propositions universelles en accord avec les axiomes. (*ibidem*, p. 221)

Par ailleurs, l'espace physique et celui de l'intuition pure pourraient être dans une relation de miroir et la géométrie pure ne serait alors qu'un faux-semblant. Intéressé en premier lieu par une «connaissance réelle du monde extérieur»[47], Helmholtz conclut que l'hypothèse d'une connaissance *a priori* des axiomes est «non prouvée, non nécessaire et non pertinente»[48]. Remarquons que dans sa réponse à Land, Helmholtz ne dit pas que c'est par hypothèse qu'un corps est rigide. Il donne ainsi l'impression que la géométrie physique peut être construite de manière purement empirique.

La question de savoir si des êtres superficiels découvriraient la géométrie euclidienne a aussi été discutée par le mathématicien et géographe Siegmund Günther (1876-77) et par le philosophe Otto Schmitz-Dumont (1877). Ces auteurs arrivent pratiquement aux mêmes conclusions que Jevons, Cayley et Land. Voici ce que le second écrit:

45 Comme indiqué au début du § 2, la réponse à Land a été en partie intégrée au texte *Die Tatsachen in der Wahrnehmung* (1879) Il y a quelques différences entre les deux versions et la référence à l'intuition visuelle ne figure que dans la seconde (1879, p. 58).

46 Helmholtz (1921, pp. 173-174).

47 Helmholtz (1878, p. 225).

48 Helmholtz (1878, p. 225).

> Les habitants de la sphère développeront donc une planimétrie idéale, qui ne se laisse nulle part appliquer aux objets perceptibles par eux. Cette planimétrie idéale leur permettra pourtant de déduire de leurs cartes, qui ne peuvent pas rendre la véritable forme des pays (de même que nos cartes imprimées sur du papier plat), les véritables distances. Ils ne poseront pas, comme Helmholtz le pense, un autre système d'axiomes géométriques que le nôtre, mais un système idéal différent de leur perception, à savoir le même que notre système idéal (celui d'Euclide), qui ne s'applique pas exactement à nos perceptions mais seulement de manière approchée, précisément parce qu'il est idéalement construit et non copié à partir de la nature («acquis purement à partir de l'expérience», selon l'expression empiriste). (1877, pp. 10-11)

On a affaire ici à une idéalité de principe: tout système géométrique est obtenu par idéalisation à partir de l'expérience. On ne voit cependant pas pourquoi cette idéalisation devrait être la même pour des êtres plats et des êtres sphériques.

3.3 Conclusion

Dans les deux paragraphes précédents, j'ai présenté les réactions des contemporains de Helmholtz; elles sont dans l'ensemble négatives. On aurait néanmoins tort de rester sur cette impression. Les idées de Helmholtz auront une influence profonde. Nous l'observerons chez Poincaré. Cette influence se manifestera aussi plus tard dans les milieux du positivisme logique. Ainsi, dans son livre *Philosophie der Raum-Zeit-Lehre*, Hans Reichenbach[49] écrit:

> La solution présentée du problème de la géométrie doit pour l'essentiel être considérée comme le résultat des travaux de Riemann, Helmholtz et Poincaré et est connue sous le nom de *conventionnalisme*. Tandis que Riemann par sa formulation mathématique du concept d'espace posa le fondement avant tout pour l'application physique ultérieure, Helmholtz a créé les bases philosophiques; il a en particulier reconnu le lien entre le problème de la géométrie et celui des corps solides; il a aussi déjà exprimé de manière entièrement exacte la possibilité d'avoir une intuition des espaces non euclidiens. Il lui revient le mérite d'avoir reconnu le caractère intenable de la théorie kantienne de l'espace. Ses conférences épistémologiques doivent être considérées comme la

49 Reichenbach (1891-1953) enseigna la philosophie à Berlin, Istanbul et Los Angeles. Il a participé à la création du Cercle de Vienne.

> source de notre connaissance philosophique actuelle de l'espace. (1928-1977, p. 48)

Le livre de Reichenbach porte la marque de Helmholtz tant au niveau du contenu que de la présentation pédagogique des idées. La question des corps solides, la distinction entre une théorie logiquement valide et physiquement vérifiée et le problème de la visualisation des espaces non euclidiens sont longuement discutés dans une perspective anti-kantienne. Ces thèmes apparaissent aussi chez le philosophe Louis Rougier dans un ouvrage consacré à Poincaré. Après avoir résumé les idées de Helmholtz, il écrit:

> Helmholtz conclut de là que nous avons «la faculté d'imaginer la série entière des impressions sensorielles que nous éprouverions dans des mondes non-euclidiens, en suivant la route tracée par les lois connues de nos perceptions sensorielles». Ce résultat ruine la thèse des Criticistes. (1920a, p. 188)

Rougier (1889-1982) sera par la suite l'un des premiers philosophes à défendre les théories du Cercle de Vienne en France. En dépit de ce que Reichenbach et Rougier affirment, la question de savoir si la théorie kantienne de l'espace est compatible avec la géométrie non euclidienne reste un sujet de réflexion qui a fait l'objet de travaux récents[50]. Comme Panza l'a bien relevé, une réponse positive ne peut cependant reposer que sur «la réussite d'un essai de réinterprétation qui, ne s'arrêtant pas à la surface des choses, produit des nouvelles lectures autant de la philosophie critique que de la géométrie moderne»[51].

50 Friedmann (1992), Barker (1992), Panza (1995).
51 Panza (1995, p. 39).

Chapitre 12

Frischauf

§ 1 Les travaux de Frischauf

En publiant deux adaptations de l'*Appendix* de Bolyai, Johannes Frischauf, professeur de mathématiques à l'Université de Graz, a joué pour le public germanophone le même rôle que Houël en France et Battaglini en Italie. La première de ces adaptations est intitulée *Absolute Geometrie nach Johann Bolyai* (1872a). Les principaux changements par rapport au texte de Bolyai concernent l'ordre dans lequel les matières sont traitées. En modifiant cet ordre, Frischauf pense rendre l'exposé plus clair. Son livre contient également les démonstrations des deux théorèmes de Legendre reprises des *Geometrische Untersuchungen* de Lobatchevski[1]. Il présente encore en appendice certains résultats de W. Bolyai extraits de son *Kurzer Grundriss* (1851), et notamment la définition de la droite et du plan à partir de sphères. La seule contribution originale est l'établissement de l'équation de la droite dans un système de coordonnées rectangulaires à l'aide du calcul des variations.

L'ouvrage de Frischauf fit l'objet dans le *Bulletin des Sciences mathématiques et astronomiques* d'un compte rendu de De Tilly. Ce dernier, entièrement acquis aux nouvelles idées, ne pouvait qu'être favorable à un tel ouvrage:

> M. Frischauf a rendu ainsi aux lecteurs allemands le service que M. Houël rendit, il y a quelques années, aux lecteurs français, [...].
> Si, écartant le point de vue historique, on voulait juger les Ouvrages de J. et de W. Bolyai, même remaniés par M. Frischauf, avec les idées actuelles, on ne pourrait s'empêcher de les trouver un peu arriérés.
> Une exposition scientifique des principes fondamentaux de la Géométrie, écrite aujourd'hui, différerait probablement de celle des deux géomètres hongrois par les points suivants: on y apporterait plus de rigueur dans l'établissement des principes antérieurs à l'axiome XI d'Euclide; une fois ces principes admis, on ne recourrait plus aux trois dimensions pour la recherche des

1 Frischauf cite cet ouvrage dans sa préface.

> lois de la Géométrie plane; enfin on déduirait d'une même théorie les *trois* systèmes de Géométrie possibles, dont le dernier a été signalé par Riemann, tandis que J. Bolyai n'en trouve que deux. (1874, p. 105)

Le dernier paragraphe exprime les préoccupations personnelles de De Tilly qui, à cette époque, réfléchissait au problème des fondements de la géométrie. Le programme proposé est celui qu'il essayera d'accomplir dans son *Essai sur les principes fondamentaux de la géométrie et de la mécanique* (1879); nous avons vu qu'une partie de ce programme avait déjà été réalisée dans les *Etudes de mécanique abstraite*. Il est amusant de comparer les deux premiers paragraphes avec un passage d'une lettre de De Tilly à Houël du 12 mars 1874. Un jugement public est parfois différent d'un jugement privé:

> J'ai lu l'ouvrage de Frischauf. Cet auteur a rendu aux lecteurs allemands le service que vous avez rendu vous-même, il y a longtemps, aux lecteurs français, en leur faisant connaître les idées de Bolyai, dans un langage plus clair que celui de l'auteur. Mais ces idées mêmes sont aujourd'hui tellement arriérées que je pense qu'une simple mention au *Bulletin* pourrait suffire. (AAS, *Dossier Houël*)

De Tilly qualifie les ouvrages des deux Bolyai d'«arriérés» («un peu» ou «tellement» suivant les versions). C'est un signe de la prise de conscience qui se fait vers 1870 de la faiblesse des fondements de la géométrie. Après avoir éclairci le rôle du postulatum, il s'agit d'examiner celui des autres axiomes.

Frischauf publia sous le titre *Elemente der absoluten Geometrie* (1876) une seconde version de son livre, enrichie de plusieurs compléments. Elle comporte trois chapitres. Tenant peut-être compte de la remarque de De Tilly, le premier chapitre est consacré aux «principes antérieurs à l'axiome XI». Il ne présente guère d'intérêt. Frischauf essaye de donner des définitions des notions de surface, ligne et point mais ne pose explicitement aucun axiome. Il reprend ensuite les définitions du plan et de la droite de W. Bolyai déjà exposées dans son premier livre. Le deuxième chapitre contient pour l'essentiel la matière du précédent ouvrage. Il est divisé en deux sections, la première consacrée à la géométrie euclidienne et la deuxième à la géométrie non euclidienne. Le troisième chapitre est nouveau. Il traite de la «géométrie de l'espace fini» et présente les principaux résultats de Riemann, Helmholtz et Beltrami. Frischauf confond les deux formes sphérique et elliptique que peut prendre cette dernière géométrie[2].

Dans ses deux livres, Frischauf suit Lobatchevski et s'appuie sur sa preuve astronomique pour affirmer que la géométrie euclidienne est expérimentalement vérifiée[3]. Dans la préface du second, il affirme avoir voulu «montrer l'inutilité des tentatives de preuve du onzième axiome d'Euclide»[4]. Il ne va cependant pas plus loin que Bolyai et Lobatchevski et se contente de donner comme preuve de cette indémontrabilité le fait que la géométrie euclidienne est un cas particulier de la géométrie non euclidienne, celui où l'unité absolue k est infinie. En 1876, l'existence d'interprétations n'est donc pas encore véritablement perçue comme une preuve de l'indémontrabilité du postulatum.

§ 2 Polémiques autour du second livre de Frischauf

La parution de ce livre donna lieu à une violente polémique dans la *Zeitschrift für mathematischen und naturwissenschaftlichen Unterricht* de Leipzig. Les numéros 7 et 8 de 1876 et 1877 ne contiennent pas moins de six articles sur le sujet. Cette revue avait été créée en 1870 par un maître de gymnase: J. C. V. Hoffmann. Elle s'adressait aux maîtres de mathématiques et de science de l'enseignement secondaire. Elle traitait principalement de problèmes pédagogiques et liés à l'organisation de l'enseignement. Elle entendait aussi promouvoir l'enseignement des sciences exactes dans le système scolaire. Frischauf en était l'un des collaborateurs.

2.1 Les critiques de Killing

Le premier article est un compte rendu d'un mathématicien de haut niveau: Wilhelm Killing (1876). Il est dans l'ensemble favorable. Les principales critiques concernent le premier chapitre et le début du troi-

2 Frischauf (1876, p. 107).
3 Frischauf (1872a, p. 56) et Frischauf (1876, p. 66).
4 Frischauf (1876, p. III).

sième. Elles portent à juste titre sur les parties les plus faibles de l'ouvrage. Killing signale dans le premier chapitre plusieurs assertions admises sans démonstration; il reproche aussi à Frischauf d'utiliser implicitement dans certains raisonnements l'hypothèse que l'espace est infini. Il y a là une erreur car les premiers théorèmes devraient être, selon lui, communs aux trois géométries. Une des critiques de Killing est particulièrement instructive; elle concerne le statut ontologique de la géométrie sphérique. Dans son livre Frischauf soutient en effet que cette géométrie n'a pas d'existence propre:

> Nonobstant l'apparente indépendance de la géométrie de l'espace fini, la géométrie de Bolyai et Lobatschewsky peut cependant être considérée comme le cas le plus général.
> Comme en effet chaque science constitue son objet à partir de certaines hypothèses et figures, des différentes formes possibles d'une science, qui correspondent aux différentes hypothèses, celle qui contient parmi ses objets ceux des autres formes doit être appelée la plus générale.
> La géométrie fondée sur l'hypothèse de l'espace infini possède parmi ses figures la sphère (et son intérieur, la boule, comme partie de l'espace) avec exactement les mêmes propriétés que la forme indépendante de l'espace fini. On peut donc considérer la géométrie de l'espace fini comme une partie de l'étude de la géométrie de l'espace infini; cette dernière est donc la forme générale. (1876, pp. 107-108)

Killing relève avec justesse qu'on ne peut identifier le «plan fini» avec la sphère que si l'on se restreint à leurs propriétés intrinsèques:

> L'inutilité d'une géométrie propre de l'espace fini est encore justifiée par le fait que l'espace infini contient parmi ses objets ceux de l'espace fini; [...] En fait l'affirmation de l'auteur n'est que partiellement correcte; le plan de l'espace fini par exemple est identique à une sphère de l'espace infini seulement lorsque la surface est considérée en elle-même; des différences apparaissent en revanche dès qu'on met chacune en relation avec d'autres figures de l'espace. (1876, pp. 466-467)

Le problème est le même que celui de l'identité entre horisphère et plan euclidien évoqué dans la correspondance entre Beltrami et Houël. En réduisant la géométrie sphérique à une partie de la géométrie non euclidienne, Frischauf procède comme Genocchi et Bellavitis, qui soutenaient que la géométrie non euclidienne n'avait pas d'existence propre puisque l'on peut en donner une interprétation euclidienne.

2.2 Critique de Pietzker et réponses de Killing et Frischauf

La controverse proprement dite sur le livre de Frischauf débuta avec une lettre adressée à la rédaction par un certain Franz Pietzker (1876)[5]. Il commence par affirmer que toute l'argumentation de Frischauf n'est que du vent car le postulatum est démontrable. Il donne ensuite une «démonstration» due au mathématicien allemand Bernhard Friedrich Thibaut, sans d'ailleurs le citer[6]. Après avoir déclaré qu'il n'y a aucun intérêt à chercher où se trouve la faute de raisonnement dans la construction de la géométrie non euclidienne, Pietzker écrit:

> Il est en revanche digne d'intérêt de savoir quelle est l'origine de l'intuition géométrique complètement fausse exprimée dans la géométrie de Bolyai. Il me semble que cette origine réside dans le malheureux théorème que «deux droites parallèles se coupent à l'infini». De ce théorème [...] découle le concept du «point à l'infini d'une droite». Ce concept est en lui-même contradictoire car l'existence de points à l'infini isolés n'est pas conciliable avec le concept d'infinité; il entraînerait pour le moins une pétition de principe dont justement devrait se garder un livre qui, comme celui de Frischauf, lutte contre les hypothèses arbitraires. (1876, pp. 470-471)

Ces arguments sont confus; ce sont d'abord des raisons d'ordre intuitif qui amènent Pietzker à rejeter la géométrie non euclidienne. Il poursuit en affirmant que deux parallèles ne se coupent jamais, même pas à l'infini. Il critique en particulier la définition des parallèles de Bolyai comme limites entre sécantes et non sécantes. Pour lui toutes les spéculations qui reposent sur cette vision des choses ne sont que des «chimères». Il conclut:

> Les parallèles de Bolyai n'ont pas une distance constante mais s'approchent peu à peu pour se couper «à l'infini». Mais puisqu'elles forment un angle nul, on est en présence de deux droites issues sous cet angle du même point («à l'infini») et qui ne coïncident pas, une situation qui contredit directement les propriétés fondamentales de la droite. Bien entendu ceux qui tolèrent les

5 Je n'ai pas trouvé de renseignements sur Pietzker (1844-1916). En 1876, il habitait à Tarnowitz, actuellement en Pologne. Etant donné le lectorat de la revue, on peut penser qu'il était maître de mathématiques dans cette ville.

6 Cf. chapitre 6, § 2.1. Dans son analyse de la démonstration de Thibault, Pont cite des extraits de la lettre de Pietzker et de la réponse de Killing (Pont, 1984, pp. 242-243).

> contradictions «à l'infini» ne s'en font pas; ils sont bien conscients qu'il s'agit d'une région où jamais personne ne va afin de protester sur place contre une telle contradiction. (*ibidem*, p. 472)

L'argumentation de Pietzker évoque celle utilisée un siècle plus tôt par Saccheri pour rejeter l'hypothèse «de l'angle aigu». En raisonnant avec les points à l'infini comme avec les points ordinaires, Pietzker commet la même erreur que Saccheri.

La lettre de Pietzker suscita une réponse de Killing dans le numéro suivant de la revue[7]. Il commence par critiquer la démonstration du postulatum donnée par Pietzker. Il reproche ensuite à ce dernier de ne pas vouloir examiner où réside une contradiction dans la géométrie non euclidienne mais de chercher seulement à indiquer l'origine de «l'intuition géométrique complètement fausse» qui en est à la base:

> Cette origine lui paraît être le théorème que deux parallèles se coupent à l'infini. Je ne crois pas que beaucoup de mathématiciens voient là un théorème; j'ai toujours considéré qu'il s'agissait d'une simple expression dont on peut presque se passer en géométrie euclidienne, et qui sert à inclure dans un énoncé général les exceptions de beaucoup de théorèmes. J'ignore si certains maîtres ne sont pas assez prudents avec cette expression, mais cela n'a aucune importance dans le cas présent. (1877, pp. 220-221)

Cette remarque a le mérite du bon sens et de la clarté. Il n'empêche que la question de savoir si deux droites peuvent «se couper à l'infini» avait donné lieu quelques années plutôt à d'autres discussions animées[8]. Killing relève enfin qu'à l'heure où la géométrie non euclidienne commence à être enseignée à un public plus large, ce serait rendre un grand service à la science que de découvrir une contradiction dans cette théorie. Le propos est ironique; il est cependant curieux que Beltrami et Klein ne soient pas cités. Ceci montre bien que l'existence d'interprétations n'apparaît pas, ou n'est pas encore invoquée, comme une preuve de la non-contradiction de la géométrie non euclidienne.

A la suite de l'article de Killing, on trouve une réponse de Frischauf à un compte rendu de Pietzker paru dans la *Jenaer Literatur-*

7 Le numéro 8 de 1877.

8 Le numéro 1 (1870) de la *Zeitschrift für mathematischen und naturwissenschaftlichen Unterricht* contient un échange de lettres sur cette question.

zeitung[9]. Frischauf relève des points de détail que Pietzker n'a pas compris et conclut:

> Après de tels exemples de la perspicacité logique du rapporteur, je crois pouvoir ignorer ses vues sur les théories de l'espace et sur les fondements de la géométrie. (1877 p. 223)

La polémique se poursuivit avec une réponse de Pietzker à ses détracteurs (1877). Elle n'apporte pas d'éléments nouveaux et est sans grand intérêt.

§ 3 Autres écrits de Pietzker; le point de vue de Frege

Le combat de Pietzker contre la géométrie non euclidienne ne s'arrêta pas là et dura encore un quart de siècle. On lui doit un long travail critique sur les fondements de la géométrie (1891). Les réactions suscitées par cette publication l'incitèrent à répondre à nouveau dans la *Zeitschrift für mathematischen und naturwissenschaftlichen Unterricht* (1892). L'essentiel de sa réponse est consacré à une réfutation des idées de Klein. Pietzker récidivera dix ans plus tard avec un article traduit en français et publié dans l'*Enseignement mathématique* (1902). Cette revue à vocation pédagogique offrit, dans ses premiers numéros, l'une des dernières tribunes aux adversaires de la géométrie non euclidienne[10]. En dépit du ton modéré et apparemment objectif de l'article, il s'agit d'une nouvelle tentative de réfutation de la géométrie non euclidienne. La manière a cependant changé et est devenue plus subtile; Pietzker n'essaye plus de démontrer directement le postulatum, mais cherche d'autres raisons pour conclure à l'impossibilité de la géométrie non euclidienne.

9 Je n'ai pu me procurer cet article de Pietzker.

10 Cf. Pont (1984, pp. 660-664). Il semble qu'une certaine prudence était encore de mise à cette époque à propos de la question des parallèles. Rendant compte d'une brochure due à un certain Clément Vidal et intitulée *Pour la Géométrie euclidienne* (Paris, 1900), l'un des deux rédacteurs, C. A. Laisant, affirme en effet qu'il se gardera «de prendre parti dans un sens ou l'autre» et se déclare «disposé à mettre l'*Enseignement mathématique* à la disposition des deux camps» (numéro 2, 1900, p. 151).

L'article commence par un bref rappel sur les travaux de Bolyai, Lobatchevski et Beltrami et sur les différentes formes d'espaces possibles. Les deux questions fondamentales soulevées par ces travaux et auxquelles Pietzker se propose de répondre sont les suivantes:

> L'espace possède-t-il véritablement une forme différente de celle convenue dans le théorème des parallèles euclidiennes, sans que nous puissions avoir connaissance de cette déviation de la forme euclidienne, en raison du peu d'étendue du domaine ouvert à notre expérience? (1902, p. 78)
>
> Quelles conditions doit remplir une forme d'espace pour qu'on puisse lui attribuer une réelle existence? C'est à cette question seule, comme je le remarque ici expressément, que s'adresseront toutes mes discussions suivantes. (*ibidem*, p. 81)

On retrouve la question de l'existence «réelle» d'une théorie. Pietzker ne précise d'ailleurs pas ce qu'il entend par là. Voyons comment il conduit son attaque. Il commence par remarquer que l'échec des tentatives de démonstration du postulatum ne prouve pas qu'une telle démonstration est impossible. L'un de ses arguments montre qu'il est toujours possible d'interpréter l'histoire d'une façon arrangeante:

> L'Histoire offre trop d'exemples de recherches qui pendant longtemps ont manqué leur but parce que de prime abord elles ont été engagées sous une forme erronée ou dans une fausse direction. Mais je trouve beaucoup plus extraordinaire que, malgré le manque d'une base hors d'atteinte, la croyance à la justesse du système euclidien n'ait eu aucune secousse pendant plus de deux mille ans. Saccheri même, aux recherches récemment connues duquel les partisans de la théorie moderne de l'Espace ont eu recours, a repoussé absolument tout doute sur la réelle existence de la forme euclidienne. (*ibidem*, pp. 81-82)

Cet argument apparaît à la même époque dans une courte note posthume[11] de Frege:

> Osera-t-on traiter comme l'astrologie les Eléments d'Euclide, qui ont joui d'une considération incontestée pendant plus de deux mille ans? C'est seulement si on n'ose pas faire cela qu'on ne peut poser les axiomes d'Euclide ni comme faux ni comme douteux. On doit alors compter la géométrie non euclidienne parmi les non-sciences, qui ne méritent encore une faible considération qu'au titre de curiosités historiques. (Frege, 1969; traduction de H. Sinaceur, 1999, p. 201)

11 Ce texte est daté selon l'éditeur allemand de la période 1899-1906.

Cette note contient d'autres affirmations tranchées:

> Nul ne peut servir deux maîtres. On ne peut pas servir la vérité et la non-vérité. Si la géométrie euclidienne est vraie, alors la géométrie non euclidienne est fausse, et si la géométrie non euclidienne est vraie, alors la géométrie euclidienne est fausse. (*ibidem*, p. 201)

Cette opinion est à mettre en relation avec l'opposition manifestée à cette époque par Frege à l'égard des *Grundlagen der Geometrie* de Hilbert[12]. Elle se fonde sur une conception classique des axiomes géométriques: ce sont «des propositions qui sont vraies mais qui ne peuvent être prouvées parce que la connaissance que nous en avons découle d'une source entièrement étrangère à la logique, et que l'on peut nommer l'intuition de l'espace»[13]. A la différence de Hilbert, Frege pense que les termes primitifs (point, droite, etc.) ont une signification et que les axiomes ne sont pas des hypothèses formelles mais énoncent des vérités. Une seule géométrie est donc possible[14]. La thèse selon laquelle l'intuition est au fondement de la géométrie et assure la validité de ses axiomes apparaît chez Frege dès son *Inauguralschrift* de 1873[15]. Mais sa position n'a pas toujours été aussi radicale que dans sa correspondance avec Hilbert et on trouve un point de vue plus modéré dans les *Grundlagen der Arithmetik* (1884). Comme on le sait, il s'agit, après la *Begriffschrift* de 1879, du deuxième texte important de Frege. Il essaye d'y montrer notamment le caractère analytique des lois de l'arithmétique et l'origine logique de la notion de nombre. Dans le § 14 de cet ouvrage, Frege effectue une comparaison entre les princi-

12 Cette opposition apparaît dans deux lettres de Frege à Hilbert du 27 décembre 1899 et du 6 janvier 1900, Frege (1976, pp. 60-76). Elles ont été traduites en français et commentées par Jacques Dubucs (1992). Frege réexposera ensuite ses idées dans des articles publiés en 1903 et 1906 dans le *Jahresbericht der Deutschen Mathematiker-Vereinigung*. On trouvera une étude détaillée de cette controverse dans un ouvrage de Jean Largeault consacré à Frege (1970).

13 Lettre à Hilbert du 27 décembre 1899 (Dubucs, 1992, p. 223). L'original est: «Axiome nenne ich Sätze, die wahr sind, die aber nicht bewiesen werden, weil ihre Erkenntnis aus einer von der logischen ganz verschieden Erkenntnisquelle fliesst, die man Raumanschauung nennen kann» (Frege, 1976, p. 63).

14 Comme Jacques Dubucs l'a relevé, ce point de vue est en 1900 «archaïsant», Dubucs (1992, p. 216).

15 Cf. Belna (2002, p. 394).

pes de la géométrie et ceux de l'arithmétique. Il affirme d'abord que «les vérités géométriques régissent le domaine de ce qui est l'objet d'intuition spatiale»[16]. Il explique ensuite que dans la mesure où une représentation (même la plus extravagante) reste intuitive, elle est liée aux axiomes géométriques. Il poursuit:

> Seule la pensée conceptuelle peut d'une certaine manière s'affranchir de ceux-ci [les axiomes], lorsqu'elle admet par exemple un espace à quatre dimensions ou à courbure positive. De telles considérations ne sont certainement pas inutiles mais elles quittent complètement le sol de l'intuition. Si l'on prend aussi celle-ci comme auxiliaire, c'est cependant toujours l'intuition de l'espace euclidien; les figures de cet espace sont les seules dont nous pouvons avoir une intuition. [...] Pour la pensée conceptuelle on peut toujours supposer le contraire de l'un ou l'autre des axiomes géométriques, sans que l'on s'embrouille dans des contradictions avec soi-même si l'on déduit des conséquences de telles hypothèses contredisant l'intuition. Cette possibilité montre que les axiomes géométriques sont indépendants les uns des autres et des lois logiques fondamentales, qu'ils sont donc synthétiques. (1884-1986, p. 28)

Frege termine le paragraphe en posant la question de savoir si l'on peut en dire autant des lois de l'arithmétique. La réponse donnée dans la suite de son œuvre sera négative puisque, contrairement à celles de la géométrie, ces lois trouvent leur fondement dans la logique. Si l'espace euclidien est pour Frege le seul espace accessible à l'intuition, les axiomes géométriques ne sont pas pour autant des nécessités de pensée et d'autres géométries peuvent être logiquement construites. Frege admet de plus l'intérêt mathématique de ces théories (elles ne sont pas inutiles).

Fermons cette parenthèse sur Frege et revenons à Pietzker. Selon lui, la géométrie non euclidienne n'est peut être pas exempte de contradictions car il lui manque la meilleure garantie contre celles-ci: «l'évidence pratique». Pietzker critique ensuite les «raisons positives» d'affirmer la possibilité de nouvelles formes d'espaces, c'est-à-dire les tentatives de donner des interprétations de la géométrie non euclidienne. Il écrit à propos de l'interprétation de Cayley-Klein:

16 «die geometrischen Wahrheiten beherrschen das Gebiet des räumlich Anschaulichen»; j'ai repris ici la traduction de C. Imbert (1969, p. 141). J'ai en revanche traduit un peu différemment l'extrait cité ci-dessous.

> Ceci devient encore plus lucide si l'on examine en détail l'état de la question, comme cela a été fait d'abord par Cayley. Bien entendu, les équations qui résultent de là entre les côtés et les angles d'un triangle reposent sur l'emploi des fonctions hyperboliques, comme dans la Géométrie lobatschewskienne, mais les longueurs de côtés et les grandeurs d'angles liées ensemble par de telles équations ne représentent plus les grandeurs des côtés et angles tels qu'ils se trouvent réellement dans ce triangle; ce sont de nouvelles grandeurs qui ont un certain rapport avec ces grandeurs proprement dites, et leur sont substituées; [...]. (*ibidem*, p. 84)

Il n'y a pour Pietzker qu'une seule distance et donc qu'une seule géométrie réelle. L'existence d'une interprétation ne constitue un argument en faveur de la géométrie non euclidienne que si l'on se place au niveau de la non-contradiction logique de la théorie. Elle n'est pas acceptable pour les tenants d'un réalisme étroit.

Pietzker essaye ensuite de démontrer encore une fois que la géométrie euclidienne est la seule possible. Son argumentation est confuse et ne mérite pas qu'on s'y attarde.

Chapitre 13

Les années d'incertitude en Allemagne

§ 1 Deux manuels en Allemagne vers 1870

Baltzer est le premier auteur à avoir fait allusion à la géométrie non euclidienne dans un manuel largement diffusé (1867). Quelques années plus tard, deux autres mathématiciens, Hermann Wagner (1874) et Carl Spitz[1] (1875), choisissent de rédiger un ouvrage destiné à des élèves et s'appuyant sur les recherches de Bolyai. Le contenu non euclidien de ces deux livres est restreint. Ils se limitent tous deux à la définition du parallélisme de Bolyai et aux propriétés fondamentales de cette relation. Ils présentent aussi les deux théorèmes de Legendre. Comme d'habitude dans ce genre de textes, ce sont les préfaces qui retiennent l'attention de l'historien. Après avoir rappelé les innombrables tentatives de démonstration du postulatum, Wagner écrit:

> Mais le fait que tous ces essais devaient rester vains a été maintenant suffisamment démontré dans notre siècle par Lobatschewsky et Bolyai, et spécialement par Riemann qui, avec une abstraction digne d'admiration, a étudié la nature de l'espace et montré qu'il s'agit d'un concept empirique (tout à fait à l'encontre de Kant). Il ressort de ses recherches que les principes sur lesquels la planimétrie est fondée ne sont effectivement rien d'autre que des propositions expérimentales, et que par conséquent la géométrie est une science expérimentale. Cette affirmation peut d'abord, par la hardiesse avec laquelle elle fait subitement irruption dans une opinion plusieurs fois millénaire, intimider, et peut-être sembler à certains ridicule; sa vérité se fraie pourtant chaque jour un chemin plus large. (1874, p. III)

La préface de Spitz exprime les mêmes idées. A l'instar de Baltzer et Grunert, les deux auteurs sont frappés par le passage de la géométrie du rang de science exacte à celui de science expérimentale. Ils y voient une remise en question de Kant. Il faut remarquer ici l'importance

1 Spitz était professeur à l'Ecole polytechnique de Karlsruhe et Wagner maître de mathématiques à Hamburg.

accordée à Riemann. C'est probablement sous son autorité que Wagner se place:

> [...] il [l'auteur] s'en remet au jugement de ceux qui ne font pas d'objections lorsqu'on ose dépouiller une science mathématique de son rang revendiqué jusqu'à maintenant d'une science *a priori*.
> En ce qui concerne la chose elle-même, l'auteur a de son côté des autorités qui le font regarder venir avec tranquillité toutes les objections. (1874, p. IV)

Spitz signale que les mesures les plus précises montrent que la somme des angles d'un triangle vaut deux droits. Cette hypothèse doit donc servir de fondement à une géométrie utilisable pratiquement[2]. Il relève aussi que les nouvelles idées gagnent chaque jour de l'estime; c'est une raison pour ne pas les cacher plus longtemps à la «jeunesse estudiantine»[3]. Wagner souligne le rôle joué par Frischauf. Il explique qu'il souhaite par son livre faire partager aux élèves l'enrichissement apporté aux maîtres par l'ouvrage de ce dernier:

> Cette géométrie découverte par lui [Bolyai] a été récemment rendue accessible à des cercles plus larges et d'une manière très claire par Frischauf; et par là l'occasion a été donnée à des lecteurs cultivés de reconnaître avec une clarté convaincante la nature propre de la géométrie. Pour ces derniers, les fondements de la géométrie ne peuvent maintenant contenir presque plus rien de fondamentalement obscur. (1874, p. IV)

La dernière phrase témoigne d'un bel optimisme.

§ 2 Günther

Nous avons déjà rencontré Günther dans le débat sur les êtres superficiels de Helmholtz. Il était l'un des collaborateurs de la *Zeitschrift für mathematischen und naturwissenschaftlichen Unterricht* de Leipzig et, entre 1870 et 1880, il participa activement aux discussions sur les nouvelles géométries. On lui doit plusieurs articles et comptes rendus d'ouvrages sur ce sujet. Il est aussi l'auteur d'un important traité sur les

2 Spitz (1875, p. IV).
3 Spitz (1875, p. IV).

fonctions hyperboliques dans lequel un chapitre est réservé à la géométrie non euclidienne (1881). Avant d'examiner cet ouvrage, je présenterai un article antérieur où Günther essaye de «démontrer» le postulatum par un raisonnement dans l'espace (1876). Une traduction italienne de ce texte fut publiée dans le *Giornale di matematiche* de Battaglini. Il n'y a à ma connaissance pas d'original en allemand.

2.1 Un essai de démonstration du postulatum

L'introduction témoigne des discussions suscitées par la géométrie non euclidienne:

> Ces derniers temps, le fait qu'il y a deux manières totalement différentes de comprendre la Géométrie absolue est devenu bien manifeste et remarquable; en voulant caractériser le plus brièvement possible leur différence, on peut dire qu'une partie des mathématiciens qui s'occupent maintenant de telles études croit à la réalité de cette Pangéométrie, c'est-à-dire croit à l'existence de figures qui ne sont pas soumises aux lois de l'ancienne Géométrie; les autres, en revanche, n'aperçoivent dans cette Géométrie qu'une occasion de pures recherches mathématiques, auxquelles manque tout substrat réel. (1876, p. 97)

C'est bien la question de la réalité de la géométrie non euclidienne qui constitue l'un des principaux points de désaccord. En parlant de «substrat réel», Günther reprend l'expression utilisée par Beltrami au début de son *Saggio*. Quelques remarques faites à propos des espaces à n dimensions montrent que le point de vue de Günther est réaliste; pour lui, le fait que ces espaces puissent être mathématiquement étudiés ne permet pas de leur attribuer une «existence réelle»[4]. Il ne croit par ailleurs pas que l'existence de la géométrie non euclidienne prouve l'impossibilité d'une démonstration du postulatum:

> Le type de recherches auxquelles il vient d'être fait allusion ont suffisamment démontré que l'on peut construire une Géométrie rigoureusement exacte et dépourvue de toute contradiction sans poser comme fondement l'axiome des parallèles. Mais on n'aperçoit pas pourquoi il faudrait en conclure qu'à cause de cela seulement une démonstration de l'axiome des parallèles est impossible.

4 Günther (1876, p. 99). En parlant d'espaces à n dimensions, Günther se réfère à l'*Ausdehnungslehre* de Grassmann (1844).

> Mais il convient de se rappeler toujours que cette Géométrie est purement imaginaire, et en fait incapable de décider quelles sont les relations qui ont lieu de fait dans l'espace. (*ibidem*, pp. 99-100)

Günther reconnaît que la géométrie non euclidienne est logiquement valide; mais nous savons que dans ce cas une démonstration du postulatum est impossible; sa position est donc contradictoire. Quelques années plus tôt, Beltrami et Houël avaient, du moins dans un premier temps, partagé la même conviction que Günther. Le texte cité ici permet peut-être d'expliquer les raisons d'une telle conviction. Pour Günther, les géométries euclidienne et non euclidienne ne sont pas de même nature. La première décrit l'espace ordinaire alors que la seconde n'est qu'une construction imaginaire; elle n'est donc pas habilitée à traiter de questions relatives à l'espace ordinaire; son existence et sa non-contradiction ne permettent pas de conclure à l'impossibilité d'une démonstration du postulatum, qui est une vérité «de fait».

Comme Houël quelques années plus tôt, Günther pense que les innombrables tentatives de démonstration du postulatum ont montré qu'une démonstration était impossible par des raisonnements dans le plan. Il faut donc recourir à un passage par l'espace. Son raisonnement est à peu près le suivant: en géométrie euclidienne, le plan peut être défini comme une sphère de rayon infini. Or, en géométrie absolue, la somme des angles d'un triangle situé sur une sphère de rayon infini vaut deux droits; c'est donc aussi le cas sur un plan et le postulatum est démontré! Le fait d'identifier une sphère de rayon infini avec un plan revient à admettre le postulatum. L'erreur est surprenante de la part d'un homme apparemment doté d'une bonne formation mathématique, et il est curieux que Battaglini ait publié ce texte dans son journal. Le raisonnement de Günther a été critiqué par Klein (1876). Tenant peut-être compte de ces remarques, Günther écrira quelques années plus tard:

> Le onzième axiome serait par conséquent directement démontré dès qu'il serait possible d'établir de manière déductive l'identité de la surface limite avec le plan, de la courbe limite avec la droite; mais ceci n'a pas réussi jusqu'à maintenant, et ne réussira selon toute probabilité jamais. (1881, p. 313)

La résignation commence à apparaître chez les derniers postulateurs.

2.2 Le traité sur les fonctions hyperboliques

Les fonctions hyperboliques jouent un rôle essentiel en trigonométrie non euclidienne. Il est donc naturel qu'un ouvrage consacré à ces fonctions comporte un chapitre relatif à la géométrie non euclidienne. C'est le cas du chapitre VI du traité de Günther. La question du statut ontologique de la géométrie non euclidienne est résolue dès le début:

> Pour nous, le constituant plus métaphysique de ces recherches est inexistant; pour nous, ce qu'on a l'habitude d'appeler *géométrie elliptique*, *parabolique* ou *hyperbolique* n'est rien d'autre que la géométrie des surfaces de courbure constante positive, nulle ou négative; et cette dernière coïncide pour nous complètement avec la théorie, créée par Beltrami, de ce que l'on appelle la pseudosphère, même si pour des raisons de brièveté la terminologie habituelle – impropre – doit être conservée. (1881, p. 298)

Günther adopte ici la position de Genocchi. Ce n'est pas étonnant car il reprend au début de son exposé les résultats obtenus par ce dernier dans son mémoire sur Daviet de Foncenex[5]. Le qualificatif «impropre» appliqué à l'approche synthétique de la géométrie non euclidienne indique que pour Günther celle-ci ne devient réelle que par l'intermédiaire d'une interprétation. Ce point de vue apparaît encore dans le passage suivant:

> Cette nouvelle forme d'espace, pour laquelle le nom de *géométrie absolue* ou *non euclidienne* fut choisi, n'est tout d'abord rien d'autre qu'une fiction mathématique qui serait pour elle-même privée de substrat réel. Des recherches ultérieures le lui ont pourtant conféré. (*ibidem*, p. 311)

L'exposé de Günther suit un ordre inhabituel. Après une présentation des résultats de Genocchi sur les relations entre le postulatum et le principe du levier, il traite de la théorie des surfaces de courbure constante et des métriques projectives; il se termine par une présentation de la méthode synthétique de Bolyai. Günther essaye de simplifier le calcul de l'angle de parallélisme effectué par ce dernier. Il commet cependant l'erreur d'utiliser des relations de trigonométrie euclidienne.

5 Genocchi (1877); cf. chapitre 9.

§ 3 Schmitz

Alfons Schmitz, maître de mathématiques à Neuburg en Bavière, est l'auteur d'un mémoire sur la géométrie non euclidienne publié comme programme de son école (1884). Ce genre de publications est assez fréquent à cette époque; les établissements adjoignent au programme des cours une étude rédigée par un de leurs enseignants. Le mémoire de Schmitz est curieux et plein de contradictions. L'auteur affirme d'abord que la géométrie non euclidienne est logiquement valide avant de conclure qu'elle est «contraire à la pensée». Il mérite cependant qu'on s'y arrête car il montre de quelle manière les questions soulevées par Helmholtz furent reprises et discutées dans des cercles non spécialisés. Il montre aussi sur quelques obstacles conceptuels certains mathématiciens moyens ont pu buter.

Schmitz commence par faire part de se sa première réaction à l'égard de la géométrie non euclidienne:

> Lorsque l'auteur de cette étude prit connaissance pour la première fois des recherches géométriques de Bolyai et Lobatschewsky, leurs résultats le surprirent au plus haut degré. Plus que le point de départ, qu'il puisse y avoir par un point deux parallèles à une droite, ce sont surtout les conséquences qui en dépendent qui lui semblèrent être en contradiction avec l'intuition la plus primitive de l'espace. (1884, p. 1)

C'est la réaction habituelle d'un profane. Il explique ensuite qu'il a d'abord essayé de découvrir dans les recherches de Bolyai et Lobatchevski une faute de raisonnement; mais il a dû finalement reconnaître que le postulatum était indémontrable et qu'il s'agissait d'une vérité de caractère empirique. Le sceptique a fait alors place au diffuseur:

> Mais puisqu'il y a encore des mathématiciens qui jugent rigoureuse la preuve de Bertrand[6] de l'axiome [des parallèles], ou qui le considèrent comme une connaissance donnée *a priori*, et qui par conséquent adoptent une attitude indifférente ou de refus à l'égard des nouvelles conceptions géométriques, il faut, dans l'étude qui suit, expliquer comment l'indémontrabilité et la validité purement empirique du onzième axiome sont une conséquence des recherches de Lobatschewsky [...]. (*ibidem*, p. 1)

6 Cette démonstration, due au géomètre suisse Louis Bertrand (1731-1812), a fait l'objet de nombreuses discussions au XIXe siècle, cf. Pont (1984, pp. 303-326).

Schmitz semble ici suivre fidèlement Lobatchevski. Le mémoire débute par une critique des démonstrations du postulatum de Bertrand, Thibault et Legendre. Au terme de ces critiques, Schmitz conclut:

> Puisque le onzième axiome résiste à une preuve rigoureuse et ne peut être pourtant reconnu de prime abord comme une absolue nécessité de pensée, il est en tout cas intéressant d'étudier jusqu'à quel point nous pouvons développer la géométrie sans l'utiliser. De cette manière nous arrivons ou bien à un point qui est en contradiction avec nos notions les plus immédiates des propriétés géométriques des choses, et nous obtenons alors un nouveau point de départ pour une preuve de l'axiome, ou nous trouvons que celles-ci, dont il dépend et comme fonction mathématique desquelles il se laisse exprimer, ne sont pas nécessaires mais sont un fait d'expérience, ou nous trouvons enfin que le onzième axiome n'est pas strictement valable, mais ne contient seulement qu'une approximation de la vérité, approximation qui est à vrai dire si grande que l'observateur habituel ne peut pas lui-même la distinguer de la vérité. (*ibidem*, pp. 4-5)

Si le postulatum était démontrable à partir des autres axiomes, on pourrait éventuellement dire qu'il s'agit d'une nécessité de pensée. Mais dans le cas contraire, on ne voit pas très bien quelles raisons pourraient conduire à cette conclusion. Schmitz veut sans doute dans la première phrase parler de nécessité d'intuition, interprétation confirmée par la citation suivante. Il ressort en tout cas de cette phrase qu'il faut, si l'on entend développer la géométrie non euclidienne, renoncer, au moins provisoirement, à l'idée que le postulatum est une nécessité. Cette condition était déjà exprimée par De Tilly au début de ses *Etudes de mécanique abstraite*. On ne sait pas exactement ce qu'il faut entendre par «notions les plus immédiates des propriétés géométriques des choses» et la première des trois alternatives présentées n'est pas claire; arriverait-on à une contradiction logique, auquel cas la conclusion de Schmitz est correcte, ou à une contradiction avec les données de l'intuition? Dans ce cas, il est faux de dire que l'on en déduirait une démonstration du postulatum; celui-ci peut en effet être une nécessité d'intuition tout en étant logiquement indépendant des autres axiomes. Mais ce point de vue suppose que l'on distingue la validité physique d'une géométrie de sa validité logique, ce que Schmitz ne fait pas, comme d'ailleurs la plupart de ses contemporains. La deuxième alternative est celle défendue par Lobatchevski et Helmholtz. La troisième est inhabituelle et semble constituer un cas limite de la deuxième.

Après avoir présenté ces trois possibilités, Schmitz donne un exposé de géométrie non euclidienne fondé sur les travaux de Bolyai, Lobatchevski et Frischauf. Les principaux points traités sont les suivants: définition des droites parallèles et de l'angle de parallélisme, rapport entre l'aire d'un triangle et son déficit, propriétés des droites divergentes, étude de l'équidistante et de l'horicycle. Au terme de cet exposé, il conclut:

> Si nous voulons maintenant finalement examiner la géométrie de Lobatschewsky elle-même au niveau de sa non-contradiction interne, nous sommes à vrai dire à première vue fortement inclinés à la mettre en doute; car lorsque nous voulons représenter par des dessins les résultats obtenus, nous devons représenter la ligne droite comme ne revenant pas sur elle-même et possédant au plus un point d'intersection avec une seconde [ligne], mais tout de même comme courbée. [...]
> Mais puisque nous avons supposé que le premier point de départ des déductions obtenues dans le système de Lobatschewsky était justifié, en étant capable de reconnaître que le onzième axiome n'est pas une conséquence de notre intuition spatiale, nous ne pouvons pas non plus désigner les conséquences elles-mêmes comme absurdes, mais nous devons considérer leur non-existence effective comme donnée seulement par l'expérience, si nous ne sommes pas en mesure de découvrir une contradiction intérieure dans le système nommé. (*ibidem*, pp. 20-21)

On retrouve les droites courbes de J. Bertrand. Le début du second paragraphe montre que Schmitz est effectivement parti de l'hypothèse que le postulatum n'était pas une nécessité d'intuition. Pour lui, les conséquences étranges de cette hypothèse ne permettent pas de conclure à l'absurdité de la géométrie non euclidienne. A ce stade, il attribue à celle-ci le même statut que Lobatchevski: c'est une science logiquement valide mais sans rapport avec la réalité. Il prouve encore que l'aire d'une surface polygonale à n côtés ne peut pas dépasser une certaine limite en géométrie non euclidienne; il s'agit pour lui d'un des résultats qui se situent «le plus en contradiction avec l'expérience». Il faut cependant reconnaître que:

> Nous voyons donc que même dans le point contredisant le plus l'expérience, la géométrie faisant abstraction de l'axiome des parallèles ne contient pas de contradictions, et nous devons en conséquence affirmer:
>
> «La géométrie de Lobatschewsky livre la preuve que le onzième axiome n'est pas une conséquence des autres axiomes d'Euclide, mais que son contenu ne se laisse gagner que par l'expérience.» (*ibidem*, p. 22)

Schmitz fait clairement le lien entre l'indémontrabilité du postulatum et la non-contradiction de la géométrie non euclidienne. Comme Frischauf, il se satisfait de l'absence de contradictions chez Lobatchevski et ne se réfère pas à l'interprétation de Beltrami-Klein. Nous verrons plus loin pourquoi.

Le postulatum étant indémontrable, la première alternative évoquée au début du mémoire est écartée. Il reste deux possibilités:

> Si l'axiome des parallèles contient une propriété essentielle de notre intuition spatiale, il ne peut être approché mais il doit valoir de manière exacte; mais s'il contient une propriété non essentielle seulement de notre intuition spatiale, il est possible, et même vraisemblable, qu'il ne soit valable que de manière approchée. (*ibidem*, p. 23)

La distinction entre propriétés essentielles et non essentielles n'est pas claire et les deux alternatives envisagées ici ne correspondent pas à celles présentées au début du mémoire. Schmitz a affirmé précédemment qu'il supposait que le postulatum n'était pas une nécessité d'intuition; il est donc surprenant de le voir ici admettre cette possibilité. Pour lui, l'expérience ne permet en tout cas pas de choisir entre les deux possibilité:

> On ne peut décider par des mesures si l'axiome des parallèles vaut de manière exacte ou seulement approchée, parce que toutes nos mesures ne livrent toujours que des résultats approchés, et parce que nous ne pouvons pas étendre celles-ci à l'infini. (*ibidem*, p. 23)

A partir de là, le raisonnement de Schmitz prend une direction que le début du mémoire ne laissait pas prévoir. Il commence en effet par essayer de démontrer à l'aide d'arguments d'ordre mathématique que la validité du postulatum est exacte. Selon lui, les recherches de Beltrami ne permettent pas d'établir son indémontrabilité. Ce dernier a décrit une surface réelle dont les géodésiques satisfont aux théorèmes de la géométrie de Lobatchevski, mais cette surface n'est pas infiniment étendue dans toutes les directions. En niant le postulatum, on renonce donc à l'infinitude du plan. Schmitz ne distingue pas la surface pseudosphérique abstraite de sa réalisation locale dans l'espace euclidien. C'est cette dernière qui constitue pour lui l'interprétation de la géométrie non euclidienne. Il n'admet pas que l'on puisse étendre cette surface en la considérant comme composée d'une infinité de nappes.

Une autre remarque montre qu'il n'a pas compris l'idée de géométrie intrinsèque:

> Dans leur forme, les lignes géodésiques de la surface de Beltrami ne sont pas indépendantes de leur situation; car si nous faisons tourner une ligne géodésique autour d'un point, son rayon de courbure varie continuellement, tandis que nous supposons les droites d'un plan absolument (sans courbure) congruentes entre elles. (*ibidem*, p. 26)

Schmitz conclut qu'en niant le postulatum, on renonce aussi à l'invariance des figures en fonction du lieu. Il commet un autre contresens à propos de l'interprétation de Klein. Pour lui, la possibilité de représenter le plan non euclidien par une figure bornée comme le disque confirme sa finitude:

> En relation avec le onzième axiome, les considérations de Klein confirment maintenant de la manière la plus évidente le lien de cet axiome avec l'hypothèse de l'infinitude de l'espace. [...] Par là une conique entière, qui en réalité est située dans le domaine fini, est apparue comme une figure située à l'infini, et c'est seulement ainsi que la géométrie de Lobatschewky a été vérifiée. Mais on a alors dû aussi accepter qu'un mouvement à vitesse constante (au sens habituel) est impossible, et que de plus chaque vitesse d'un mouvement rectiligne diminue continûment avec l'éloignement du point de départ. Il suit de là qu'un segment que l'on pousse le long d'une droite doit nécessairement se déformer (se raccourcir), et par conséquent la représentation de Klein ne nie pas seulement l'infinitude du plan et de la droite, mais aussi le postulat de l'invariabilité des dimensions selon le lieu. (*ibidem*, p. 28)

Schmitz n'a pas saisi qu'il faut, dans cette interprétation, abandonner la métrique euclidienne. L'examen des travaux de Beltrami et Klein l'amène à la conclusion que la question de la validité approchée ou absolue du postulatum est liée à celle de la finitude ou de l'infinitude de l'espace. Il ne poursuit cependant pas dans cette voie et aborde le problème d'une autre manière. Après une parenthèse consacrée au concept de variété et à Riemann, il tente de démontrer qu'un espace à trois dimensions de courbure négative a une courbure nulle! Un tel espace n'est donc pas seulement impossible expérimentalement mais aussi «contraire à la pensée»[7]. Schmitz en «déduit» qu'il en va de

7 «denkwidrig» (Schmitz, 1884, p. 33).

même pour un espace à quatre dimensions et un espace à trois dimensions de courbure constante positive. Il conclut:

> La preuve mathématique est ainsi apportée que les propriétés euclidiennes de notre espace ne sont pas relatives et rendues vraisemblables par l'expérience, mais sont de nature nécessaire, que notre espace est le seul possible et pensable, que les propriétés de tridimensionnalité et d'infinitude n'ont pas seulement une haute vraisemblance dans les frontières du domaine accessible à notre connaissance, mais possèdent vraiment une certitude absolue. L'espace ne peut donc pas être considéré comme un cas particulier d'une variété de dimension n; [...]. Avec la tâche générale de nous former un jugement sur la signification de la théorie des variétés, nous avons en même temps résolu la question particulière, plus proche de nous, concernant la validité absolue ou approchée de l'axiome des parallèles, sans devoir, comme il nous le semblait nécessaire au début, passer du terrain mathématique au terrain philosophique.
> Le onzième axiome ne possède pas une validité approchée, mais absolue; il exprime une propriété essentielle du concept d'espace. (*ibidem*, pp. 34-35)

Schmitz contredit ce qu'il avait affirmé au début de son mémoire. Le postulatum est finalement une nécessité d'intuition et même de pensée. Selon lui, ce résultat ne remet cependant pas en question son indémontrabilité:

> [...] car «le onzième axiome est indémontrable» signifie seulement qu'il ne peut être dérivé d'une autre vérité. Cette indémontrabilité est tout à fait compatible avec son existence absolue et nécessaire. (*ibidem*, p. 35)

La position décrite dans la deuxième phrase était déjà celle de Flye Sainte-Marie. Mais Schmitz ne se rend pas compte que, dans la mesure où il a «montré» que le concept d'espace à courbure non nulle était contradictoire, il a implicitement donné une démonstration du postulatum.

§ 4 Les *Vorlesungen* de Klein

Durant l'année académique 1889-1890, Klein donna à Göttingen un cours sur la géométrie non euclidienne. Ce fut pour lui l'occasion de renouer avec ce sujet après une longue interruption. Ses précédents travaux dataient en effet de 1871 et 1873. Les notes de ce cours firent l'objet d'une édition rédigée par Friedrich Schilling, alors assistant de

Klein. Elles sont l'ancêtre des *Vorlesungen* de 1928 et constituent l'ouvrage le plus complet publié sur le sujet avant les traités de la décennie 1900-1910. C'est grâce à lui que Russell s'initia à la géométrie non euclidienne. Il considérait le livre de Klein comme «l'un des meilleurs livres jamais rencontrés»[8].

L'ouvrage privilégie l'approche projective et l'utilisation des métriques de Cayley. Il contient une longue partie historique où Klein passe en revue les principaux travaux de Gauss, Lobatchevski, Bolyai, Beltrami, Riemann, Helmholtz et Lie sans oublier les siens. Le propos est souvent polémique. Fidèle à l'opinion déjà exprimée dans le *Programme d'Erlangen*, Klein se méfie des problèmes philosophiques et préfère s'en tenir à l'écart:

> De la même manière que seul celui qui connaît la physique peut se sentir autorisé à discuter de manière philosophique du principe de l'action à distance de la force, on ne doit pas, en géométrie, émettre des considérations philosophiques tant que l'on n'a pas acquis une certaine connaissance du contenu général de la géométrie. (1892-1893, p. 168)

Klein attire à plusieurs reprise l'attention de ses auditeurs sur la nécessité d'étudier en détail un sujet avant d'émettre une opinion. Son jugement sur les orthodoxes kantiens est sévère:

> Ce sont avant tout des hommes qui, dans leur jeunesse, se sont habitués exclusivement aux intuitions de la géométrie euclidienne, et qui maintenant, à un âge avancé, ne possèdent plus assez d'élasticité pour s'approprier les nouvelles idées de la géométrie non euclidienne. Ils savent alors exactement que toute la théorie est un non-sens, sans forcément pour cela la connaître en détail. (*ibidem*, p. 276)

A côté des orthodoxes, Klein distingue trois autres catégories. Ce sont d'abord les «sceptiques» qui, au fond de leur cœur, ne croient pas à la géométrie non euclidienne mais n'arrivent pas à combattre les arguments prouvant l'indémontrabilité du postulatum. Selon Klein, la plupart des maîtres de gymnase font partie de cette catégorie. Viennent ensuite les «réceptifs» qui cherchent à expliquer et à développer les idées de Helmholtz. Parmi eux figure le philosophe Benno

8 «one of the very best textbooks I have ever come across», cité par Richards (1988, p. 213).

Erdmann[9]. Le dernier groupe est formé des «enthousiastes» qui pour des raisons métaphysiques (Zöllner[10]) ou esthétiques (Clifford[11]) optent pour la géométrie elliptique. Seul ce dernier trouve grâce aux yeux de Klein, les autres ne sachant pas de quoi ils parlent! Sur tous ces problèmes, la position de Klein se résume ainsi:

> [...] la métrique hyperbolique est, aussi bien que la métrique elliptique ou parabolique, conforme avec une exactitude suffisante à notre représentation et à notre expérience de l'espace; mais nous nous décidons pour l'hypothèse parabolique, car elle est la plus simple (comme en physique on adopte toujours, parmi des hypothèses équivalentes, la plus simple). (*ibidem*, p. 278)

Ce point de vue est développé dans un article contemporain (1890). Pour Klein, les axiomes sont des énoncés exacts obtenus par idéalisation à partir d'une intuition inexacte. Cette inexactitude permet à plusieurs systèmes différents d'être compatibles avec notre intuition et confère au choix des axiomes un caractère en partie arbitraire. Le critère de simplicité apparaît à la même époque chez Poincaré; il en sera question au chapitre 15.

9 Erdmann (1851-1921) est l'auteur d'un ouvrage destiné à défendre les conceptions de Helmholtz et Riemann (1877). Il a été analysé par Torretti (1984, pp. 264-272).

10 Johann Carl Friedrich Zöllner (1834-1882) fut professeur d'astronomie à Leipzig. Dans son ouvrage *Über die Natur der Cometen*, il soutient que seule l'hypothèse d'un espace de courbure constante positive est compatible avec l'existence d'une quantité finie de matière dans l'univers (Zöllner, 1872, pp. 298-312).

11 Klein se réfère à une conférence faite par Clifford en mars 1873 à la Royal Institution; un extrait de cette conférence a été cité au chapitre 2. Clifford juge que la géométrie d'un espace de courbure constante positive est plus «complète et intéressante» que celle de l'espace euclidien, en particulier parce que le principe de dualité s'applique à toutes les propositions sans exception (Clifford, 1879, p. 323).

Chapitre 14

Les années d'incertitude en France et en Belgique

Houël a joué un rôle capital dans le processus de diffusion de la géométrie non euclidienne en France et en Europe. Mais l'essentiel de son œuvre réside dans ses traductions et le seul texte original est une brève note figurant dans son *Essai critique* (1867). Il faudra attendre 1883 pour qu'Eugène Rouché et Charles de Comberousse ajoutent un supplément sur la géométrie non euclidienne dans la cinquième édition de leur *Traité de géométrie*, un ouvrage de référence régulièrement réédité. Ils seront suivis, quinze ans plus tard, par Hadamard dont les *Leçons de géométrie élémentaire* comprennent quelques pages consacrées à ce sujet (1898). En 1902, Barbarin[1] publiera le premier traité de géométrie non euclidienne en français. La situation en France dans les années 1870-1890 se présente différemment de celle de l'Allemagne ou de l'Italie. Pendant cette période, les publications sur la géométrie non euclidienne sont rares. Elles se réduisent pour l'essentiel à une suite de deux articles de Paul Tannery (1876-77) et à quelques pages incluses dans des livres des philosophes Liard (1873) et Renouvier (1874). Ce n'est qu'à partir de 1890 environ que la situation changera. Poincaré publie à ce moment ses premiers articles épistémologiques sur la géométrie. Plusieurs philosophes s'intéressent aussi à la question et, durant la dernière décennie du XIXe siècle, de nombreux articles paraissent, donnant lieu à des discussions animées. L'intérêt des mathématiciens reste en revanche limité. Seuls Barbarin et Gérard[2]

1 Paul Barbarin (1855-1931) fut professeur à l'Université de Paris. A côté de son traité, il a publié plusieurs articles consacrés à la géométrie non euclidienne ainsi qu'un mémoire de géométrie analytique dans lequel il étudie notamment les coniques et les quadriques non euclidiennes (1901).

2 Louis Gérard est l'auteur d'une importante thèse sur la géométrie non euclidienne (1892). Il expose dans cet ouvrage une nouvelle méthode pour fonder la trigonométrie plane; il raisonne dans le plan en évitant au maximum l'utilisation de limites. Il résout aussi un grand nombre de constructions.

publient des travaux originaux. Paul Tannery a relevé l'attitude particulière des mathématiciens français:

> Dans son second chapitre[3], M. Russell, passant en revue les divers travaux à tendances philosophiques qui ont été composés à propos de métagéométrie[4], a eu l'occasion de parler de ceux, assez nombreux, qui ont paru en France depuis 1889. Il leur consacre trois pages, en témoignant un certain étonnement de ce que notre pays n'ait pas, en réalité, contribué d'une façon sérieuse au progrès de la question.
> La véritable raison en réside, je crois, dans ce fait, qu'en France les mathématiciens n'ont nullement attribué à ce sujet l'importance qu'il a paru prendre ailleurs. (1898, p. 437)

Pour Boi, ce désintérêt est en partie dû au crédit accordé en France à Legendre[5]. Une autre cause est probablement l'hostilité de Bertrand; rappelons que son influence dans le milieu mathématique était importante. On relira aussi le jugement de Darboux, cité à la fin du chapitre 3, sur l'absence d'originalité des recherches des géomètres français vers 1870. Cette situation particulière de la France est à mettre en parallèle avec le manque d'intérêt dans ce pays pour l'axiomatique; à cette époque, les progrès dans cette discipline sont le fait de mathématiciens allemands ou italiens.

Je commencerai ce chapitre en présentant les points de vue de Renouvier et Liard; ils ont en commun d'être contemporains et d'être parmi les premiers exprimés à propos de la géométrie non euclidienne. J'analyserai ensuite un article du père jésuite Carbonnelle, l'un des représentants du néo-thomisme en Belgique. Je poursuivrai avec les articles de Tannery mentionnés ci-dessus. Je terminerai en présentant trois «scientifiques philosophes» dont les travaux, publiés vers 1890, ont contribué au renouveau d'intérêt décrit par Russell: Milhaud, Calinon et Lechalas. Ce dernier a été entraîné dans plusieurs polémiques. Nous rencontrerons à cette occasion encore une fois Renouvier ainsi qu'un autre opposant également issu des milieux thomistes: l'abbé de Broglie[6]. Les écrits mathématiques et épistémologiques de

3 Il s'agit de *An essay of the foundations of geometry* (Russell, 1897).

4 Cf. annexe I.

5 Boi (1995, p. 25).

6 Après sa sortie de l'Ecole Polytechnique en 1855, Auguste-Théodore-Paul de Broglie (1834-1895) fit d'abord carrière dans la marine. Il entra dans les ordres

Poincaré sont contemporains de tous ces travaux, mais leur importance justifie qu'on leur consacre un chapitre; leur parution marque une nouvelle étape dans le débat et clôt dans une certaine mesure les années d'incertitude. Mentionnons que la plupart des auteurs cités ici ont été en partie étudiés par Marco Panza dans le cadre d'une discussion centrée sur les rapports entre la géométrie non euclidienne et la philosophie kantienne (1995). Certains d'entre eux apparaissent aussi dans le livre de Laurent Rollet sur Poincaré (1999). Rollet étudie en particulier les relations entre Poincaré et le milieu philosophique de l'époque; il apporte à cette occasion des éclaircissements sur plusieurs aspects de la philosophie française à la fin du XIXe siècle.

§1 Renouvier et Liard

Charles Renouvier (1815-1903) fut l'un des principaux représentants du néo-criticisme en France. Quelques pages de son livre *Essais de critique générale* sont consacrées à la géométrie «non-euclidéenne». Elles font suite à une longue critique des idées de Mill et de l'empirisme. Renouvier juge que cette géométrie est une conséquence de ces idées:

> Voilà donc où l'on arrive dans l'empirisme: à nier, au moins hypothétiquement, la vérité de l'un de ces jugements synthétiques aprioriques, ainsi que l'autre doctrine les nomme, qui semblent le mieux identifiés avec la nature de la pensée, et cela dans l'ordre le plus clair et le plus désintéressé de l'entendement, dans l'ordre géométrique. (1874, tome 2, p. 89)

Renouvier fonde son interprétation sur la lettre de Gauss à Schumacher du 12 juillet 1831 dans laquelle Gauss déclare que c'est «par habitude» que nous considérons la géométrie euclidienne comme strictement vraie[7]. Renouvier considère que «ce mot *habitude* vaut ici le

---

en 1870 et fut dès 1879 professeur d'apologétique à l'Institut catholique. Il est l'auteur de plusieurs livres sur l'histoire des religions et d'un ouvrage intitulé *Le positivisme et la science expérimentale*, Victorion (Paris, 1881).

7 J'ai cité un extrait de cette lettre au chapitre 3. Elle figure en annexe à la traduction de Houël des *Geometrische Untersuchungen* de Lobatchevski. C'est à cette traduction que Renouvier se réfère.

système empirique associationniste tout entier»[8]. Il note qu'il n'y pas de raison de s'arrêter là et que l'on pourrait s'attaquer à d'autres axiomes. Il résume ensuite la fiction des êtres superficiels de Helmholtz qu'il qualifie de «spéculations ingénieusement absurdes»[9]. Après avoir rappelé que pour Helmholtz les axiomes ne sont pas des vérités nécessaires et que «au contraire» divers systèmes peuvent logiquement se développer, il écrit:

> Cet *au contraire* n'est pas logique, il faut s'arrêter un moment pour le faire remarquer. Une condition manque pour le justifier; c'est que les *divers systèmes de géométrie* puissent être construits, je ne dis pas sans faire un usage formel, mais je dis sans supposer à tout moment dans l'esprit de l'auteur et du lecteur la connaissance de ces vérités que l'on nie comme nécessaires, mais dont l'absence rendrait certainement toute pensée géométrique impossible: le lieu universel à trois dimensions, la droite et sa loi, le parallélisme et sa loi. (*ibidem*, p. 92)

Paradoxalement, la géométrie non euclidienne ne semble donc pouvoir être développée que si l'on admet les propriétés du parallélisme (euclidien).

La thèse de Louis Liard[10] *Des définitions géométriques et des définitions empiriques* (1873) est un ouvrage important dans lequel l'auteur examine notamment l'origine des notions géométriques, le caractère des définitions géométriques, leur rôle ainsi que celui des axiomes dans la démonstration. Une analyse détaillée de cet ouvrage a été effectuée par Rollet (1999); je me limiterai ici à une présentation du point de vue de Liard sur la géométrie non euclidienne. Il est exposé à la fin du premier chapitre. Celui-ci traite de l'origine des notions géométriques et débute par une critique de la théorie empiriste (défendue en particulier par Mill). Liard souligne le cercle vicieux propre à cette théorie:

8 Renouvier (1874, tome 2, pp. 88-89).
9 Renouvier (1874, tome 2, p. 91).
10 Liard (1846-1917) étudia la philosophie à l'Ecole Normale. Il accomplit l'essentiel de sa carrière universitaire comme administrateur. Il fut de 1884 à 1902 Directeur de l'Enseignement Supérieur au Ministère de l'Instruction Publique, puis dès 1902 vice-recteur de l'Académie de Paris. Ces tâches ne l'empêchèrent pas de poursuivre des recherches philosophiques et de publier plusieurs ouvrages.

> Dira-t-on que l'abstraction, détachant la forme des propriétés physiques et chimiques, en a rectifié les contours? c'est alors supposer l'existence de modèles idéaux auxquels nous rapportons les formes réelles, pour en corriger les imperfections. Mais s'il en est ainsi, la notion du triangle, du cercle parfaits est antérieure à la perception des triangles et des cercles réels, et à quoi sert alors cette purification des formes matérielles, puisque les formes corrigées font double emploi avec les formes correctes? (1873, pp. 22-23)

Liard note aussi que «l'abstraction ne fournit qu'autant que fournit l'expérience»[11]. Reprenant un exemple donné par Descartes[12], il explique que l'on peut concevoir avec une clarté parfaite un polygone à dix mille côtés alors que les sens ne nous ont jamais montré un tel polygone. Il n'est donc pas possible de faire dériver toute connaissance géométrique de l'expérience et de l'abstraction. A l'inverse, «toute notion géométrique, si élémentaire qu'on la suppose, implique une représentation objective»[13]. Liard rejette donc également la théorie idéaliste ou rationaliste et conclut que «l'espace est aussi indispensable au géomètre que le marbre au statuaire»[14]. Au terme de cette discussion, il remarque cependant:

> On pourrait invoquer en faveur d'une origine purement intellectuelle de la géométrie les récents progrès et l'extension nouvelle de cette science. (*ibidem*, p. 36)

La géométrie à n dimensions et la géométrie non euclidienne semblent en effet ne plus faire appel à une intuition de l'espace. D'où la question:

> N'est-ce pas une preuve que c'est seulement par occasion, et non par suite d'une nécessité invincible, que l'esprit, en créant la géométrie, s'attache à l'intuition de l'espace? (*ibidem*, pp. 36-37)

Liard rejette cette opinion. Il affirme d'abord que la géométrie à n dimensions est «une extension de l'analyse algébrique, et non de la

11 Liard (1873, p. 23).
12 Il apparaît dans la *Sixième Méditation* (*Œuvres complètes*, 1996, vol. 9, pp. 57-58; *Œuvres et lettres*, 1954, pp. 318-319).
13 Liard (1873, p. 35).
14 Liard (1873, p. 36).

géométrie proprement dite»[15]. Il expose ensuite la fiction des êtres linéaires et celle des êtres superficiels[16]. Il relève que nous pourrions nous-mêmes être dans la situation d'êtres tridimensionnels vivant dans un espace situé dans un hyperespace à quatre dimensions. Comme celle des êtres superficiels, la géométrie des êtres tridimensionnels peut prendre plusieurs formes, qui sont concevables et étudiables si l'on se place dans un hyperespace à quatre dimensions. Le procédé de Helmholtz permet donc d'expliquer les différents espaces non euclidiens. Il nécessite la considération d'un hyperespace; mais l'origine de cette notion n'est pas purement intellectuelle; elle est obtenue par induction et a comme point de départ l'intuition d'espaces de dimensions inférieures:

> On le voit, c'est par une généralisation progressive de la géométrie à une, à deux, à trois dimensions, qui suppose l'intuition de l'espace, que l'on s'élève à la conception d'une géométrie plus générale, qui se refuse à toute représentation objective. (*ibidem*, p. 39)

L'intuition est donc en fin de compte nécessaire pour établir la géométrie non euclidienne. Liard apporte un autre argument original en remarquant que Lobatchevski utilise des figures et fait donc appel à l'intuition. Il résume enfin les travaux de Beltrami et en montre bien l'importance:

> Mais les récents travaux d'un profond géomètre italien ont répandu la lumière sur cette obscure question, et autorisent à voir dans la géométrie non euclidienne, géométriquement interprétée, une extension de la géométrie euclidienne. (*ibidem*, p. 40)

Liard accepte sans réticence la géométrie non euclidienne, du moins dans l'interprétation de Beltrami. Il conclut:

> Par conséquent, l'existence de la géométrie *imaginaire* ne fait que fortifier, loin de l'infirmer, la conclusion à laquelle nous étions parvenus plus haut, à savoir que l'esprit, pour créer la géométrie, a besoin d'une matière, et que cette matière est l'espace. (*ibidem*, p. 43)

15 Liard (1873, p. 37).

16 A la différence de Renouvier, Liard ne cite pas Helmholtz, mais il est pratiquement certain qu'il s'en inspire. L'article de Helmholtz publié en 1870 dans *The Academy* avait en effet fait l'objet de deux traductions françaises et devait être bien connu.

L'exemple de la géométrie non euclidienne vient ainsi appuyer sa thèse générale sur l'origine des notions géométriques. Mentionnons encore que la discussion sur ce sujet se poursuit dans le deuxième chapitre. Liard montre que c'est la notion de mouvement qui joue le rôle d'intermédiaire entre l'espace, «matière indispensable de la géométrie», et l'esprit auquel appartient «le rôle actif et fécond»[17].

§ 2 Carbonnelle

Comme on le sait, les années 1870 furent marquées par une renaissance de la philosophie thomiste[18]. Opposés aux doctrines positivistes, plusieurs savants et penseurs cherchèrent à harmoniser les découvertes scientifiques avec les principes scolastiques. Parmi eux figure le père Ignace Carbonnelle (1829-1889). Docteur en sciences mathématiques et physiques, il participa à la création en 1875 de la Société scientifique de Bruxelles[19]. Il est l'auteur de nombreuses publications[20] parmi lesquelles un article intitulé *Les incertitudes de la géométrie* (1883). Il essaye dans cet article de sauver une épistémologie rationaliste de la géométrie. En voici le début:

> Ce titre semblera paradoxal à plusieurs de mes lecteurs; d'autres le trouveront imprudent, et penseront peut-être qu'il est inconvenant et scandaleux de l'étaler au haut des pages d'une revue scientifique.
> Y a-t-il donc une science plus certaine que la géométrie? me diront les premiers. N'est-ce pas sur elle que se fondent toutes les sciences de la nature? N'est-ce pas chez elle que les philosophes eux-mêmes vont demander des exemples de propositions incontestables? N'a-t-elle pas le double privilège de s'adresser à la raison pure comme la métaphysique, et d'être à chaque instant vérifiée par l'ex-

17 Liard (1873, p. 65).

18 Elle fut encouragée par le pape Léon XIII. On pourra se référer à ce sujet à (Perrier, 1909). Ce livre donne de nombreux renseignements biographiques et bibliographiques.

19 Cette société regroupait des savants soucieux de concilier la science et la religion. Sa devise était: *Nulla unquam inter fidem et rationem vera dissensio esse potest* (il ne peut jamais exister de désaccord réel entre la foi et la raison). Elle publiait la *Revue des questions scientifiques* à laquelle Carbonnelle prit une part active.

20 Son livre *Les confins de la science et de la philosophie* connut plusieurs éditions (2e édition, Palme, Paris, 1881).

> périence aussi bien et mieux encore que les sciences physiques? Elle a ainsi tous les avantages de l'abstrait et tous ceux du concret. De plus, son domaine est inaccessible aux passions et aux faiblesses du cœur humain; aucun nuage n'y arrive de ces régions troublées pour y voiler la vérité. Il n'en est pas de même ailleurs; [...]. Dans ces conditions, nous parler sérieusement des incertitudes de la géométrie, ce serait menacer toutes les certitudes, compromettre toutes les sciences, et prêcher la chimère désolante du scepticisme universel. Tel ne peut être votre but; votre titre est donc probablement un simple paradoxe, qui se réduira à peu de chose, ou même s'évanouira complètement à la fin de votre article. (1883, pp. 349-350)

Ce texte décrit bien la conception classique de la géométrie présentée aussi au début de (Helmholtz, 1876)[21]. Cette discipline unit le domaine de la raison et celui de l'expérience et ses énoncés constituent des exemples de propositions certaines. Il est primordial que ces propositions conservent ce statut particulier si l'on ne veut pas que tout l'édifice scientifique s'effondre. Carbonnelle poursuit en expliquant les raisons de ces incertitudes:

> Eh bien non, répondrai-je à ces lecteurs, mon titre est tout à fait sérieux, il n'a rien d'exagéré, il est plutôt adouci. Ma conclusion finale sera: La géométrie, telle qu'elle est actuellement constituée, n'a, en aucune de ses parties, le degré de certitude qu'on lui attribue ordinairement et qu'elle devrait avoir. Cette conclusion est admise aujourd'hui par un grand nombre de géomètres distingués, par tous ceux probablement qui ont étudié et approfondi la question; et les passions du cœur humain n'ont rien à voir dans les motifs qui ont déterminé leur conviction. On n'a découvert aucune conséquence désagréable du théorème relatif à la somme des angles d'un triangle, et cependant on convient depuis assez longtemps déjà que ce théorème n'est pas démontré, qu'il n'est pas établi, et l'on ne regarde plus comme impossible qu'il soit inexact. Quelques uns même pensent que cela ne serait pas fort improbable. Ce théorème est pourtant bien près du point de départ, il est presque à la base de la géométrie élémentaire. Et il en est d'autres, encore plus fondamentaux, qui ne sont pas mieux établis; nous le montrerons plus loin. (*ibidem*, p. 350)

En affirmant que la géométrie «devrait» avoir le degré de certitude qu'on lui attribue ordinairement, Carbonnelle indique déjà quelle est sa conviction. L'allusion à la somme des angles d'un triangle montre que c'est la découverte de la géométrie non euclidienne qui est à l'origine de l'incertitude. Celle-ci s'est propagée en d'autres endroits de

21 Cf. chapitre 2.

l'édifice géométrique et toute sa solidité est ébranlée. Carbonnelle considère qu'il s'agit d'une «situation humiliante peut-être, mais à coup sûr très remarquable dans l'histoire de l'esprit humain»[22]. Pour lui, ce ne sont pas seulement les savants et les philosophes qui sont responsables, mais c'est toute l'humanité. C'est à la «faiblesse de l'esprit humain» qu'est due l'absence d'une analyse rigoureuse des fondements de la géométrie. Carbonnelle pense cependant que cette analyse est possible et s'appuie sur l'exemple du calcul infinitésimal:

> Il a, lui aussi, commencé sans trop se préoccuper de la rigueur, et cependant il est parfaitement établi aujourd'hui. (*ibidem*, p. 353)

Carbonnelle affirme ensuite que «quelques-uns des défauts de l'ancienne géométrie sont déjà corrigés»[23] et que le progrès réalisé permet d'espérer un succès définitif. Il attribue ce progrès aux travaux de Gauss, Lobatchevski, Bolyai, Riemann, Helmholtz et De Tilly. Ce point de vue est paradoxal; s'il est vrai que ces travaux sont à l'origine d'une réflexion sur les fondements de la géométrie, ils ont aussi révélé la possibilité logique de nouvelles géométries et ont donc plutôt contribué à créer l'incertitude qu'à la faire disparaître. Carbonnelle écrit à propos de ces travaux:

> On sait que, en poussant de plus en plus loin leurs recherches dans cette région oubliée, les géomètres y ont, pour ainsi dire, découvert tout un monde nouveau, appelé Géométrie générale[24] ou Pangéométrie, dont les parties s'appellent quelques fois Géométrie de l'espace hyperbolique et Géométrie de l'espace elliptique et renferment entre elles, à leur frontière commune, la géométrie ordinaire ou euclidienne. Ce monde nouveau, qui, nous l'espérons, disparaîtra un jour comme une chimère pour ne laisser après lui que la géométrie ordinaire perfectionnée, est au moins très curieux à visiter en attendant; et, si le visiteur y est souvent froissé dans ce qu'il croit être ses convictions légitimes, il y gagne au moins cet avantage extraordinaire des voyages lointains, d'abandonner pour toujours certaines opinions qui n'étaient que des préjugés. (*ibidem*, pp. 353-354)

Même s'il souhaite le retour à la certitude, Carbonnelle n'est pas un ignorant; il relève en effet «la valeur incontestable des auteurs qui ont

22 Carbonnelle (1883, p. 351).
23 Carbonnelle (1883, p. 353).
24 Cf. annexe 1.

cultivé cette nouvelle branche des mathématiques»[25]. Il souligne aussi que les recherches de «géométrie générale» permettent de rejeter presque sans examen la plupart des essais de démonstration du postulatum. Carbonnelle cite la preuve de non-contradiction de De Tilly et s'appuie sur celle-ci, mais sans se rendre compte qu'elle exclut toutes les démonstrations du postulatum et pas seulement «la plupart». Il n'a donc pas réellement compris la portée du raisonnement de De Tilly.

Après avoir critiqué quelques preuves du postulatum et avoué au passage en avoir lui-même tenté une dans sa jeunesse, Carbonnelle revient sur l'incertitude concernant la théorie des parallèles. Face à celle-ci, Lobatchevski et d'autres géomètres ont conclu qu'il fallait se contenter d'une certitude expérimentale. Carbonnelle rejette cette position. Pour lui les idées géométriques fondamentales sont obtenues par l'expérience, mais les jugements sont obtenus de manière rationnelle et les théorèmes sont donc «des vérités nécessaires qu'il nous est impossible de nier sans nous contredire»[26]. La coexistence de plusieurs géométries logiquement valides est donc exclue. Carbonnelle réaffirme ensuite que l'incertitude est due au fait que l'analyse des notions fondamentales n'a pas été menée à son terme; celle-ci est cependant possible:

> Je suis, pour ma part, très convaincu que l'exploration ferme et courageuse de cette région obscure permettra d'établir un système complet de géométrie, non seulement plausible, mais impérieux et inattaquable, et parfaitement débarrassé de toutes les incertitudes actuelles; seulement, je demande au lecteur la permission de ne pas exposer dans cet article les principaux motifs de ma conviction. (*ibidem*, p. 366)

Cette dérobade est décevante. Carbonnelle donne un seul argument à la fin de l'article et nous verrons qu'il est faible. Après avoir examiné la question des parallèles, il aborde une autre imperfection:

> Laissons pour le moment ces considérations générales et passons à une seconde imperfection de la géométrie, moins généralement connue, mais tout aussi importante que celle des parallèles. Elle paraît d'abord n'avoir aucun rapport avec celle-ci; au fond, cependant, on peut dire qu'elle en est la contre-partie.

25 Carbonnelle (1883, p. 354).
26 Carbonnelle (1883, p. 364).

> Elle se trouve contenue, quoique d'une manière assez confuse, dans deux passages d'Euclide, dont l'un forme la seconde demande, et l'autre le douzième *axiome* de ses Eléments. Voici ces passages:
>
> *Demande* 2ᵉ: Qu'on puisse prolonger continuellement selon sa direction, une droite finie.
>
> *Axiome* 12: Deux droites ne renferment pas un espace.
>
> Je préférerais substituer au système de ces deux énoncés l'énoncé unique que je trouve dans l'*Essai* de M. De Tilly[27]: La distance de deux points de l'espace n'a pas de limite et peut augmenter indéfiniment.
> L'imperfection consiste en ce que la géométrie ordinaire admet cette proposition sans l'établir. (*ibidem*, pp. 366-367)

Carbonnelle critique ceux qui tiennent cette proposition pour évidente; pour lui ce n'est pas le cas, ce qui ne veut pas dire qu'elle est indémontrable. Il poursuit en expliquant que, comme dans le cas du postulatum, des géomètres ont construit une géométrie fondée sur la négation du 12ᵉ axiome; celle-ci peut prendre deux formes: sphérique ou elliptique. Il relève le caractère unilatéral du plan elliptique et effectue une comparaison avec le ruban de Möbius. Après avoir présenté cette géométrie, il conclut:

> Il y a donc, d'un côté, une infinité de géométries de l'espace elliptique, de l'autre, une infinité de géométries de l'espace hyperbolique, et entre ces deux séries, à leur limite commune, il y a la géométrie euclidienne, qui peut être considérée comme la dernière de l'une des séries et la première de l'autre. Et, ce qu'il importe de bien remarquer, une de ces hypothèses doit être vraie, car la double série complète renferme toutes les hypothèses possibles, et une seule peut être vraie, car chacune d'elles contredit toutes les autres.
> Qui décidera entre toutes ces géométries? L'expérience ou la raison pure? (*ibidem*, pp. 372-373)

Comme nous l'avons vu, la première alternative est exclue; ce n'est pas l'expérience qui doit décider mais la raison et Carbonnelle pense qu'elle en est capable. Il donne l'argument suivant: prenons un triangle ABC rectangle en A et supposons que le côté AB mesure 40 cm et le côté AC 30 cm. Quelle est la longueur de l'hypoténuse BC? En géométrie euclidienne, elle vaut 50 cm, en géométrie non euclidienne elle est supérieure à 50 cm et en géométrie elliptique inférieure. Carbonnelle conclut:

27 De Tilly (1879, p. 24).

> De sorte qu'il suffirait de connaître quelle est en réalité la longueur exacte de l'hypoténuse BC pour décider quelle est la seule vraie géométrie parmi toutes celles que contient la géométrie générale. Notre question peut donc se réduire à celle-ci: Le pur raisonnement sur les données de ce simple problème peut-il nous en donner la solution exacte, ou bien faut-il adjoindre à ces données quelque autre chose fournie par l'expérience? (*ibidem*, p. 374)

Pour Carbonnelle, c'est la première alternative qui est vraie. Le triangle est entièrement déterminé par ses deux côtés et c'est une mauvaise analyse des idées géométriques qui a empêché jusqu'à maintenant de déterminer la longueur du côté BC et d'établir ainsi la certitude de la géométrie. Cette argumentation paraît aujourd'hui naïve. Elle est mathématiquement fausse puisque le système des axiomes de la géométrie absolue est incomplet et ne permet justement pas de décider quelle est la longueur du troisième côté. Remarquons que cette argumentation n'exclut pas que la longueur du côté BC ne soit pas égale à 50 cm et que la vraie géométrie soit elliptique ou hyperbolique.

§ 3 Tannery

Paul Tannery est considéré comme l'un des principaux historiens des mathématiques de son époque. On lui doit l'édition des œuvres de Diophante, Fermat et Descartes. Il est aussi l'auteur d'une suite de deux articles publiés dans la *Revue philosophique* sous le titre *La géométrie imaginaire et la notion d'espace* (1876-1877). Fondée en 1876 par le philosophe et psychologue Théodule Ribot, cette revue se proposait «d'être ouverte à toutes les écoles»[28] et entendait notamment traiter de questions concernant la psychologie, la morale et les sciences de la nature. Elle publia en particulier une série d'articles sur la géométrie non euclidienne[29]. Comme Rollet l'a noté, la création de cette revue marque un moment important dans l'histoire de la philosophie française[30]. Il n'y avait en effet jusque là dans ce domaine pas de revue universitaire et consacrée à la recherche.

28 Préface du premier numéro.

29 A côté de ceux de Tannery, la *Revue philosophique* publia des articles de Milhaud, Calinon et Lechalas. Ils seront analysés plus loin.

30 Rollet (1999, p. 140).

Tannery vulgarise les découvertes de Bolyai, Lobatchevski, Beltrami, Klein et Riemann et réfléchit à leurs conséquences épistémologiques. Il poursuit donc le même but que Helmholtz. Leurs travaux sont d'ailleurs contemporains. Le premier article commence par une discussion sur le sens à donner au terme «géométrie imaginaire». Selon Tannery, on confond sous cette dénomination trois théories «essentiellement distinctes»[31]: la géométrie à n dimensions, l'utilisation des points imaginaires en géométrie et la géométrie non euclidienne. Genocchi groupait ces théories et pensait qu'aucune n'avait d'existence réelle, opinion également défendue par d'autres mathématiciens[32]. Le fait que Tannery les présente, lui aussi, ensemble montre bien la similitude des problèmes épistémologiques soulevés par ces théories. Son opinion à l'égard de la géométrie à n dimensions est la même que celle de Genocchi:

> En résumé, la géométrie à *n* dimensions n'est que de l'algèbre écrite dans une nouvelle langue conventionnelle.
> Cette langue n'a pas encore âge d'homme, il est difficile de prévoir son avenir. Le réel avantage des représentations géométriques effectives dans les études algébriques consiste dans ce fait que des schémas s'y prêtent à l'intuition et soutiennent l'entendement, qui n'a pas tant de prise dans l'abstraction pure. Mais ici il n'y a plus, en réalité, ni représentation ni schéma; il n'y a que des mots et des notations, comme dans l'algèbre ordinaire. [...]
> Or, au-delà de trois dimensions, aucune intuition n'est possible; [...].
> Ainsi, quelque convention qui soit faite, nous devons nous garder de toute illusion sur l'impossibilité d'imaginer un espace à *n* dimensions, et nous avons assez vu que la géométrie ainsi dénommée n'a rien d'imaginaire en aucun sens. (1876, pp. 434-435)

Helmholtz et Liard pensaient aussi qu'un espace à plus de trois dimensions est inaccessible à l'intuition et la position de Tannery est naturelle pour l'époque. Par la suite, Poincaré la remettra en question en soutenant qu'il est possible de «se représenter» un espace à quatre dimensions[33]. Tannery utilise ici le terme «imaginer» dans le sens de Helmholtz: un espace est représentable, ou imaginable, s'il est accessi-

31 Tannery (1876, p. 433).

32 Un texte de l'abbé de Broglie est cité plus loin dans ce paragraphe; un texte du mathématicien Dauge est cité au chapitre 16.

33 Poincaré (1895, pp. 644-645); repris dans Poincaré (1902b-1968, pp. 91-93).

ble à l'intuition, c'est-à-dire si l'on peut décrire les impressions sensibles que l'on aurait si l'on s'y trouvait. Il vaudrait donc mieux parler ici de «géométrie imaginable» que de «géométrie imaginaire». Cette dernière appellation remonte à Lobatchevski[34]. Chez lui ce qualificatif indique que la géométrie non euclidienne existe dans notre esprit, c'est-à-dire logiquement; il ne signifie pas qu'elle soit accessible à l'intuition; au contraire, Lobatchevski était plutôt enclin à croire qu'elle n'avait d'applications que dans l'analyse. En utilisant la même expression que Lobatchevski, mais dans un autre sens, Tannery prête à confusion. Il poursuit:

> Mais ici nous devons, avant tout, faire observer qu'en mathématiques, ce terme «imaginaire» a une signification toute spéciale, parfaitement précise, dont il ne devrait, en aucun cas, être permis de le détourner.
> On sait que ce terme s'applique aux expressions algébriques dans lesquelles entre la notation $\sqrt{-1}$, notation qui n'a, par elle-même, aucun sens, mais qu'on est convenu de traiter dans les calculs suivant des règles déterminées et n'impliquant pas contradiction. (*ibidem*, pp. 435-436)

C'est la signification habituelle du terme imaginaire en mathématiques; elle remonte à Descartes[35]. Tannery n'est pas cohérent puisqu'il a utilisé auparavant ce terme dans un autre sens. L'introduction en géométrie de points à coordonnées imaginaires permet de généraliser certains résultats et de simplifier des démonstrations. Elle repose sur des conventions:

> Le point de départ de ces conventions consiste, comme on le pressent, à admettre pour les coordonnées algébriques et pour les coefficients des équations la forme imaginaire, aussi bien que la forme réelle, et à parler dès lors de points imaginaires, de droites imaginaires; etc.
> C'est uniquement aux théories reposant sur ces conventions que l'on devrait, à mon sens, réserver le nom de géométrie imaginaire.
> C'est bien de géométrie qu'il s'agit ici, et le but final est, bien entendu, d'arriver à établir des théorèmes ou à résoudre des problèmes sur des figures réelles. (*ibidem*, pp. 436-437)

Un peu paradoxalement, la géométrie imaginaire ainsi conçue traite de figures réelles. Afin peut-être de souligner ce caractère réel, Tannery

34 Cf. § 2 du chapitre 2.
35 *La géométrie*, *Œuvres complètes* (1996, vol. 6, pp. 367-485).

explique, en se référant à l'interprétation d'Argand, comment les nombres complexes sont représentables géométriquement par des points du plan. Il conclut:

> [...], quand on parle de quantités imaginaires, il n'y a jamais là une sorte de non-être soumis au calcul, mais seulement des quantités bien réelles entre lesquelles on a établi une relation logique artificielle. (*ibidem*, p. 439)

Peu de temps auparavant, le mémoire d'Argand avait été réédité par Houël et le statut ontologique des nombres complexes était encore un sujet de discussion[36]. Un texte de l'abbé de Broglie donne l'exemple d'un point de vue opposé à celui de Tannery:

> Les calculs où interviennent des quantités de la forme $a+b\sqrt{-1}$ sont de purs calculs symboliques. Par définition, ces soi-disant quantités ne correspondent à rien de réel. (1890, p. 12)

La troisième des théories présentées par Tannery, la géométrie non euclidienne, ne fait pas appel de manière essentielle aux nombres complexes et ne doit pas être appelée imaginaire:

> Le terme de géométrie imaginaire de Lobatchewsky est encore plus malheureux; si en effet, comme nous le verrons, l'emploi du symbole $\sqrt{-1}$ présente certains avantages dans les calculs de la nouvelle géométrie, ce n'est qu'un accident, ce n'est nullement le caractère fondamental de la théorie, qui n'a même, en réalité, nul besoin de ce symbole. (Tannery, 1876, p. 442)

Au vu de cette classification, on peut se demander pourquoi Tannery intitule «géométrie imaginaire» une étude presqu'entièrement consacrée à la géométrie non euclidienne. Le sens du mot imaginaire est en fait ambigu et varie au cours des deux articles. Je l'ai déjà montré à propos de la géométrie à n dimensions. Un autre exemple apparaît dans le second article; Tannery écrit en effet que «les travaux des novateurs depuis Beltrami appartiennent surtout à la géométrie imaginaire proprement dite»[37] et que les recherches de Klein utilisent le «langage de la géométrie imaginaire»[38]. Il n'y a plus ici de référence aux

36 Le mémoire de Jean-Robert Argand fut publié en 1814; l'édition de Houël date de 1874.

37 Tannery (1877, p. 564).

38 Tannery (1877, p. 565).

nombres complexes et le terme imaginaire est pris dans le sens de Lobatchevski.

Après cette discussion, Tannery consacre le reste du premier article à la géométrie non euclidienne. Il donne des renseignements historiques sur Gauss, Bolyai et Lobatchevski et expose sans démonstration quelques résultats importants obtenus par ces géomètres. L'article se termine par l'examen des réactions suscitées par cette découverte. Tannery se met successivement à la place d'un représentant de l'école critique comme Renouvier, d'un positiviste et d'un «défenseur de la nouvelle géométrie» comme Houël. Si la présence du premier et du troisième de ces personnages est naturelle, celle du deuxième est en revanche curieuse; Auguste Compte est en effet mort en 1857, avant que la géométrie non euclidienne ne soit redécouverte. Tannery est donc réduit à imaginer ce qu'aurait pu être sa réaction. Dans son *Cours de philosophie positive*, Compte met la géométrie au même rang que la mécanique et affirme qu'il s'agit d'une science naturelle fondée sur l'observation[39]. Tannery pense donc que le fait de prétendre, comme Lobatchevski ou Riemann, que le postulatum n'est qu'une vérité expérimentale n'aurait, pour un positiviste, rien de gênant et ne changerait pas son statut.

Dans le second article, Tannery présente les travaux de Beltrami, Klein et Riemann. Le premier paragraphe traite de la notion de courbure dans le cas des courbes et des surfaces; à l'instar de Helmholtz, Tannery examine la situation d'êtres superficiels vivant sur différentes surfaces. Les deux paragraphes suivants sont consacrés aux surfaces à courbure négative constante, à la pseudosphère de Beltrami et à l'interprétation projective de Klein. Le dernier paragraphe donne un résumé de l'*Habilitationsvortrag* de Riemann. Tout au long de cet article, Tannery cherche à préciser le statut ontologique des différents espaces. Son analyse est fondée sur une distinction entre des «êtres réels» et «fictifs»:

> Jadis, dans l'antique Eriène, si l'on en croit M. Max Müller[40], à chaque nouvelle métaphore, nos ancêtres créaient un dieu nouveau; aujourd'hui leurs

39 Le statut de la géométrie est examiné au début de la 10e leçon du *Cours de philosophie positive* (Compte, 1975, pp. 154-155).

40 Max Müller (1823-1900), linguiste, orientaliste et mythologue allemand.

> petits-fils emploient consciemment un procédé analogue; à côté des êtres réels que la science étudie, leur langage multiplie des êtres entièrement fictifs, auxquels il prête les relations des premiers. Mais il ne faut pas en tout cas que l'illusion aille jusqu'à les traiter sur le même pied.
> On a dit: «La sphère réelle du géomètre n'existe pas dans la nature; elle n'existe pas plus que la ligne droite ou le point mathématique; ce sont là des notions purement subjectives, qui n'ont, hors de nous, aucune vérité. Dès lors la sphère imaginaire existe pour le géomètre tout autant que la réelle. Ce sont deux notions qui peuvent avoir une différence analytique, mais qui, absolument parlant, n'en ont pas moins une valeur égale.»
> Mais il y a au moins aussi entre ces deux notions, la différence que nous pouvons, plus ou moins grossièrement, cela importe peu, objectiver l'une et non l'autre. [...] Ce dernier terme [sphère imaginaire] ne peut être associé dans notre esprit qu'à une relation analytique; l'autre [sphère euclidienne] éveille à la fois une telle relation et une représentation objective et nous ne pouvons nier que cette dernière association ne soit beaucoup plus solide. (1877, pp. 566-567)

Pour Tannery, le langage de la géométrie à n dimensions est «métaphorique»[41] et ses figures sont, comme la sphère imaginaire, fictives. C'est aussi le cas des figures non euclidiennes. La découverte d'interprétations ne permet pas d'accorder au plan non euclidien une possibilité objective. En effet, la pseudosphère n'est pas représentable au moyen d'une surface de l'espace euclidien. Quant à la représentation à l'intérieur d'un disque, elle n'est que «symbolique»:

> Or Beltrami démontre que la surface pseudosphérique type, dont la construction est impossible (ou, si l'on veut, le plan de Lobatchefski), peut être toute entière représentée de même idéalement à l'intérieur d'une surface limitée du plan, d'un cercle concentrique au pôle. [...] On peut donc s'aider de cette représentation pour établir la théorie de la surface pseudosphérique.
> Mais ce qu'on représente ainsi, ce n'est plus, comme tout à l'heure sur la sphère, des figures réelles, ce sont des relations analytiques. Ce n'est plus une projection, c'est un symbolisme. (*ibidem*, p. 565)

Beltrami pensait aussi que la surface pseudosphérique n'était pas véritablement représentée à l'intérieur d'un disque puisque les rapports de longueur ne sont pas conservés. La représentation sur la pseudosphère de révolution ne saurait en revanche être qualifiée d'analytique; Tannery en fait cependant peu de cas, peut-être à cause de son carac-

41 Tannery (1877, p. 553).

tère seulement local. Pour les mêmes raisons, l'identification avec une sphère imaginaire ne permet pas d'objectiver le plan non euclidien:

> Il n'y a donc pas d'analogie géométrique possible; il ne peut y en avoir qu'analytiquement en supposant imaginaire le rayon de la sphère; l'expression de la courbure $\frac{1}{R^2}$ devient alors négative, mais la surface est elle-même imaginaire, et ne peut pour nous représenter rien de réel en dehors de la relation analytique elle-même. (*ibidem*, p. 561)

Rien ne prouve donc la possibilité objective du plan non euclidien et seules les incertitudes de l'expérience empêchent d'affirmer cette impossibilité:

> Nous avons essayé de donner quelques notions exactes sur un certain nombre de concepts idéaux, qu'on appelle géométriques parce qu'ils sont logiquement voisins des concepts empiriques dont s'occupe la géométrie et qui y sont qualifiés de réels. Nous avons essayé de montrer que la possibilité objective n'était nullement établie pour ces concepts idéaux; mais que s'ils sont contradictoires aux inductions de l'expérience, l'exactitude de celle-ci ne pouvant être parfaite, leur impossibilité objective ne peut non plus être affirmée. (*ibidem*, p. 573)

L'opposition entre le réel et le fictif se traduit par une distinction entre une théorie «objectivement» et «subjectivement» possible:

> Dans l'exposé des nouvelles théories mathématiques dont j'ai parlé, je me suis attaché à me maintenir au point de vue réaliste, le seul qui, à vrai dire, me paraisse leur offrir une base suffisante. J'avais d'ailleurs un autre but, je voulais montrer que rien n'obligeait à considérer aucune de leurs conclusions comme objectivement possible.
> On comprend ce que je veux dire; subjectivement, je regarde comme possible, tout ce dont l'affirmation ne peut, par voie déductive, conduire à contradiction; [...]. (*ibidem*, p. 567)

Le point de vue de Tannery est le même que celui de Beltrami: une théorie ne peut être reconnue que dans la mesure où elle possède une base réelle. Si Tannery est réaliste, il n'est pas aprioriste. Il pense en effet que l'analyse de Riemann enlève toute nécessité subjective à la notion d'espace et rend difficile le maintien de l'explication kantienne[42]. Notons encore que le point de vue réaliste ne constitue pas un obstacle au développement subjectif d'une théorie:

42 Tannery (1877, pp. 574-575).

> C'est qu'un mathématicien peut déclarer qu'il rejette toute notion concrète et ne s'occuper que de l'abstrait pour acquérir ainsi plus d'indépendance dans ses raisonnements; il n'en résulte nullement pour cela qu'il nie le concret; il se contente de le laisser à d'autres sciences, à l'astronomie et à la physique. (*ibidem*, p. 573)

Tannery soulève dans son article une question importante: est-il légitime d'utiliser le même terme «droite» pour deux figures qui n'ont pas les mêmes propriétés? Ce problème linguistique réapparaîtra chez d'autres auteurs[43]. Son importance est relevée par Georges Sorel[44], dans un article également paru dans la *Revue philosophique*:

> Les euclidiens disent que les droites de Lobatchefsky ne sont pas des droites, que ses plans ne sont pas des plans; mais ils ne peuvent prouver leur dire d'une manière mathématique, parce que la définition de la ligne droite est obscure. (1891, p. 429)

Tannery se rattache aux «euclidiens» et sa réponse est négative; la droite non euclidienne n'est pas une «vraie» droite:

> Or, on est parti de la notion de la ligne géodésique définie comme ayant entre deux quelconques de ses points une longueur minima, ce qui la détermine complètement entre deux points donnés, tellement que deux telles lignes ne peuvent passer par deux mêmes points de l'espace sans coïncider dans toute leur étendue. Or c'est bien là ce que nous regardons dans notre espace concret comme le caractère spécifique de la ligne droite. Mais l'on voit que si l'on considère ce caractère comme la définition de la droite, on n'a plus qu'une notion purement logique qui, traitée analytiquement, conduit pour l'espace à courbure positive à une intuition différant manifestement de celle de la droite. Donc dans l'espace à courbure négative, c'est-à-dire dans celui de Lobatchefski, les lignes géodésiques ne sont pas davantage des droites; la définition qu'il a admise pour la droite ne représente donc pas exactement les données de l'intuition. Euclide a tourné la difficulté par son postulatum; mais il ne faut pas croire qu'il ne s'agirait que de trouver une meilleure définition. Telle que les géomètres ont le droit de l'exiger, c'est-à-dire en s'abstenant de toute notion concrète, cette définition est en effet impossible. (Tannery, 1877, pp. 563-564)

Si les géodésiques de l'espace à courbure constante positive ne correspondent pas à notre intuition de la droite, c'est sans doute parce

43 Milhaud (paragraphe suivant), Mansion et Dauge (chapitre 16).
44 Sorel (1847-1922) est surtout connu pour ses théories sociales et politiques.

qu'elles sont fermées. Il y a une intuition de la droite, irréductible à l'énoncé de ses propriétés. Plus que d'autres de ses contemporains, Tannery est conscient que toutes les définitions de la droite ne sont logiquement pas satisfaisantes car elles font référence à un contexte extérieur à la théorie. Quelques années plus tard, dans ses *Vorlesungen über neuere Geometrie* (1882), Moritz Pasch résoudra ce problème en renonçant aux définitions habituelles de la droite ou du plan, sans utilité dans la déduction, et en admettant un certain nombre de termes primitifs non définis. Comme on le sait, cet ouvrage constitue le premier exposé axiomatique moderne de la géométrie. Notons enfin que l'idée que le postulatum constitue une définition de la droite euclidienne réapparaîtra chez Calinon et Poincaré. J'aurai l'occasion d'y revenir.

§ 4 Milhaud

Gaston Milhaud, mathématicien de formation et philosophe, est connu pour ses études sur la science grecque et sur Descartes. On lui doit aussi un article publié dans la *Revue philosophique* et intitulé *La géométrie non-euclidienne et la théorie de la connaissance* (1888). Le contenu de cet article sera repris par Milhaud dans un des chapitres de son *Essai sur les conditions et les limites de la certitude logique*, thèse de doctorat soutenue à la Sorbonne en 1894. Cet ouvrage participe de la réaction observée en France à la fin du XIXe siècle contre le positivisme et incarnée en particulier par le philosophe Emile Boutroux auquel la thèse de Milhaud est dédiée[45]. Dans cet ouvrage, l'auteur entend montrer que l'esprit doit renoncer à toute certitude logique dans le domaine de l'expérience et des faits. Le seul domaine où le

45 Boutroux (1845-1921) fut professeur à la Faculté des lettres de Paris. Son enseignement exerça une grande influence sur la communauté philosophique française. Dans son livre *La philosophie contemporaine en France* (1919), Dominique Parodi réserve un chapitre entier à Boutroux, ce qui montre bien son importance aux yeux de ses contemporains. Parodi consacre aussi plusieurs pages à la thèse de Milhaud qui constitue pour lui un développement des idées de Boutroux. La philosophie scientifique de Boutroux a été récemment à nouveau étudiée par Rollet (1999).

principe de contradiction peut s'appliquer et où une connaissance certaine est possible est celui des «fictions» créées par notre esprit. Pour Milhaud, les mathématiques présentent un double aspect. Elles ont un caractère objectif lorsqu'elles étudient des objets donnés par l'intuition ou abstraits à partir de l'expérience. Lorsque leur domaine est celui des «créations de l'esprit», elles constituent en revanche une science idéale et subjective, une sorte de «logique pure»[46]. En vertu de la thèse générale, la certitude n'existe que dans ce second cas. Milhaud considère que les mathématiques oscillent entre les deux aspects, perdant en objectivité ce qu'elles gagnent en rigueur. La géométrie ne sera malgré tout jamais totalement subjective et restera toujours dépendante d'une réalité objective:

> Les objets qu'étudie la géométrie, quelque degré d'abstraction qu'on leur accorde, et malgré les efforts de notre esprit pour les transformer en des êtres purement intelligibles, pour leur affecter une existence et une signification exclusivement logiques, ne peuvent jamais cesser de garder un fond d'objectivité qui échappe à toute définition. (1894, p. 164)

Milhaud partage la même conception réaliste que Tannery. Il pense en particulier que de pures déductions mathématiques n'impliquent pas la réalité objective des symboles qui y apparaissent et que les travaux de Bolyai et Lobatchevski ne permettent pas de conclure à l'existence réelle de l'espace non euclidien:

> Ont-ils démontré l'existence d'un espace nouveau? C'est à peine si la question a besoin d'être posée. Les déductions mathématiques n'ont par elles-mêmes aucune signification objective; elles n'en peuvent acquérir que lorsqu'on établit une correspondance entre les symboles et certaines réalités déterminées, dont l'introduction est un acte arbitraire de l'esprit faisant en cela toute autre chose que des mathématiques. [...] Ainsi, dans aucun cas, il ne saurait y avoir de rapport nécessaire entre un développement mathématique et une réalité, de sorte qu'il n'est jamais permis de conclure de l'un à l'autre, et il n'y a même pas à se demander si Lobatschewsky et Bolyai ont révélé un monde nouveau. (1888, pp. 621-622)

Ces travaux ne permettent même pas de conclure à l'indémontrabilité du postulatum:

46 Milhaud (1894, p. 41).

> De leur côté, la plupart des critiques ont considéré comme définitivement établi par les nouvelles recherches que l'axiome des parallèles ne peut se déduire des premières propositions d'Euclide, et que par suite toute autre hypothèse, celle de Lobatschewsky, par exemple, peut être posée sans contradiction. Nous ne croyons pas à cette démonstration. S'il est question de décider de la possibilité ou de l'impossibilité d'un fait, les mathématiques ne sauraient prononcer que dans le seul cas où, en mettant en évidence la contradiction logique d'une conséquence de ce fait, elles en démontrent l'impossibilité. Quant à la possibilité logique, c'est-à-dire l'absence de toute contradiction, comment pourrait-elle résulter d'une suite de déductions, aussi longue qu'on voudra? [...] Car si long que soit le chemin parcouru, il est limité et c'est peut-être plus loin encore que l'écueil est caché. Dira-t-on que plus est long ce chemin parcouru, plus est probable l'absence de contradiction? Mais alors n'est-il pas plus naturel de dire simplement: «Il y a assez longtemps qu'on cherche, sans la trouver, la démonstration de l'axiome d'Euclide, il doit décidément être indémontrable;» et ce raisonnement nous semble, sur le point en question, bien plus convaincant que le travail de Lobatschewsky et de Bolyai. (*ibidem*, pp. 622-623)

Bolyai et Lobatchevski n'ont effectivement pas établi la non-contradiction de la géométrie non euclidienne. Après l'échec de Legendre, certains géomètres se résignèrent à admettre l'indémontrabilité du postulatum; ce fut notamment le cas de Houël. Si cet échec a pu avoir valeur de preuve entre 1840 et 1860, il est étonnant de le voir invoqué ici, presque vingt ans après la publication des travaux de Beltrami et Klein. Cette omission n'est pas due à une ignorance mais à une épistémologie particulière. Les interprétations de Klein et Beltrami ne constituent en effet pas pour Milhaud une preuve de la non-contradiction de la géométrie non euclidienne. Voici ce qu'il dit de la première:

> Nous écarterons tout de suite le travail de Klein, parce qu'il est si purement et si franchement analytique, malgré son langage emprunté à la géométrie intuitive, qu'il semble ne pouvoir donner lieu à aucune confusion sur sa portée métaphysique. (*ibidem*, p. 624)

Son point de vue sur les travaux de Beltrami est plus développé:

> Gardons-nous d'abord de toute illusion sur la nature de cette réalisation: la surface de Beltrami n'est qu'idéale, il est impossible de se la représenter et elle n'a de précis que sa définition analytique. Mais du moins nous nous trouvons en présence de ce fait qu'une proposition contraire à l'axiome d'Euclide est vraie pour des éléments qui semblent posséder les propriétés essentielles des lignes droites. S'il existe un cas où ces propriétés conduisent logiquement à

> énoncer l'hypothèse de Lobatschewsky, n'est-il pas évident qu'elle n'est pas en contradiction avec elles?
> Aurait-on démontré cette fois que le fameux axiome de la géométrie ordinaire n'est pas une conséquence nécessaire des propositions dont on le fait précéder? Non, parce que nous ne pouvons pas affirmer que les propriétés communes aux droites du plan et aux lignes géodésiques de la pseudosphère suffisent à caractériser les lignes droites. Si l'exposé de la géométrie élémentaire semble n'en pas supposer d'autres, cela ne prouve nullement que celles-là seules soient impliquées par les démonstrations. La géométrie est loin d'avoir atteint, supposé qu'elle le puisse jamais, cet idéal mathématique dont nous avons parlé, où en supprimant l'intuition on n'aurait plus qu'une suite de déductions purement logiques et formelles. Non seulement l'intuition accompagne les raisonnements, mais il est impossible de dire avec précision jusqu'à quel point elle intervient dans la rigueur des conclusions. Avant tout, par exemple, qui pourrait dire toutes les hypothèses qui dans les démonstrations traduisent implicitement, et sans que nous en ayons conscience, les idées de droite et de plan? (*ibidem*, p. 625)

Conformément à la conception objective défendue par Milhaud, les notions géométriques ont une signification qui ne se réduit pas à l'énoncé de leurs propriétés. Notre intuition de la droite et du plan n'est pas entièrement exprimable par des définitions. Même si les géodésiques de la pseudosphère et les droites ont les mêmes propriétés, on ne peut donc pas les identifier et l'interprétation de Beltrami ne constitue pas une preuve de l'indémontrabilité du postulatum. Ce texte est postérieur aux *Vorlesungen* de Pasch (1882) et pratiquement contemporain du mémoire de Peano *I principii di geometria logicamente esposti* (1889) dans lequel ce dernier transcrit en langage logique les axiomes de Pasch. Mais les points de vue de Milhaud et de Pasch sont diamétralement opposés. Milhaud présente le recours à l'intuition comme une composante nécessaire du raisonnement géométrique, alors que l'interdiction de recourir à l'intuition dans une démonstration est l'un des points sur lequel Pasch revient à plusieurs reprises. Il constituera, après la publication des *Grundlagen* de Hilbert, le nouveau paradigme. La comparaison entre Milhaud et Pasch montre que les décalages peuvent être importants dans les périodes de transition. Dans la deuxième édition de sa thèse (1898), Milhaud changera d'avis et admettra l'indémontrabilité du postulatum, mais sans beaucoup d'enthousiasme et sans modifier fondamentalement ses conceptions.

Notons enfin que, à la différence de Tannery, Milhaud reste attaché à la doctrine kantienne et ne voit pas dans la découverte de la géométrie non euclidienne une remise en question de celle-ci. Dans son *Essai* il écrit:

> Déclarer nécessaires et subjectivement nécessaires les axiomes de la géométrie, c'est à ses yeux [Kant] affirmer que, étant donné notre esprit tel qu'il est, nous ne pouvons pas nous écarter dans l'intuition des relations exprimées par ces axiomes. Et, ainsi comprise, la position de l'idéalisme kantien ne nous paraît pas être ébranlée par ce simple fait que des constructions logiques en nombre quelconque, où on ne se préoccupe même pas de faire appel à l'intuition, peuvent indifféremment servir de point de départ aux déductions géométriques. (1894, p. 177)

L'argument est pertinent. Comme on l'a plusieurs fois remarqué, la doctrine kantienne n'exclut pas une théorie logique fondée sur d'autres axiomes; une telle théorie serait simplement inaccessible à l'intuition[47]. Dans l'article, Milhaud note que l'impossibilité de ramener le postulatum aux autres axiomes ne permet pas de conclure à son origine et d'affirmer, à l'instar des «néo-géomètres», qu'il est d'origine expérimentale. La découverte de la géométrie non euclidienne ne permet donc pas de résoudre le problème «métaphysique» de l'origine des axiomes:

> En dépouillant la géométrie nouvelle de toute portée métaphysique, nous sommes loin de la rejeter parmi les rêveries chimériques de quelques penseurs: nous lui rendons au contraire son véritable caractère d'étude mathématique. Elle existe comme suite de déductions logiques, au même titre que n'importe quel chapitre de la théorie des fonctions, en elle-même et indépendamment de toute signification nécessaire. (1888, p. 624)

Après avoir affirmé que la non-contradiction de la géométrie non euclidienne n'était pas établie, il est paradoxal de voir Milhaud reconnaître à celle-ci le statut de théorie mathématique, comparable à la théorie des fonctions. Cela ne revient-il pas implicitement à admettre qu'elle est non-contradictoire?

47 Cette remarque apparaît notamment chez le philosophe néo-kantien Alois Riehl (1904, pp. 594-595), chez Couturat (1904b, p. 377) et Rougier (1920a, p. 183).

§ 5 Calinon

Auguste Calinon[48] est l'auteur de plusieurs mémoires en géométrie[49] et en mécanique. Il s'est également intéressé à des questions épistémologiques. On lui doit en particulier deux articles sur les espaces géométriques (1889 et 1891), publiés eux aussi dans la *Revue philosophique*. Dans le premier article, Calinon expose ses idées; dans le second, il répond à quelques objections suscitées par celles-ci.

Calinon se distingue de Tannery et de Milhaud par sa conception purement rationnelle de la géométrie. Il envisage en effet celle-ci comme une théorie logique n'empruntant rien à l'expérience ou à l'intuition. La seule condition imposée est celle de non-contradiction:

> Supposons, d'une façon générale, qu'on nous donne *a priori* la définition de la première ligne géométrique, quelle que soit d'ailleurs cette première ligne; essayons d'appliquer à cette définition la méthode géométrique, c'est-à-dire le raisonnement pur: ou bien nous aboutirons à des contradictions et nous en conclurons que cette définition doit être rejetée, ou bien au contraire la déduction pourra être continuée aussi loin qu'on le voudra sans qu'on rencontre jamais de contradictions, et alors nous considérerons la définition comme justifiée et la géométrie qui en résulte comme légitime.
> La géométrie, ainsi définie, car c'est là une véritable définition, n'a plus aucune base expérimentale; elle consiste simplement dans l'application de la méthode dite géométrique à un groupe de formes (lignes ou surfaces) dont la première est soumise à cette seule condition de permettre l'application de cette méthode. Comme nous le verrons plus loin, la géométrie ainsi comprise est une science plus générale que la géométrie des anciens. (1889, p. 589)

Calinon utilise l'appellation «méthode géométrique» dans le même sens que Pascal dans son opuscule *De l'esprit géométrique*: il s'agit de

48 Les renseignements biographiques sur Calinon (1850-1900) sont pratiquement inexistants. Le titre d'un de ses mémoires, Calinon (1888), indique qu'il était ancien élève de l'Ecole polytechnique. Le *Bulletin de la Société des Sciences de Nancy* de 1889 nous apprend qu'il fut élu membre de cette société le 1er mai 1885 et mentionne comme activité «chef de correspondance aux forges de Longwy».

49 Dans son *Etude sur la sphère, la ligne droite et le plan* (1888), Calinon étudie de manière intrinsèque la géométrie sphérique. Il établit en particulier la trigonométrie sphérique par une méthode infinitésimale analogue à celle de Flye Sainte-Marie. On retrouve la même approche dans son mémoire *La géométrie à deux dimensions des surfaces à courbure constante* (1896).

la méthode déductive et le raisonnement géométrique en constitue l'exemple type. Il paraît de prime abord curieux de vouloir raisonner à partir de définitions seulement, en se passant d'axiomes ou de postulats. La suite du texte permet cependant de mieux comprendre le point de vue de Calinon:

> Euclide paraît définir la ligne droite:
> *a*. Une ligne telle que par deux points il n'en passe qu'une. [...]
> Arrivé à la théorie des parallèles, Euclide introduit son célèbre postulat qui équivaut à la proposition suivante:
> *b*. Par un point on ne peut mener à une droite qu'une parallèle.
> Legendre a essayé inutilement de déduire la proposition *b* de la proposition *a*; mais, depuis, d'autres géomètres ont montré que les deux propositions sont absolument indépendantes et que la seconde n'est pas une conséquence de la première. Ce point mis en évidence par les travaux de Lobatchefsky et de quelques autres auteurs a une importance capitale.
> Il en résulte d'abord que, dans la géométrie euclidienne, ce sont les deux propositions *a* et *b* réunies qui forment la définition de la ligne droite et non pas seulement la première; le postulatum d'Euclide, ainsi envisagé, perd son caractère un peu étrange et n'est plus que la seconde partie d'une définition divisée. (*ibidem*, p. 589)

On peut donc dire que la droite euclidienne est par définition la figure qui satisfait aux propriétés a et b. Cette idée apparaissait déjà chez Tannery. On la retrouve dans d'autres textes contemporains. Ainsi, dans sa thèse, Liard note qu'une définition de la droite qui énonce ses propriétés joue en fait le rôle d'un axiome et qu'il serait possible de ramener les axiomes à des définitions[50]. Pour lui, les axiomes viennent compléter les définitions[51]. Dans sa *Logique* (1886), un manuel souvent cité à l'époque et plusieurs fois réédité, le philosophe Elie Rabier[52] écrit à propos des axiomes géométriques:

50 Liard (1873, p. 102).

51 On rencontre au fond déjà cette idée chez Leibniz: «C'est pourquoi Euclide, faute d'une idée distinctement exprimée, c'est-à-dire d'une définition de la ligne droite (car celle qu'il donne en attendant est obscure, et ne lui sert point dans ses démonstrations) a été obligé de revenir à deux axiomes, qui lui ont tenu lieu de définition et qu'il emploie dans ses démonstrations: l'un que deux droites n'ont point de partie commune, l'autre qu'elles ne comprennent point d'espace.» (*Nouveaux Essais sur l'entendement humain*, IV, 12 § 6)

52 Rabier (né en 1846) enseigna la philosophie dans différents lycées avant de faire, comme Liard, carrière dans l'administration en tant que Directeur de l'enseignement secondaire.

> En effet, les axiomes ne sont ici proprement rien autre chose que des *théorèmes* énonçant une propriété essentielle de certaines figures déterminées. Or ces propriétés peuvent être et sont l'origine, la source, la raison d'autres propriétés. Par conséquent, ces axiomes pourront, en certains cas, jouer dans la démonstration le même rôle que les définitions elles-mêmes. Et c'est là, sans doute, une des raisons pour lesquelles certains de ces axiomes, comme ceux de la ligne droite et des parallèles, sont parfois mis au rang des définitions. (1886, pp. 286-287)

Quelques années plus tard, dans sa correspondance avec Frege[53], Hilbert affirmera que la signification des termes primitifs (point, droite, etc.) est fixée par l'énoncé des relations auxquelles ils satisfont. Les axiomes définissent donc implicitement ces termes et l'introduction d'un nouvel axiome modifie leur signification[54]. De cette manière, on peut dire que la géométrie est fondée sur des définitions. S'il y a une certaine parenté entre les points de vue de Calinon et Hilbert, leurs recherches n'ont, au point de vue mathématique, rien de commun. Calinon pense en effet pouvoir construire la géométrie à partir de la définition *a* seulement:

> [...]; nous voulons dire par là que la ligne jouissant de la propriété *a* peut servir de base à une géométrie générale où la déduction se poursuit indéfiniment sans donner lieu à aucune contradiction. (Calinon, 1889, p. 590)

Cette définition caractérise une «droite générale» dont la droite euclidienne n'est qu'un cas particulier. Calinon fait à ce propos une comparaison avec les coniques. Celles-ci sont définies de façon générale; c'est en donnant des valeurs particulières à l'excentricité que l'on distingue la parabole, l'hyperbole et l'ellipse. La géométrie fondée sur la définition *a* ne doit pas être appelée non euclidienne mais «générale»:

> On a appelé cette géométrie non euclidienne par opposition à l'ancienne géométrie d'Euclide: nous préférons la désigner sous le nom de géométrie générale, puisque, loin d'être la négation de la géométrie euclidienne, elle comprend cette dernière comme cas particulier [...]. (*ibidem*, p. 590)

53 Lettre de Hilbert à Frege du 29 décembre 1899, Frege (1976, pp. 65-68) ou Dubucs (1992, pp. 225-229). Le contexte de cette correspondance a été présenté au § 2.3 du chapitre 12.

54 Cette idée a été systématisée par les philosophes néo-positivistes et notamment par Schlick dans son *Allgemeine Erkenntnislehre*, Schlick (1918-1925, § 7). Le qualificatif «implicite» n'est pas utilisé par Hilbert mais par Schlick.

L'appellation «géométrie générale» apparaît auparavant mais de manière incidente chez De Tilly[55]. Calinon est le premier à l'utiliser systématiquement. Elle sera reprise par Lechalas. La présence d'un paramètre dans les relations métriques de la géométrie générale peut laisser croire à une contradiction:

> Si, en effet, dans cette géométrie générale on cherche la droite qui passe par deux points, cette droite, comme on devait s'y attendre, dépend du paramètre général, de sorte qu'il y aurait, passant par ces deux points, une infinité de droites, savoir une correspondant à chaque valeur du paramètre, ce qui est en contradiction avec la définition *a* de la ligne droite. (*ibidem*, p. 591)

Cette contradiction disparaît si l'on admet l'existence d'une infinité d'espaces à trois dimensions distincts correspondant chacun à une valeur donnée du paramètre.

Pour Calinon, il faut commencer par construire rationnellement la géométrie générale et déterminer ensuite expérimentalement le paramètre de l'espace dans lequel nous vivons. Il se réfère à la preuve astronomique de Lobatchevski pour affirmer que, dans la limite des incertitudes de mesure, celui-ci est euclidien. Il n'est cependant pas exclu que son paramètre soit seulement proche de zéro ou varie avec le temps. Si notre espace est euclidien, ce n'est en tout cas pas par nécessité et, dans le second article, Calinon s'oppose nettement aux aprioristes:

> La Géométrie générale, avons-nous dit, est l'étude de tous les espaces compatibles avec le raisonnement géométrique; or on a contesté la légitimité de cette science; on a dit que, pour être légitime, une géométrie devait, non seulement se prêter à la déduction, mais encore satisfaire à certaines conditions que nous révèle l'intuition géométrique; en d'autres termes, nous aurions sur l'espace, avant tout raisonnement géométrique, des vues *a priori* desquelles il résulterait que l'espace est nécessairement euclidien et que, par suite, la géométrie euclidienne est seule légitime. (1891, p. 371)

Cette apparente nécessité nous est seulement suggérée par la répétition de phénomènes simples dont nous avons oublié le caractère contingent. Calinon défend ici le point de vue déjà exprimé trente ans plus tôt par Houël. Dans son second article, Calinon s'attache encore à délimi-

55 De Tilly (1879, p. 1); Carbonnelle utilise aussi cette appellation, sans doute à la suite de De Tilly (Carbonnelle, 1883, p. 358).

ter le domaine de la géométrie. N'importe quelle théorie construite par le raisonnement ne peut porter ce nom. La géométrie n'étudie que des figures «concevables». Calinon distingue à ce propos les espaces à quatre dimensions et les espaces non euclidiens à trois dimensions. Nous ne pouvons concevoir les figures à quatre dimensions qui «ne sont que des noms nouveaux donnés aux équations»[56]. Il en va en revanche autrement des figures non euclidiennes à trois dimensions:

> [...]; mais d'abord nous concevons très bien les figures de tous ceux de ces espaces qui diffèrent très peu de l'espace euclidien et par conséquent de notre espace expérimental; quant aux autres espaces qui s'écartent sensiblement du nôtre, ils peuvent toujours, comme nous l'avons vu, être décomposés en éléments infiniment petits qui diffèrent très peu d'éléments euclidiens, de sorte que, si nous ne concevons pas dans son ensemble un espace de ce genre, nous en concevons très bien chacun des éléments. [...]
> Ainsi, en résumé, la géométrie générale telle que nous venons de la définir et de la limiter est, parmi les sciences mathématiques, la science qui prend comme point de départ la notion des formes que nous pouvons concevoir, c'est-à-dire des formes à une, deux et trois dimensions, très voisines des formes réalisées autour de nous. (*ibidem*, p. 375)

Dans sa thèse, Milhaud rejette cette conception élargie de l'intuition:

> Nous ne pouvons accepter cette manière de voir. Deux attitudes seules nous semblent raisonnables à l'égard de l'intuition, celle qui consiste à accepter l'intuition ordinaire avec ses exigences, ou celle qui s'en passe. M. Calinon consent à abandonner l'intuition euclidienne, et croit pouvoir se contenter d'une autre. Laquelle? C'est ici qu'il nous faut regarder de près. On se rappelle Helmholtz essayant de créer idéalement une intuition factice, différente de la nôtre, à l'aide d'un ensemble d'impressions tirées du fonctionnement normal de nos organes et de notre esprit. M. Calinon fait en somme une tentative analogue en cherchant à composer l'intuition nouvelle d'éléments empruntés à l'espace euclidien. Mais nous ne pouvons voir là autre chose qu'une construction artificielle, que nous nous refusons absolument à identifier avec l'intuition véritable, celle qui s'impose à nous, [...]. (Milhaud, 1894, pp. 192-193)

Dans un compte rendu de cette thèse, Tannery adopte une position plus souple:

> J'accorde à M. Milhaud que les constructions analytiques de Riemann n'ont rien à faire avec l'intuition; mais ce qu'il y a au contraire de particulièrement

56 Calinon (1891, p. 374).

> remarquable dans les travaux de Lobatchefski et de Bolyai, c'est qu'ils ont construit, en employant l'intuition géométrique, un système différent de celui d'Euclide; c'est aussi précisément l'emploi de l'intuition qui rend singulièrement intéressante, à mon sens, la tentative plus récente de *géométrie générale*, due à M. Calinon.
> Evidemment l'intuition de Lobatchefski ou celle de M. Calinon n'est pas la même que celle d'Euclide ou de M. Milhaud. Les uns voient intuitivement ce que les autres ne voient pas, et réciproquement; mais les uns ont-ils pour cela le droit de déclarer que l'intuition des autres est faussée? Je le répète, où est le critérium? (Tannery, 1894, p. 55)

Tannery a évolué depuis l'époque de ses premiers articles. Il rejoint Liard en affirmant que Bolyai et Lobatchevski ont eu recours à l'intuition géométrique.

Dans le dernier extrait cité, Calinon affirme que ce sont les «formes réalisées autour de nous» qui constituent le point de départ de la géométrie. Il ajoute ensuite que celle-ci n'est pas pour autant une science empirique; c'est une science idéale qui pourrait conserver «toute sa valeur logique quand bien même le monde physique n'existerait pas ou existerait autrement»[57]. Il n'empêche que l'expérience apparaît comme la condition de cette discipline. Il y a là une contradiction avec le début du premier article où il affirmait que la géométrie est une science rationnelle «sans base expérimentale». Cette contradiction n'a pas échappé à Milhaud:

> Dans ces sortes de travaux où la géométrie ordinaire est présentée comme cas particulier d'une science plus générale, on peut supposer, si l'on n'y réfléchit pas, que les éléments fondamentaux de notre géométrie, droites, points, distance, etc., vont sortir tout naturellement, par une série de restrictions, de notions rationnelles posées par nous tout d'abord: Il suffit de regarder de près les travaux eux-mêmes, comme celui de M. Calinon, par exemple, (si intéressant d'ailleurs et si original au point de vue mathématique) pour constater, comme on pouvait s'y attendre, que ce sont, au contraire, les notions générales, prétendues rationnelles, qui sortent des éléments habituels de notre intuition. (Milhaud, 1894, p. 185)

Dès le moment où il affirme que la construction rationnelle doit être suivie d'une vérification expérimentale, Calinon indique bien que les concepts de la géométrie ne sont pas choisis arbitrairement.

57 Calinon (1891, p. 375).

§ 6 Lechalas

Disciple et ami de Calinon, Georges Lechalas a joué un rôle important dans le débat sur les nouvelles idées[58]. Il a publié entre 1889 et 1905 plus d'une dizaine d'articles sur ce sujet ainsi que deux livres: *Etude sur l'espace et le temps* (1896) et *Introduction à la géométrie générale* (1904). Le premier est avant tout philosophique. Le second est un ouvrage mathématique, mais les considérations philosophique n'en sont pas pour autant absentes. Le mathématicien Oswald Veblen a reproché avec raison à Lechalas de ne pas clairement séparer les problèmes mathématiques des problèmes philosophiques[59].

6.1 La conception de la géométrie de Lechalas

Le premier article de Lechalas consacré à la géométrie générale parut en 1889 dans la *Critique philosophique*, la revue de Renouvier. Ceci explique sans doute la présence d'un avertissement dans lequel le rédacteur François Pillon, tout en louant les compétences de l'auteur, déclare «devoir faire d'expresses réserves sur les vues qui y sont développées»![60] Cet article suscita des critiques de Renouvier (1889) et de l'abbé de Broglie (1890). On y voit apparaître les principales idées de Lechalas. Elles seront développées dans des publications ultérieures auxquelles j'aurai parfois recours.

Dans le préambule, Lechalas indique d'abord que c'est Calinon qui lui a permis de se «former une idée assez nette de cette science si contestée»[61]. Il relève ensuite que la géométrie générale pose deux

58 Les renseignements biographiques sur Lechalas (1851-1919) sont très minces. La notice nécrologique publiée dans la *Revue de métaphysique et de morale* en janvier 1920 se limite à une brève présentation de sa pensée. Elle relève qu'il accomplit ses recherches philosophiques à côté de sa carrière d'ingénieur (des ponts et chaussées). Cette situation évoque celle de Paul Tannery (cf. annexe II).

59 Veblen (1905, p. 439). Cette critique a été faite à propos de l'*Introduction à la géométrie générale*. Veblen (1880-1960) a effectué d'importantes recherches en géométrie projective et en topologie.

60 Lechalas (1889, p. 217).

61 Lechalas (1889, p. 217).

problèmes: 1) elle semble être favorable aux doctrines empiristes; 2) l'existence d'une unité absolue de longueur n'est pas compatible avec le caractère relatif des grandeurs et paraît difficilement conciliable avec des «convictions métaphysiques auxquelles il serait bien difficile de renoncer»[62]. Nous allons voir au cours de cette analyse comment Lechalas aborde ces deux problèmes.

L'article comporte trois paragraphes. Les deux premiers sont avant tout mathématiques et s'inspirent d'un mémoire de Calinon (1888). Lechalas y présente la géométrie générale à deux dimensions conçue de manière intrinsèque, puis la géométrie à trois dimensions. Il entend fonder la première à partir d'une seule définition: celle des surfaces «identiques à elles-mêmes dans toutes leurs parties, c'est-à-dire telles qu'on peut y déplacer sans déformation une figure qui y est située»[63]. Pour lui, la légitimité d'une telle définition repose sur la possibilité d'en «déduire une géométrie qui se poursuive sans contradiction aussi loin qu'on voudra»[64]. Lechalas définit une géodésique d'une surface identique à elle-même comme une ligne située sur la surface et «telle que par deux points de la surface il en passe toujours une et généralement une»[65]. Le caractère très vague de ces définitions a été relevé par Milhaud dans sa thèse:

> Les premières propositions s'appellent, il est vrai, des définitions, mais ce n'est là qu'un mot, ce que nous disions tantôt de celles de M. Calinon subsiste complètement pour celles-ci. M. Lechalas reproduit la définition des surfaces identiques, déjà citée, puis celle des géodésiques: Une géodésique d'une surface identique est une ligne située sur elle, et telle que par deux points de celle-ci il n'en passe qu'une en général. Mais, nous dit-on ce qu'est une surface, une ligne, un point, une figure, un déplacement, etc...? Voilà autant de notions absolument inexpliquées qu'on nous fait accepter en bloc, et qu'on va introduire dans cette chaîne de déductions prétendues logiques. (Milhaud, 1894, p. 187)

Lechalas s'intéresse en particulier aux surfaces sur lesquelles deux géodésiques différentes ont deux points communs. Celles-ci sont appelées «sphères» et chacune d'elles est caractérisée par un paramètre K.

62 Lechalas (1899, p. 219).
63 Lechalas (1889, p. 219).
64 Lechalas (1889, p. 220).
65 Lechalas (1889, p. 220).

Deux problèmes mathématiques se posent. Le premier concerne la possibilité de comparer les grandeurs de deux figures situées sur des sphères de paramètres différents:

> Or il semble qu'aucune comparaison ne soit possible entre les figures tracées sur deux sphères inégales: un polygone ne saurait être transporté de l'une sur l'autre, car, si les côtés peuvent s'appliquer sur la seconde sphère, ils n'appartiennent plus à des géodésiques, et les angles sont modifiés; en tout cas, si l'on pouvait cependant comparer les angles et les longueurs, la comparaison serait assurément impossible pour les surfaces, sans la remarque que nous allons signaler. Ce fait serait d'ailleurs d'une extrême gravité, car, en l'absence d'unités communes, il faudrait renoncer à la distinction des sphères par le paramètre K et à leur comparaison. La solution de cette difficulté est donnée d'une façon fort simple par le théorème d'après lequel la somme des angles d'un triangle géodésique infiniment petit est égale à deux droits, d'où il résulte que les figures sphériques infinitésimales jouissent, aux infiniment petits d'ordres supérieurs près, de toutes les propriétés qu'on démontre en géométrie plane sans invoquer la retournabilité du plan, mais en s'appuyant sur le postulatum d'Euclide, auquel équivaut, comme on sait, l'égalité de la somme des angles d'un triangle à deux droits. Il résulte de là que toute figure sphérique infinitésimale peut être reproduite sur une sphère quelconque, ce qui rend possible la comparaison entre toutes les figures sphériques. (Lechalas, 1889, p. 222)

Lechalas pense que toute figure infinitésimale sphérique est congruente à une figure euclidienne; deux figures infinitésimales situées sur des sphères de rayons différents sont donc congruentes. J'ai montré au chapitre 7 dans quel sens on peut dire que la géométrie des figures infinitésimales est euclidienne. Lechalas raisonne comme s'il s'agissait de figures finies «très petites» et son explication n'est pas admissible. De manière analogue, il affirme plus loin que l'utilisation de figures infinitésimales peut servir à la comparaison des figures dans le cas d'espaces à trois dimensions différents[66]. Cette «solution» sera sévèrement critiquée par l'abbé de Broglie[67]. Lechalas lui répondra en proposant une nouvelle solution tout aussi obscure[68]. Dans sa critique, de Broglie note avec pertinence:

66 Lechalas (1889, p. 225).
67 De Broglie (1890, pp. 352-353).
68 Lechalas (1890c, p. 62).

> Ce qu'on appelle infiniment petit, en analyse exacte, c'est une quantité variable qui, partant d'un terme fini, décroît indéfiniment et tend vers zéro. (1890, p. 353)

L'absence de rigueur dans le traitement des infiniment petits est encore fréquente chez les amateurs à cette époque.

Le second problème a déjà été mentionné dans le préambule. Il concerne l'existence d'une unité absolue de longueur sur une sphère, comme dans le plan non euclidien. Il s'agit d'un faux-problème:

> [...], nous appellerons l'attention sur ce fait que, la somme des angles d'un triangle, situé sur une sphère donnée de paramètre fini, dépendant de la grandeur des côtés, il n'existe pas de figures semblables sur cette surface, qui constitue dès lors un espace non homogène en attribuant à cette expression le même sens que M. Calinon; mais nous ne saurions admettre que les dimensions y soient par là même *absolues*, attendu qu'elles sont toujours relatives au paramètre K, qui est une grandeur géométrique. C'est là un point d'importance capitale, [...]. (Lechalas, 1889, pp. 222-223)

Lechalas joue ici sur le sens du mot «absolu»; il est vrai que l'unité de longueur utilisée, centimètre, mètre ou kilomètre, est arbitraire; c'est le rapport à l'unité absolue qui importe. Il fait plus loin les mêmes remarques dans le cas des espaces à trois dimensions. Il reviendra dans un autre article sur ce problème ainsi que sur celui de l'absence de figures semblables qui constitue une «difficulté d'une si grande portée philosophique»[69]. Selon lui, celle-ci disparaît si l'on admet que pour toute figure il existe une figure semblable, mais dans un espace de paramètre différent[70]. Prenons par exemple le cas d'un triangle sphérique ABC situé sur une sphère Σ de rayon r. Soit Σ' une sphère de rayon 2r; il existe alors sur Σ' un triangle A'B'C' semblable à ABC avec un rapport de similitude égal à 2. Cette manière de faire oblige à concevoir simultanément une infinité d'espaces à trois dimensions. Cette nécessité apparaissait aussi chez Calinon; mais Lechalas va plus loin puisque, dès son premier article, il affirme qu'il faut les envisager comme inclus dans un espace à quatre dimensions:

> [...] et la conception d'espaces à trois dimensions limités montre bien qu'il n'y a aucune raison de refuser d'admettre que des espaces à trois dimensions soient

69 Lechalas (1893, p. 200).
70 Lechalas (1890c, p. 61 et 1893, p. 200).

compris dans un espace à quatre dimensions, comme des espaces à deux dimensions le sont dans un espace à trois dimensions. (*ibidem,* p. 230)

Cette affirmation paraît choquante à l'abbé de Broglie:

[...], il faut admettre une quatrième dimension, une sorte de sur-espace, dans lequel les espaces distincts à trois dimensions seraient contenus comme les surfaces homogènes diverses sont contenues dans l'espace à trois dimensions. Cette conséquence n'effraie pas les modernes géomètres. Pourquoi pas quatre dimensions? Pourquoi pas cinq? Pourquoi pas six? Ils conviennent qu'ici on est loin de toute image, qu'on sort de la géométrie ordinaire pour entrer dans la métaphysique. (1890, p. 21)

La nécessité de changer d'espace afin d'obtenir une figure semblable à une figure donnée a aussi été critiquée par le philosophe et logicien Louis Couturat (1893). L'idée d'un espace à quatre dimensions contenant tous les espaces à trois dimensions prendra de plus en plus d'importance dans les écrits ultérieurs de Lechalas. Dans son *Etude sur l'espace et le temps*, il affirme que «la conception d'un espace à quatre dimensions nous semble s'imposer à titre de condition de la notion des espaces multiples à trois dimensions»[71]. La part la plus importante de son *Introduction à la géométrie générale* est réservée à l'espace euclidien à quatre dimensions. Les espaces sphériques sont considérés comme des sphères de cet espace et étudiés analytiquement. Cette approche ne s'applique cependant pas au cas des espaces non euclidiens, qui ne peuvent pas être plongés isométriquement dans un espace euclidien à quatre dimensions. Dans cet ouvrage, Lechalas défend un autre point de vue que celui de Tannery ou Calinon:

Au contraire, la notion d'un espace à quatre dimensions repose sur des intuitions spatiales, et nous n'avons aucune raison de refuser d'admettre qu'elle pourrait répondre à des images, soit dans d'autres esprits, soit même dans les nôtres si notre sensibilité avait reçu une autre éducation. (1904, pp. 16-17)

Le ton de la dernière phrase rappelle Helmholtz.

Le troisième paragraphe de l'article (de 1889) est consacré à quelques considérations philosophiques. Lechalas défend la même conception rationnelle que Calinon:

71 Lechalas (1896, p. 40).

> En d'autres termes, tous les systèmes de rapports qui n'impliquent pas contradiction sont admissibles *a priori* et ont une égale valeur rationnelle, et ce n'est que l'observation qui peut apprendre lequel de ces systèmes est réalisé en fait. (Lechalas, 1889, p. 229)

Il pense aussi que la géométrie générale doit être fondée sur des définitions seulement et voit dans ce fait un argument contre les empiristes:

> Avec la géométrie générale, en effet, la situation change absolument; tous les postulats sont écartés, et l'on ne s'appuie que sur les axiomes de la science générale des grandeurs et sur des définitions dont la légitimité rationnelle résulte de la possibilité de poursuivre indéfiniment les déductions fondées sur elles, sans rencontrer jamais aucune contradiction. Cette science ne repose donc plus en rien sur des vérités géométriques expérimentales ou pouvant être qualifiées ainsi, ce qui enlève un argument des plus spécieux aux empiristes, et d'autre part, comme nous allons le voir, elle met en évidence le caractère contingent de l'espace. (*ibidem*, p. 230)

En parlant «des postulats», au pluriel, Lechalas semble dire que pour les empiristes tous les postulats sont d'origine expérimentale. Une telle généralisation est discutable. La plupart des empiristes de l'époque font référence uniquement au postulatum et ne disent rien sur les autres postulats. Dans ses écrits, Lechalas lui-même n'a en vue que le postulatum. Dans ce texte, il range les postulats parmi les propositions d'origine expérimentale, propositions que sa conception rationnelle ne peut admettre. Cette question est reprise différemment, sous un angle logique, dans l'*Etude sur l'espace et le temps*. Lechalas y présente les postulats comme des théorèmes non démontrés et affirme que «pour tout esprit non prévenu, l'existence de telles propositions au sein de la géométrie doit apparaître comme un véritable scandale»[72]. Ce n'est donc pas l'éventuelle origine expérimentale des postulats mais plutôt le fait qu'ils ne soient pas démontrés qui gêne ici Lechalas. Reprenant l'idée de définition implicite suggérée par Calinon, il ajoute que ce sont des «définitions méconnues». Signalons que dans la deuxième édition du livre, publiée en 1910, on ne trouve plus trace de ces idées. Lechalas commence par rendre compte des travaux de Peano, Pieri, Russell et Hilbert. Il affirme à propos des *Grundlagen der Geometrie* qu'il s'agit de l'«ouvrage constituant, à notre connaissance, le plus rigou-

72 Lechalas (1896, p. 11).

reux essai de constitution de la géométrie par une méthode purement logique en langage ordinaire»[73]. On a là un bon exemple du changement de paradigme provoqué par la parution du livre de Hilbert.

Si la géométrie est une science rationnelle qui n'a pas recours à des postulats empruntés à l'expérience, elle a néanmoins besoin de celle-ci pour exister. Cette idée, qui apparaissait déjà chez Calinon et que l'on retrouve à la même époque chez Poincaré[74], est clairement explicitée dans l'*Etude sur l'espace et le temps*:

> Du moment que nous ne considérons pas la géométrie comme une science innée au sens propre et rigoureux du mot, il est clair que nous devons chercher dans les perceptions ou expériences un point de départ, ou plutôt un excitant pour l'esprit. (1896, p. 23)

Dans un autre article, Lechalas note que les concepts de la géométrie générale sont formés par idéalisation dans notre esprit à partir de l'expérience, mais que leur généralité dépasse celle-ci:

> [...] nous croyons que notre esprit, sous cette inspiration extérieure, acquiert des notions d'une généralité supérieure aux relations spatiales réalisées autour de nous, [...]. (1890c, p. 73)

Dans l'*Etude sur l'espace et le temps*, Lechalas défend une conception à la fois rationaliste et idéaliste de la géométrie. Celle-ci traite d'idées associées à des images:

> Les euclidiens sont dès lors fondés, semble-t-il, à dire que les géométries non euclidiennes ne sont pas des géométries, puisque nous sommes impuissants à former des images adéquates des figures incompatibles avec l'espace euclidien; mais, à vrai dire, toutes nos images sont imparfaites comme les figures matérielles, et le raisonnement géométrique porte sur les idées auxquelles sont associées les images et non sur celles-ci; aussi importe-t-il assez peu que la divergence soit petite ou grande. S'il arrive qu'elle soit telle que nous ne puissions plus suivre sur les images la suite des conclusions de l'analyse, nous n'en concevons pas moins que des êtres doués d'une autre sensibilité pourraient posséder des images qui y répondissent aussi exactement que les nôtres répondent à la géométrie euclidienne. (1896, pp. 42-43)

73 Lechalas (1896-1910, p. 8).
74 Cf. chapitre 15 § 3.3.

Le terme image est pris dans un sens large. Il suffit qu'un être quelconque puisse associer une image à un concept pour que celui-ci soit géométrique. Le domaine de la géométrie est ainsi considérablement étendu. Dans son premier article, Lechalas se démarquait déjà d'une conception restreinte de l'image:

> On peut dire que nous n'avons d'images que des figures euclidiennes, les seules qui puissent entrer dans notre espace; mais ces images peuvent, à titre purement schématique, nous représenter les figures des autres espaces à deux ou trois dimensions. (1889, p. 230)

Lechalas souligne avec justesse la capacité que nous avons à former à partir du matériau euclidien des schémas permettant de représenter les figures non euclidiennes, et ceci sans même recourir à l'une des interprétations de cette géométrie. C'est sans doute ainsi que Bolyai et Lobatchevski ont procédé. De la même manière, le géomètre crée des images qui lui permettent de raisonner dans des espaces encore plus abstraits que l'espace non euclidien. C'est l'une des originalités de Lechalas d'avoir relevé le rôle de l'image en géométrie et d'avoir affirmé qu'il fallait abandonner une conception restrictive.

6.2 Les réponses de Renouvier et de l'abbé de Broglie

Les critiques de Renouvier (1889) et de l'abbé de Broglie (1890) furent encore suivies de réponses de Lechalas (1890a, 1890c). Le point essentiel qui oppose Renouvier à Lechalas est la légitimité d'une géométrie construite de façon rationnelle, sans référence à une réalité extérieure. Pour Renouvier, il importe de distinguer le contradictoire du faux. L'absence de contradictions dans une théorie n'implique pas qu'elle soit «vraie»:

> Quelques géomètres ont supposé, – partant du fait que la théorie des parallèles d'Euclide s'appuie sur une proposition *demandée*, dont la démonstration ne peut se tirer des autres propositions fondamentales de la géométrie, – que ce postulat est peut-être faux, et que peut-être il peut exister un faisceau de droites partant d'un point donné et toutes susceptibles d'être prolongées à l'infini sans rencontrer une droite donnée. Il est certain que cette dernière supposition n'est pas contradictoire avec les propositions fondamentales dont nous venons de parler et que nous préciserons tout à l'heure; et, en effet, si elle l'était, le postu-

> lat des parallèles serait démontrable par l'absurde, à l'aide de ces propositions, ce qui n'est pas. On s'est fié à cette absence de contradiction, qui ne prouvait cependant rien de plus que l'indémontrabilité de la proposition contraire, pour se croire autorisé à aller de l'avant tant qu'on n'en rencontrerait aucune. Mais, si l'on n'a pas rencontré la contradiction on a certes rencontré le faux, qui est beaucoup plus commun que le contradictoire. (1889, p. 338)

En dépit de son opposition, Renouvier reconnaît que la non-contradiction de la géométrie non euclidienne est liée à l'indémontrabilité du postulatum. Dans sa réponse, Lechalas souligne clairement ce qui l'oppose à Renouvier:

> Or le faux, en dehors du contradictoire, suppose que la proposition considérée n'est pas autonome, pour ainsi dire, qu'elle doit être conforme à quelque chose d'extérieur, et c'est là qu'éclate la divergence des points de vue. (1890a, p. 162)

L'argumentation même de Renouvier ne présente guère d'intérêt. Elle revient à affirmer que le postulatum est un «impératif géométrique» auquel «il y a comme une sorte de devoir à ne pas résister»[75]. La négation du postulatum est même qualifiée d'«attentat antigéométrique»![76] On retrouve aussi chez Renouvier l'idée que les mathématiques ont perdu une part de leur certitude:

> *Vérité éternelle et nécessaire*, ainsi que pouvaient le nommer Platon et Malebranche, il subit l'injure de ceux qui, le contestant, prouvent par ce fait qu'il ne s'impose point à leurs esprits, comme on prétend qu'il le devrait, et que la certitude, en la plus certaine des sciences, n'est pas tout à fait ce qu'on croit. (1890, p. 341)

Les arguments de l'abbé de Broglie sont proches de ceux de Renouvier Comme ce dernier, il reconnaît que la géométrie non euclidienne n'est pas contradictoire et a permis d'établir l'indémontrabilité du postulatum. Celui-ci demeure cependant une «évidence intuitive absolue» et la géométrie non euclidienne est, à l'instar des nombres complexes, une science «purement symbolique»[77]. De Broglie attaque vivement les géomètres qui pensent qu'une géométrie est possible dès le moment où elle est non contradictoire:

75 Renouvier (1889, p. 346).
76 Renouvier (1889, p. 345).
77 De Broglie (1890, p. 12).

> L'unique raison que donnent les nouveaux géomètres en faveur de l'égale possibilité des divers systèmes géométriques est celle-ci: Tous ces systèmes sortent logiquement, sans lacune et sans contradiction, des axiomes et des définitions: dès lors aucun n'est impossible; Dieu pourrait les réaliser tous, car il n'y a d'autre limite à sa toute-puissance que l'impossibilité de réaliser ce qui est contradictoire.
> A ce raisonnement spécieux nous répondons que l'existence d'une déduction logique régulière n'est pas l'unique condition de possibilité d'un système. Il faut encore que les définitions qui sont le point de départ de la déduction ne contiennent rien d'impossible et correspondent à des objets intelligibles et concevables. (1890, pp. 14-15)

C'est l'intuition qui nous assure de la possibilité d'un objet:

> Les définitions des idées premières de la géométrie, comme de celles de toutes les sciences, ne créent pas leurs objets; elles en supposent connue l'existence à l'état de possible, et cette possibilité est l'objet d'une intuition directe qui la rend évidente. (*ibidem*, p. 366)

Pour de Broglie, l'intuition est caractérisée par son immédiateté. Rappelons que cette conception de l'intuition a été longuement critiquée par Helmholtz. Elle conduit de Broglie à bannir la géométrie générale du domaine de la géométrie:

> Ainsi entendue, à la condition de n'être plus du tout une géométrie, de n'avoir aucun rapport avec la géométrie, la géométrie générale a le droit d'exister. (*ibidem*, p. 22)

Notons enfin que si Renouvier et de Broglie sont d'accord sur plusieurs points, leur jugement sur Kant n'est pas le même. De Broglie écrit:

> Selon moi, si la géométrie générale était autre chose qu'une pure algèbre symbolique, si elle avait une valeur philosophique quelconque, la conclusion qui en résulterait serait, non pas l'empirisme ou le dynamisme, mais le scepticisme absolu, la doctrine de Kant réduisant les axiomes à des formes subjectives. Si la géométrie n'est pas la vérité, la raison humaine n'est qu'un organe d'erreur, auquel il n'y a pas lieu de se fier. (*ibidem*, p. 5)

On a là un exemple de l'anti-kantisme régnant dans certains milieux catholiques à la fin du XIXe siècle. Comme Carbonnelle, de Broglie considère que la solidité de tout l'édifice scientifique, et même de toute notre connaissance, repose sur celle de la géométrie. Dans sa réponse à de Broglie, Lechalas lui laisse le soin de se mettre d'accord avec Renouvier à propos de Kant[78]. Il note plus loin que l'«intuition géométrique» joue chez de Broglie le même rôle que les jugements synthétiques *a priori* chez Renouvier[79].

6.3 La composante religieuse et morale du débat

Lechalas semble avoir été d'abord opposé à la géométrie non euclidienne avant de s'y «convertir». On trouve en effet dans son premier article la confession suivante:

> Parmi tous ceux qu'a séduits la théorie leibnizienne de l'espace, en est-il un qui n'ait éprouvé jamais un orgueilleux sentiment de commisération pour les adhérents de cette doctrine chère aux astronomes en veine de littérature, d'après laquelle l'espace est un contenant nécessaire et infini de l'univers matériel? Ce sentiment, nous devons avouer l'avoir éprouvé; mais, comme il faut que tout orgueil soit humilié, nous avons ressenti l'intime confusion de reconnaître que toutes nos révoltes contre la géométrie générale, révoltes renouvelées à tout propos et sous toutes les formes, n'avaient pas d'autre origine qu'un résidu inconscient de cette doctrine, demeuré caché au fond de notre esprit, ou plutôt de notre imagination. Que chacun s'éprouve lui-même et cherche s'il n'a pas à se faire la confession que nous faisons ici publiquement. (1889, pp. 228-229)

Lechalas fait allusion à l'opposition entre la conception relationnelle de l'espace de Leibniz et la conception absolutiste de Newton. C'est un «résidu» de la seconde qui l'a d'abord incité à rejeter la géométrie générale. La première conception est en effet compatible avec celle-ci:

> Si l'espace n'a pas de réalité propre, mais s'il se réduit à des relations entre des monades non étendues [...], nous ne voyons aucune raison qui permette de rejeter *a priori* aucun système de relations cohérent avec lui-même, c'est-à-dire n'enfermant aucune contradiction que puisse faire ressortir la déduction poussée aussi loin qu'on voudra. (*ibidem*, p. 229)

La dimension religieuse qui transparaît dans la confession de Lechalas apparaît chez d'autres contemporains. Le géomètre Max Simon[80] se

78 Lechalas (1890c, p. 66).
79 Lechalas (1890c, p. 73).
80 Simon (1844-1918) accomplit l'essentiel de sa carrière comme maître de gymnase à Strasbourg. On lui doit plusieurs articles mathématiques sur la géométrie non euclidienne (1890 et 1892).

qualifie ainsi de «métagéomètre de stricte observance»![81] Quant à l'abbé de Broglie, il traite les géomètres non euclidiens de «croyants»[82] et écrit:

> Il y a dans l'univers bien des religions. Quelques-unes proposent à la foi de leurs fidèles des mystères insondables, mais il n'en est aucune qui leur demande un sacrifice plus complet de leur raison que la nouvelle géométrie. (1890, p. 354)

Plus que d'un sacrifice de raison, il faudrait parler d'un sacrifice d'intuition. Un opposant tardif, Clément Vidal, semble avoir compté sur un jugement dernier qui rétablirait la vérité:

> Et peut-être le jour n'est-il pas éloigné où les non-euclidiens n'oseront plus affecter, vis-à-vis de leurs adversaires, une assurance et un esprit de conciliation qui ne vont point sans quelque ironie. (1902, p. 346)

Le passage suivant permettra d'apprécier le style savoureux de Delbœuf:

> Eh bien! nos géomètres se sont élancés en dehors de cet espace sans bornes à la recherche d'autres espaces, semblables ou différents, et nouveaux Colombs, ils les ont découverts, nous en ont rapporté les lois et décrit les merveilles.
> Malheureusement leurs descriptions ne parlent pas à nos oreilles comme aux leurs et ne mettent pas devant nos yeux ce qu'ils ont vu; car ils ont vu des choses qui n'ont ici-bas aucune copie. C'est donc dans de grossiers à peu près qu'ils parviennent à nous faire entrevoir ce qu'ils ont contemplé face à face. Ainsi procèdent les fondateurs de religions quand ils s'ingénient à donner aux néophytes un avant-goût des béatitudes supraterrestres. (1894, p. 359)

L'idée qu'il ne faut pas renverser un ordre établi apparaît chez le mathématicien Félix Dauge[83]:

> [...] toute saine interprétation des propositions de la géométrie non euclidienne à trois dimensions, devra toujours reposer sur les principes de la géométrie euclidienne. (1898, p. 20)

81 Simon (1897, p. 298).
82 De Broglie (1890, p. 355).
83 Il en sera davantage question au chapitre 16.

Terminons avec un texte du physicien Jules Andrade[84] sur les conséquences morales de la découverte de la géométrie non euclidienne:

> Il y a quelques années, dans une réunion que je ne préciserai pas davantage, j'ai entendu, formulée gravement, cette opinion «*que la morale elle-même est intéressée à la démonstration du postulatum d'Euclide; car, disait-on, si la certitude déserte même les mathématiques, que deviendront hélas, les vérités morales*»! (1900, p. 298)

Ces lignes justifient le titre donné à ce chapitre et au précédent. Elles font penser à Carbonnelle.

84 Andrade (1857-1933) fut professeur de mécanique rationnelle à la faculté de Besençon. Il est l'auteur de plusieurs articles épistémologiques. Dans l'un deux (1890), il défend une conception empiriste de la géométrie opposée à celle de Calinon et Lechalas. Ses vues ont été critiquées par Lechalas (1890b).

Chapitre 15

Poincaré

Poincaré a joué un double rôle mathématique et épistémologique dans l'histoire de la géométrie non euclidienne. Je présenterai d'abord ses travaux mathématiques dans ce domaine. Ils datent de la période consacrée à l'étude des fonctions automorphes, c'est-à-dire des années 1880-1882. En mettant en évidence un rapport entre la géométrie non euclidienne et la théorie des fonctions complexes et celle des formes quadratiques, Poincaré découvrit trois nouvelles interprétations ou modèles du plan non euclidien.

§ 1 Les interprétations ou modèles de Poincaré

1.1 Les suppléments à un mémoire de 1880

En 1880, Poincaré présenta pour le Grand prix des Sciences mathématiques de l'Académie des Sciences un mémoire consacré à des problèmes d'équations différentielles. Ce mémoire obtint le deuxième prix mais ne fut publié qu'après sa mort et seulement partiellement (1923). Poincaré envoya encore la même année trois suppléments; ils sont conservés aux Archives de l'Académie des Sciences à Paris et n'ont été édités que récemment par Gray et Scott A. Walter (1997). Gray les avait auparavant déjà étudiés dans un article (1982) et dans un livre (1986). Le premier supplément fut reçu le 28 juin 1880 et le deuxième le 6 septembre 1880; c'est dans ces textes que Poincaré établit pour la première fois un lien entre un problème d'analyse complexe et la géométrie non euclidienne. Avant de montrer en quoi ce lien consiste, il faut rappeler quelques résultats mathématiques[1].

Soit $\frac{d^2\eta}{dw^2} + P(w)\frac{d\eta}{dw} + Q(w)\eta = 0$ une équation différentielle linéaire du deuxième ordre. Si $(w-a)P(w)$ et $(w-a)^2Q(w)$ sont holomorphes en

1 Pour plus de détails, on se référera à Ford (1929-1972, pp. 293-298).

a, a est un point singulier «régulier» de l'équation. Celle-ci peut alors s'écrire sous la forme suivante: $\frac{d^2\eta}{dw^2} + \frac{p(w)}{w-a}\frac{d\eta}{dw} + \frac{q(w)}{(w-a)^2}\eta = 0$ avec $p(w) = p_0 + p_1(w-a) + p_2(w-a)^2 + \ldots$ et $q(w) = q_0 + q_1(w-a) + q_2(w-a)^2 + \ldots$ L'équation «indicielle» est $\alpha^2 + (p_0-1)\alpha + q_0 = 0$; on démontre que si les deux solutions α_1 et α_2 de cette équation sont distinctes et ne diffèrent pas d'un entier, l'équation différentielle admet au voisinage de a deux solutions η_1 et η_2 de la forme $\eta_1 = (w - a)^{\alpha_1} [1 + c_1 (w - a) + \ldots]$ et $\eta_2 = (w - a)^{\alpha_2} [1 + c'_1 (w - a) + \ldots]$.

Considérons maintenant la fonction $z = \frac{\eta_1}{\eta_2}$. En notant σ la différence $\alpha_1 - \alpha_2$, on a: $z = (w - a)^{\sigma} [1 + h_1 (w - a) + \ldots]$. Si cette fonction est prolongée analytiquement le long d'une courbe fermée orientée positivement autour de la singularité a, z est transformé en $z' = e^{2\pi i\sigma}z$; z subit donc une rotation d'angle $2\pi\sigma$. Supposons maintenant que la fonction z soit prolongée analytiquement le long de toutes les courbes du plan ne passant pas par un point singulier de l'équation. Est-il possible de définir une fonction réciproque w(z) méromorphe sur un certain domaine? Ce problème est étudié par Poincaré dans le mémoire présenté pour le Grand prix. Il lui fut suggéré par la lecture d'un article de Fuchs (1880)[2]. Poincaré démontre d'abord qu'en chaque point singulier régulier la différence des racines de l'équation indicielle doit être une partie aliquote de l'unité, c'est-à-dire de la forme 1/p où $p \in N^*$[3]. Poincaré donne deux exemples d'équation admettant deux points singuliers réguliers à distance finie. Dans le premier cas, la fonction réciproque w est méromorphe dans tout le plan et est elliptique[4];

2 Lazarus Fuchs (1833-1902) fut élève de Kummer et Weierstrass. Il fut professeur à l'Université de Berlin. Ses travaux concernent principalement l'analyse et les équations différentielles.

3 Poincaré (1880-1923, p. 48). Poincaré suppose que l'équation est réduite à la forme $\frac{d^2y}{dx^2} = Qy$. La nécessité de cette condition est facile à expliquer. On a en effet $z^{1/\sigma} = (w - a) [1 + \frac{h_1}{\sigma} (w - a) + \ldots]$, d'où l'on tire: $w - a = z^{\frac{1}{\sigma}} - \frac{h_1}{\sigma} z^{2\sigma} + \ldots$ Pour que la fonction w(z) soit localement inversible au voisinage de a, $1/\sigma$ doit être entier.

4 Une fonction méromorphe f est elliptique si elle est doublement périodique; il existe donc deux nombres complexes z_1 et z_2 dont le rapport n'est pas réel tels que $f(z+z_1) = f(z)$ et $f(z+z_2) = f(z)$ pour tout z situé dans le domaine de définition de f.

dans le second cas en revanche, le domaine de w est restreint à l'intérieur d'un cercle. C'est cette situation qui va conduire Poincaré à la découverte de nouvelles fonctions; elle est réexposée au début du premier supplément. Poincaré considère l'équation différentielle linéaire du deuxième ordre

$$\frac{1}{y}\frac{d^2y}{dx^2} = \frac{A}{(x-a)^2} + \frac{2C}{(x-a)(x-b)} + \frac{B}{(x-b)^2}$$

où a et b sont des nombres réels. Cette équation a trois points singuliers: a, b et ∞. Soient α_1, α_2, β_1, β_2, γ_1 et γ_2 les solutions de l'équation indicielle en ces trois points. En vertu des résultats rappelés, il existe deux solutions $\varphi(x)$ et $f(x)$ de la forme $f(x) = (x-a)^{\alpha_1} f_1(x)$ et $\varphi(x) = (x-a)^{\alpha_2} \varphi_1(x)$ où φ_1 et f_1 sont holomorphes en $x = a$. Poincaré suppose que $\alpha_2 - \alpha_1 = \rho_1$, $\beta_1 - \beta_2 = \rho_2$, $\gamma_1 - \gamma_2 = r$ sont des parties aliquotes de l'unité, ce qui assure que la fonction $z = \frac{\varphi(x)}{f(x)}$ est localement inversible au voisinage de chacune des singularités.

Il démontre que si x varie à l'intérieur du plan sans franchir la demi-droite $ab\infty$, z varie à l'intérieur d'un quadrilatère «mixtiligne» $O\alpha\gamma\alpha'$. Les angles de ce quadrilatère ont les valeurs suivantes: $\alpha O\alpha' = 2\pi\rho_1$, $O\alpha\gamma = \pi\rho_2$, $O\alpha'\gamma = \pi\rho_2$, $\alpha\gamma\alpha' = 2\pi r$. Le cercle HH' est orthogonal aux cercles $\alpha\gamma\beta$ et $\alpha'\gamma\beta'$. Comme Poincaré le mentionne plus loin, la figure suppose que α et β sont de même signe, ce qui n'a lieu que si $\rho_1 + \rho_2 + r < 1$. La somme des angles du quadrilatère est inférieure à 2π.

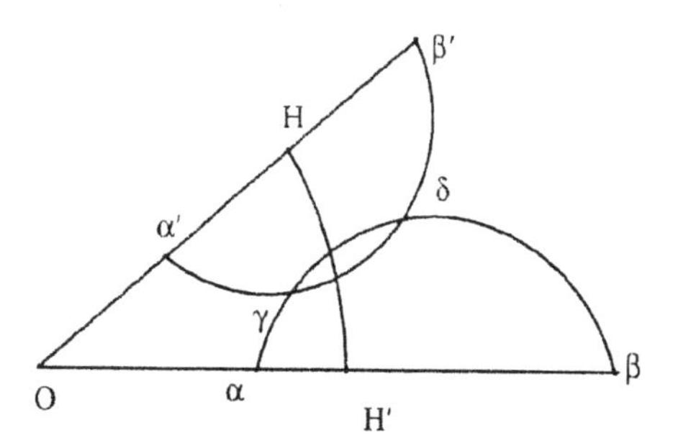

Poincaré étudie ensuite ce qui se passe lorsque la fonction z est prolongée analytiquement à travers l'une des coupures ab ou $b\infty$. Il note Q le quadrilatère initial $O\alpha\gamma\alpha'$. Si x franchit la coupure ab, les valeurs de z varient dans un nouveau quadrilatère mixtiligne, image de Q par la rotation euclidienne M de centre O et d'angle $2\pi\rho_1$. Si x franchit la coupure b∞, z varie dans un autre quadrilatère mixtiligne, image de Q par la transformation N obtenue en composant deux inversions par rapport au cercle $\alpha\gamma\beta$ et au cercle $\alpha'\gamma\beta'$; cette transformation laisse fixes γ et δ. (La figure ci-dessous n'est pas de Poincaré.)

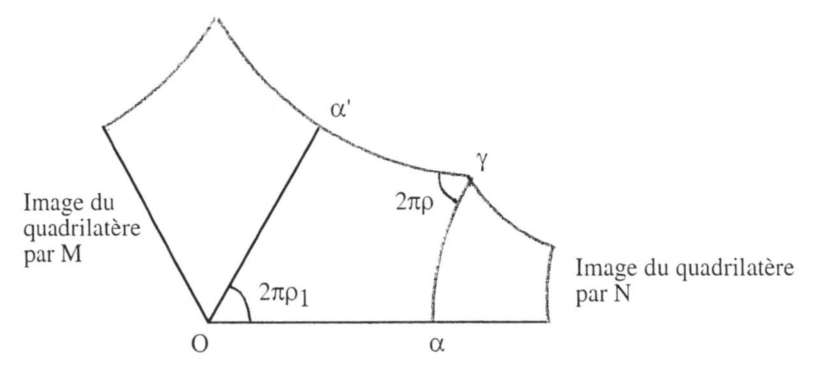

Lorsque x franchit plusieurs fois chaque coupure, z varie dans un quadrilatère mixtiligne, image de Q par une transformation obtenue en composant un certain nombre de fois M et N. Ces transformations composées forment un groupe. Elles sont conformes et transforment des cycles (droites ou cercles) en cycles. Elles laissent de plus fixe le cercle HH′ et envoient un point intérieur à ce cercle sur un point intérieur. Les images de Q sont donc des quadrilatères contenus dans HH′ et dont les côtés sont des arcs de cercle orthogonaux à HH′. Arrivé à ce stade, Poincaré fait plusieurs remarques importantes:

> Il existe des liens étroits entre les considérations qui précèdent et la géométrie non-euclidienne de Lobatchewski. Qu'est-ce en effet qu'une Géométrie? C'est l'étude du *groupe d'opérations* formé par les déplacements que l'on peut faire subir à une figure sans la déformer. Dans la géométrie euclidienne ce groupe se réduit à des *rotations* et à des *translations*. Dans la pseudogéométrie de Lobatchewski il est plus compliqué.
> Eh bien, le *groupe* des opérations combinées à l'aide de M et de N est i*somorphe* à un groupe *contenu* dans le groupe pseudogéométrique. Etudier le groupe des opérations combinées à l'aide de M et de N, c'est donc *faire de la géométrie de Lobatchewski*. La pseudogéométrie va par conséquent nous fournir un *langage commode* pour exprimer ce que nous aurons à dire de ce groupe. (1997, p. 35)

On voit apparaître ici deux idées qui joueront un rôle essentiel dans l'épistémologie de Poincaré, à savoir qu'une géométrie est l'étude d'un groupe et se réduit à un langage. Il est important de noter que ces idées apparaissent très tôt chez lui. Il poursuit:

> Soit h le rayon du cercle HH'; au point du plan des z dont les coordonnées polaires sont ρ et ω, je vais faire correspondre dans [le] *plan pseudogéométrique*, un point dont les coordonnées polaires seront:
>
> $$\omega \text{ et } L\frac{h+\rho}{h-\rho} = R.$$ [5]
>
> Aux points situés à l'intérieur du cercle HH' correspondront des points remplissant tout le plan pseudogéométrique. Aux cercles qui coupent orthogonalement le cercle HH' correspondront des droites; aux cercles qui coupent orthogonalement tous les cercles qui passent par un point λ du plan des z et qui coupent eux-mêmes à angle droit le cercle HH' correspondront des cercles ayant pour centre le point correspondant à λ. Enfin l'angle de deux courbes dans le plan des z sera égal à l'angle des deux courbes correspondantes dans le plan pseudogéométrique.
> Que deviennent alors les opérations M et N? Si nous continuons à appeler M l'opération qui permet de passer du point correspondant à λ au point correspondant à λM, M n'est autre chose qu'une rotation d'angle $2\pi\rho_1$ autour de l'origine. N n'est de même qu'une rotation d'angle $2\pi r$ autour du point correspondant à γ. (*ibidem*, pp. 35-36)

C'est la première description de l'interprétation qui prendra par la suite le nom de «disque de Poincaré»; elle est reprise au début du deuxième supplément[6]. Le quadrilatère mixtiligne Q et les transformations M et N apparaissent déjà dans le mémoire principal mais sans qu'un rapprochement avec la géométrie non euclidienne soit effectué. Le mémoire ayant été envoyé à l'Académie le 28 mai 1880 et le premier supplément reçu le 28 juin, c'est entre ces deux dates[7] qu'il faut situer la célèbre illumination décrite presque trente ans plus tard dans *Science et méthode*:

5 «L» désigne le logarithme népérien.

6 Les premiers textes imprimés décrivant cette interprétation sont Poincaré (1881a et 1881b); ils sont succincts. Elle est aussi présentée dans une note rédigée par Poincaré pour la 6e édition du manuel de Rouché et de Comberousse (1900). Une étude détaillée a été effectuée par Carslaw (1910).

7 L'étude de la correspondance entre Poincaré et Fuchs permet à Gray d'être encore plus précis: entre le 29 mai et le 12 juin 1880 (Gray, 1982, p. 224).

> A ce moment, je quittai Caen, où j'habitais alors, pour prendre part à une course géologique entreprise par l'Ecole des Mines. Les péripéties du voyage me firent oublier mes travaux mathématiques; arrivés à Coutances, nous montâmes dans un omnibus pour je ne sais quelle promenade; au moment où je mettais le pied sur le marche-pied, l'idée me vint, sans que rien dans mes pensées antérieures parût m'y avoir préparé, que les transformations dont j'avais fait usage pour définir les fonctions fuchsiennes étaient identiques à celles de la géométrie non-euclidienne. (1908, p. 51)

Il n'existe pas de documents indiquant de quelle manière Poincaré prit connaissance de la géométrie non euclidienne. Gray suppose que c'est grâce au mémoire de Beltrami[8]. Cette hypothèse est la plus vraisemblable. Elle permet d'expliquer la découverte de Poincaré. Les transformés du quadrilatère Q sont en effet tous situés dans un cercle et forment une famille de quadrilatères dont les angles sont égaux; leur somme est de plus inférieure à 2π. C'est ce qui caractérise une famille de quadrilatères isométriques dans l'interprétation de Beltrami. L'analogie réalisée par Poincaré n'est donc rétrospectivement pas surprenante et l'on comprend qu'elle n'ait pu être que soudaine. Poincaré cite Lobatchevski mais c'est probablement parce que Beltrami s'y réfère. Une analogie entre les figures de Lobatchevski et la famille des transformés du quadrilatère Q est visuellement difficile à percevoir. On notera également que Poincaré n'indique pas comment calculer la distance pseudogéométrique de deux points et donne sans démonstration la relation $L\,\frac{h+\rho}{h-\rho} = R$ entre les distances géométrique ρ et pseudogéométrique R d'un point à l'origine. Cette relation figure chez Beltrami; il n'est cependant pas exclu que Poincaré l'ait découverte indépendamment. Le début du deuxième supplément pose un problème analogue. Poincaré y donne la définition de la distance pseudogéométrique comme logarithme d'un rapport anharmonique. A-t-il trouvé cette définition lui-même ou connaissait-il les travaux de Klein? La question reste ouverte.

Relevons encore qu'une dizaine d'années plus tôt, Hermann Schwarz[9] avait déjà étudié la fonction z dans le cas de l'équation

8 Gray (1982, p. 232).

9 Schwarz (1872). Schwarz (1843-1921) fut professeur à l'Ecole polytechnique de Zurich et à Göttingen avant de succéder, en 1892, à Weierstrass à l'Université de Berlin.

hypergéométrique $\frac{d^2y}{dx^2} + \frac{\gamma - (\alpha + \beta + 1)x}{x(1-x)} \frac{dy}{dx} - \frac{\alpha\beta}{x(1-x)} y = 0.$

Cette équation a comme points singuliers réguliers 0, 1 et ∞. Soient λ, μ et ν les différences des racines de l'équation indicielle en ces points. Schwarz démontre que si ces nombres sont des parties aliquotes de l'unité et si $\lambda + \mu + \nu < 1$, l'image du demi-plan supérieur par la fonction z est un triangle formé d'arcs de cercle et dont les angles sont $\lambda\pi$, $\mu\pi$ et $\nu\pi$. En prolongeant la fonction z au demi-plan inférieur, on obtient un nouveau triangle, image du triangle initial par une inversion relativement à l'un des côtés. En poursuivant le prolongement, les images de chacun des demi-plans forment un damier de triangles dont les côtés sont des arcs de cercle orthogonaux à un cercle donné; les images des triangles sont situées à l'intérieur de ce cercle. Le résultat est illustré par la figure ci-dessous[10]. La réunion de deux triangles forme un quadrilatère mixtiligne. Poincaré ne connaissait pas l'article de Schwarz et a donc redécouvert ses résultats. A la différence de ce dernier, il sut voir la relation avec la géométrie non euclidienne.

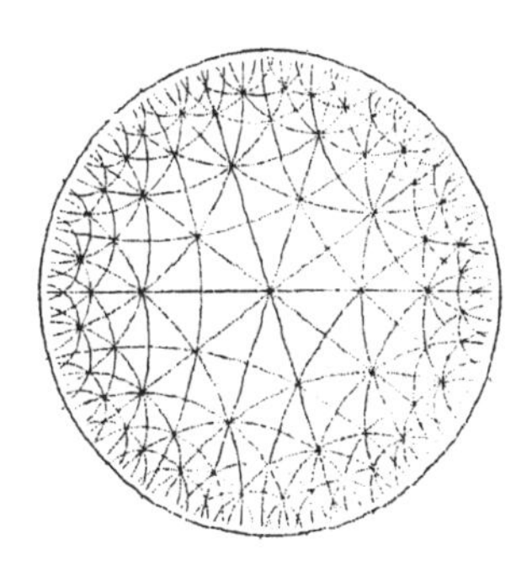

Revenons au premier supplément. Les transformés du quadrilatère Q doivent être disjoints et recouvrir tout l'intérieur du cercle pour que la fonction x soit partout définie. Poincaré démontre que c'est le cas. Sa preuve est fondée sur des arguments géométriques non euclidiens; elle est incomplète; il établit en effet que les transformés du quadrilatère forment un damier, mais il ne prouve pas que tout point situé à l'intérieur du cercle est à l'intérieur d'un des quadrilatères. Cette lacune est comblée dans le deuxième supplément.

10 Schwarz (1872-1972, p. 240).

La fonction x(z) est définie dans tout l'intérieur du disque et elle est invariante par le groupe engendré par les transformations M et N. C'est donc une fonction automorphe:

> Si $\rho_1 + \rho_2 + r < 1$
> x est une fonction de z qui n'existe pas à l'extérieur du cercle HH′ et qui est méromorphe à l'intérieur de ce cercle.
> Je propose d'appeler cette fonction, *fonction fuchsienne*. Remarquons que la fonction fuchsienne ne peut prendre qu'une seule fois la même valeur à l'intérieur de chacun des quadrilatères transformés de Q.
> *La fonction fuchsienne est à la géométrie de Lobatchewski ce que la fonction doublement périodique est à celle d'Euclide.* (1997, p. 37)

L'appellation «fonction fuchsienne» apparaît ici pour la première fois. Cette fonction n'est pas définie de façon autonome mais à partir des solutions d'une équation différentielle. Dans la suite du premier supplément, Poincaré montre comment définir directement une fonction fuchsienne à l'aide des séries thétafuchsiennes. Cet aspect de ses recherches sort du sujet de ce livre et je ne peux que renvoyer à Gray (1986).

Si le deuxième supplément complète le premier, il comporte aussi des résultats nouveaux. Poincaré mentionne en particulier une relation entre la géométrie non euclidienne et la théorie des formes quadratiques: le groupe des substitutions à coefficients entiers reproduisant une forme ternaire indéfinie à coefficients entiers est isomorphe à un sous-groupe proprement discontinu du groupe des déplacements non euclidiens. Cette relation est présentée en deux pages de façon abrupte et sans rapport avec le reste du travail[11]:

> Soit $\Phi(x,y,z)$ une forme quadratique ternaire indéfinie quelconque à coefficients entiers. Soit T une des substitutions linéaires à coefficients entiers qui la reproduisent; S la substitution linéaire qui permet de passer de la forme $\xi^2 + \eta^2 - \zeta^2$ à la forme Φ, S^{-1} la substitution inverse. Il est clair que la substitution que

11 La découverte de cette relation fut aussi due à une illumination comme l'indique le passage suivant extrait de *Science et méthode*: «Dégoûté de mon insuccès, j'allai passer quelques jours au bord de la mer, et je pensai à tout autre chose. Un jour, en me promenant sur la falaise, l'idée me vint, toujours avec les mêmes caractères de brièveté, de soudaineté et de certitude immédiate, que les transformations arithmétiques des formes quadratiques ternaires indéfinies étaient identiques à celles de la géométrie non euclidienne.» (1908, p. 52)

l'on peut représenter symboliquement par: $S.T.S^{-1}$ reproduira $\xi^2 + \eta^2 - \zeta^2$.
Considérons la quantité imaginaire $\frac{\xi}{\zeta} + \sqrt{-1}\,\frac{\eta}{\zeta}$.
Supposons que la substitution $S.T.S^{-1}$ que nous désignerons pour abréger par K, consiste à changer ξ, η, ζ en ξ_1, η_1, ζ_1 de telle sorte que:

$$\xi_1 = a_1\xi + \beta_1\eta + \gamma_1\zeta \quad \eta_1 = \alpha_2\xi + \beta_2\eta + \gamma_2\zeta \quad \zeta_1 = \alpha_3\xi + \beta_3\eta + \gamma_3\zeta$$

Nous écrirons pour abréger: $\frac{\xi}{\zeta} + \sqrt{-1}\,\frac{\eta}{\zeta} = z \quad \frac{\xi_1}{\zeta_1} + \sqrt{-1}\,\frac{\eta_1}{\zeta_1} = zK$

Les substitutions T sont en nombre infini; les substitutions K sont donc aussi en nombre infini. On a donc si ξ, η, ζ ont des valeurs déterminées, un nombre infini de quantités imaginaires z.K représentées par un nombre infini de points du plan pseudogéométrique.
(Ces points appartiennent tous au plan pseudogéométrique pourvu que $\xi^2 + \eta^2 - \zeta^2 < 0$.)
Le résultat que je voulais énoncer est le suivant:
Tous les points z.K sont les sommets d'un réseau polygonal obtenu en décomposant le plan pseudogéométrique en polygones pseudogéométriquement égaux entre eux.
Les substitutions K sont celles qui transforment ces polygones les uns dans les autres, ou bien encore comme on le verra plus loin, celles qui reproduisent les fonctions que nous allons définir.
J'en ai assez dit pour faire ressortir les relations intimes et inattendues qui rapprochent l'une de l'autre deux théories en apparence si différentes et je reviens à mon sujet principal. (*ibidem*, pp. 87-88)

Ce texte mérite quelques explications[12]. J'utiliserai à cet effet une terminologie moderne. Supposons que la forme Φ soit donnée par sa matrice dans une base B(x,y,z) de R^3. Comme elle est indéfinie, il existe une base $B^*(\xi,\eta,\zeta)$ dans laquelle elle s'écrit $\xi^2 + \eta^2 - \zeta^2$. Notons S la matrice du changement de base $B^* \to B$; on a: $S\begin{pmatrix} x \\ y \\ z \end{pmatrix} = \begin{pmatrix} \xi \\ \eta \\ \zeta \end{pmatrix}$

Hermite[13] a démontré qu'il existe une infinité de substitutions à coefficients entiers reproduisant Φ[14]; en d'autres termes, il existe une infinité de matrices T de changement de base $B \to B'$ à coefficients entiers telles

12 Elles sont en partie données dans un article ultérieur (Poincaré, 1881a).

13 Charles Hermite (1822-1901) fut professeur à l'Ecole polytechnique, à l'Ecole Normale et à la Sorbonne. Il est connu pour ses travaux en analyse. Il fut l'un des maîtres de Poincaré.

14 Hermite (1847).

que la matrice de Φ soit la même dans B et dans B′. Introduisons encore $B^{*\prime}(\xi',\eta',\zeta')$ telle que la matrice du changement de base $B' \to B^{*\prime}$ soit S^{-1}; dans $B^{*\prime}$, Φ s'écrit $\xi'^2 + \eta'^2 - \zeta'^2$. On a

$$\begin{pmatrix}\xi'\\ \eta'\\ \zeta'\end{pmatrix} = STS^{-1}\begin{pmatrix}\xi\\ \eta\\ \zeta\end{pmatrix} = K\begin{pmatrix}\xi\\ \eta\\ \zeta\end{pmatrix} = \begin{pmatrix}\alpha & \beta & \gamma\\ \alpha' & \beta' & \gamma'\\ \alpha'' & \beta'' & \gamma''\end{pmatrix}\begin{pmatrix}\xi\\ \eta\\ \zeta\end{pmatrix}$$

et $\xi^2 + \eta^2 - \zeta^2 = \xi'^2 + \eta'^2 - \zeta'^2$. Cette dernière égalité montre que les coefficients de la matrice K doivent satisfaire aux six équations suivantes:

$$\alpha^2 + \alpha'^2 - \alpha''^2 = 1 \qquad \beta^2 + \beta'^2 - \beta''^2 = 1 \qquad \gamma^2 + \gamma'^2 - \gamma''^2 = 1$$

$$\beta\gamma + \beta'\gamma' - \beta''\gamma'' = 0 \qquad \alpha\gamma + \alpha'\gamma' - \alpha''\gamma'' = 0 \qquad \alpha\beta + \alpha'\beta' - \alpha''\beta'' = 0$$

Soit z le point de coordonnées $\left(\frac{\xi}{\zeta};\frac{\eta}{\zeta}\right)$; si z est à l'intérieur du cercle unité, $\xi^2 + \eta^2 - \zeta^2 < 0$; par conséquent $\xi'^2 + \eta'^2 - \zeta'^2 < 0$ et le point $\left(\frac{\xi'}{\zeta'};\frac{\eta'}{\zeta'}\right)$ est aussi à l'intérieur du cercle. Les matrices K induisent des transformations du disque unité, qui ne sont autres que des déplacements non euclidiens[15]. On notera encore que $\xi^2 + \eta^2 - \zeta^2 = -1 \Rightarrow \xi'^2 + \eta'^2 - \xi'^2 = -1$. Les transformations K induisent aussi des déplacements sur la nappe supérieure de l'hyperboloïde à deux nappes $\xi^2 + \eta^2 - \zeta^2 = -1$. Ceci suggère un nouvelle interprétation du plan non euclidien sur cette surface. Poincaré y fait explicitement allusion dans un autre article[16]. Cette interprétation sera aussi découverte, de manière indépendante, par Killing quelques années plus tard (1885)[17]. Elle a été étudiée en détail par Hans Jansen (1909).

15 Poincaré se contente ici d'affirmer ce résultat. Une démonstration est donnée par Albert Châtelet dans une note figurant dans le volume 5 des *Œuvres* de Poincaré (1950, pp. 280-284).

16 Poincaré (1887).

17 C'est un système particulier de coordonnées qui suggéra à Killing cette interprétation. Selon Killing, ce système fut introduit par Weierstrass dans un séminaire tenu à Berlin en 1872, Killing (1878, p. 74). Soient (r,φ) les coordonnées polaires d'un point P. Les coordonnées de Weierstrass de P sont $p = \mathrm{ch}\,\frac{r}{k}$, $x = k\,\mathrm{sh}\,\frac{r}{k}\sin\varphi$, $y = k\,\mathrm{sh}\,\frac{r}{k}\cos\varphi$, k étant l'unité absolue. En prenant $k = 1$, on a $p^2 - x^2 - y^2 = 1$, ou $x^2 + y^2 - p^2 = -1$, ce qui montre que le plan non euclidien peut être repré-

1.2 L'interprétation du demi-plan

C'est dans un mémoire ultérieur sur les groupes fuchsiens (1882a) que Poincaré expose pour la première fois l'interprétation dite «du demi-plan». Le début du mémoire est consacré à l'étude du groupe modulaire constitué des transformations linéaires $z \rightarrow \frac{az + b}{cz + d}$ avec a, b, c, d réels et $ad - bc = 1$. Deux figures sont dites «congruentes» si l'une est l'image de l'autre par une des transformations du groupe. Poincaré donne les définitions suivantes:

> L'intégrale $\int \frac{\text{mod}\, dz}{y}$ [18] prise le long d'un arc de courbe quelconque, s'appellera la L de cette courbe.
>
> L'intégrale double $\iint \frac{dx\, dy}{y^2}$ prise à l'intérieur d'une aire plane quelconque, sera la S de cette aire.
>
> D'après ce qui précède deux arcs de courbe congruents ont même L; deux aires congruentes ont même S. La L d'un arc de cercle $\alpha\beta$, ayant son centre sur X sera le logarithme népérien de $[\alpha,\beta]$.
>
> Je ne puis passer sous silence le lien qui rattache les notions précédentes à la géométrie non-euclidienne de Lobatchewski.
>
> Supposons que l'on convienne d'enlever aux mots *droite*, *longueur*, *distance*, *surface* leur signification habituelle, d'appeler droite tout cercle qui a son centre sur X, longueur d'une courbe ce que nous venons d'appeler sa L, distance de deux points la L de l'arc de cercle qui unit ces deux points en ayant son centre sur X, et enfin surface d'une aire plane ce que nous appelons sa S. Supposons de plus qu'on conserve aux mots *angle* et *cercle* leur signification, mais en convenant d'appeler centre d'un cercle le point qui est à une distance constante de tous les points du cercle (d'après le sens nouveau du mot distance) et rayon du cercle cette distance constante.
>
> Si l'on adopte ces dénominations, *les théorèmes de Lobatchewsky sont vrais*, c'est-à-dire que tous les théorèmes de la géométrie ordinaire s'appliquent à ces nouvelles quantités, sauf ceux qui sont une conséquence du postulatum d'Euclide. Cette terminologie m'a rendu de grands services dans mes recherches, mais je ne l'emploierai pas ici pour éviter toute confusion. (1882a, pp. 7-8)

---

senté sur la nappe supérieure de l'hyperboloïde. Killing remarque que les droites non euclidiennes sont représentées par des hyperboles, intersections avec l'hyperboloïde de plans passant par le point O.

18 «mod z» désigne le module du nombre complexe $z = x + iy$, c'est-à-dire le nombre $\sqrt{x^2 + y^2}$; on a donc mod $dz = \sqrt{dx^2 + dy^2}$.

Contrairement au premier supplément, Poincaré n'utilise plus que de façon cachée le langage non euclidien. Il est instructif de comparer à cet effet le premier supplément au mémoire sur les fonctions fuchsiennes (1882b). Les deux textes contiennent la même démonstration de convergence d'une série[19]. Elle fait appel au calcul du périmètre de polygones non euclidiens. Dans la première version, Poincaré parle de longueur et de surface pseudogéométrique alors que dans la seconde il est simplement question de L ou de S. Poincaré justifie l'abandon du langage non euclidien par un souci d'éviter les confusions. Cet abandon est peut être dû aussi au statut encore problématique de la géométrie non euclidienne en 1880. Ne déclare-t-il en effet pas dans le premier supplément que l'emploi de la pseudogéométrie pourrait sembler peu légitime à certains? Il y a peut être là une allusion à Bertrand; Gray et Walter signalent en effet qu'il figurait dans le jury du Grand prix[20].

§ 2 Les écrits épistémologiques

L'épistémologie de la géométrie, et plus généralement des mathématiques, de Poincaré a fait l'objet de nombreuses études et interprétations[21]. Je me contenterai ici de présenter les textes qui sont directement en rapport avec la géométrie non euclidienne. Je n'aborderai donc pas sa théorie à la fois physiologique et psychologique de la genèse de la géométrie[22]. L'essentiel des idées de Poincaré sur la géométrie non euclidienne et les axiomes géométriques est contenu dans deux articles. Le premier est issu d'une communication faite le 2 novembre 1887 devant la Société mathématique de France. Il est avant tout mathématique et traite de manière générale de la question des fondements; dans la conclusion, Poincaré y exprime pour la première

19 Poincaré (1997, pp. 38-41) et Poincaré (1882b, p. 178).

20 Poincaré (1997, p. 2 et p. 13).

21 L'une des études les plus anciennes est celle de Rougier (1920a); elle se caractérise par son côté prosélyte mais reste utile. Parmi les travaux plus récents traitant de l'épistémologie de la géométrie de Poincaré, j'ai consulté en particulier Mooij (1966), Giedymin (1977), Schmid (1978), Torretti (1984) et Rollet (1999).

22 Elle est exposée dans Poincaré (1895) et Poincaré (1898).

fois plusieurs idées importantes. Le second fut publié en 1891 dans la *Revue générale des sciences pures et appliquées*. Destiné à un public élargi, il traite principalement de la géométrie non euclidienne et de l'empirisme en géométrie[23]. Ce dernier thème sera au centre d'une polémique avec Russell. Elle sera étudiée au § 3.

2.1 *Sur les hypothèses fondamentales de la Géométrie* (1887)

Le titre de cette communication est proche de ceux de Riemann (1867) et Helmholtz (1868). Poincaré essaye de répondre aux mêmes questions que ses prédécesseurs. A leur exemple, il commence par une réflexion générale sur les fondements de la géométrie:

> C'est surtout en logique que rien ne se tire de rien; dans toute démonstration, la conclusion suppose des prémisses. Les sciences mathématiques doivent donc reposer sur un certain nombre de propositions indémontrables. On peut discuter si l'on doit donner à ces propositions le nom d'*axiomes*, d'*hypothèses* ou de *postulats*, si l'on doit les considérer comme des faits expérimentaux, ou comme des jugements analytiques, ou encore comme des jugements synthétiques *a priori*; mais leur existence même n'est pas douteuse.
> Nous sommes donc conduits à nous poser le problème suivant, intéressant au point de vue logique: quelles sont les prémisses de la Géométrie, les propositions indémontrables sur lesquelles repose cette science, en excluant, bien entendu, les propositions qui sont déjà nécessaires pour fonder l'Analyse? car nous regardons les résultats de l'Algèbre et de l'Analyse pure comme déjà connus au moment où l'on aborde l'étude de la Géométrie. Bien que ce problème ait depuis longtemps déjà préoccupé les géomètres, la question ne saurait être regardée comme épuisée. (1887, p. 203)

Le premier paragraphe fait allusion à l'opposition entre aprioristes et empiristes; la façon dont Poincaré pose le problème montre que la référence est Helmholtz. La distinction entre des propositions générales, nécessaires pour fonder l'algèbre et l'analyse, et des prémisses purement géométriques, correspond à la distinction entre axiomes et postulats remontant à Euclide[24]. Pour Poincaré, l'algèbre et l'analyse

23 Cet article constitue le chapitre III de *La Science et l'Hypothèse*, Poincaré (1902b).

24 Cette distinction est discutée en détail dans un ouvrage contemporain de l'article de Poincaré: la *Logique* de Rabier (1886, pp. 280-284). Pour Rabier, les axiomes

sont antérieures à la géométrie et celle-ci doit être abordée de manière analytique. Il rejoint donc Helmholtz et Riemann.

Poincaré relève ensuite la faiblesse axiomatique des traités de géométrie. Ceux-ci énoncent habituellement des axiomes qui ne doivent pas prendre place parmi les prémisses de la géométrie; à l'inverse, de nombreuses démonstrations font appel à des hypothèses implicites; ce constat avait déjà été fait auparavant par Riemann et Helmholtz[25]. Poincaré entend construire la géométrie à partir de deux hypothèses:

> A. Le plan a deux dimensions.
> B. La position d'une figure plane dans son plan est déterminée par trois conditions. (*ibidem*, p. 207)

Ces hypothèses sont vagues. La suite de l'article montre que l'hypothèse B revient à admettre que le plan est une variété différentiable de dimension deux sur laquelle agit un groupe de déplacements continu d'ordre trois. Poincaré se fonde sur les travaux de Lie pour classer ces groupes et démontrer qu'il y en a six. Il ajoute encore les deux hypothèses suivantes:

> C. Quand une figure plane ne quitte pas son plan et que deux de ses points restent immobiles, la figure tout entière reste immobile. [...]
> D. La distance de deux points ne peut être nulle que si ces deux points coïncident; [...] (*ibidem*, p. 214)

Il ne reste alors plus que les groupes euclidien, hyperbolique et sphérique. Comme Poincaré l'explique à la fin de l'article, son point de départ n'est donc pas le même que celui de Riemann. Au lieu de faire une hypothèse concernant la métrique, il a pris comme point de départ «l'existence d'un groupe de mouvements qui n'altèrent pas les distances»[26]. Remarquons que l'approche analytique de Poincaré n'a rien de commun avec l'approche axiomatique et synthétique suivie à la même époque par Pasch et Peano[27]. Poincaré ne saura probablement rien de ce type de recherches jusqu'à la parution des *Grundlagen* de Hilbert. Il reconnaîtra alors les

---

«communs» sont analytiques et les axiomes «propres» (à la géométrie) synthétiques.

25 Riemann (1867-1876, p. 254), Helmholtz (1876, p. 26).

26 Poincaré (1887, p. 214).

27 Pasch (1882), Peano (1889 et 1894).

mérites de la méthode de Hilbert tout en demeurant réticent à l'égard d'une conception formaliste de la géométrie[28].

Dans la conclusion de l'article, Poincaré fait plusieurs remarques sur la nature des hypothèses géométriques:

> Sont-ce des faits expérimentaux, des jugements analytiques ou synthétiques *a priori*? Nous devons répondre négativement à ces trois questions. Si ces hypothèses étaient des faits expérimentaux, la Géométrie serait soumise à une incessante revision, ce ne serait pas une science exacte; si elles étaient des jugements synthétiques *a priori*, ou à plus forte raison des jugements analytiques, il serait impossible de s'y soustraire et de ne rien fonder sur leur négation.
> On peut montrer que l'Analyse repose sur un certain nombre de jugements synthétiques *a priori*; mais il n'en est pas de même de la Géométrie. (*ibidem*, p. 215)

Poincaré rejette les trois possibilités régulièrement envisagées à l'époque: analytique, synthétique *a priori* ou *a posteriori*. Il s'oppose à la fois aux empiristes et aux aprioristes. La géométrie n'est pas une science expérimentale à mettre sur le même pied que la mécanique comme Gauss l'affirmait. Ses énoncés ne sont pas non plus des nécessités d'intuition ou de pensée. En écartant la première possibilité, Poincaré part du principe que la géométrie est une science exacte; cette affirmation présuppose un point de vue qui devrait être explicité; nombreux sont en effet ceux qui à cette époque pensent que la géométrie n'est plus une science «certaine». Même s'il ne le précise pas, c'est l'existence de la géométrie non euclidienne qui permet à Poincaré d'écarter les deux autres possibilités. La théorie kantienne n'excluant pas la possibilité d'une géométrie développée logiquement à partir d'autres axiomes, Poincaré a tort d'affirmer que si les hypothèses étaient des jugements synthétiques *a priori*, on ne pourrait rien fonder sur leur négation; cette impossibilité se manifesterait seulement s'il s'agissait de jugements analytiques. Signalons enfin que la différence de nature entre les axiomes de la géométrie et ceux de l'arithmétique est un élément fondamental de l'épistémologie des mathématiques de Poincaré, le principe d'induction étant pour lui un jugement synthétique *a priori*[29]. Il poursuit:

28 Poincaré (1902a) et Poincaré (1908, p. 131).

29 Cette opinion est développée dans l'article sur les géométries non euclidiennes étudié au paragraphe suivant (1891, p. 773). Elle est reprise dans *La Valeur de la*

> Que devons-nous donc penser des prémisses de la Géométrie? En quel sens peut-on, par exemple, dire que le *postulatum* d'Euclide soit vrai?
> D'après ce que nous venons de voir, la Géométrie n'est autre chose que l'étude d'un groupe et, en ce sens, on pourrait dire que la vérité de la géométrie d'Euclide n'est pas incompatible avec celle de la géométrie de Lobatchevski, puisque l'existence d'un groupe n'est pas incompatible avec celle d'un autre groupe.
> Nous avons choisi, parmi tous les groupes possibles, un groupe particulier pour y rapporter les phénomènes physiques, comme nous choisissons trois axes de coordonnées pour y rapporter une figure géométrique.
> Maintenant qu'est-ce qui a déterminé ce choix: c'est d'abord la simplicité du groupe choisi; mais il y a une autre raison: il existe dans la nature des corps remarquables qu'on appelle les *solides* et l'expérience nous apprend que les divers mouvements possibles de ces corps sont liés à fort peu près par les mêmes relations que les diverses opérations du groupe choisi.
> Ainsi les hypothèses fondamentales de la Géométrie ne sont pas des faits expérimentaux; c'est cependant l'observation de certains phénomènes physiques qui les fait choisir parmi toutes les hypothèses possibles.
> D'autre part, le groupe choisi est seulement plus commode que les autres et l'on ne peut pas plus dire que la géométrie euclidienne est vraie et la géométrie de Lobatchevski fausse, qu'on ne pourrait dire que les coordonnées cartésiennes sont vraies et les coordonnées polaires fausses. (*ibidem*, p. 215)

La géométrie est donc en premier lieu une théorie mathématique abstraite, ce que montre bien le choix du groupe comme notion fondamentale, à la place des notions habituelles de point, droite ou plan. Si les hypothèses géométriques ne sont pas des faits expérimentaux, elles ne sont cependant pas choisies au hasard puisqu'elles doivent permettre de décrire certains phénomènes physiques comme les mouvements des corps solides. Mais le langage n'est pas unique et la description peut être effectuée de plusieurs façons; on ne peut donc pas parler de manière absolue de la vérité d'une géométrie. Comme nous le verrons plus loin, le seul critère de vérité est celui de non-contradiction. En ce qui concerne les applications pratiques, Poincaré introduit un nouveau critère: celui de commodité.

La parution de l'article de Poincaré apporte un renouveau dans le débat épistémologique sur la géométrie et l'on peut s'interroger sur

---

Science (1905-1970, p. 33) et dans *Science et méthode* (1908, chap. III). Les positions opposées de Poincaré à l'égard des axiomes de l'arithmétique et de la géométrie ont fait l'objet d'une étude de David Stump (1996).

l'origine de ses idées. Le premier nom qui vient à l'esprit est Helmholtz. On retrouve en effet chez Poincaré le rôle primordial accordé par ce dernier aux corps solides. Helmholtz avait déjà souligné le caractère relatif du choix d'un corps solide et montré, avec l'exemple du miroir, que la même réalité pouvait être décrite de plusieurs façons si on le jugeait utile[30]. Cette idée n'apparaissait qu'incidemment chez lui; elle occupe en revanche une place essentielle chez Poincaré. D'autres exemples de l'influence de Helmholtz seront encore donnés plus loin. Un deuxième élément est l'importance accordée aux groupes; elle apparaît déjà dans le premier supplément de 1880 et remonte peut-être à la lecture du *Traité des substitutions* de Jordan[31] (1870). Il serait en tout cas faux de l'attribuer au *Programme d'Erlangen* de Klein (1872). Thomas Hawkins a montré que ce texte ne devint célèbre que tardivement et n'eut pas l'influence immédiate qu'on lui attribue parfois[32]. Hawkins cite en particulier une lettre de Lie à Klein du mois d'octobre 1882 qui indique que Poincaré ne connaissait pas le texte de Klein[33]. Poincaré eut l'occasion de rencontrer Lie à Paris en 1882. Il fut grandement impressionné et publia entre 1883 et 1892 plusieurs travaux appliquant les idées de ce dernier[34]. Si Poincaré avait déjà réalisé plus ou moins seul l'importance de la notion de groupe, on peut supposer que la rencontre avec Lie le conforta dans ses idées. Jerzy Giedymin (1982) a insisté sur l'influence de Lie en montrant que des idées proches de celles de Poincaré apparaissent chez lui. Il cite le texte suivant[35]:

---

30 Helmholtz (1876, pp. 44-45). Ce texte est cité au chapitre 11. Il est repris presque identiquement dans *Science et Méthode* (Poincaré, 1908, p. 102).

31 Camille Jordan (1838-1922) fut professeur à l'Ecole Polytechnique et au Collège de France. Ses travaux concernent l'analyse et l'algèbre. Le *Traité des substitutions* est son ouvrage le plus connu.

32 Hawkins (1984).

33 J'ai pu obtenir une copie de cette lettre auprès de la *Niedersächsische Staats- und Universitätsbibliothek* de Göttingen. Voici le passage en question: «Poincaré déclara à l'occasion que toutes les mathématiques étaient une affaire de groupes. Je lui parlai ensuite de ton programme qu'il ne connaissait pas.» (Cod. Ms. F. Klein 10, 685). («Poincaré sagte gelegentlich, dass alle Mathematik eine Gruppengeschichte war. Ich erzählte ihm dann über dein Program [sic], das er nicht kannte.»)

34 Hawkins (1984, p. 448).

35 Il est extrait de la *Dissertation* de Lie soutenue à Christiana en 1871. L'original est en norvégien et j'ai utilisé la traduction allemande figurant dans le vol. 1 des

> La géométrie analytique cartésienne traduit chaque théorème géométrique en un théorème algébrique et fait ainsi de la géométrie du plan une représentation sensible de l'algèbre à deux variables et, de même, de la géométrie de l'espace une représentation de l'algèbre à trois variables.
> Plücker en particulier a attiré notre attention sur le fait que la géométrie analytique cartésienne est entravée par un caractère doublement arbitraire.
> Descartes représente un système de valeurs des variables x et y par un point du plan; comme on l'exprime habituellement, il a choisi le point comme élément de la géométrie du plan, tandis qu'on pourrait avec une validité égale employer dans ce but la droite ou n'importe quelle courbe dépendant de deux paramètres. Dans le cas du plan, la transformation géométrique fondée sur la réciprocité de Poncelet-Gergonne peut être interprétée comme consistant en un passage du point à la ligne droite comme élément; et dans le même sens aussi, la réciprocité de Plücker dans le plan repose sur le fait qu'une courbe dépendant de deux paramètres est introduite comme élément de la géométrie du plan.[36]
> De plus, Descartes représente un système de grandeurs (x,y) par le point du plan dont les distances à deux axes donnés sont égales à x et y; parmi le nombre infini des systèmes de coordonnées possibles, il en a choisi un particulier. Les progrès accomplis par la géométrie au XIXe siècle reposent pour une part essentielle sur le fait que ces deux caractères arbitraires dans la géométrie cartésienne analytique ont été clairement reconnus comme tels, [...]. (Lie, 1871-1934, p. 109)

Giedymin remarque avec justesse que Lie utilise plusieurs termes («caractère doublement arbitraire», «choix», «traduction») suggérant l'idée de convention, idée qui sera clairement explicitée par Poincaré dans son deuxième article. Ce texte montre l'importance des travaux de Plücker[37] dans le développement des idées de Lie (et de Poincaré). Dans son livre *System der Geometrie des Raumes* (1846), ce géomètre considère aussi que t', u', v' sont les coordonnées du plan d'équation $t'z' + u'y' + v'x' + 1 = 0$[38]. L'équation d'une quadrique peut ainsi s'écrire comme

---

Gesammelte Abhandlugen de Lie. Il existe aussi une traduction anglaise de ce texte à laquelle Giedymin se réfère.

36 La transformation de Poncelet-Gergonne associe à tout point du plan sa polaire relativement à un cercle ou à une conique et, inversement, à toute droite son pôle relativement à la courbe, cf. Dahan-Dalmedico et Peiffer (1986, pp. 143-144). Plücker a généralisé ce procédé en considérant des transformations qui associent à tout point du plan une courbe dépendant de deux paramètres.

37 Julius Plücker (1801-1868) fut professeur à l'Université de Bonn. Ses travaux concernent principalement la géométrie analytique.

38 Plücker (1846, pp. 1-2).

relation entre les coordonnées de ses points ou comme relation entre les coordonnées de ses plans tangents. Un tel procédé fait ressortir le caractère arbitraire du choix d'un système de coordonnées et ce n'est probablement pas un hasard si Poincaré termine son article par une comparaison entre coordonnées polaires et cartésiennes. Dans son ouvrage, Plücker remarque également que la droite de l'espace est déterminée par quatre paramètres et peut servir d'élément fondamental pour une géométrie à quatre dimensions[39]. Comme dans le cas de la réciprocité, cet exemple montre que d'autres figures peuvent remplacer le point[40]. La découverte et l'utilisation fructueuse d'interprétations de la géométrie non euclidienne en théorie des fonctions ont sans doute aussi joué un rôle dans le développement des idées de Poincaré. Il a été amené ainsi à l'idée qu'une géométrie est d'abord un langage. Celui-ci se révèle plus ou moins commode suivant le type de problèmes à résoudre. Rappelons que dès le premier supplément de 1880 il affirmait que la pseudogéométrie offre un «langage commode» pour étudier le groupe engendré par les transformations M et N[41].

Si certains travaux mathématiques sont donc à l'origine des idées de Poincaré, ils ne permettent pas de tout expliquer. Rollet a récemment montré qu'il est nécessaire de tenir aussi compte des rapports de Poincaré avec le milieu philosophique de l'époque (1999). Rollet remarque que sa philosophie contient de nombreux éléments idéalistes caractéristiques de la réaction contre le positivisme et le déterminisme observée en France à la fin du XIXe siècle. Il écrit à ce propos:

> Poincaré insiste par exemple beaucoup sur le rôle de l'esprit dans la genèse et dans le fonctionnement des sciences; cette insistance est certes toujours balancée par un rappel sur l'importance de l'expérience, mais l'activité rationnelle l'emporte toujours: les axiomes géométriques sont des conventions *posées par l'esprit* et guidées par l'expérience, [...]. (1999, p. 69)

Dans son analyse, Rollet met en particulier en évidence l'influence d'Emile Boutroux, le beau-frère de Poincaré. Comme il le note, il faut probablement parler parfois davantage d'interaction que d'influence.

39 Plücker (1846, p. 322). Cet exemple est cité par Lie (1871-1934, p. 110).

40 Ernest Nagel (1939) a bien montré l'importance des idées de Plücker dans l'apparition d'une conception abstraite de la géométrie.

41 Poincaré (1997, p. 35).

2.2 *Les géométries non euclidiennes* (1891)

Cet article rappelle par sa forme et son intention la conférence de Helmholtz *Über den Ursprung und die Bedeutung der geometrischen Axiome* (1876)[42]. C'est un texte de vulgarisation mathématique qui aborde aussi des problèmes épistémologiques. Poincaré commence par relever à nouveau que les traités de géométrie admettent implicitement beaucoup plus d'axiomes que ceux qui sont supposés explicitement. Il donne ensuite un bref aperçu de géométrie non euclidienne. La fiction des êtres sphériques de Helmholtz lui permet d'introduire la géométrie «de Riemann», c'est-à-dire la «géométrie sphérique étendue à trois dimensions»[43]. Poincaré affirme que la géométrie de Riemann à deux dimensions est identique à la géométrie sphérique et n'est donc pas contradictoire. Il en va de même de la géométrie non euclidienne à deux dimensions; Beltrami a en effet montré qu'elle peut être interprétée sur une surface à courbure négative[44]. Poincaré poursuit:

> Il serait aisé d'étendre le raisonnement de M. Beltrami aux géométries à trois dimensions. Les esprits que ne rebute pas l'espace à quatre dimensions n'y verront aucune difficulté, mais ils sont peu nombreux. Je préfère donc procéder autrement. (1891, p. 771)

Poincaré semble ici penser que l'espace à courbure constante négative de Beltrami doit être envisagé comme plongé dans un espace à quatre dimensions. Un tel plongement n'est cependant pas nécessaire puisque la métrique de cet espace est définie de manière intrinsèque. C'est en généralisant l'interprétation du demi-plan que Poincaré établit la non-contradiction de la géométrie non euclidienne à trois dimensions:

> Considérons un certain plan que j'appellerai fondamental et construisons une sorte de dictionnaire, en faisant correspondre chacun à chacun une double suite de termes écrits dans deux colonnes, de la même façon que se correspon-

42 Poincaré se réfère à ce dernier dans sa conclusion (1891, p. 774).

43 Poincaré (1891, p. 770).

44 Poincaré considère la pseudosphère en tant que surface à courbure négative de l'espace euclidien et ne mentionne pas que celle-ci ne fournit qu'une interprétation partielle du plan non euclidien.

dent dans les dictionnaires ordinaires les mots des deux langues dont la signification est la même:

Espace	Portion de l'espace située au-dessus du plan fondamental.
Plan	Sphère coupant orthogonalement le plan fondamental.
Droite	Cercle coupant orthogonalement le plan fondamental.

[...] Prenons ensuite les théorèmes de Lowatchewski et traduisons-les à l'aide de ce dictionnaire comme nous traduirions un texte allemand à l'aide d'un dictionnaire allemand-français. *Nous obtiendrons ainsi des théorèmes de la géométrie ordinaire.* [...]. Ainsi, quelque loin que l'on pousse les conséquences des hypothèses de Lowatchewski, on ne sera jamais conduit à une contradiction. En effet, si deux théorèmes de Lowatchewski étaient contradictoires, il en serait de même des traductions de ces deux théorèmes, faites à l'aide de notre dictionnaire, mais ces traductions sont des théorèmes de géométrie ordinaire et personne ne doute que la géométrie ordinaire ne soit exempte de contradiction. (*ibidem*, p. 771)

Cette preuve paraît aujourd'hui classique. Poincaré est cependant le premier mathématicien, après De Tilly, à l'avoir formulée clairement. Ce résultat était encore loin d'être unanimement admis à cette époque. Nous l'avons vu avec Milhaud. Ce dernier ne manquera pas de critiquer le «dictionnaire» de Poincaré en affirmant que, suivant la correspondance choisie, les énoncés traduits peuvent être absurdes:

Je suppose que, partant d'une proposition acceptée de tout le monde, comme: certains nombres sont à la fois impairs et premiers (3,5,7,11...), on tire telles conséquences logiques qu'il plaira; puis, pour passer de cette chaîne de déductions à une autre, que l'on construise le vocabulaire que voici:

Nombre *se traduira*	Homme
Impair....	Vivant
Premier....	Mort

On énoncera alors d'abord: *Certains hommes sont à la fois vivants et morts*. Puis viendra une série de propositions se succédant en bonne logique, comme celles dont elles seront la traduction. Qui songera à dire que la correspondance terme à terme de cette suite d'énoncés à une suite de déductions arithmétiques garantit l'absence de contradiction de ces énoncés? (Milhaud, 1894, pp. 156-157)

Frege formulera quelques années plus tard des critiques du même type dans sa correspondance avec Hilbert sur les *Grundlagen der Geometrie*[45].

45 Lettre de Frege à Hilbert du 6 janvier 1900 (Frege (1976, pp. 70-76) ou Dubucs (1992, pp. 229-235)).

La suite de l'article est consacrée à une discussion sur la nature des axiomes géométriques. Poincaré réexpose les idées défendues dans le précédent article. Il poursuit par une critique de l'empirisme en géométrie:

> Devons-nous donc conclure que les axiomes de la géométrie sont des vérités expérimentales? Mais on n'expérimente pas sur des droites ou des circonférences idéales; on ne peut le faire que sur des objets matériels. Sur quoi porteraient donc les expériences qui serviraient de fondement à la géométrie? La réponse est facile.
> Nous avons vu plus haut que l'on raisonne constamment comme si les figures géométriques se comportaient à la manière des solides. Ce que la géométrie emprunterait à l'expérience, ce seraient donc les propriétés de ces corps.
> Mais une difficulté subsiste, et elle est insurmontable. Si la géométrie était une science expérimentale, elle ne serait pas une science exacte, elle serait soumise à une continuelle révision. Que dis-je? elle serait dès aujourd'hui convaincue d'erreur puisque nous savons qu'il n'existe pas de solide rigoureusement invariable. (Poincaré, 1891, p. 773)

Les notions géométriques ne doivent pas être identifiées à des objets matériels et la géométrie est une science dont les concepts sont «idéaux». C'est seulement ainsi qu'elle peut être exacte. Poincaré utilise ensuite pour la première fois le terme de «conventions» à propos des axiomes géométriques:

> *Les axiomes géométriques ne sont donc ni des jugements synthétiques à priori ni des faits expérimentaux.*
> Ce sont des *conventions*; notre choix, parmi toutes les conventions possibles, est *guidé* par des faits expérimentaux; mais il reste *libre* et n'est limité que par la nécessité d'éviter toute contradiction. C'est ainsi que les postulats peuvent rester *rigoureusement* vrais quand même les lois expérimentales qui ont déterminé leur adoption ne sont qu'approximatives.
> En d'autres termes, *les axiomes de la géométrie* (je ne parle pas de ceux de l'arithmétique) ne sont que *des définitions déguisées.* (*ibidem*, pp. 773-774)

Les axiomes géométriques sont inspirés par l'expérience tout en étant librement posés; leur vérité réside uniquement dans leur non-contradiction. J'ai montré au chapitre précédent que plusieurs contemporains de Poincaré (Calinon[46], Liard, Rabier) pensaient que

46 L'influence de Calinon sur Poincaré a été discutée par Hans Freudenthal (1961). Il cite à ce propos le texte suivant de Poincaré: «Je suppose que la ligne droite

les axiomes étaient comparables à des définitions. Cette idée, qui réapparaît ici, était probablement dans l'air. L'assimilation des axiomes géométriques à des définitions déguisées a été discutée par plusieurs commentateurs[47]. Elle n'est pas très claire dans la mesure où Poincaré parle des axiomes sans jamais en donner la liste; une telle recherche ne figure d'ailleurs pas parmi ses préoccupations. L'examen d'autres textes montre que cette caractérisation concerne avant tout le postulatum, qui constitue pour lui une définition déguisée de la distance[48]. En effet, admettre le postulatum revient à déterminer l'expression de la distance. Un passage de *Science et méthode* l'indique clairement:

> Les autres axiomes de la géométrie ne suffisent pas pour définir complètement la distance; la distance sera alors, par définition, parmi toutes les grandeurs qui satisfont à ces autres axiomes, celle qui est telle que le postulatum d'Euclide soit vrai. (1908, p. 161)

On retrouve ici l'idée de définition implicite défendue par Hilbert dans sa correspondance avec Frege[49]. Cette idée fut aussi défendue par Pieri au Congrès de philosophie de Paris de 1900 et diffusée ensuite par Couturat[50]. *Science et méthode* est cependant un ouvrage tardif et, en 1891, Poincaré est probablement éloigné de cette interprétation formaliste. Dans le même ouvrage, il écrit encore à ce propos:

---

possède dans l'espace euclidien deux propriétés quelconques que j'appellerai A et B; que dans l'espace non euclidien elle possède encore la propriété A, mais ne possède plus la propriété B; je suppose enfin que, tant dans l'espace euclidien que dans l'espace non euclidien, la ligne droite soit la seule ligne qui possède la propriété A.» (1899, p. 266 ou 1902b-1968, p. 96) Ces lignes sont proches d'un texte de Calinon cité au chapitre 14 (Calinon, 1889, p. 589). Il y a cependant une différence entre les deux auteurs; chez Calinon, le postulatum est une définition de la droite alors que chez Poincaré il s'agit d'une définition de la distance. A l'inverse, Rollet a montré (1999, pp. 157-161) que certaines idées de Poincaré se retrouvent dans un article ultérieur de Calinon intitulé *Etude sur l'indétermination géométrique de l'univers* (1893).

47 Anne-Françoise Schmid (1978, p. 52), Jan Joan Mooij (1966, p. 18) et Pascal O'Gorman (1996)

48 Poincaré (1899, p. 274).

49 Cf. chapitre 14, § 5.

50 Pieri (1900, p. 378), Couturat (1904a, pp. 249-250) et Couturat (1905, pp. 108-109); c'est ce dernier texte que Poincaré cite dans l'extrait suivant.

> «La définition par postulats, dit M. Couturat, s'applique, non à une seule notion, mais à un système de notions; elle consiste à énumérer les relations fondamentales qui les unissent et qui permettent de démontrer toutes leurs autres propriétés; ces relations sont des postulats...»
> Si l'on a défini préalablement toutes ces notions, sauf une, alors cette dernière sera par définition l'objet qui vérifie ces postulats.
> Ainsi certains axiomes indémontrables des mathématiques ne seraient que des définitions déguisées. Ce point de vue est souvent légitime; et je l'ai admis moi-même en ce qui concerne par exemple le postulatum d'Euclide. (*ibidem*, p. 161)

En arithmétique, le principe d'induction n'est pas une définition déguisée puisqu'il s'agit, comme indiqué précédemment, d'un jugement synthétique *a priori*. En géométrie, les axiomes d'ordre ne sont pas des définitions déguisées. Dans *Dernières pensées* Poincaré les oppose en effet aux axiomes d'incidence et de congruence et les qualifie de «véritables propositions intuitives»[51]. Ce statut particulier des axiomes d'ordre est à mettre en relation avec la conception de la géométrie de Poincaré. Comme il le précisera ultérieurement, toutes les géométries ont comme fonds commun «un continuum à trois dimensions»[52]. Elles ne se distinguent que lorsqu'on prétend mesurer. Les axiomes d'ordre sont de nature topologique et précèdent toute différentiation de ce continuum. Ils ne sont donc pas des conventions.

L'article se termine par une critique de la preuve astronomique de Lobatchevski:

> On a également posé la question d'une autre manière. Si la géométrie de Lowatchewski est vraie, la parallaxe d'une étoile éloignée sera finie; si celle de Riemann est vraie, elle sera négative. Ce sont là des résultats qui semblent accessibles à l'expérience et on a espéré que les observations astronomiques pourraient permettre de décider entre les trois géométries.
> Mais ce qu'on appelle ligne droite en astronomie, c'est simplement la trajectoire du rayon lumineux. Si donc, par impossible, on venait à découvrir des parallaxes négatives, ou à démontrer que toutes les parallaxes sont supérieures à une certaine limite, on aurait le choix entre deux conclusions: nous pourrions

51 Poincaré (1913, p. 94). Dans *La Valeur de la Science*, Poincaré qualifie l'axiome suivant d'«appel à l'imagination»: «Si sur une droite le point C est entre A et B et le point D entre A et C, le point D sera entre A et B;» (1905-1970, p. 32).
52 Poincaré (1905-1970, p. 55).

> renoncer à la géométrie euclidienne ou bien modifier les lois de l'optique et admettre que la lumière ne se propage pas rigoureusement en ligne droite.
> Inutile d'ajouter que tout le monde regarderait cette solution comme la plus avantageuse.
> La géométrie euclidienne n'a donc rien à craindre d'expériences nouvelles. (1891, p. 774)

On mesure mieux le renouveau apporté par Poincaré si l'on songe aux nombreuses références à la preuve de Lobatchevski rencontrées dans les chapitres précédents. On retrouve dans cette critique l'idée du dictionnaire. Il n'est pas unique et plusieurs traductions sont possibles. Dans son article, Poincaré affirme aussi qu'un «être mathématique existe, pourvu que sa définition n'implique pas contradiction»[53]. Il rejette donc une conception réaliste de la géométrie et montre comment sortir du conflit entre empiristes et aprioristes. La séparation entre le champ de l'expérience et celui de la théorie mathématique n'exclut cependant pas des rapports privilégiés entre eux. Comme Poincaré l'a dit précédemment dans l'article, ce sont en effet «les lois expérimentales qui ont déterminé l'adoption des postulats». Ce point sera développé à l'occasion de la polémique avec Russell[54].

En dépit des critiques de Poincaré, l'idée d'une preuve expérimentale ne disparaîtra pas de sitôt[55]. Nous le verrons plus loin chez Russell et Mansion. En voici déjà deux exemples. Le premier est tiré des *Leçons de géométrie élémentaire* (1898) de Jacques Hadamard[56], qui était à cette époque collègue de Poincaré à la Sorbonne. Dans la *Note B* de cet ouvrage, consacrée à la géométrie non euclidienne, Hadamard adopte d'abord le point de vue de Poincaré et affirme que le postulatum est une définition déguisée. Mieux que ce dernier, il met en évidence l'idée de définition implicite:

53 Poincaré (1891, p. 772).
54 Cf. § 3.3 de ce chapitre.
55 Ce sujet est abordé dans un article de Walter (1997).
56 Jacques Hadamard (1865-1963) fut professeur à la Sorbonne et au Collège de France. Ses travaux concernent la théorie des fonctions analytiques et les équations différentielles.

> Or, il y a des termes qui n'ont pas été définis et ne peuvent pas l'être. Car on ne peut définir une notion qu'à l'aide de notions antérieures, ce qui est impossible pour les *premières* notions introduites.
> Mais, comme ces notions sont claires par elles-mêmes et ont dès lors un certain nombre de propriétés évidentes, le rôle de la définition (dont la nécessité subsiste, comme nous venons de le rappeler, même dans ce cas) est alors rempli par les propriétés en question, que l'on admet sans démonstration. C'est ainsi que nous avons procédé pour la ligne droite, laquelle n'a point reçu de définition proprement dite, mais dont nous avons donné ce qu'on peut appeler une définition *indirecte*, en en admettant les propriétés fondamentales. (1898, pp. 282-283)

L'idée de convention en revanche lui échappe et il admet sans recul la possibilité d'une vérification expérimentale:

> On peut, en particulier, évaluer, avec toute la précision que comportent nos instruments d'optique, les angles d'un triangle, pour rechercher si leur somme est égale à deux droits. On doit choisir, à cet effet, un triangle aussi grand que possible, puisque c'est dans ces conditions que la discordance entre les deux hypothèses est le plus accusée. En opérant ainsi, on constate que l'égalité en question est bien vérifiée (ou du moins que l'écart est inférieur aux erreurs d'observation).
> Nous sommes donc autorisés à dire que la géométrie qui représente le plus fidèlement la réalité, est la géométrie euclidienne ou, du moins, en diffère très peu [...].
> En un mot, non seulement nous avons, théoriquement, le droit d'adopter la géométrie euclidienne, mais encore *cette géométrie est physiquement vraie*[57]. (*ibidem*, p. 286)

Le second exemple est tiré du traité de géométrie non euclidienne de Barbarin (1902). Son auteur défend une position contradictoire. Il affirme en effet que la géométrie euclidienne est simplement la plus commode[58] tout en admettant plus loin la possibilité d'une preuve expérimentale[59]. Dans un article, il décrit en détail une expérience permettant de déterminer le «paramètre de l'univers» (1900-1901). Elle repose sur des mesures faites sur une circonférence de rayon très grand.

57 Cette dernière affirmation sera modifiée à partir de la 8e édition pour tenir compte de la découverte de la théorie de la relativité.
58 Barbarin (1902, p. 28).
59 Barbarin (1902, p. 72).

§ 3 La controverse entre Russell et Poincaré sur l'empirisme en géométrie

Fondée en 1893 par Xavier Léon et quelques amis, la *Revue de Métaphysique et de Morale* entendait se distinguer de «l'éclectisme hospitalier» de la *Revue philosophique* et se consacrer d'abord à la philosophie proprement dite[60]. Mais ceci ne l'empêcha pas, dès sa création, de publier aussi des articles traitant de problèmes épistémologiques. Elle ouvrit ainsi régulièrement ses colonnes à Poincaré, Lechalas et Couturat. Cette revue fut le lieu d'une importante controverse entre Russell et Poincaré. Elle fut suscitée par la publication de l'*Essay on the foundations of geometry* de Bertrand Russell (1897). Ce livre fit l'objet dans la revue de comptes rendus de Couturat (1898) et de Poincaré (1899). Chacun fut suivi d'une réponse de Russell (1898 et 1899) à laquelle s'ajouta une nouvelle mise au point de Poincaré (1900). Cette polémique a été récemment étudiée en détail par Philippe Nabonnand (2000). Je me limiterai pour ma part à traiter deux des questions abordées dans la discussion: le rôle de l'empirisme en géométrie et la manière de définir la distance. Il s'agit en effet de questions déjà rencontrées précédemment, notamment chez Helmholtz.

3.1 La position de Russell

L'*Essay on the foundations of geometry* de Russell est un ouvrage de jeunesse. Il est issu d'une dissertation présentée à Cambridge en 1895 en vue d'obtenir un «fellowship». Il fut rédigé à une époque où Russell était encore sous l'influence de la philosophie kantienne. Russell tente de concilier cette philosophie avec l'apparition de nouvelles géométries. Ce livre a déjà fait l'objet de plusieurs études[61] et je rappellerai

60 Préface du premier numéro, p. 2. Sur les rapports entre les deux revues, on pourra consulter Merllié (1993).

61 Torretti a analysé en détail l'ouvrage de Russell et a mis en évidence la faiblesse de ses «preuves» (1984). Richards a aussi consacré un chapitre de son livre à Russell (1988).

seulement les éléments nécessaires à la compréhension du débat avec Poincaré. Russell vise un double objectif. Il veut d'abord énoncer un système d'axiomes divisé en trois groupes et permettant de fonder successivement la géométrie projective, la géométrie métrique et enfin la géométrie euclidienne; il entend ensuite étudier l'origine de ces axiomes. Le premier groupe est formée de trois axiomes projectifs:

> Les axiomes qui ont été admis dans l'analyse précédente, et qui, semble-t-il, suffisent à fonder la Géométrie projective, peuvent être formulés en gros comme suit:
>
> I. On peut distinguer différentes parties de l'espace, mais toutes ces parties sont qualitativement semblables, et ne se distinguent que par le fait immédiat qu'elles sont situées les unes en dehors des autres.
>
> II. L'espace est continu et divisible à l'infini; le résultat de cette division infinie, le zéro d'étendue, s'appelle *point*.
>
> III. Deux points quelconques déterminent une figure unique, appelée *ligne droite*; trois points quelconques, en général, déterminent une figure unique, le *plan*. Quatre points quelconques déterminent une figure correspondante de trois dimensions, et il n'y a aucune raison pour que la même chose ne soit pas vraie d'un nombre quelconque de points. Mais ce processus prend fin, tôt ou tard, avec un certain nombre de points qui déterminent la totalité de l'espace. Car, s'il n'en était pas ainsi, aucun nombre de relations d'un point à une collection de points donnés ne pourrait jamais déterminer sa relation à des nouveaux points, et la Géométrie deviendrait impossible. (1897, traduction de A. Cadenat, 1901, pp. 169-170)

Cette formulation est vague[62] et incomplète. Comme Nabonnand l'a relevé, ces axiomes ne permettent même pas d'affirmer que deux droites coplanaires sont sécantes[63]. Poincaré de son côté notera qu'il manque un axiome affirmant qu'un plan et une droite se rencontrent toujours[64]. Les approximations dont Russell se contente auraient sans doute paru normales en 1870. Trente ans plus tard, elles sont dépassées. La géométrie projective a été axiomatisée par Pasch (1882) puis, dans un langage formel, par Peano (1889 et 1894) et Pieri (1897-98).

62 Torretti a tenté de lui donner un contenu mathématique précis (1984, pp. 305-305).

63 Nabonnand (2000, p. 243).

64 Poincaré (1899, p. 254).

Mais il faudra attendre le Congrès de philosophie de Paris de 1900 pour que Russell découvre les travaux des géomètres italiens[65].

Pour Russell, la condition de possibilité de l'expérience d'un monde extérieur est l'existence d'une «forme d'extériorité»:

> Dans un monde où la perception nous représente des choses diverses, avec des contenus distingués et différenciés, il faut qu'il y ait, dans la perception, au moins un *principe de différenciation*, c'est-à-dire un élément par lequel les choses représentées soient distinguées comme diverses. Cet élément, pris isolément, et abstrait du contenu qu'il différencie, peut être appelé une *forme d'extériorité*. Que cet élément, pris isolément, doive apparaître comme une forme, et non comme une simple diversité du contenu matériel, c'est, je crois, ce qui est tout à fait évident. Car une diversité de contenu matériel ne peut pas être étudiée à part de ce contenu matériel; or ce que nous voulons étudier ici, au contraire, c'est la pure possibilité d'une telle diversité, c'est-à-dire ce qui reste, comme j'essaierai de le prouver plus loin, quand on fait abstraction, dans chaque perception sensible de tout ce qui distingue sa matière particulière. C'est cette possibilité, ce principe de pure diversité qui est notre forme d'extériorité. (*ibidem*, p. 174)

L'existence d'une forme pure *a priori* de la perception traduit l'influence kantienne. Mais Russell est plus ambitieux que Kant; il ne se contente pas d'en déduire la certitude apodictique des principes géométriques; il entend en plus démontrer que ce sont précisément les axiomes projectifs énoncés ci-dessus qui sont «nécessaires à toute forme d'extériorité»[66]. Son raisonnement est cependant presque incompréhensible. Le deuxième groupe d'axiomes comprend trois axiomes «métriques»:

> 1) *Les grandeurs spatiales peuvent être déplacées sans déformation*, ou, comme on peut encore l'énoncer: *Les formes ne dépendent en aucune manière de la position absolue dans l'espace.* (*ibidem*, p. 190)
> 2) *L'Espace doit avoir un nombre entier fini de dimensions.* (*ibidem*, p. 205)
> 3) [...] deux points doivent déterminer une grandeur spatiale unique, la distance. (*ibidem*, p. 208)

65 Dans une lettre à Couturat du 18 septembre 1900, Russell écrit qu'il étudie les travaux de Peano et de ses disciples et «admire beaucoup ce qu'a fait Peano pour l'Arithmétique et Pieri pour la géométrie» (Russell, 2001, p. 195).

66 Russell (1897-1996, p. 133 et 1897-1901, p. 169).

Le premier axiome est dit «de libre mobilité». Pour Russell, les axiomes métriques sont de même nature que les axiomes projectifs:

> Nous trouverons, en outre, que ces trois axiomes peuvent se déduire de la notion d'une forme d'extériorité, et ne doivent rien à l'évidence de l'intuition. Ils sont donc *a priori*, comme leurs équivalents les axiomes de la Géométrie projective, et peuvent se déduire des conditions de l'expérience spatiale. Par conséquent, cette expérience ne peut jamais les infirmer, puisque son existence même les présuppose. (*ibidem*, pp. 188-189)

L'existence d'une forme d'extériorité est présentée ici comme une condition logique de l'expérience; cette forme est indépendante des caractéristiques particulières de notre sensibilité; ce n'est donc pas une forme *a priori* dans le sens kantien. Comme dans le cas des axiomes projectifs, Russell essaie de démontrer que les axiomes métriques sont *a priori*.

Les axiomes du troisième groupe sont propres à la géométrie euclidienne et distinguent celle-ci des géométries non euclidienne ou sphérique:

> Les autres axiomes de la Géométrie euclidienne (l'axiome des parallèles, l'axiome qui fixe à trois le nombre de dimensions, et l'axiome de la ligne droite sous la forme d'Euclide: deux lignes droites ne peuvent pas enfermer un espace) ne sont pas essentiels à la possibilité de la Géométrie métrique, c'est-à-dire ne peuvent pas se déduire du fait qu'une science des grandeurs spatiales est possible. On doit plutôt y voir des lois empiriques obtenues, comme les lois empiriques des autres sciences, par l'étude positive de l'objet donné, qui est, dans ce cas, l'espace de notre expérience. (*ibidem*, p. 222)

Dans son livre, Russell consacre peu de place à cette dernière classe d'axiomes. Il y reviendra de manière approfondie dans sa réponse à Couturat (1898). Il en sera question au § 3.2.

Le livre de Russell contient une importante partie historique dans laquelle il discute les conceptions de ses prédécesseurs. Il critique notamment les idées de Poincaré et en attribue l'origine à Cayley:

> Puisque ces systèmes proviennent tous du plan euclidien par un simple changement dans la définition de la distance, Cayley et Klein tendent à considérer la question tout entière comme portant, non sur la nature de l'espace, mais sur la définition de la distance. Du moment que cette définition est, à leur avis,

> parfaitement arbitraire, le problème philosophique s'évanouit; l'*espace* euclidien reste en possession indiscutée, et le seul problème qui subsiste est une affaire de convention et de commodité mathématique. Cette opinion a été énergiquement exprimée par M. Poincaré. (*ibidem*, p. 39)

Russel fait probablement référence au texte de Cayley cité au §3.2 du chapitre 11. Il ne l'interprète cependant pas correctement puisque pour ce dernier il n'y a «dans l'acception ordinaire» du terme qu'une seule distance. Russel est en fait du même avis que Cayley. Pour lui, il est faux d'affirmer qu'il y a une infinité de distances possibles. Les coordonnées projectives ne sont pas des «grandeurs *spatiales*, comme en Géométrie métrique, mais des signes purement conventionnels, qui servent à désigner distinctement les différents points»[67]. Les distances projectives sont d'une autre nature que la distance «au sens ordinaire». Leur définition fait apparaître en effet deux points de base arbitrairement choisis:

> La distance, au sens ordinaire, reste une relation entre *deux* points, et non entre *quatre*; et c'est faute d'avoir aperçu que le sens projectif diffère du sens ordinaire, et ne peut pas le remplacer, que sont nées les opinions de MM. Klein et Poincaré. (*ibidem*, pp. 46-47)

Ce n'est que lorsque les deux points sont convenablement choisis que la distance projective coïncide avec la «véritable définition»[68]. Ce dernier terme est trompeur puisque pour Russell la distance de deux points est une notion indéfinissable dont l'immédiateté s'impose à nous. Cette affirmation sera au centre de la polémique avec Poincaré.

Signalons encore que Russell ne tarda pas à abandonner les idées défendues dans son livre. Il déclarera à la fin de sa vie:

> A l'exception de détails, je ne pense pas qu'il y ait quoi que ce soit de valide dans cet ouvrage de jeunesse. (1959-1975, p. 31)

La rencontre avec Peano lors du Congrès de philosophie de Paris provoqua en effet chez lui une «révolution» philosophique[69]. La première conséquence en fut la publication des *Principles of mathe-*

67 Russell (1897-1996, p. 39 et 1897-1901, p. 40).
68 Russell (1897-1901, p. 48).
69 Russell (1959-1975, p. 9).

matics en 1903. Dans cet ouvrage, Russell défend une conception hypothético-déductive de la géométrie fondée sur les travaux de Peano et Pieri. La géométrie appartient au domaine des mathématiques pures et ne traite pas de l'espace réel[70]. Russell abandonne définitivement la philosophie kantienne de la géométrie.

3.2 Le compte rendu de Couturat et la réponse de Russell

Citons d'abord les premières lignes de ce compte rendu:

> La Géométrie a subi dans le cours de ce siècle une révolution profonde. Pour la première fois depuis Euclide, on a osé révoquer en doute les axiomes, en scruter la valeur, et concevoir la possibilité d'autres géométries fondées sur des axiomes différents. Un seul exemple suffit à montrer combien ce bouleversement des idées reçues est intéressant et même grave pour la philosophie: ce théorème: «La somme des angles d'un triangle est égale à deux droits», que tous les métaphysiciens, de Descartes à Kant, avaient considéré comme un type de certitude apodictique, est devenu pour les géomètres modernes une vérité d'expérience, partant contingente et approximative. (1898, p. 354)

Couturat pose le problème de la même manière que Grunert ou Carbonnelle en insistant sur le fait que la géométrie n'est plus certaine. Il y a cependant trente ans d'écart entre Couturat et Grunert, ce qui illustre bien le retard pris en France par le débat épistémologique.

Couturat est dans l'ensemble très élogieux à l'égard du livre de Russell et considère que «c'est l'Esthétique transcendantale de Kant, revue, corrigée et complétée à la lumière de la Métagéométrie»[71]. Il écrit aussi que «l'ordre le plus rigoureux règne dans les déductions et les discussions»[72], jugement qui paraît aujourd'hui surprenant de la part de quelqu'un qui avait poussé assez loin l'étude des mathématiques[73]. Couturat partage la thèse de Russell selon laquelle les axiomes projectifs et métriques sont *a priori*. Les deux auteurs ne sont

70 Russell (1903, n° 352 et 353). On pourra consulter sur ce point Vernant (1993, pp. 382-398).

71 Couturat (1898, p. 355).

72 Couturat (1898, p. 368).

73 Après des études de philosophie, Couturat avait obtenu une licence en mathématiques.

en revanche pas du même avis en ce qui concerne les axiomes du troisième groupe. Couturat ne voit en effet pas comment donner une preuve empirique de ces axiomes:

> Pour prouver que les axiomes propres sont vraiment dus à l'expérience, il faudrait montrer qu'ils peuvent être vérifiés par l'expérience, et cela, en invoquant seulement les axiomes *a priori*, puisque ceux-ci suffisent à fonder la possibilité de l'expérience et de la mesure. Or nous serions curieux de savoir quelle expérience on pourrait inventer pour vérifier les axiomes dits empiriques. (*ibidem*, p. 370)

Il poursuit en reprenant les critiques de Poincaré à l'égard des vérifications expérimentales:

> Nos lois physiques sont donc essentiellement relatives à la Géométrie que nous avons adoptée. Elles sont vraies dans l'hypothèse d'un espace euclidien; cela ne prouve absolument rien en faveur de cette hypothèse, car si l'on admettait une autre forme de l'espace, elles seraient remplacées par d'autres lois également vraies, c'est-à-dire conformes à l'expérience. Selon la remarque si ingénieuse de M. Poincaré, si nous venions à constater l'inexactitude d'une de nos lois physiques, nous songerions bien plutôt à corriger cette loi qu'à bouleverser toute la Géométrie. On ne peut donc pas dire que l'accord des lois physiques avec l'expérience constitue une vérification empirique des axiomes géométriques. (*ibidem*, p. 371)

Au contraire de Poincaré, Couturat soutient que les axiomes de la troisième classe sont *a priori*. En effet, selon lui, le caractère fondamental d'une forme d'extériorité est la relativité de la position et la relativité des grandeurs. La première condition équivaut à l'axiome de libre mobilité et la seconde revient à admettre l'existence de figures semblables[74]; elle exclut donc l'espace non euclidien. Il est ainsi établi que le postulatum et l'axiome de l'unicité de la droite passant par deux points sont *a priori*. Couturat voit enfin dans la limitation à trois du

74 «Or, dire que les grandeurs spatiales sont relatives les unes aux autres, c'est dire qu'une figure géométrique est définie uniquement par les rapports qui existent entre ses diverses parties. Si donc on change la grandeur de ces parties, en laissant leurs rapports constants, la figure ne peut pas cesser d'exister; en d'autres termes, on doit obtenir une figure tout aussi possible que la première, et dans le même espace.» (Couturat, 1898, p. 374) Couturat défendait déjà cette idée dans un critique adressée à Lechalas (Couturat, 1893).

nombre des dimensions une «forme *a priori* de notre sensibilité»[75]. Il conclut:

> Pour résumer nos conclusions d'une manière exacte et complète, il faut dire que l'espace est à la fois une forme de l'entendement et une forme de la sensibilité. Tous les axiomes géométriques sont nécessaires et *a priori*: les uns, d'une nécessité rationnelle, parce qu'ils expriment les caractères essentiels de toute forme d'extériorité; les autres (à tout le moins, le nombre des dimensions de l'espace) en vertu de notre constitution sensible. En d'autres termes, toutes les propriétés de l'espace peuvent être connues *a priori* avec certitude, soit qu'elles découlent des conditions nécessaires de toute expérience possible, soit qu'elles résultent d'une condition de fait imposée à notre sensibilité. (*ibidem*, pp. 378-379)

Couturat combine ici les théories de Russell et de Kant. Pour le premier, les propriétés de l'espace sont des nécessités logiques alors que pour le second ce sont des nécessités d'intuition. Quelques années plus tard, dans un article consacré à la philosophie des mathématiques de Kant, Couturat réexposera cette thèse mais de manière plus prudente. Après avoir rappelé les points de vue empiriste et conventionnaliste concernant les postulats géométriques, il écrit:

> Mais peut-être la solution la plus probable du problème est-elle intermédiaire et mixte: certains postulats seraient d'origine intellectuelle, et certains autres d'origine intuitive. L'espace serait alors, non plus une simple forme de la sensibilité, mais une forme assez complexe organisée par des principes intellectuels avec des éléments d'ordre intuitif. (1904b, pp. 376-377)

Ce texte est séparé du précédent par le Congrès de philosophie de Paris et la découverte des travaux de Peano et Pieri. Couturat en a tiré la leçon puisqu'il affirme que les travaux des géomètres contemporains ont montré que la géométrie pouvait être conçue comme une théorie logique ou, selon l'expression de Pieri, comme un système hypothético-déductif. S'il y a plusieurs géométries logiquement admissibles, il n'y a en revanche qu'une seule géométrie applicable à «l'espace actuel»[76]. Ses postulats sont, comme l'indique le texte cité, d'origine intellectuelle ou intuitive. Couturat conclut que c'est en géométrie que

75 Couturat (1898, p. 378).

76 Couturat (1904b, p. 375); ces idées sont aussi développées dans Couturat (1904a, pp. 249-255).

la théorie kantienne a le plus de chance de subsister. Pour lui, les développements récents de la logique et des mathématiques montrent en effet que l'arithmétique n'est pas compatible avec cette théorie.

Revenons à Russell. Dans sa réponse à Couturat, il rejette d'abord le conventionnalisme de Poincaré et affirme que «les axiomes euclidiens sont ou vrais ou faux»[77]. Il pose ensuite deux questions: est-il possible d'imaginer une expérience par laquelle on puisse assigner une limite à la constante spatiale? Et si oui, quelle est cette limite? Il y a donc d'abord une question de principe puis un problème pratique. Il répond affirmativement à la première question en décrivant l'expérience suivante:

> Prenez un disque de taille ordinaire – soit une pièce de monnaie – portant un point marqué sur l'épaisseur. Faites-lui accomplir, le long d'une ligne droite, une révolution complète, et mesurez ainsi la longueur de la circonférence. De cette manière on peut déterminer le rapport de la circonférence d'un cercle à son diamètre, d'où la valeur de la constante spatiale peut être déduite. Il faut remarquer que cette expérience ne dépend, théoriquement, que de la mesure des distances, dont la possibilité, indépendamment des axiomes euclidiens, est accordée par M. Couturat. Par la mesure seule nous pouvons décider si une figure donnée est un cercle, et par la mesure seule nous pouvons découvrir le rapport de sa circonférence à son diamètre. [...]
> Cette expérience suffit donc à montrer qu'avec les seuls axiomes *a priori*, nous pouvons obtenir quelque preuve empirique relative à la nature de notre espace. (1899, pp. 760-761)

Russell conclut que «pour des raisons d'ordre empirique, notre espace est approximativement euclidien»[78] et répond ainsi à la seconde question. Il donne ensuite une série d'arguments plus ou moins clairs visant à démontrer que les axiomes de la troisième classe ne peuvent être *a priori*. Au terme de cet exposé, il n'apparaît cependant guère convaincu:

> Quant aux trois dimensions et à l'axiome des parallèles, ils ne peuvent être appelés *a priori* que si l'on conserve un élément psychologique indu dans l'*a priori*; quand l'*a priori* est défini, non par rapport à notre connaissance, mais uniquement par rapport à la vérité et à la nécessité, il ne reste pas de raison pour considérer ces axiomes comme *a priori*. Que la preuve de leur nature

77 Russell (1898, p. 760).
78 Russell (1898, p. 762).

> empirique soit faible et peu concluante, je l'admets sans peine; mais la preuve contraire paraît faire encore défaut. (*ibidem*, p. 776)

3.3 Le compte rendu de Poincaré

Les dix premiers paragraphes sont consacrés à une critique des axiomes projectifs et métriques de Russell et de sa tentative de prouver qu'ils sont *a priori*. Poincaré relève de nombreuses insuffisances au niveau mathématique et sa conclusion est sévère:

> Nous avons passé en revue les axiomes que M. Russell considère comme des conditions indispensables de l'expérience. Pour la plupart d'entre eux, il ne l'a nullement établi; en employant dans ses énoncés des termes vagues et mal définis, en rendant les contours aussi flous que possible, il arrive à accumuler assez de brouillard pour empêcher de discerner tel axiome qui s'impose véritablement à nous de tel autre axiome plus précis qu'il veut nous imposer. Mais il n'a pu faire illusion qu'à ceux qui n'ont pas voulu prendre la peine de dissiper ce brouillard. (1899, p. 264)

Signalons que dans sa réponse, Russell proposera de nouveaux énoncés des axiomes projectifs formulés dans un style abstrait proche de celui de Peano et Pieri[79]. Ce changement témoigne de l'évolution rapide des idées de Russell à cette époque.

Poincaré aborde ensuite le problème de l'empirisme en géométrie; comme il le reconnaît lui-même, c'est là que le désaccord avec Russell est le plus profond. Selon Poincaré, deux raisons condamnent cette épistémologie. La première est qu'une expérience ne porte jamais sur les objets abstraits de la géométrie mais sur des objets physiques et qu'il est contradictoire de traiter celle-ci comme une science à la fois exacte et expérimentale. Ces arguments étaient déjà exposés dans les deux articles étudiés au § 2[80]. La seconde raison est que l'expérience ne peut pas constater un phénomène qui serait possible dans l'espace euclidien et impossible dans l'espace non euclidien. Il faudrait pour cela qu'il existe une propriété qui soit «un critère absolu permettant de

79 Russell (1899, pp. 697-698).

80 Poincaré développera encore le premier argument dans sa seconde réponse à Russell (1900). Il s'applique en particulier à l'expérience du disque décrite précédemment par ce dernier.

reconnaître la ligne droite et de la distinguer de toute autre ligne»[81]. Dans ce cas, après avoir reconnu qu'une ligne est droite, on pourrait examiner si cette ligne se comporte comme une droite euclidienne ou non euclidienne. Une telle propriété n'existe cependant pas:

> Dira-t-on par exemple: «cette propriété sera la suivante: la ligne droite est une ligne telle qu'une figure dont fait partie cette ligne peut se mouvoir sans que les distance mutuelles de ses points varient et de telle sorte que tous les points de cette ligne restent fixes»?
> Voilà en effet une propriété qui, dans l'espace euclidien, appartient à la droite et n'appartient qu'à elle. Mais comment reconnaîtra-t-on par expérience si elle appartient à tel ou tel objet concret? Il faudra mesurer des distances, et comment saura-t-on que telle grandeur concrète que j'ai mesurée avec mon instrument matériel représente bien la distance abstraite? (*ibidem*, p. 266)

La droite est considérée comme l'axe de rotation d'un solide. Poincaré exprime ici la même idée que Helmholtz: on ne peut parler de distance au sens physique que si l'on a choisi un instrument de mesure, d'où l'impossibilité d'établir une correspondance univoque entre une distance mesurée pratiquement et une distance «abstraite». Poincaré aborde encore le problème de la définition de la distance plus loin. Pour lui, la seule solution est de la définir implicitement à partir d'axiomes, selon la méthode présentée au § 2, et il ne peut comprendre ceux qui conçoivent la distance comme quelque chose d'absolu et d'indéfinissable:

> En un mot, pour qu'une propriété soit un axiome ou un théorème, il faut que l'objet qui possède cette propriété ait été complètement défini *indépendamment de cette propriété.*
> Ainsi, pour avoir le droit de dire que les soi-disant axiomes relatifs à la distance ne sont pas une définition déguisée de cette distance, il faudrait définir la distance autrement que par ces axiomes. Mais cette définition, où est-elle?
> Sera-ce une définition mathématique proprement dite? Sous ce rapport je suis tranquille, il n'y en a pas et on n'en trouvera pas. Définira-t-on la distance par la voie de l'expérience? J'ai montré plus haut à quel point l'empirisme, en pareille matière, est dépourvu de sens.
> Il ne reste qu'une ressource. C'est de dire qu'on n'a pas besoin de définition parce que ces choses sont directement connues par l'intuition. A ceux qui pensent avoir l'intuition directe de l'égalité de deux distances ou de celle de deux durées, il m'est difficile de répondre; nous parlons des langues trop diffé-

81 Poincaré (1899, p. 266).

rentes. Je ne puis que les envier et les admirer sans les comprendre, parce que cette intuition me manque absolument. (*ibidem*, p. 274)

Le terme «définition de la distance» peut être entendu de deux manières. Le choix d'un instrument de mesure détermine une distance physique alors que celui de certains axiomes fixe implicitement l'expression de la distance dans l'espace géométrique. Poincaré ne distingue ici pas clairement les deux possibilités. Sa position à l'égard des aprioristes est la même que celle de Helmholtz a l'égard de Land. Il relève de plus que l'existence d'une intuition exacte contredit la nécessité d'une vérification expérimentale du postulatum:

> Au reste ce ne paraît pas être la pensée de M. Russell; car s'il avait l'intuition directe de la distance euclidienne, il ne parlerait pas de recourir à l'expérience pour vérifier le postulatum d'Euclide. (*ibidem*, p. 274)

Si l'on considère qu'il est impossible d'imaginer l'espace euclidien, une telle vérification est par ailleurs inutile:

> Quand on fait un *experimentum crucis*, on sait d'avance que cette expérience peut donner deux résultats différents; on se les représente d'avance, de façon à pouvoir se dire: si c'est telle représentation qui se réalise, j'en tirerai telle *conclusion*, si c'est l'autre, j'en tirerai la conclusion opposée. Si au contraire il est impossible d'imaginer un des termes de l'alternative, on doit le regarder d'avance comme absurde, et l'expérience devient inutile. (*ibidem*, p. 276)

Russell essaiera de résoudre la contradiction en soutenant que le problème n'a pas de sens car nous ne pouvons nous imaginer qu'une partie bornée de l'espace:

> Le seul espace que nous puissions imaginer est l'espace qui existe, mais nous ne savons pas si cet espace est euclidien ou non euclidien. Nous pouvons donc imaginer dans notre espace actuel une ligne droite, ou plutôt une portion de droite; mais nous ne savons pas si la droite tout entière, au cas où nous pourrions l'imaginer, serait finie ou infinie. De même, nous pouvons imaginer des triangles de certaines grandeurs, mais nous ne savons pas si leur grandeur peut ou non croître indéfiniment. (1899, pp. 694-695)

Dans les dernières pages de son compte rendu, Poincaré revient sur la question des rapports entre l'expérience et la géométrie. Comme il l'a plusieurs fois répété, celle-ci n'est pas une science expérimentale; mais ceci n'empêche pas l'expérience de jouer un rôle essentiel dans sa création:

> La géométrie n'est pas un ensemble de lois expérimentales tirées de l'observation des corps solides; mais cette observation a été pour nous l'occasion de créer la géométrie. Seulement cette occasion était nécessaire. (1899, p. 276)

Cette idée apparaît déjà dans un article antérieur[82]. Dans cet article, Poincaré affirme aussi que la structure de groupe, sur laquelle la géométrie repose, existe *a priori* dans notre esprit:

> Ce qui est l'objet de la géométrie, c'est l'étude d'un «groupe» particulier; mais le concept général de groupe préexiste dans notre esprit, au moins en puissance. Il s'impose à nous, non comme forme de notre sensibilité, mais comme forme de notre entendement. (1895, p. 645)

Nous sommes capables d'étudier des groupes continus indépendamment de toute expérience. Celle-ci intervient seulement dans une deuxième phase: nous choisissons le groupe euclidien parce que les mouvements des corps solides obéissent à peu près aux mêmes lois que les transformations de ce groupe. Si les corps solides se déplaçaient différemment, nous choisirions un autre groupe. Il n'y a cependant rien de nécessaire dans ce choix et, à la fin de sa seconde réponse à Russell, Poincaré précise bien que c'est par convention que certains corps sont considérés comme rigides:

> Enfin je n'ai jamais dit qu'on peut *reconnaître par l'expérience si certains corps conservent leur forme*. J'ai dit tout le contraire. Le mot «conserver sa forme» n'a par lui-même aucun sens. Mais je lui en donne un en *convenant* de dire que certains corps conservent leur forme. Ces corps, ainsi choisis, peuvent alors servir d'instruments de mesure. Mais si je dis que ces corps conservent leur forme c'est parce que *je le veux bien*, et non parce que l'expérience m'y oblige. (1900, pp. 85-86)

3.4 Suite de la discussion

Les deux mises au point successives de Russell et de Poincaré apportent des compléments et précisent sur plusieurs points la pensée des

82 Poincaré (1895). Cet article constitue le chapitre IV de *La Science et l'Hypothèse* (1902b).

auteurs. Je les traiterai ensemble en faisant suivre les critiques de Russell des réponses de Poincaré.

Pour Russell, la distance de deux points existe de manière absolue, indépendamment de la possibilité d'être mesurée. La mesure ne saurait donc créer la distance. L'opposition entre son point de vue et celui de Poincaré apparaît clairement dans le passage suivant:

> Ce qu'on peut découvrir au moyen d'une opération doit exister indépendamment de cette opération: l'Amérique existait avant Christophe Colomb, et deux quantités de même espèce doivent *être* égales ou inégales avant d'être mesurées. Une méthode quelconque de mensuration est bonne ou mauvaise, suivant qu'elle fournit un résultat vrai ou faux. M. Poincaré, au contraire, estime que la mensuration *crée* l'égalité et l'inégalité. Il s'ensuit, comme il le soutient, que toutes les méthodes de mensuration sont également bonnes. (1899, pp. 687-688)

Dans sa réponse, Poincaré confirme cette interprétation de sa pensée:

> [...]; l'égalité et l'inégalité de deux distances sont des mots qui n'ont aucun sens par eux-mêmes; c'est précisément pourquoi je suis obligé d'avoir recours à une convention pour leur en donner un. Je *conviens* de regarder comme égales celles qu'une certaine méthode de mesure me montre telles; j'aurais pu faire une convention différente.
> Maintenant ces mots sont-ils en effet dépourvus de sens par eux-mêmes? S'ils en ont un, qu'on me l'explique, sinon par une définition proprement dite, au moins en me faisant comprendre comment on peut se représenter l'égalité de deux distances. [...] Pour moi, j'ai beau faire, le mot distance ne me suggère d'autre idée que celle de mesure. (1900, p. 80)

Russell formule ensuite l'objection suivante:

> M. Poincaré paraît croire que l'on peut découvrir par l'expérience si les corps conservent leur forme ou en changent, sans rien savoir de cette forme, sans pouvoir même assigner aucun sens au mot *forme*. Si la mensuration n'est pas une opération exempte d'ambiguïté qui sert à découvrir quelque chose, et non à le créer, il est difficile de voir comment la mensuration des corps peut révéler qu'ils se meuvent approximativement suivant le groupe euclidien. (1899, p. 688)

J'ai montré que pour Poincaré la connaissance que nous avons du groupe euclidien est indépendante de toute expérience et de toute notion de distance. D'où la réponse suivante:

> Quand je dis que des corps se meuvent approximativement suivant le groupe euclidien, je veux dire suivant un groupe ayant même *structure* (Zusammensetzung) que le groupe euclidien. Or de semblables groupes, on peut en rencontrer en étudiant la géométrie ordinaire, ou encore en étudiant la géométrie non-euclidienne ou la géométrie à quatre dimensions; ou enfin en étudiant des transformations n'ayant rien à faire avec l'espace. Dès lors, pour étudier la structure du groupe formé par les mouvements des corps solides, il n'est pas nécessaire de rien savoir d'avance sur les relations métriques de l'espace, ni même de se rappeler qu'on opère dans l'espace. (1900, p. 82)

En parlant de «transformations n'ayant rien à faire avec l'espace», Poincaré fait sans doute allusion aux groupes rencontrés dans l'étude des fonctions automorphes.

Dans son compte rendu, Poincaré avait affirmé que toute expérience concrète peut être interprétée dans plusieurs systèmes géométriques différents. Russell n'est pas de cet avis et soutient qu'il existe des jugements qui seraient vrais dans un monde euclidien et faux dans un monde non euclidien, ou vice versa. Son argumentation est faible puisqu'il se contente de donner sans justification trois exemples de tels jugements. Voici le premier:

> 1° il existe une distance (par exemple, la distance de Londres à Paris, ou de la terre au soleil) qui est plus grande qu'un millimètre; [...] (1899, p. 689)

Une telle affirmation n'a pas de sens pour Poincaré:

> M. Russell demande qu'on lui accorde que la distance de Paris à Londres est plus grande qu'un mètre. Mais c'est ce que je ne puis faire; si j'accordais cela, j'accorderais tout. [...]
> Mais que la distance de Paris à Londres soit plus grande qu'un mètre d'une façon *absolue* et indépendamment de toute méthode de mensuration, cela n'est ni vrai, ni faux; je trouve que cela ne veut rien dire; [...]. (1900, pp. 80-81)

Russell revient ensuite sur les expériences que l'on peut réaliser pour déterminer si la géométrie euclidienne est vraie ou fausse. L'imprécision associée à toute expérience ne rend pas la question indéterminée et on ne peut douter que «la constante spatiale est comprise entre certaines limites plus ou moins déterminables»[83]. Une seule expérience

83 Russell (1899, p. 693).

ne suffira pas mais un ensemble d'expériences ne laissera place qu'à une seule hypothèse:

> Il en va exactement de même dans les expériences géométriques. Toute expérience possible dans ce domaine révèle à la fois la nature de l'espace et la manière dont les corps se comportent au point de vue de la rigidité. Cela permet plusieurs interprétations différentes dans chaque cas isolé. On peut considérer la règle de mesure comme rigide, et dès lors traiter comme égales les grandeurs qu'elle montre être égales. Ou bien on peut la considérer comme variable de forme et de grandeur, et dans ce cas il faudra faire subir au résultat géométrique une correction pour tenir compte de la déformation. Cette alternative reste ouverte dans une expérience unique, mais non, je crois, dans plusieurs. (1899, p. 691)

A l'encontre d'une expérience isolée, Russell utilise ici les mêmes arguments que Poincaré. Après quelques développements, il conclut:

> On est ainsi amené à adopter le seul couple d'hypothèses qui aura pu cadrer avec *toutes* les expériences semblables; et l'on peut dire que cette série d'expériences aura prouvé empiriquement l'hypothèse géométrique aussi bien que l'hypothèse dynamique. (1899, p. 692)

Poincaré n'admet pas cette conclusion:

> Les expériences ne nous font connaître que les rapports des corps entre eux; aucune d'elles ne porte, ni ne peut porter, sur les rapports des corps avec l'espace, ou sur les rapports mutuels des diverses parties de l'espace.
> «Oui, répondez-vous à cela, une expérience unique est insuffisante, parce qu'elle ne me donne qu'une seule équation avec plusieurs inconnues; mais quand j'aurai fait assez d'expériences, j'aurai assez d'équations pour calculer toutes mes inconnues.»
> Connaître la hauteur du grand mât, cela ne suffit pas pour calculer l'âge du capitaine. Quand vous aurez mesuré tous les morceaux de bois du navire, vous aurez beaucoup d'équations, mais vous ne connaîtrez pas mieux cet âge. Toutes vos mesures ayant porté sur vos morceaux de bois ne peuvent rien vous révéler que ce qui concerne ces morceaux de bois. De même vos expériences, quelque nombreuses qu'elles soient, n'ayant porté que sur les rapports des corps entre eux, ne vous révéleront rien sur les rapports mutuels des diverses parties de l'espace. (1900, p. 79)

Une expérience portant sur l'espace n'a pas de sens. Seuls des corps solides sont accessibles à l'expérience. Poincaré illustre plus loin cette idée en décrivant une expérience qui permettrait de reconnaître si des corps solides se déplacent de façon euclidienne ou non euclidienne. Elle ne nécessite pas de mesure et consiste à déterminer si deux corps peuvent être amenés en contact ou non. Cette expérience ne saurait prouver que l'espace est euclidien ou non euclidien. Si les corps étudiés se déplacent selon le groupe euclidien, on peut en effet très bien imaginer que d'autres corps se déplaceraient selon le groupe non euclidien.

Après avoir répondu aux critiques de Poincaré concernant les axiomes projectifs, Russell aborde le dernier sujet, «le plus important et le plus difficile»[84], celui de la définition de la distance[85]. Poincaré avait en effet terminé son compte rendu en demandant à Russell de lui fournir «une définition de la distance et de la ligne droite indépendante de ce postulat [d'Euclide], et exempte d'ambiguïté et de cercle vicieux»[86]. La réponse de Russell est simple:

> Il sera peut-être étonné si je réponds qu'on ne doit pas formuler une telle demande, parce que tout ce qui est fondamental est nécessairement indéfinissable. Et pourtant je suis convaincu que c'est là la seule réponse philosophiquement correcte. (1899, p. 700)

Russell poursuit en expliquant la différence entre une définition mathématique et une définition philosophique:

> Une définition mathématique consiste en une relation quelconque avec quelque concept connu, relation qui n'appartient qu'à l'objet ou aux objets à définir. C'est en ce sens que la ligne droite projective a été définie ci-dessus par ses relations avec les points et les plans. [...] Mais ces sortes de définitions ne sont pas des définitions au sens propre et philosophique du mot. Philosophiquement, un terme est défini quand on en connaît le *sens*, et son *sens* ne peut consister en relations avec d'autres termes. On admettra bien qu'un terme ne peut être utilement employé que s'il signifie quelque chose. Sa signification peut être complexe ou simple. Autrement dit, ou bien elle est composée d'autres significations, ou bien elle est elle-même un de ces éléments ultimes qui constituent les autres significations. Dans le premier cas, on définit philosophiquement le terme en énumérant ses éléments simples. Mais lorsqu'il est lui-

84 Russell (1899, p. 699).

85 Ce thème de la discussion est analysé dans un article d'Alberto Coffa (1986). Coffa étudie de manière plus générale le problème de la définition chez les mathématiciens et les philosophes. Son étude réserve aussi une place importante à la polémique entre Hilbert et Frege sur les *Grundlagen* de Hilbert.

86 Poincaré (1899, p. 279).

> même simple, aucune définition philosophique n'est possible. Le terme peut encore avoir une relation particulière avec quelque autre terme, et peut avoir ainsi une définition *mathématique*. Mais il ne peut pas *signifier* cette relation, et par suite la définition mathématique devient un théorème qui est vrai ou faux, et qui n'est pas le moins du monde arbitraire. (*ibidem*, p. 700)

La définition philosophique d'un concept consiste à le décomposer, comme une substance chimique, en éléments simples indéfinissables. Cette conception analytique de la définition est celle de Leibniz[87]. La définition mathématique consiste pour sa part à énoncer les relations qui lient les termes; elle apparaît ainsi comme une définition implicite ou par postulats. Pour Russell ce type de définition ne peut donner une signification aux notions mathématiques. Son point de vue évoque celui défendu la même année par Frege dans sa correspondance avec Hilbert[88]. Pour Frege, les axiomes posés par ce dernier ne permettent en effet pas de connaître la signification des relations et des termes primitifs. Il reproche notamment à Hilbert de ne pas dire ce qu'il nomme un point.

Comme Russell le rappelle un peu plus loin, il faut admettre des termes indéfinissables (philosophiquement) si l'on ne veut pas tomber dans un cercle vicieux. Mais cela n'empêche pas ces termes d'être connus dès le début:

> Quand je dis: La ligne droite est déterminée par deux points, je suppose que *ligne droite* et *point* sont des termes déjà connus et compris, et je porte un jugement sur leurs relations, lequel est vrai ou faux, et en aucun cas arbitraire. (*ibidem*, p. 702)

Il en va de même pour la notion de distance qui, avec la droite, fait partie de «l'alphabet géométrique»[89]. Les axiomes ne fixent donc pas la signification des termes et celle-ci est connue antérieurement à leur

87 Cf. Couturat (1901). Couturat écrit en particulier: «Au contraire, pour Leibniz, la définition exprime la décomposition *réelle* du concept complexe en concepts simples; [...].» (p. 188) Coffa cite un exemple qui montre que cette conception apparaît aussi chez Locke, Coffa (1986, p. 18). Il relève l'importance qu'elle a ensuite prise chez les logiciens-philosophes au cours du XIXe siècle.

88 Lettre de Frege à Hilbert du 27 décembre 1899, Frege (1976, pp. 60-64) ou Dubucs (1992, pp. 220-225). Le contexte de cette correspondance a été présenté au § 2.3 du chapitre 12.

89 Russell (1899, p. 701).

énonciation. On retrouve ici une idée déjà exprimée par Pascal dans son opuscule *De l'esprit géométrique*. Après avoir expliqué qu'il faut admettre des termes primitifs indéfinissables, Pascal ajoute en effet que l'impossibilité de définir ces termes ne résulte pas de leur obscurité mais de «leur extrême évidence»[90]; ceux-ci sont donc parfaitement connus.

Dans sa réponse, Poincaré reconnaît que l'on ne peut pas tout définir; c'est pour lui une «vérité banale»[91]. Il maintient cependant sa position et soutient que la distance est définissable au moyen du postulatum ou de sa négation. En utilisant la terminologie de Russell, il s'agit donc d'une définition mathématique. Poincaré formule ensuite deux objections à l'égard de ceux qui affirment avoir une intuition directe de la distance. La première s'adresse à Russell et était déjà exposée dans le compte rendu: il est contradictoire d'affirmer que nous avons une intuition absolue et de chercher en même temps à donner une preuve expérimentale. La seconde s'adresse aux «kantiens purs»[92]; elle repose sur une des idées importantes de Poincaré, déjà exposée dans un article précédent[93]: le seul espace que nous pouvons nous représenter est l'espace sensible et il est distinct de l'espace géométrique. Il n'y a donc pas d'intuition de la distance géométrique:

> Dans cet espace sensible je me représente un point α près de mon œil, un point β à un mètre du premier, deux points γ et δ distants l'un de l'autre d'un mètre et éloignés de moi de 200 mètres. Oserai-je prétendre que je me représente la distance γδ comme identique à la distance αβ? Je *sais* que ces deux distances sont égales, je ne le *vois* pas.
> Sans doute je pourrais me transporter au point γ, et alors la distance γδ me paraîtrait identique à ce qu'il était d'abord. Mais qu'ai-je fait? J'ai fait une *mesure*; je me suis servi de mon corps transportant avec lui son espace sensible comme les géodésiens se servent de leurs instruments de mesure beaucoup plus perfectionnés. On en reviendrait ainsi à définir la distance par la mesure.
> En résumé la distance sensible, seule susceptible de représentation, n'a rien de commun avec la distance géométrique, puisque les deux distances géométriques α β et γ δ sont égales tandis que les deux distances sensibles correspondantes ne sont pas identiques, qu'elles n'ont même rien de commun, tant qu'on ne convient pas d'employer pour les comparer un système de mensuration. La

90 *Œuvres complètes* (1954, p. 583).
91 Poincaré (1900, p. 74).
92 Poincaré (1900, p. 76).
93 Poincaré (1895).

> distance géométrique a donc besoin d'être définie; et elle ne peut l'être que par la mesure. (1900, pp. 77-78)

La critique de l'intuition visuelle rappelle Helmholtz. Ces lignes posent un problème d'interprétation qui, à ma connaissance, n'a jamais été relevé. Poincaré veut montrer que la distance dans l'espace sensible n'a rien de commun avec la distance géométrique. Mais la distance désignée par ce terme est en fait une distance physique puisqu'elle est mesurée pratiquement. Si l'on se réfère aux textes de Poincaré cités précédemment, il faudrait dire que la distance géométrique est définie par des postulats, et non par une mesure. J'ai déjà relevé ce manque de clarté au § 3.3. Il montre que la géométrie demeure pour Poincaré une théorie étroitement liée à la réalité physique; la distinction entre l'espace physique et l'espace géométrique n'est donc pas toujours nette.

Chapitre 16

Mansion et la revue *Mathesis*

§ 1 Mansion

Paul Mansion fut l'un des principaux prosélytes de la révolution non euclidienne. Son œuvre mathématique se compose d'environ 350 articles et notes parmi lesquels une soixantaine consacrés à la géométrie non euclidienne. La plupart ont paru dans les *Annales de la Société scientifique de Bruxelles* ou dans la revue *Mathesis*. L'histoire de cette revue concerne de près notre sujet et il faut commencer par en dire quelques mots. Elle fut créée par Mansion et J. Neuberg en 1881. Le programme était le suivant:

> Notre journal s'occupera, principalement, des parties de la science mathématique enseignées dans les classes supérieures des établissements d'instruction moyenne et dans les cours des Ecoles spéciales. Nous essayerons, en particulier, de vulgariser la connaissance des parties les moins abstraites de la géométrie supérieure et de l'algèbre moderne. Nous espérons entreprendre aussi l'examen approfondi de certaines questions capitales de méthodologie mathématique, telles que la théorie des incommensurables, celle des quantités négatives et celle des imaginaires.
> Nous publierons dans chaque numéro: 1° des articles originaux; 2° des solutions de questions choisies; 3° des analyses, extraits, comptes-rendus ou traductions de mémoires ou d'ouvrages, de manière à tenir nos lecteurs au courant de la science, autant que le permet le cadre de notre recueil. (Préface du n° 1, 1881, p. 2)

Mathesis suivit fidèlement et avec succès ce programme. Sa parution fut interrompue en 1915 à cause des difficultés de la guerre. Elle ne reprit qu'en 1922, après la mort de Mansion. *Mathesis* entendait jouer un rôle pédagogique:

> En particulier, toutes les questions qui tiennent de près ou de loin à l'emploi de l'infini en mathématiques, continueront à être examinées avec soin, afin de provoquer les réflexions de nos lecteurs et surtout de prémunir les jeunes gens contre des conceptions fausses, obscures ou arbitraires. (Préface du n° 10, 1891, p. 6)

Quoique non signées, ces lignes sont caractéristiques du style de Mansion. La volonté de rectifier les idées fausses et d'empêcher les esprits de tomber dans l'erreur apparaît souvent chez lui. Une telle volonté devait trouver dans la propagation et la défense des idée non euclidiennes un terrain où s'affirmer pleinement. Son instrument de combat fut *Mathesis* qui pendant une vingtaine d'années, entre 1890 et 1910, fit campagne pour la géométrie non euclidienne. A côté des articles de Mansion, la revue accueillit durant cette période des contributions de plusieurs autres mathématiciens favorables aux nouvelles idées, parmi eux De Tilly et Barbarin. Les années les plus riches furent celles comprises entre 1894 et 1899. Dès 1900 la revue continua à publier des articles sur la géométrie non euclidienne, mais leur nombre diminua et le ton se fit moins polémique. Les derniers opposants étaient morts et la bataille gagnée.

La partie de l'œuvre mathématique de Mansion consacrée à la géométrie non euclidienne n'apporte guère de résultats nouveaux. Ses nombreux articles, qui très souvent se recoupent et dont certains sont issus de conférences, poursuivent un double but. Il s'agit d'une part d'offrir à un large public une synthèse des principaux résultats non euclidiens et d'autre part de répondre aux attaques des adversaires de la géométrie non euclidienne. La défense des idées nouvelles va de pair avec la chasse à ceux qui essayent encore de démontrer le postulatum. J'ai relevé dans *Mathesis* cinq réfutations de telles démonstrations.

Si Mansion fut un défenseur acharné de la géométrie non euclidienne, son adhésion ne fut apparemment pas immédiate. Dans une lettre à Houël du 16 janvier 1876, il écrit:

> Votre lettre me prouve que nous sommes moins éloignés de nous entendre que je ne le pensais sur les principes de la géométrie. Je n'ai peut-être pas assez étudié la question pour vous comprendre complètement. M. De Tilly me promet depuis longtemps une entrevue où il me convertira complètement à l'indémontrabilité absolue du postulatum. Peut-être me mettra-t-il au courant des notions non euclidiennes assez pour que je vous lise sans prévention. (AAS, *Dossier Houël*)

Il convient de mettre en parallèle cette opposition première aux nouvelles idées avec l'intransigeance qui suivra la «conversion». Ce dernier terme qualifie bien le caractère quasi-religieux des rapports entre Mansion et la géométrie non euclidienne. Dans tous ses écrits, il fait preuve d'une grande vénération pour De Tilly. Il se place sous sa protection:

> Nous faisons précéder cet exposé d'une notice historique sommaire sur les travaux les plus importants dont les principes de la Géométrie ont été l'objet depuis Euclide jusqu'à M. De Tilly. De cette manière, le lecteur qui voudra bien nous suivre, pourra peu à peu se débarrasser de cette idée préconçue qu'il ne peut exister qu'un seul système de géométrie, et il se familiarisera avec les vues nouvelles qu'il rencontrera plus tard dans les deux systèmes de géométrie non euclidienne. Avant même d'en avoir éprouvé la valeur au point de vue logique, et au point de vue de l'étude de la nature, il sera disposé à leur donner l'adhésion de son esprit, parce qu'il aura appris sous le patronage de quels géomètres éminents ils se trouvent placés. (1896b, p. 2)

Mansion fait allusion aux deux mémoires de De Tilly consacrés aux fondements de la géométrie (1879 et 1893)[1]. Réciproquement De Tilly avait de l'estime pour Mansion. Dans une lettre à Houël du 10 avril 1880, il écrit:

> M. Mansion, dont vous me parlez, est le meilleur collaborateur que vous puissiez avoir en Belgique. Il possède à la fois l'érudition, l'imagination, l'exactitude et la conscience. (AAS, *Dossier Houël*)

Une idée revient de façon presque obsessionnelle chez Mansion, à savoir que la découverte de la géométrie non euclidienne a montré que la théorie kantienne de l'espace était fausse. Ses critiques de Kant sont simplificatrices et partiales. On y sent une agressivité qui dépasse une simple divergence de conception. En voici un exemple:

> La métagéométrie, en montrant l'inanité des idées de Kant sur l'espace, a donc ruiné, par la base, la métaphysique du criticisme [...]. (1896b, p. 41)

L'article le plus détaillé sur ce sujet est intitulé *Gauss contre Kant* (1908). Comme chez l'abbé de Broglie, cet anti-kantisme est sans doute à mettre au compte d'un catholicisme étroit. En tant que membre actif de la Société scientifique de Bruxelles, Mansion était probablement proche des milieux ecclésiastiques.

1 Pour une analyse de ces mémoires, cf. Panza (1995); le premier mémoire est aussi étudié dans Boi (1995).

Dans bon nombre de ses articles, Mansion expose simultanément les trois géométries euclidienne, «lobatchefskienne» et riemannienne. Il aborde celle-ci de manière synthétique en supposant que le postulatum n'est pas vérifié et que deux droites peuvent enclore un espace. La géométrie elliptique n'est pas prise en considération par Mansion pour les raisons suivantes:

> Dans cette géométrie, deux droites ADA, AGA qui se coupent en A ont ce seul point commun; l'une reste toujours à droite, l'autre toujours à gauche, pour un observateur qui parcourt l'espace plan compris entre elles en longeant l'une d'elles. Elles se comportent, par conséquent, comme deux petits cercles d'une sphère tangents l'un à l'autre: *elles ne se coupent pas en leur point commun*. Cela revient à dire évidemment que la géométrie riemannienne simplement elliptique est inimaginable même dans un domaine restreint, qu'elle n'est pas une géométrie véritable pouvant se réaliser dans le monde physique, quand on la prend dans son sens littéral. Au fond, comme on le sait historiquement, cette géométrie n'est qu'une sous-section de la géométrie projective. (1903, pp. 64-65)

Mansion utilise à l'égard de la géométrie elliptique le même type d'arguments que certains adversaires de la géométrie non euclidienne. Le critère pour décider si une géométrie est «véritable» consiste à savoir si elle «réalisable». Cette conception restrictive de la géométrie apparaît encore dans une note consacrée à la géométrie non archimédienne. Après avoir présenté les principes de cette géométrie, Mansion conclut:

> Mais ces segments ne correspondent évidemment à aucune réalité géométrique. Car le principe d'Archimède est applicable aux grandeurs géométriques, si on laisse aux mots *«plus grand»* leur sens habituel: en effet, par définition, les *grandeurs sont ce qui tombe sous l'application de ce principe* et supposer que les distances ne sont pas des grandeurs, c'est supprimer la géométrie. (1905b, p. 200)

La dernière affirmation révèle sans doute l'influence de De Tilly. Dans ses deux mémoires sur les fondements de la géométrie, ce dernier met en effet au premier plan la notion de distance.

Tout au long de ses écrits, Mansion affirme qu'il est possible de déterminer expérimentalement quelle est la géométrie réalisée dans notre univers. Une courte note consacrée à Poincaré montre qu'il n'a pas saisi les critiques faites par ce dernier à l'encontre de telles expériences:

> Si le monde est riemannien ou lobatchefskien, et *si nous pouvons faire des mesures assez précises*, nous pourrons donc en déterminer le paramètre; nous pourrons alors dire quelle est la géométrie *vraie*, c'est-à-dire quelle est la géométrie réalisée dans la nature. Si le monde est euclidien, nous ne pourrons pas le savoir, parce qu'il est indiscernable d'avec un monde non euclidien suffisamment voisin; mais nous pourrons au moins dire que le monde est très approximativement euclidien.
> Pour échapper à cette conclusion, il n'y a qu'un seul moyen, soutenir que nous ne pouvons pas réaliser une mesure de longueur droite, ou dans le cas de la sphère de tantôt, une mesure circulaire s'appliquant sur la surface de la sphère; dans les deux cas, cela revient à *nier toute possibilité d'une connaissance quantitative de la nature,* mais je doute que personne aille jusque-là. (1905a, p. 199)

Dans la même note, Mansion s'oppose également à Poincaré en affirmant que la géométrie non euclidienne est plus simple que la géométrie euclidienne.

§ 2 Une controverse avec Dauge

Genocchi, Bellavitis et Günther soutenaient que la géométrie non euclidienne se réduisait à un chapitre de géométrie euclidienne: l'étude des surfaces à courbure constante négative. Cette opinion fut aussi défendue en Belgique par le mathématicien Félix Dauge[2]; elle donna lieu à une controverse avec Mansion qui occupa plusieurs numéros de *Mathesis* en 1896 et 1898[3]. Je présenterai les idées de Dauge à partir de son dernier article car c'est là qu'elles sont le plus complètement développées. J'examinerai ensuite les critiques adressées à Dauge par Mansion.

Voici le point de vue de Dauge sur la géométrie:

> L'observation nous montre des corps terminés par des surfaces, tantôt concaves, tantôt convexes, dont les courbures sont plus ou moins prononcées et peuvent, dans les deux cas, diminuer indéfiniment; dès lors on conçoit la possibilité d'un état intermédiaire où il n'y a de courbure ni dans un sens ni dans

2 Félix Dauge (1829-1899) fut professeur à l'Université de Gand. Il est l'auteur d'un *Cours de méthodologie mathématique* (1883-1896a) qui fit autorité en Belgique. Il fut l'un des maîtres de Mansion qui tenait son enseignement en haute estime.

3 Dauge (1896b et 1898), Mansion (1896a et 1898).

> l'autre; ainsi l'on acquiert forcément la notion du plan et d'une manière analogue celle de la ligne droite. Ce ne sont là que des choses créées par notre imagination, que nous ne voyons jamais réalisées avec le degré de perfection que nous leur attribuons, mais dont la conception est cependant si nette dans notre esprit que, par intuition, nous saisissons quelles en sont les formes et les propriétés fondamentales.
> Rappelons que l'on ne peut pas *tout* définir ni *tout* démontrer, puisque pour définir ou démontrer une chose, il faut déjà en avoir défini ou démontré certaines autres. Selon nous, le plan et la ligne droite sont au nombre des choses dont il est impossible de donner de bonnes définitions, parce que les définitions qu'on en donne supposent certaines propositions qu'on ne sait pas démontrer; mais cela ne nuit en rien à la certitude mathématique. Une définition n'a pour but que de nous faire connaître parfaitement l'objet que l'on veut définir. Or, quiconque s'est occupé de géométrie s'est fait, avant d'entendre parler des figures non euclidiennes, une idée claire et précise des propriétés de la ligne droite et du plan. [...]
> Les géomètres non euclidiens établissent une distinction entre la *droite* et la *géométrie idéales*, et la *droite* et la *géométrie physiques*. Nous avouons ne pas comprendre la nécessité de faire cette distinction. Pour nous il n'y a qu'une droite; c'est celle dont nous venons de parler. (1898, pp. 6-7)

Les notions géométriques sont obtenues par idéalisation à partir de l'intuition. Mais, à la différence de Klein[4] par exemple, Dauge attribue à celle-ci un caractère exact et seule une géométrie est compatible avec les données qu'elle nous fournit. L'exactitude de ces données a comme conséquence qu'il n'est pas nécessaire de distinguer la droite du physicien de celle du géomètre. Elle rend aussi superflue toute définition de la droite ou du plan; les propriétés de ces figures sont en effet connues de manière parfaitement claire et il est vain de vouloir les énoncer dans des définitions; celles-ci sont de plus logiquement impossibles. On retrouve ici l'opinion de Pascal, déjà rencontrée chez Russell dans sa réponse à Poincaré[5]. Les textes de Dauge et Russell sont d'ailleurs pratiquement contemporains.

Dauge pense que la connaissance que nous avons de la droite nous oblige à accepter le postulatum. En effet, si nous le rejetions, nous aurions la situation suivante:

> On conçoit très bien que pour qu'il en fût autrement elles [les droites] devraient avoir une forme différente de celle sous laquelle nous nous les représentons:

4 Cf. chapitre 13, § 4.
5 Cf. chapitre 15, § 3.4.

> elles devraient être courbes. Il est certain que nous avons, par intuition, la connaissance de la forme de la ligne droite et que l'idée que nous nous faisons de cette forme exclut celle de la courbure, puisque le caractère d'une ligne courbe est de n'être droite dans aucune de ses parties. (*ibidem*, p. 10)

L'argument principal peut se résumer ainsi: une droite ne peut être courbe car une courbe n'est pas droite. Un tel argument paraît aujourd'hui naïf et reposer sur un jeu de mots. Il n'est cependant pas dû à un amateur mais à un mathématicien reconnu et estimé par ses confrères. Dauge défend les mêmes opinions réalistes que Milhaud: la non-contradiction d'une théorie n'assure pas l'existence de ses concepts. Celle-ci doit «reposer sur des bases réelles»:

> On fait valoir en faveur de la géométrie non euclidienne que les trois géométries peuvent s'établir par le raisonnement avec la même rigueur. Mais de ce que les raisonnements sur lesquels on fonde les systèmes non euclidiens n'impliquent aucune contradiction, il n'est pas permis de conclure qu'ils reposent sur des bases réelles. Nous sommes conduits, par intuition, à admettre l'existence des postulats qui caractérisent la géométrie d'Euclide; si ensuite, écartant ces postulats, nous suivons dans les deux géométries non euclidiennes toutes les conséquences des nouvelles hypothèses dans lesquelles nous nous plaçons ainsi, nous voyons plus clairement que nous trouvons des résultats manifestement contraires à la nature des choses et dès lors nous pouvons conclure, comme dans toute démonstration par la réduction à l'absurde, que le point de départ est faux et qu'en conséquence les deux postulats d'Euclide doivent être admis si l'on veut rester dans la géométrie réelle. (*ibidem*, p. 11)

A la différence de Renouvier, Dauge ne distingue pas clairement le faux du contradictoire. Pour lui, la géométrie non euclidienne n'a de sens que si on l'envisage dans son interprétation euclidienne:

> Les propriétés de la ligne droite, telle que nous venons de la considérer, sont inconciliables, comme nous le verrons, avec celles que l'on attribue aux droites non euclidiennes; celles-ci ne sont donc pas des lignes droites; elles sont autre chose et leurs propriétés s'accordent parfaitement avec celles de lignes géodésiques tracées sur des surfaces sphériques ou pseudosphériques. (*ibidem*, p. 8)

> Tandis que, grâce à une fausse terminologie, on croit raisonner sur des plans contenant des droites, on raisonne, en réalité, sur des surfaces pseudosphériques et leurs lignes géodésiques. (*ibidem*, p. 9)

Ce problème linguistique apparaissait déjà chez Tannery. Dans sa réponse, Mansion renversera l'argumentation de Dauge:

> D'ailleurs, en reprenant les termes de M. Dauge, nous pourrions dire: «Tandis que, grâce à une fausse terminologie, on croit raisonner sur des plans euclidiens contenant des droites euclidiennes, on raisonne en réalité sur des horisphères et des horicycles.» *Toutes les objections de M. Dauge contre la géométrie lobatchefskienne peuvent donc se retourner contre la géométrie euclidienne.* (1898, p. 39)

Pour Dauge, l'absence d'une interprétation réelle de la stéréométrie non euclidienne constitue une raison de croire à l'impossibilité des figures de l'espace non euclidien[6]. Il reconnaît qu'on peut établir des formules de stéréométrie; mais celles-ci ne prouvent pas l'existence, c'est-à-dire la réalité, de ces figures:

> Il ne faut pas oublier que nos formules peuvent bien, quand elles sont exactes et quelle que soit la manière dont elles ont été établies, s'appliquer aux choses existantes; mais qu'elles ne peuvent ni créer ces choses, ni les modifier, ni même prouver, par elles-mêmes, que ces choses existent. Il ne suffit donc pas d'invoquer des formules algébriques réelles pour démontrer la réalité des figures non euclidiennes qui les ont fait trouver. Ne démontre-t-on pas, à l'aide des imaginaires, des formules rigoureuses, ne contenant que des grandeurs réelles? (1898, pp. 19-20)

Dauge a la même conception étroite que Genocchi et l'abbé de Broglie. Seuls les nombres réels et l'espace euclidien existent. Dans le même ordre d'idées, il déclare qu'on peut établir des formules de géométrie analytique dans un espace à n dimensions mais qu'elles n'entraînent pas l'existence d'un tel espace[7]. La conclusion de l'article montre que l'on aurait malgré tout tort de situer Dauge parmi les ignorants:

> Il est à peine nécessaire d'ajouter que nous considérons l'étude de la géométrie non euclidienne comme indispensable à ceux qui veulent connaître à fond les bases de la science des figures. Nous avons toujours signalé, dans notre enseignement, la facilité avec laquelle la connaissance des théorèmes de Lobatchefsky fait découvrir les postulats cachés dans les prétendues démonstrations du postulatum d'Euclide et nous sommes les premiers à rendre hommage au génie du grand géomètre qui a réussi à démontrer, par une admirable synthèse, mais sous un autre nom, les principales propriétés des lignes géodésiques des surfaces pseudosphériques. (*ibidem*, p. 20)

6 Ce point est expliqué plus longuement dans un autre article (Dauge, 1896b, pp. 10-12).

7 Dauge (1898, p. 19).

Dans son *Cours de méthodologie mathématique*, Dauge consacre effectivement quarante pages à la géométrie non euclidienne[8]. Il analyse tout d'abord plusieurs tentatives de démonstration du postulatum, notamment celles de Legendre. Il présente ensuite les principaux résultats obtenus par Lobatchevski dans ses *Geometrische Untersuchungen* ainsi que les travaux de Beltrami. Son opposition à la géométrie non euclidienne ne résulte donc pas d'une insuffisance dans les connaissances mathématiques mais d'une conception particulière de la vérité et de la réalité.

Passons à la réponse de Mansion intitulée *Pour la géométrie non euclidienne* (1898). Un tel titre est caractéristique de la manière de ce dernier et cette réponse offre un exemple de son souci constant de défendre la bonne cause et de rectifier l'erreur. Elle est divisée en trente-huit paragraphes numérotés dans lesquels, après avoir rappelé quelques résultats de géométrie non euclidienne, il reprend et réfute point par point les idées de Dauge. Le problème principal qui oppose les deux mathématiciens est de savoir quelle est notre connaissance de la droite. Comme Dauge, Mansion est d'avis que cette figure nous est connue par l'expérience. Mais l'expérience ne nous donne qu'une idée générale de ce qu'il appelle, un peu comme dans une classification animale, le «genre droite» ou le «genre plan». L'image que nous avons de la droite est trop imprécise pour nous permettre d'affirmer qu'elle est euclidienne:

> Mais qui a vu, sur une surface très approximativement plane, deux perpendiculaires à une même droite, dessinées avec soin et ayant seulement dix mètres de longueur? Qui sait, par suite, si elles restent équidistantes, si elles divergent ou si elles se rencontrent, autrement dit, si elles sont euclidiennes, lobatchefskiennes ou riemanniennes? Jusqu'à présent, l'expérience n'a rien décidé à cet égard. (1898, p. 40)

Mansion relève la faiblesse de notre imagination qu'il qualifie de «faculté débile»[9]. A un moment donné la raison doit prendre le relais et suppléer aux déficiences de cette imagination en posant des axiomes; c'était aussi l'opinion de Klein. Trois possibilités logiques se présentent:

8 Dauge (1896a).
9 Mansion (1898, p. 38).

III. *Les soi-disant postulats.* La définition générale de la droite et du plan permet d'établir une grande partie de la géométrie élémentaire; mais, arrivé à un certain point, on est forcé de particulariser ces définitions, ou de diviser les genres droites et plan, au moyen des deux propositions suivantes, appelées *improprement* postulats:

Postulat des deux droites. *Deux droites ne peuvent enclore un espace.*

Postulat des trois droites. *Deux droites d'un plan qui font, d'un même côté, avec une troisième, des angles dont la somme est inférieure à deux droits, se rencontrent de ce côté.*

On prouve que l'on *doit* nécessairement admettre, soit le premier, soit le second, soit enfin le premier et le second de ces postulats.

De même, dans la théorie des coniques, on est forcé, pour établir certaines propriétés, de supposer que le rapport k est supérieur, égal ou inférieur à l'unité.

IV. *Les trois espèces de droites et de plans.* La droite *euclidienne* est celle qui jouit des deux propriétés exprimées par les (soi-disant) postulats; la droite *lobatschefskienne*, celle qui ne jouit que de la première; la droite *riemannienne*, celle qui ne jouit que de la seconde. (*ibidem*, p. 34)

Mansion ne fait ici que reprendre les idées de Calinon et de Lechalas. L'*Etude sur l'espace et le temps* de ce dernier a d'ailleurs fait l'objet d'un compte rendu de sa part. En voici un extrait caractéristique de son style, avec l'habituelle attaque contre Kant:

Les adversaires de la géométrie non euclidienne *méconnaissent* la nature des postulats, comme le dit M. Lechalas. Ils ressemblent à celui qui, dans la théorie des coniques, partirait de leur définition générale, et, après avoir démontré les propriétés communes à ces courbes, admettrait le postulat suivant pour établir les propriétés spéciales de la parabole: les points d'une conique sont également distants d'un point et d'une droite fixes; il essaierait vainement de le démontrer en partant de la définition générale des coniques et, de guerre lasse, le baptiserait du nom barbare de jugement synthétique *a priori*; en même temps, il anathématiserait les géomètres plus avisés qui établiraient, sans recourir à aucun postulat, les propriétés spéciales de l'ellipse et de l'hyperbole. (1896c, p. 268)

La comparaison avec les coniques est reprise de Calinon.

Chapitre 17

Halsted

A côté de Mansion, Georges Bruce Halsted fut le deuxième grand défenseur de la géométrie non euclidienne. Il publia entre 1877 et 1910 une cinquantaine d'articles sur ce sujet. Ceux-ci se recoupent et ne présentent guère de résultats originaux. Comme chez Mansion, le but est à la fois de propager les nouvelles idées et de rectifier l'erreur. Un bon nombre de ces articles parurent dans l'*American Mathematical Monthly* qui offrit, dès sa création en 1894, une tribune à Halsted. Ces écrits accordent une part importante à l'histoire de la géométrie non euclidienne et comprennent une série de biographies. Halsted accomplit un pèlerinage à Kazan et à Máros-Vásarhely en 1896. Il est aussi l'auteur de plusieurs traductions de Saccheri, Bolyai, Lobatchevski et Poincaré ainsi que d'une adaptation des *Grundlagen der Geometrie* de Hilbert intitulée *Rational geometry* (1904b). On doit enfin à Halsted la première bibliographie consacrée à la géométrie non euclidienne (1878-1879). Elle comporte environ 200 titres et constitue l'ancêtre de celles de Stäckel et Engel et de Sommerville.

Le zèle de Halsted n'a pas le caractère agressif de celui de Mansion. Il reconnaît certes que les mathématiques sont «délivrées de la paralysie Kantienne»[1] mais il ne fait pas preuve de la même animosité contre Kant que ce dernier. Il est en revanche souvent nationaliste. Dans un compte rendu d'un livre de Henry Manning[2], il écrit:

> L'Amérique a pris une longueur d'avance sur le reste du monde. Elle a maintenant un manuel, un livre à usage scolaire, en géométrie non euclidienne. (1901, p. 84)

Une lettre de Vassilief[3] à Engel témoigne de l'enthousiasme de Halsted:

1 Halsted (1909, p. 25).
2 Manning (1901).
3 Alexandre Vassilief (1853-1929), professeur à l'Université de Kazan, auteur d'une biographie de Lobatchevski (1895). Le *Fonds Engel* à la Bibliothèque de l'Institut de mathématiques de l'Université de Giessen conserve une importante correspondance entre Vassilief et Engel.

> Halsted m'a beaucoup plu – je ne pensais pas rencontrer un homme aussi modeste, qui est vraiment très fanatique de géométrie non euclidienne. (Lettre du 26 novembre 1896, *Fonds Engel*, Bibliothèque de l'Institut de mathématiques de l'Université de Giessen)

Vassilief changea par la suite d'opinion. Dans une autre lettre à Engel, il écrit:

> En ce qui concerne Halsted, la bonne impression (d'un homme tranquille, modeste, s'intéressant vraiment à la géométrie non euclidienne) qu'il m'a faite personnellement à Kazan a maintenant disparu depuis que j'ai lu dans le bulletin de son Université quelque chose d'un peu trop effronté à propos de son voyage et de son importance dans la science. C'est vraiment un «Yankee» et la publicité est véritablement son dieu. Mais peut-être n'est-il pas responsable des flatteries de ses admirateurs. (Lettre du 21 mars 1897, *ibidem*)

Je n'ai pas trouvé le texte auquel Vassilief fait allusion. Il est cependant possible d'en imaginer le style en lisant le compte rendu donné par Halsted de son pèlerinage à Máros-Vásarhely:

> L'Amérique se réjouira de ce que la Hongrie enfin s'honore elle-même en honorant son enfant prodige, Johann Bolyai. Son diamant merveilleux, les deux douzaines de pages les plus extraordinaires dans l'histoire de la pensée humaine, parut en Amérique en anglais avant de paraître en Hongrie en hongrois, [...].
> Un Américain, non un Européen, fut le premier hors de Hongrie à faire le voyage de Máros-Vásarhely uniquement par respect pour Johann Bolyai et pour voir là-bas la lettre en hongrois qui constitue son droit de préemption et de propriété sur le nouvel univers, et de publier pour la première fois cette lettre qui rend la date de 1823 à jamais mémorable. (1905, p. 270)

Halsted fait allusion à une lettre de Johann Bolyai à son père du 3 novembre 1823; dans celle-ci, Bolyai fait part de sa découverte et affirme avoir «créé un nouvel univers à partir de rien»[4]. Ce texte offre un bon exemple du style fleuri de Halsted. L'absence de modestie est un trait caractéristique de ses écrits et il ne manque jamais de signaler qu'il a été le premier à réaliser telle chose.

La période la plus importante de la carrière de Halsted se situe entre 1884 et 1903 lorsqu'il était professeur à l'Université du Texas à

4 Cette lettre est citée dans Stäckel (1913, p. 85).

Austin[5]. Celle-ci venait d'être créée lorsqu'il y fut appelé. Albert C. Lewis pense que Halsted n'a pas manqué d'établir une comparaison entre sa situation et celle de Lobatchevski, lui aussi professeur dans une jeune université située loin des grands centres[6]. Halsted souligne en tout cas à plusieurs reprises que la géométrie non euclidienne fut découverte aux confins de la civilisation:

> La rupture du cercle enchanté d'Euclide ne vint pas des centres traditionnels de la pensée du monde, mais des confins de la civilisation, de Maros-Vásárhely et de Temesvár, et aussi de la capitale de l'ancien empire Tartare, de Kazan sur le Volga: elle se présenta comme la découverte d'un obstiné et sauvage jeune Magyar de vingt et un ans, et comme celle d'un jeune Russe insubordonné, fils d'une pauvre veuve de Nijni-Novgorod, qui était entré comme étudiant boursier à la nouvelle Université de Kazan. (1909, pp. 4-5)[7]

> Quelles sont donc les conséquences définies, permanentes, que la Géométrie non Euclidienne apporte à la divine Philosophie, ainsi qu'une nouvelle grande marée nous apportant, par delà les continents et les mers, les brises parfumées venues du Volga, des forêts de Transylvanie hantées par les loups et de la lointaine rivière Marós qui les baigne? (*ibidem*, p. 21)

Dans le même style, Vassilief écrira que la géométrie non euclidienne, après avoir été longtemps ignorée, est parvenue jusqu'aux «forêts vierges du Texas»![8] Halsted raconte la découverte de la géométrie non euclidienne à la manière d'un conte de fée. Bolyai et Lobatchevski sont venus réveiller l'humanité du long sommeil dans lequel elle était plongée depuis Euclide:

> Les premiers éclats de son génie [Bolyai] culminèrent ici dans une lumière transperçante, pénétrant et dissolvant les parois enchantées dans lesquelles Euclide avait retenu l'esprit humain captif pendant plus de deux mille ans. (1904a, p. 409)

Halsted développe à plusieurs reprises une vision progressiste de l'histoire où la découverte de la géométrie non euclidienne est vue comme une libération après des siècles d'obscurantisme:

5 Un conflit avec la direction de l'Université conduisit à fin 1902 au licenciement de Halsted. Celui-ci poursuivit sa carrière dans divers collèges mais ne se remit pas de cette épreuve. Après 1903, sa production diminua considérablement.
6 Lewis (1976, p. 128).
7 Le texte est en français.
8 Vassilief (1895, p. 233).

> Euclide n'essaya pas de cacher la géométrie non euclidienne. Ce fut la conséquence de la nuit superstitieuse des sombres siècles de fanatisme, nuit dont nous avons finalement émergé pour retrouver ce qu'Euclide savait. (1894, p. 486)

Halsted voue une admiration sans limites à Euclide. Il n'hésite pas à se lancer dans des comparaisons délirantes afin de faire sentir à son lecteur la grandeur des *Eléments*:

> Poussons plus loin que le guide sous la chute en fer à cheval du Niagara, risquons notre vie pour contempler magnifiquement cette trombe d'eau, ce nuage qui crève, cette avalanche, ce monument croulant fait de blocs liquides. Elle ne dure qu'un instant, cette extravagante averse de toutes les richesses de l'onde. Ensuite sortons et contemplons là-bas, au loin, le glorieux Cañon; nous lisons dans cette histoire sculptée comment ce chaos momentanément tumultueux a toujours été ainsi, identique à lui-même, depuis des siècles, des âges, des milliers d'années.
> La Géométrie d'Euclide nous offre, dans l'histoire de la Science, une semblable antithèse de sensations. [...]
> Si nous avons besoin d'un livre infaillible, dit l'abbé Lyman, adressons-nous non à la Bible, mais à Euclide. (1909, pp. 2-3)

Dans le même style, citons ce jugement de Paul Carus, philosophe allemand émigré aux Etats-Unis, rédacteur de la revue *The Monist* dans laquelle Halsted publia plusieurs articles:

> Les *Eléments de géométrie* d'Euclide ne sont pas comptés parmi les livres de révélation divine, mais ils méritent véritablement d'être tenus dans une vénération religieuse. Il y a un caractère sacré dans la vérité mathématique qui n'est pas suffisamment apprécié, et certainement si la vérité, l'utilité, la franchise et la simplicité de la présentation donnent le droit de figurer au rang de littérature d'inspiration divine, le grand travail d'Euclide devrait être compté parmi les livres canoniques de l'humanité. (1903, p. 293)

Sur le plan épistémologique, les idées de Halsted ne présentent guère d'originalité. Il admet que l'une des trois géométries est réalisée dans notre univers. Pour lui les erreurs de mesure ne permettront jamais d'affirmer que notre univers est euclidien; il n'est en revanche pas exclu que l'on arrive à prouver expérimentalement qu'il est non euclidien. La seule idée originale de Halsted concerne les rapports entre la géométrie non euclidienne et le darwinisme. Il considère en effet que cette dernière théorie montre que le postulatum ne peut être une vérité absolue:

> La doctrine de l'évolution postule un monde indépendant de l'homme et explique l'apparition de l'homme à partir de formes de vie inférieures par des causes entièrement naturelles. Dans ce monde d'évolution l'expérience est un maître, mais le puissant examinateur est la mort. [...]
> Il en va aussi ainsi avec l'homme. Ses idées doivent d'une certaine façon correspondre à ce monde indépendant, sinon la mort prononce contre lui un jugement contraire. Mais, en vertu de l'essence même de la doctrine de l'évolution, la connaissance humaine de ce monde indépendant, étant apparue par une amélioration graduelle et par l'intermédiaire d'instruments imparfaits, par exemple l'œil, ne peut être absolue et exacte. [...]
> Si nous savons avec une certitude absolue que la grandeur des triangles n'a rien à voir avec ceci [la valeur de la somme des angles], alors nous connaissons quelque chose que nous n'avons pas le droit de connaître selon la doctrine de l'évolution, quelque chose qu'il nous est impossible d'avoir jamais appris de manière évolutionniste. [...]
> En ce qui concerne la mécanique du monde indépendant de l'homme, si nous sommes absolument certains que tout ce qui est dedans est euclidien, et seulement euclidien, alors le darwinisme est réfuté par la réduction à l'absurde. (1896a, pp. 22-25)

Halsted est à ma connaissance le seul auteur à avoir utilisé explicitement le darwinisme comme argument en faveur de la géométrie non euclidienne. Dans son livre sur Poincaré (1999), Rollet a cependant noté que la fiction des êtres superficiels de Helmholtz peut suggérer une conception darwinienne de la géométrie. Il écrit à ce propos:

> Une remarque s'impose ici: en mettant en avant l'influence du milieu dans la structuration de nos conceptions spatiales, Helmholtz ne prend pas uniquement position contre Kant et contre le primat de l'intuition euclidienne. Il semble introduire dans sa réflexion les éléments d'une épistémologie darwinienne; il semble défendre une conception évolutionniste et adaptative de la genèse des notions géométriques, qui affirme que l'ensemble des connaissances et des conceptions dépend en partie du milieu naturel dans lequel on se trouve. (1999, p. 36)

Rollet relève qu'il serait intéressant de savoir si Helmholtz avait une connaissance précise des théories de Darwin. Il montre ensuite que des références darwiniennes apparaissent de manière évidente dans certains textes philosophiques de Poincaré consacrés à la genèse de l'espace. Il cite notamment le texte suivant, extrait de *Science et méthode*:

Une association [spatiale] nous paraîtra d'autant plus indestructible qu'elle sera plus ancienne. Mais ces associations ne sont pas, pour la plupart, des conquêtes de l'individu, puisqu'on en voit la trace chez l'enfant qui vient de naître: ce sont des conquêtes de la race. La sélection naturelle a dû amener ces conquêtes d'autant plus vite qu'elles étaient plus nécessaires. (1908, p. 107)

Chapitre 18

Les dernières étapes du processus de diffusion

Les années situées au tournant entre le XIXe et le XXe siècle sont marquées par la publication des premiers travaux historiques sur la géométrie non euclidienne (en particulier ceux de Stäckel et Engel) ainsi que par la parution de plusieurs traités. Ces ouvrages, ainsi que les comptes rendus qu'ils suscitèrent, montrent que la géométrie non euclidienne est à cette époque une théorie largement acceptée. En voici quatre exemples. Le premier est extrait d'un compte rendu de Hadamard de la *Theorie der Parallellinien*[1] de Stäckel et Engel:

> Aujourd'hui que la question du Postulatum d'Euclide peut être considérée comme résolue, et que les géomètres ont appris à reconnaître à l'axiome euclidien son caractère de définition, ils éprouvent un intérêt d'autant plus vif à suivre le développement d'une idée aussi paradoxale en apparence et aussi peu naturelle à l'esprit humain. M. Stäckel nous montre que cette idée, comme toute autre, a germé progressivement dans les esprits. (1896, p. 279)

On note ici l'influence de Poincaré. Le second est extrait d'un compte rendu de Darboux du *Lobatschefskij* d'Engel:

> Il y a trente ans, deux ou trois géomètres à peine s'occupaient de la Géométrie non euclidienne; nous nous rappelons encore le temps où Houël, l'un des fondateurs de notre *Bulletin*, était à peu près le seul en France à appeler l'attention sur l'intérêt et la haute valeur de cette théorie. Aujourd'hui tous sont avertis; personne n'ignore plus que les recherches entreprises sur ce beau sujet sont de nature à nous donner les idées les plus nettes sur l'origine et le mode de formation de nos connaissances. Par là elles intéressent les philosophes aussi bien que les géomètres; mais il importe grandement, à notre avis, que les géomètres de profession en conservent la direction effective et s'efforcent de leur donner, à l'aide de l'analyse mathématique, toute la précision dont elles sont susceptibles. (1900, pp. 118-119)

1 Cet ouvrage est consacré aux précurseurs de la géométrie non euclidienne: Saccheri, Lambert, Schweikart et Taurinus.

On sent une certaine méfiance à l'égard des philosophes et des risques de mauvaises interprétations de la part des profanes.

Le troisième est tiré de la préface d'un traité de H. Manning:

> La géométrie non euclidienne est maintenant reconnue comme une branche importante des mathématiques. Ceux qui enseignent la géométrie devraient avoir quelque connaissance de ce sujet, et tous ceux qui s'intéressent aux mathématiques trouveront beaucoup de stimulation et de plaisir dans les nouveaux résultats et points de vue qu'elle présente. (1901, p. iii)

Le dernier figure dans un compte rendu de Bonola du traité de Barbarin (1902):

> La Géométrie non-euclidienne, descendue des régions hyperboréennes où elle semblait confinée, commence, depuis quelques années, à entrer dans le domaine des connaissances communes. Tous ceux qui s'occupent actuellement de Mathématiques et de Philosophie savent que, pendant longtemps, on a discuté au sujet du principe des parallèles et qu'aujourd'hui, à côté de la géométrie classique, on considère d'autres géométries logiquement compatibles. (1903, p. 317)

Dans son compte rendu, Bonola reproche avec raison à Barbarin d'aborder de manière sommaire et non rigoureuse les principes de la géométrie et de négliger plusieurs points importants. Ce genre de critiques témoigne des effets de la révolution axiomatique de 1900 et de la rapide élévation du niveau d'exigences qu'elle entraîne. On retrouve des critiques du même type dans un compte rendu de Coolidge (1901) du traité de Manning.

Parmi les autres traités, il faut mentionner ceux de Liebmann[2] (1905) et Coolidge[3] (1909). Leur niveau mathématique est nettement supérieur à celui de Barbarin et de Manning. Le livre de Coolidge témoigne pleinement de la leçon de Hilbert: il n'élude pas les questions fondamentales et donne une liste explicite et complète des notions primitives et des axiomes. Par le nombre d'ouvrages cités, il constitue de plus une source de renseignements précieuse pour l'historien. Les

2 Heinrich Liebmann (1874-1939) étudia à Leipzig, Jena et Göttingen. Il fut professeur à l'Université de Leipzig de 1905 à 1910, à l'Ecole technique de Munich de 1910 à 1920 puis à Heidelberg. Il a effectué d'importantes recherches en géométrie non euclidienne dans le prolongement de celles de Lobatchevski.

3 Julian Lowell Coolidge (1873-1954) étudia aux Etats-Unis et en Europe. Il fut professeur à Harvard. Ses recherches concernent principalement la géométrie.

deux passages suivants, extraits de la préface de cet ouvrage, apporteront une conclusion à mon étude. Dans le premier, Coolidge constate avec un peu de nostalgie qu'une époque est terminée:

> L'âge héroïque de la géométrie non euclidienne est révolu. Lointains sont les jours où Lobatchewsky parlait timidement de son système comme d'une «géométrie imaginaire» et où le nouveau sujet apparaissait comme un dangereux écart à la doctrine orthodoxe d'Euclide. On entreprend maintenant rarement de tenter de prouver l'axiome des parallèles à l'aide des autres hypothèses habituelles, et ceux qui s'y lancent sont rangés dans le même groupe que les quadrateurs de cercle et les chercheurs de mouvement perpétuel – tristes sous-produits de l'activité créatrice de la science moderne.
> En ceci, comme dans tous les autres changements, il y a matière à joie et à regret. C'est une satisfaction pour celui qui écrit sur la géométrie non euclidienne de pouvoir aborder directement son sujet, sans se sentir dans l'obligation de se justifier, du moins pas plus que n'importe quel autre auteur. D'un autre côté, il lui manquera la stimulation qui vient à celui qui sent qu'il est en train de révéler quelque chose d'entièrement nouveau et étrange. La géométrie non euclidienne est, pour le mathématicien, un sujet aussi bien établi que n'importe quelle autre branche de la science mathématique; [...]. (1909, p. 2)

Le deuxième passage témoigne du changement de paradigme entraîné par la parution des *Grundlagen* de Hilbert:

> Les livres récents traitant de géométrie non euclidienne se partagent naturellement en deux classes. Dans l'une nous trouvons les travaux de Killing[4], Liebmann et Manning, qui veulent construire certains systèmes géométriques clairement conçus et négligent les détails des fondations sur lesquelles tout doit reposer. Dans l'autre catégorie figurent Hilbert, Vahlen[5], Veronese[6] et les auteurs d'un bon nombre d'articles sur les fondements de la géométrie. Ces écrivains s'occupent longuement de la consistance, de la signification et de l'indépendance logique de leurs hypothèses, mais ne vont pas très loin dans l'élévation d'une superstructure à partir d'une des fondations suggérées.
> Le présent livre est, dans une certaine mesure, un essai pour unir les deux tendances. L'intérêt propre de l'auteur, disons-le au début, concerne principalement les fruits plutôt que les racines; mais l'époque est révolue où la question des axiomes pouvait être écartée en remarquant que «nous faisons toutes les hypothèses d'Euclide à l'exception de celle sur les parallèles». Un sujet comme le nôtre doit être bâti à partir d'hypothèses explicitement exposées, et de rien d'autre. (*ibidem*, pp. 3-4)

4 Killing (1893-98).
5 Vahlen (1905).
6 Veronese (1891).

Annexe I

Les appellations de la géométrie non euclidienne

Entre 1820 et 1900, la géométrie non euclidienne a fait l'objet de nombreuses appellations. Plusieurs d'entre elles expriment le statut problématique de cette nouvelle discipline. On trouvera ici une liste des principaux termes et de leurs occurrences.

1) *Géométrie non euclidienne:* ce terme est le plus courant. Il apparaît chez Gauss dans une lettre à Taurinus du 8 novembre 1824[1] et dans une lettre à Schumacher du 12 juillet 1831[2]. Une lettre de Wachter à Gauss du 12 décembre 1816 indique que ce dernier avait auparavant parlé de géométrie «anti-euclidienne»[3].

2) *Géométrie imaginaire:* terme fréquemment employé, surtout dans les premières années de la renaissance. Il est dû à Lobatchevski et apparaît dans son premier mémoire[4]. C'est le titre de l'un de ses mémoires (1837).

3) *Géométrie astrale:* appellation utilisée par Schweikart dans une note inédite de 1818[5].

4) *Pangéométrie:* c'est le titre du dernier mémoire de Lobatchevski (1855). Ce terme est repris par Schmitz-Dumont (1877) et Halsted (1896b) dans des titres.

5) *Géométrie absolue:* au sens strict, cette appellation désigne la géométrie construite sans utiliser le postulatum. Ses résultats sont communs aux deux géométries euclidienne et non euclidienne. Tout le début de *La science absolue de l'espace* de Bolyai ne fait pas

1 Gauss (1900, p. 187).
2 Gauss (1860-65, vol. 2, p. 269).
3 Gauss (1900, p. 175).
4 Lobatchevski (1829-30); ce texte est cité au chapitre 2.
5 Cette note figure dans Gauss (1900, p. 180). Il en est question au chapitre 2.

appel au postulatum. Ce n'est qu'au quinzième paragraphe qu'il montre qu'il y a deux géométries possibles: le «système Σ» (euclidien) et le «système S» (non euclidien).

Dans ses adaptations de l'*Appendix* de Bolyai (1872a et 1876), Frischauf identifie parfois la «géométrie absolue» avec la géométrie non euclidienne. Après avoir noté que les relations trigonométriques non euclidiennes se «rapprochent» des relations euclidiennes lorsque l'unité absolue k tend vers l'infini, il écrit:

> La deuxième hypothèse autorise à considérer la géométrie habituelle (euclidienne) comme cas spécial de la géométrie non euclidienne, lorsqu'on suppose seulement la constante k si grande que l'on peut se satisfaire pour nos mesures des formules approchées citées ci-dessus. Pour cette raison la géométrie non euclidienne peut être appelée absolue dans la mesure où elle peut être considérée comme indépendante de l'axiome des parallèles dont l'indémontrabilité est ici absolument claire. (1876, p. 66)

Lorsqu'on parle de géométrie non euclidienne, l'unité k est supposée finie et le texte de Frischhauf prête à confusion.

6) *Géométrie hyperbolique:* terme introduit par Klein (1871b). Il apparaît déjà dans une lettre de Battaglini à Houël de 1867[6].

7) *Géométrie abstraite:* terme utilisé par Baltzer, Houël et De Tilly[7].

8) *Géométrie générale:* ce terme apparaît incidemment chez De Tilly[8]. A partir de 1889, il est utilisé systématiquement par Calinon et Lechalas. Il désigne l'ensemble des géométries euclidienne, non euclidienne et sphérique.

9) *Métagéométrie:* cette appellation est utilisée pour la première fois par Beez (1876)[9]. Elle désigne chez lui la théorie des variétés à n dimensions de Riemann. Beez écrit:

> Dans ce qui suit, nous voulons, par souci de concision, donner à une telle théorie dépassant notre expérience le nom de «métagéométrie» [...]. (1876, p. 375)

6 Cette lettre est citée au chapitre 5.
7 Baltzer (1867, p. 16), Houël (1867, p. 77), De Tilly (1870a, dans le titre).
8 De Tilly (1879, p. 1).
9 Au moment de la rédaction de cet article, Richard Beez (1827-1902) était maître de mathématiques à la Realschule de Plauen i. V.

Cette appellation est reprise par Schmitz, Simon et Milhaud[10]. Les deux premiers se réfèrent à Beez; Milhaud l'utilise en revanche comme synonyme de géométrie non euclidienne. Par la suite, Mansion et Russell l'utiliseront systématiquement. Elle est pour eux synonyme de «géométrie générale».

10) *Pseudogéométrie:* terme utilisé par Poincaré dans un mémoire sur les fonctions automorphes de 1880[11]. Il n'apparaît plus dans les autres travaux de Poincaré et est remplacé par l'appellation géométrie non euclidienne.

11) *Géométrie méteuclidienne:* terme employé par Delbœuf[12].

12) *Géométrie stellaire:* appellation signalée par Renouvier. Elle évoque la géométrie «astrale» de Schweikart. Renouvier écrit à ce propos:

> On voudrait maintenant donner le nom de *géométrie générale* à d'étranges spéculations mathématiques qu'on a d'abord et très justement appelées *géométrie non euclidienne*, ou, ce qui n'était pas moins vrai, *géométrie imaginaire*, et puis *géométrie abstraite*, en tant qu'on la jugeait démentie par l'expérience, ou, tout au contraire, et conformément aux principes d'empirisme absolu de Stuart Mill, *géométrie stellaire*, dans la pensée que si l'on pouvait mesurer convenablement les angles d'un triangle dont deux côtés n'iraient se rencontrer qu'à une distance de l'ordre de celles qui nous séparent des étoiles, on pourrait s'assurer que leur somme n'égale pas tout à fait deux droits. (1890, p. 337)

13) *Géométrie transcendantale:* terme utilisé par Dupuis[13].

14) *Géométrie fausse:* c'est, selon Bellavitis, le nom que devrait porter la géométrie non euclidienne[14].

Il faut encore noter qu'entre 1780 et 1870, la plupart des mémoires traitant du postulatum s'intitulent «Etudes sur la théorie des parallèles». Lobatchevski (1835-38 et 1840) et Flye Sainte-Marie (1871)

10 Schmitz, 1884 (p. 32), Simon (1891, p. 7), Milhaud (1888, p. 620).

11 Il s'agit du premier supplément, Poincaré (1997), étudié au chapitre 15.

12 Delbœuf (1894, p. 360).

13 Dupuis (1897, p. 10).

14 Bellavitis (1868-69, p. 163).

prolongent cette tradition en donnant ce titre à des mémoires qui sont en fait consacrés à la géométrie non euclidienne.

Je rappellerai enfin que, entre 1870 et 1900, la géométrie de l'espace fini, c'est-à-dire la géométrie sphérique ou elliptique, est appelée «géométrie riemannienne». Riemann est en effet le premier à avoir envisagé la possibilité d'une telle géométrie. De Tilly la qualifie de «doublement abstraite»[15].

15 De Tilly (1879, p. 12).

Annexe II

Notices biographiques

On trouvera ici quelques renseignements biographiques sur des mathématiciens fréquemment rencontrés dans ce livre. J'ai renoncé à donner des renseignements sur des mathématiciens ou scientifiques aussi célèbres que Frege, Gauss, Helmholtz, Hilbert, Klein, Lie, Poincaré, Riemann, Russell et Weierstrass.

Battaglini, Giuseppe: né le 11.1.1826 à Naples, mort le 29.4.1894. Il fut professeur de géométrie à l'Université de Naples à partir de 1860, puis professeur de géométrie supérieure et de calcul infinitésimal à l'Université de Rome de 1871 à 1885. Il termina sa carrière à l'Université de Naples.

Bellavitis, Giusto: né le 22.11.1803 à Bassano, Vicenza, mort le 6.11.1880 à Tezze près de Bassano. Il fut un autodidacte. Il fut professeur de géométrie à l'Université de Padoue à partir de 1845. Il est connu pour sa théorie des «équipollences», une forme de calcul géométrique.

Beltrami, Eugenio: né le 16.11.1835 à Cremone, mort le 18.2.1900 à Rome. Il étudia à Pavie et Milan. Il commença sa carrière à l'Université de Bologne en 1862; il enseigna par la suite la géodésie, la mécanique rationnelle et la physique mathématique à Pise, Rome et Pavie. Ses travaux concernent la géométrie différentielle et la physique mathématique.

Bertrand, Joseph Louis François: né le 11.3.1822 à Paris, mort le 3.4.1900 à Paris. Il étudia à l'Ecole Polytechnique. Après avoir enseigné dans divers lycées, il poursuivit sa carrière à l'Ecole Polytechnique (de 1856 à 1895) et au Collège de France (à partir de 1862). Il fut élu à l'Académie des sciences en 1856. Il est l'auteur de plusieurs manuels et a publié dans de nombreux domaines des mathématiques.

Bolyai, Farkas (Wolfgang): né le 9.2.1775 à Bolya (Transylvanie), mort le 20.11.1856 à Maros-Vásárhely (Transylvanie). Il étudia à Göttingen où il fut camarade d'étude de Gauss. Il enseigna de 1804 à

1853 au Collège évangélique réformé de Maros-Vásárhely. Dans sa jeunesse, il s'occupa en compagnie de Gauss du problème des parallèles. Son principal ouvrage est le *Tentamen* (1832), un essai pour fonder systématiquement la géométrie, l'arithmétique, l'algèbre et l'analyse.

Bolyai, Janos (Johann): né le 15.12.1802 à Kolozsvár, mort le 27.1.1860 à Maros-Vásárhely. Après des études sous la direction de son père, il étudia entre 1818 et 1823 à l'école militaire d'ingénieurs de Vienne. Il fit ensuite carrière dans l'armée austro-hongroise et prit sa retraite en 1833. Son principal travail est l'*Appendix* (1832) dans lequel il expose sa découverte de la géométrie non euclidienne.

Cayley, Arthur: né le 16.8.1821 à Richmond (Angleterre), mort le 26.1.1895 à Cambridge. Il fut professeur de mathématiques à Cambridge. Ses travaux concernent l'algèbre, la géométrie et la mécanique.

Clifford, William: né le 4.5.1845 à Exeter, mort le 3.3.1879 à Madère. Il étudia au Trinity College à Cambridge et enseigna à partir de 1868 les mathématiques appliquées et la mécanique au University College de Londres. Ses travaux concernent la géométrie non euclidienne et projective. Il a aussi découvert les biquaternions.

Couturat, Louis: né le 17.1.1868 à Paris, mort le 3.8.1914 près de Paris. Après des études à l'Ecole Normale Supérieure, il enseigna la philosophie à Toulouse et Caen. Il est connu pour ses travaux en logique mathématique et sur Leibniz.

Darboux, Jean-Gaston: né le 14.8.1842 à Nîmes, mort le 23.2.1917 à Paris. Il étudia à l'Ecole Normale. Il enseigna ensuite dans cette même école de 1872 à 1881, puis à la Sorbonne à partir de 1880. Il fut élu à l'Académie des sciences en 1884. Ses travaux concernent principalement la géométrie différentielle.

Engel, Friedrich: né le 26.12.1861 à Lugau, mort le 29.9.1941 à Giessen. Après des études à Leipzig, Berlin et Christiana (auprès de Lie), il enseigna dès 1885 à Leipzig puis à Greifswald et Giessen. Il fut un spécialiste de la théorie des groupes de transformation de Lie au côté duquel il travailla plusieurs années.

Frischauf, Johannes: né en 1837 et mort en 1924. Il fut professeur à l'Université de Graz.

Genocchi, Angelo: né à Plaisance le 5.3.1817, mort à Turin le 7.3.1889. Il fut, de 1857 à sa mort, professeur à l'Université de Turin. Il y enseigna d'abord l'algèbre et la géométrie puis le calcul infinitésimal. Ses recherches concernent de nombreux domaines des mathématiques.

Grassmann, Hermann: né le 15.4.1809 à Stettin (actuellement Szczecin), mort le 26.9.1877 à Stettin. Il enseigna dans diverses écoles de Stettin. Il est connu pour son *Ausdehnungslehre* (1844), ouvrage dans lequel il développe de manière abstraite les principes du calcul vectoriel.

Günther, Siegmund: né le 6.2.1848 à Nuremberg, mort le 3.2.1923 à Munich. Il étudia les mathématiques et les sciences naturelles aux Universités d'Erlangen, Heidelberg, Leipzig, Berlin et Göttingen. Il fut privat-docent à l'Ecole technique de Munich (1874-1876), maître de mathématiques et de physique au Gymnase d'Ansbach (1876-1888) puis professeur de géographie à l'Ecole technique de Munich (1888-1921).

Halsted, Georges Bruce: né le 25.11.1853 à Newark, mort le 16.3.1922 à New York. Après des études à Princeton et Baltimore, il se perfectionna à Berlin. Il enseigna à Princeton puis à l'Université du Texas et dans divers collèges aux Etats-Unis. L'essentiel de ses travaux concernent les fondements de la géométrie et le développement de la géométrie non euclidienne.

Houël, Guillaume-Jules: né le 7.4.1823 à Thaon (Calvados), mort le 14.6.1886 à Périers près de Caen. Il étudia à Caen et Paris. Après avoir été maître dans plusieurs lycées français, il fut nommé en 1859 professeur à l'Université de Bordeaux. Il est surtout connu pour le rôle joué dans la diffusion de la géométrie non euclidienne. Il est aussi l'auteur d'un important exposé sur la théorie des quantités complexes.

Jevons, William Stanley: né le 1.9.1835 à Liverpool, mort le 13.8.1882 à Bexhill (Sussex). Elève de Boole, il fut professeur de logique, philosophie et économie politique à Manchester, Liverpool et Londres.

Killing, Wilhelm Karl Joseph: né le 10.5.1847 à Burbach (Westphalie), mort le 11.12.1923 à Münster. Il étudia à Münster et Berlin (auprès de Weierstrass). Après avoir enseigné dans divers gymnases, il fut nommé en 1892 professeur à l'Université de Münster; il y resta jusqu'en 1920. Ses recherches concernent la géométrie non euclidienne et la théorie des groupes de transformations.

Lambert, Johann Heinrich: né le 26.?8.1728 à Mulhouse, mort le 25.9.1777 à Berlin. Esprit universel, Lambert fut à la fois un mathématicien, un logicien et un philosophe.

Legendre, Adrien-Marie: né le 18.9.1752 à Paris, mort le 9.1.1833 à Paris. Il fut professeur à l'Ecole militaire puis à l'Ecole Normale. Ses domaines de recherche furent la mécanique céleste, le calcul des variations, la théorie des intégrales elliptiques et la théorie des nombres. Il est aussi connu pour son manuel *Eléments de géométrie.*

Lobatchevski, Nicolaï Ivanovitch: né le 22.10.1793 à Nijni-Novgorod, mort le 12.2.1856 à Kazan. Il accomplit toute sa carrière à l'Université de Kazan dont il fut recteur. L'essentiel de ses travaux concernent la géométrie non euclidienne qu'il découvrit vers 1823.

Mansion, Paul: né le 3.6.1844 à Marchin les-Huy, mort le 16.4.1919 à Gand. Il enseigna à l'Université de Gand de 1867 à 1910 et fut membre de l'Académie royale de Belgique.

Milhaud, Gaston: né le 10.8.1858 à Nîmes, mort le 1.10.1918 à Paris. Il étudia à l'Ecole Normale Supérieure. Il fut maître de gymnase, puis professeur d'histoire et philosophie des sciences à l'Université de Montpellier et à la Sorbonne. Il est connu pour ses travaux historiques et philosophiques sur la science grecque.

Minding, Ernst Ferdinand Adolf: né le 23.1.1806 à Kalisz (Pologne), mort le 13.5.1885 à Dorpat (actuellement Tartu, Estonie). Il étudia la physique et la philosophie à Halle et Berlin. Après avoir enseigné dans divers gymnases, il travailla à l'Université de Berlin puis il fut nommé en 1843 professeur à l'Université de Dorpat. Ses recherches concernent principalement la géométrie différentielle.

Pasch, Moritz: né le 8.11.1843 à Breslau (actuellement Wroclaw), mort le 20.9.1930 à Bad Homburg. Il fut professeur à l'Université de Giessen de 1870 à 1911. Il est connu pour ses *Vorlesungen über neuere*

Geometrie (1882), le premier exposé axiomatique moderne de la géométrie.

Peano, Giuseppe: né le 27.8.1858 à Spinetta près de Cuneo, mort le 20.4.1939 à Turin. Après ses études à l'Université de Turin, il fut nommé professeur dans cette université et y accomplit toute sa carrière. Il est connu pour ses travaux en analyse et sur les fondements de l'arithmétique et de la géométrie.

Pieri, Mario: né le 2.6.1860 à Lucca, mort le 1.3.1913 à Sant'Andrea di Compito (Lucca). Après des études à Bologne et Pise, il enseigna à Turin, Catane et Parme. Ses travaux concernent les fondements de la géométrie.

Saccheri, Girolamo: né le 5.9.1667 à San Remo, mort le 25.10.1733 à Milan. Il fut jésuite et enseigna à partir de 1697 la philosophie à Pavie. Il est connu pour son *Euclides ab omni naevo vindicatus* (1733) dans lequel il tente de démontrer le postulat des parallèles tout en établissant déjà certains résultats de géométrie non euclidienne.

Schumacher, Heinrich Christian: né le 3.9.1780 à Bad Braunstedt (Holstein), mort le 28.12.1850 à Altona. Juriste et astronome, il fut un élève puis un ami de Gauss.

Schweikart, Ferdinand-Karl: né le 28.2.1780 à Erbach, mort le 17.8.1859 à Königsberg. Juriste et mathématicien amateur, il s'est occupé du problème des parallèles.

Stäckel, Paul: né le 20.8.1862 à Berlin, mort le 12.12.1919 à Heidelberg. Il étudia à Berlin. Il enseigna ensuite dans plusieurs universités allemandes. Il s'est occupé de nombreux domaines en mathématiques et en histoire des mathématiques.

Staudt, Karl Georg Christian von: né le 24.1.1798 à Rothenburg ob der Tauber, mort le 1.6.1867 à Erlangen. Il étudia à Göttingen où il fut l'un des rares élèves de Gauss. Il fut nommé professeur à l'Université d'Erlangen en 1835. Il est connu pour sa *Geometrie der Lage* (1847).

Tannery, Paul: né le 20.12.1843 à Mantes-la-Jolie, mort le 27.11.1904 à Paris. Il fut élève de l'Ecole Polytechnique et travailla ensuite comme ingénieur. Il est l'auteur d'importants travaux en histoire des mathématiques.

Taurinus, Franz Adolph: né le 15.11.1794 à Bad König/Odenwald, mort le 13.2.1874 à Cologne. Neveu de Schweikart, il était juriste et mathématicien amateur; il s'est intéressé à la question des parallèles et a découvert certains résultats de géométrie non euclidienne sans pourtant y croire complètement.

Tilly, Joseph Marie De: né le 16.8 1837 à Ypres, mort le 14.8.1906 à Schaerbeek. Il accomplit sa carrière dans l'armée et la termina comme directeur des études à l'Ecole militaire de Bruxelles. Il fut élu à l'Académie royale de Belgique en 1878. Ses publications concernent principalement la géométrie, la mécanique et la balistique.

Veronese, Giuseppe: né le 7.5.1854 à Chioggia, mort le 17.7.1917 à Rome. Il étudia à l'Ecole polytechnique de Zurich et auprès de Klein à Leipzig. Il fut dès 1881 professeur de géométrie à l'Université de Padoue. Ses travaux concernent la géométrie projective, la géométrie multidimensionnelle et les fondements de la géométrie. Il est le premier mathématicien à avoir étudié la géométrie non archimédienne.

Annexe III

Textes originaux

Introduction

«Non so se Ella abbia accordato alcuna attenzione a quel sistema d'idee che ora si va divulgando col nome di geometria non-euclidea. So che il Prof. Chelini gli è decisamente avverso, e che il Bellavitis la chiama geometria da manicomio: mentre il Cremona lo crede discutibile ed il Battaglini lo abbracia senza reticenze.»

«Völlig unabhängig von den entwickelten Gesichtspunkten steht die Frage, welche Gründe das Parallelenaxiom stützen, ob wir dasselbe als absolut gegeben – wie die einen wollen – oder als durch Erfahrung nur approximativ erwiesen – wie die anderen sagen – betrachten wollen. [...] Aber die Fragestellung ist offenbar eine philosophische, welche die allgemeinsten Grundlagen unserer Erkenntnis betrifft. Den Mathematiker *als solchen* interessiert die Fragestellung nicht, und er wünscht, daß seine Untersuchungen nicht als abhängig betrachtet werden von der Antwort, die man von der einen oder der anderen Seite auf die Frage geben mag.»

Chapitre 1

«Es sei vom Punkte A auf die Linie BC der Perpendikel AD gefällt, auf welchem wieder AE senkrecht errichtet sein soll. Im rechten Winkel EAD werden entweder alle geraden Linien, welche vom Punkte A ausgehen, die Linie DC treffen, wie z. B. AF, oder einige derselben werden, ähnlich dem Perpendikel AE, die Linie DC nicht treffen. In der Ungewißheit, ob der Perpendikel AE die einzige Linie sei, welche mit DC nicht zusammentrifft, wollen wir annehmen, es sei möglich, daß es noch andere Linien, z. B. AG gäbe, welche DC nicht schneiden, wie weit man sie auch verlängern mag. Bei dem Uebergange von den schneidenden Linien AF zu den nicht schneidenden AG, muß man auf eine Linie AH treffen, parallel mit DC, eine Grenzlinie, auf deren einer Seite alle Linien AG die DC nicht treffen, während auf der andern Seite jede gerade Linie AF die Linie DC schneidet. Der Winkel HAD zwischen der Parallele HA und dem Perpendikel AD heißt Parallel-Winkel (Winkel des Parallelismus), diesen werden wir hier durch $\Pi(p)$ bezeichnen für $AD = p$.» (1840, pp. 8-9)

«Wenn $\Pi(p)$ ein rechter Winkel ist, so wird die Verlängerung AE′ des Perpendikels AE ebenfalls parallel sein der Verlängerung DB der Linie DC; [...].

Wenn $\Pi(p) < 1/2\ \pi$ so wird auf der andern Seite von AD unter demselben Winkel $DAK = \Pi(p)$ noch eine Linie AK liegen, parallel mit der Verlängerung DB der Linie DC, so daß bei dieser Annahme wir noch eine Seite des Parallelismus unterscheiden müssen.» (1840, p. 9)

Chapitre 2

«But there has been for ages a conviction in the minds of men that these rules about space are true objectively in the exact or theoretical sense, and under all possible circumstances. [...] They knew for certain that the sum of the angles of a triangle, no matter how big or how small it was, or where it was situated, must always be exactly equal to two right angles, neither more no less.»

«While one party of philosophers, especially Kant and the great German school, have pointed to the certainty of geometrical axioms as a proof that these truths must be derived from the conditions of the thinking mind, another party hold that they are empirical, and derived, like other laws of nature, from observation and induction.»

«Называем a поперечник земного пути вокруг солнца; $2p$ самый большой годовой параллакс неподвижной звезды: это значит $\frac{\pi}{2} - 2p$ будет угол между a и расстоянием одного конца a до звезды, тогда как расстояние звезды до другого конца перпендикулярно к a. Необходимо $F(a) > \frac{\pi}{2} - 2p$, отсюда $e^a < \frac{1+\text{tang}p}{1-\text{tang}p}, \frac{1}{2}\ a < \text{tang}p + \frac{1}{3}\ \text{tang}^3 p + \frac{1}{5}\ \text{tang}^5 p + \ldots$ тем более $a < \text{tang}\ 2p$ [...] Кажется, всего более можно положиться на способ, придуманный г-м Дасса-Мондардье (Connaiss. des tems de 1831). Он находит годовой параллакс звезды Кейды (29 Еридана) 2″, – Ригеля 1″,43, Сириуса 1″24. Последний дает : $a <$ 0,000 006 02, [...]»

«Вообще в прямоугольном треугольнике, которого a, b катеты, $\pi - 2\omega$ сумма углов

$$\tan \omega = \left(\frac{e^a - 1}{e^a + 1}\right)\left(\frac{e^b - 1}{e^b + 1}\right)$$

Чем менее, следовательно, треугольник, тем сумма углов его менее разнится от двух прямых. После этого можно воображать, сколько эта разность, на которой основана наша теория параллельных, оправдывает точность всех вычислений обыкновенной геометрии, и дозволяет принятые начала этой последней рассматривать как бы строго доказанными.»

«После этого нельзя утверждать более, что предположение, будто мера линий зависит от углов – предположение, которое многие геометры хотели принимать за строгую истину, не требующую доказательства – может быть оказалось бы приметно ложным еще прежде, нежели перейдем за пределы видимого нами мира.

С другой стороны, мы не в состоянии постигать, какая бы связь могла существовать в природе вещей и соединять в ней величины столь разнородные, каковы линии и углы. Итак, очень вероятно, что Евклидовы положения одни только истинные, хотя и останутся навсегда недоказанными.»

«Как бы то ни было, новая геометрия, основание которой уже здесь положено, если и не существует в природе, тем не менее может существовать в нашем воображении, и, оставаясь без употребления для измерений на самом деле, открывает новое, обширное поле для взаимных применений геометрии и аналитики.

Теперь рассмотрим, каким образом в этой воображаемой геометрии определяется величина кривых линий, площадей, кривых поверхностей и объемов тел.»

«Demnach giebt es kein anderes Mittel als die astronomischen Beobachtungen zu Hülfe zu nehmen, um über die Genauigkeit zu urtheilen, welche den Berechnungen der gewöhnlichen Geometrie zukommen. Diese Genauigkeit erstreckt sich, wie ich in einer meiner Abhandlungen gezeigt habe, sehr weit, so daß, z. B. in Dreiecken, deren Seiten für unsere Ausmessungen zugänglich sind, die Summe der drei Winkel noch nicht um den hundersten Theil einer Secunde von zwei Rechten verschieden ist.» (1840, p. 60)

«Bezeichnend für die Ausgangspunkte dieser pangeometrischen Raumanschauungen ist es, dass fast in jeder neuen Schrift ihrer Vertheidiger das merkwürdige Unternehmen Lobatschewsky's wiederholt wird, wodurch dieser die Form des Raumes experimental auffinden zu können geglaubt hat.»

«Es ist leicht zu beweisen, dass wenn Euklids Geometrie nicht die wahre ist, es gar keine ähnliche Figuren gibt: die Winkel in einem gleichseitigen Dreieck sind dann auch nach der Grösse der Seite verschieden, wobei ich gar nichts absurdes finde.»

«Ich komme immer mehr zu der Überzeugung, dass die Nothwendigkeit unserer Geometrie nicht bewiesen werden kann, wenigstens nicht vom *menschlichen* Verstande noch für den menschlichen Verstand. Vielleicht kommen wir in einem andern Leben zu andern Einsichten in das Wesen des Raums, die uns jetzt unerreichbar sind. Bis dahin müsste man die Geometrie nicht mit der Arithmetik, die rein a priori steht, sondern etwa mit der Mechanik in gleichen Rang setzen.»

«[...] denn obgleich ich mir recht gut die Unrichtigkeit der Euklidischen Geometrie denken kann, so müsste doch nach unsern astronomischen Erfahrungen die besagte Constante unermesslich viel grösser sein, als der Erdradius.»

«Die Geometrie betrachtete Gauss nur als ein consequentes Gebäude, nachdem die Parallelentheorie als Axiom an der Spitze zugegeben sei; er sei indess zur Überzeugung gelangt, dass dieser Satz nicht bewiesen werden könne, doch wisse man aus der Erfahrung, z. B. aus den Winkeln des Dreiecks Brocken, Hohehagen, Inselsberg, dass er näherungsweise richtig sei.»

«Hieraus entsteht die Aufgabe, die einfachsten Thatsachen aufzusuchen, aus denen sich die Massverhältnisse des Raumes bestimmen lassen – eine Aufgabe, die der Natur der Sache nicht völlig bestimmt ist; denn es lassen sich mehrere Systeme einfacher Thatsachen angeben, welche zur Bestimmung der Massverhältnisse des Raumes hinreichen; am wichtisgten ist für den gegenwärtigen Zweck das von Euklid zu Grunde gelegte. Diese Thatsachen sind wie alle Thatsachen nicht nothwendig, sondern nur von empirischer Gewissheit, sie sind Hypothesen; [...].» (1867-1876, p. 255)

Chapitre 3

«The view taken of them by the author is hard to be understood. He mentions that in a paper published five years previously in a scientific journal at Kasan, after developing a new theory of parallels, he had endeavoured to prove that it is only experience which obliges us to assume that in a rectilinear triangle the sum of the angles is equal to two right angles, and that a geometry may exist, if not in nature at least in analysis, on the hypothesis that the sum of the angles is less than two right angles; [...].

I do not understand this; but it would be very interesting to find a *real* geometrical interpretation of the last-mentioned system of equations, [...].»

«In diesem Sinne enthält die Nicht-Euclidische Geometrie durchaus nichts Widersprechendes, wenn gleich diejenigen viele Ergebnisse derselben anfangs für paradox halten müssen, was aber für widersprechend zu halten nur eine Selbsttäuschung sein würde, hervorgebracht von der frühern Gewöhnung die Euklidische Geometrie für streng wahr zu halten.»

«Ich habe kürzlich Veranlassung gehabt, das Werkchen von Lobatschefski (Geometrische Untersuchungen zur Theorie der Parallellinie. Berlin 1840, bei G. Funcke, 4 Bogen stark) wieder durchzusehen. Es enthält die Grundzüge derjenigen Geometrie, die Statt finden müsste und strenge consequent Statt finden könnte, wenn die Euclidische nicht die wahre ist. Ein gewisser Schweikardt nannte eine solche Geometrie Astralgeometrie, Lobatschefsky imaginaire Geometrie. Sie wissen, dass ich schon seit 54 Jahren (seit 1792) dieselbe Ueberzeugung habe (mit einer gewissen späteren Erweiterung, deren ich hier nicht erwähnen will). Materiell für mich Neues habe ich also im Lobatschefsky'schen Werke nicht gefunden, aber die Entwickelung ist auf anderem Wege gemacht, als ich selbst eingeschlagen habe, und zwar von Lobatschefsky auf eine meisterhafte Art in ächt geometrischem Geiste. Ich glaube Sie auf das Buch aufmerksam machen zu müssen, welches Ihnen gewiss ganz exquisiten Genuss gewähren wird.»

«Nachdem Legendre die in der alten Theorie der parallelen Linien bemerkbare Lücke durch wiederholte und vielseitige Untersuchungen auszufüllen gesucht hatte, ohne zu einem befriedigenden Abschluss zu gelangen, war in der allgemeinen Meinung die Arbeit an dem elften Axiom der Euclidischen Geometrie wenig besser berufen, als die Bemühung um die Quadratur des Kreises und das perpetuum Mobile. Dieser Gegenstand hatte das allgemeine Interesse in dem Grade verloren, dass die Andeutungen, welche Gauss gelegentlich über die correcte Begründung der Parallelentheorie machte, unbeachtet blieben, und dass auch diejenigen, welche unterdessen das Richtige zu Tage förderten, Lobatschewsky in Kasan und Bolyai in Marosvasarhely, Gehör sich nicht verschaffen konnten. Seit 1843 verschwand der Titel Parallelen aus den Inhaltsverzeichnissen, die den Comptes rendus der Pariser Academie beigegeben werden. Erst durch die Veröffentlichung von Gauss's Briefen an Schumacher ist die ungelöst beigelegte Frage wieder auf die Tagesordnung gebracht worden. Aus diesen Briefen erfährt man, dass Gauss frühzeitig den Sitz der Schwierigkeit erkannt hat, dass auf den bisherigen Wegen das alte Kreuz der Geometrie nicht überwunden werden kann, dass man etwas zu beweisen gesucht hat, was sich nicht beweisen lässt sondern durch die Erfahrung entschieden wird, und dass Lobatschewsky den richtigen Weg mit Erfolg eingeschlagen hat. Zugleich ist durch Gerling die auf dasselbe Ziel gerichtete und nicht minder gelungene Arbeit Bolyai's der Vergessenheit entrissen worden.»

«Sie sehen hiernach die höchst unerwartete Thatsache, daß in der Geometrie die Empirie ein Wort zu sprechen hat. Bei einer Meßung von Gauß hat sich wirklich eine äußerst geringe Differenz zwischen der Summe der Winkel eines gewißen Dreiecks und 180° ergeben; die Euclidische Geometrie ist also empirisch gerechtfertigt, aber sie ist nicht die nothwendige Geometrie; die abstracte Geometrie enthält eine unbestimmte Constante, durch deren besondre Werthe sich die möglichen Geometrien unterscheiden. Die vulgäre Geometrie hat mit der abstracten Geometrie alle Sätze gemein, die von der Summe der Winkel eines Dreiecks nicht abhängen. Die Gerade der vulg. Geom' wird in der abstracten Geom' vielmal durch einen unendlich großen Kreis vertreten, der mit einer Geraden nicht zusammenfällt, z. B. die Aequidistante einer Geraden ist nicht gerade, sondern ein solcher der Geraden die concave Seite zuwendender Kreis.»

«In neuerer Zeit hat die Beantwortung dieser früher so vielfach discutirten Frage, wie es scheint, eine längere Reihe von Jahren geruhet oder ist wenigstens gegen früher sehr in den Hintergrund getreten; [...].

Als nun aber Professor Peters in Altona neuerlichst durch die Veröffentlichung des so vieles Interessante enthaltenden Briefwechsels zwischen Gauss und Schumacher sich ein so wesentliches, nicht genug anzuerkennendes Verdienst erworben hatte, fand man, dass die Frage von der Parallelentheorie auch zwischen diesen beiden trefflichen Männern einmal lebhaft discutirt und ventilirt worden war. Die nächste Veranlassung zu dieser lebhaften Discussion hatte Schumacher gegeben, Gauss sprach sich mit seiner überall hervotretenden Superiorität in bestimmtester Weise über die schon oft aufgeworfene Frage aus, und liess auch nicht unerwähnt, dass dieselbe schon seit einer langen Reihe von Jahren der Gegenstand seines eifrigsten Nachdenkens gewesen sei. Zugleich erinnerte Gauss mit vielem Lobe an eine nunmehr schon vor fast dreissig Jahren erschienene Schrift des als Professor in Kasan verstorbenen russischen Mathematikers Nicolaus Lobatschewsky, mit deren Inhalt er sich im Wesentlichen ganz einverstanden erklärte. Ausserdem fand man, dass noch früher als Lobatschewsky der ungarische Mathematiker Bolyai, Farkas, und auch sein Sohn J. Bolyai sich vielfach und gründlich mit der Theorie der Parallelen beschäftigt und ähnliche Ideen ausgesprochen hatten, [...].

Die Schriften von Bolyai und Lobatschewsky waren schon fast ganz der Vergessenheit anheim gefallen, und haben es wohl hauptsächlich den Bemerkungen von Gauss zu danken, dass sie jetzt wieder, ihrem unbestreitbaren Werthe gemäss, an's Licht gezogen worden sind.»

«[...] es ist aber auch nach den vorher bewiesenen Sätzen entweder in allen ebenen Dreiecken die Winkelsumme gleich zwei rechten Winkeln, oder in allen ebenen Dreiecken die Winkelsumme kleiner als zwei rechte Winkel; und da scheinen sich nun, um hierüber zur Entscheidung zu kommen, die Ansichten der neueren Geometer, und zwar zum Theil sehr gewichtiger Stimmen, darin zu vereinigen, dass die apriorische theoretische Betrachtung mit dem Obigen ihre Endschaft erreicht habe, und nichts Anderes übrig bleibe, als die Erfahrung zu befragen. Also die Geometrie doch wenigstens in **einem** Punkte eine Erfahrungswissenschaft!!»

Chapitre 5

«Nel prossimo mese di Giugno spero di poter presentare all'Accademia delle Scienze di Napoli un mio lavoro sullo stesso argomento; però siccome sono *in guerra* con tutta la facoltà matematica di Napoli, per essermi fatto propugnatore di queste nuove idee, cercherei un confronto nell'opinione dei geometri per i quali professo grande stima, ed è perciò che le ho diretto la mia preghiera.»

Chapitre 7

«We could say that he was striving to exhibit a relative consistency between his new geometry and analysis by exhibiting a translation from the new geometry to formulae in analysis.»

«Such a model is harder to establish and calls in any case for more clarity about fundamental notions than Lobachevskii possessed [...].»

Chapitre 8

«Quum indefinite habeatur $dx^2 + dy^2 + dz^2 = Edp^2 + 2Fdp{\cdot}dq + Gdq^2$ patet, $\sqrt{Edp^2 + 2Fdp{\cdot}dq + Gdq^2}$ esse expressionem generalem elementi linearis in superficie curva. Docet itaque analysis in art. praec. explicata, ad inveniendam mensuram curvaturae haud opus esse formulis finitis, quae coordinatas x, y, z tamquam functiones indeterminatarum p, q exhibeant, sed sufficere expressionem generalem pro magnitudine cuiusvis elementi linearis. Progrediamur ad aliquot applicationes huius gravissimi theorematis.

Supponamus, superficiem nostram curvam explicari posse in aliam superficiem, curvam seu planam, ita ut cuivis puncto prioris superficiei per coordinatas x, y, z determinato respondeat punctum determinatum superficiei posterioris, cuius coordinatae sint x', y', z'. Manifesto itaque x', y', z' quoque considerari possunt tamquam functiones indeterminatarum p, q, unde pro elemento $\sqrt{dx'^2 + dy'^2 + dz'^2}$ prodibit expressio talis $\sqrt{E'dp^2 + 2F'dp{\cdot}dq + G'dq^2}$ denotantibus etiam E', F', G' functiones ipsarum p, q. At per ipsam notionem *explicationis* superficiei in superficiem patet, elementa in utraque superficie correspondentia necessario aequalia esse, adeoque identice fieri $E = E'$, $F = F'$, $G = G'$.

Formula itaque art. praec. sponte perducit ad egregium

Theorema. *Si superficies curva in quamcunque aliam superficiem explicatur, mensura curvaturae in singulis punctis invariata manet.*» (1828-1873, pp. 236-237)

«Quae in art. praec. exposuimus, cohaerent cum modo peculiari superficies considerandi, summopere digno, qui a geometris diligenter excolatur. Scilicet quatenus superficies consideratur non tamquam limes solidi, sed tamquam solidum, cuius dimensio una pro evanescente habetur, flexile quidem, sed non extensibile, qualitates superficiei partim a forma pendent, in quam illa reducta concipitur, partim absolutae sunt, atque invariatae manent, in quamcunque formam illa flectatur. Ad has posteriores, quarum investigatio campum geometriae novum fertilemque aperit, referendae sunt mensura curvaturae atque curvatura integra eo sensu, quo hae expressiones a nobis accipiuntur; porro huc pertinet doctrina de lineis brevissimis, pluraque alia, de quibus in posterum agere nobis reservamus. In hoc considerationis modo superficies plana atque superficies in planum explicabilis, e. g. cylindrica, conica etc. tamquam essentialiter identicae spectantur, modusque genuinus indolem superficiei ita considerate generaliter exprimendi semper innititur formulae $\sqrt{Edp^2 + 2Fdp \cdot dq + Gdq^2}$, quae nexum elementi cum duabus indeterminatis p, q sistit.» (1828-1873, pp. 237-238)

«Le ammirabili ricerche istituite da Gauss sulla teoria generale delle superficie, da lui consegnate in due Memorie divenute giustamente celebri, hanno aperto la via alla soluzione di alcuni problemi, nei quali le superficie stesse sono considerate sotto un punto di vista essenzialmente diverso da quello dei geometri che lo aveano preceduto, tra i quali, per non ricordare che i sommi, citerò Eulero e Monge.»

«Le superficie si possono considerare sotto due aspetti assai differenti, cioè o come limiti di solidi, o come solidi flessibili ed inestendibili, una delle cui dimensioni si riguardi come evanescente.

Quando si adotta questo secundo punto di vista, le proprietà delle superficie vengono a dividersi in due classi: l'una comprende quelle proprietà che sono essenzialmente connesse colla forma speciale che si attribuisce attualmente alla superficie considerata, e che si modificano insieme con essa; all'altra classe appartengono invece quelle proprietà che sussistono indipendentemente da ogni particolare determinazione della forma stessa. Queste ultime possono chiamarsi *assolute*, le prime *relative*. Così, a cagion d'esempio, il celebre teorema di Gauss, relativo alla *conservazione della curvature*, esprime une proprietà *assoluta* la quale, e per la generalità di cui è dotata, e per la vastità delle ricerche a cui apre la via, merita certamente di essere riguardata come una delle più importanti conquiste dell'analisi moderna.

Allorchè si considerano le superficie sotto questo secondo aspetto, l'ordinaria rappresentazione cartesiana rendesi poco opportuna, siccome quella che è troppo intimamente connessa colla posizione e colla figura attuale della superficie. Quando questa viene considerata comme flessibile ed inestensibile, ciò che rimane inalterato è la lunghezza di ciascun elemento linerae, e tutte le proprietà assolute non possono essere che conseguenze di questa inalterabilità. Quindi, nell'ordine delle ricerche di cui vogliamo ora occuparci, la superficie è perfettamente definita dall'espressione del suo elemento lineare, il cui quadrato ha la forma $Edu^2 + 2Fdu\,dv + Gdv^2$ [...].»

«Rappresentiamo con (1) $ds^2 = Edu^2 + 2Fdudv + Gdv^2$ il quadrato dell'elemento lineare della superficie S che dobbiamo considerare.

Non sarà inutile il rammentare fin dal principio che quando si riguarda una superficie come definita dalla sola espressione del suo elemento lineare, bisogna prescindere da ogni concetto od imagine che implichi una concreta determinazione della sua forma in relazione ad ogetti esterni, p. es rispetto ad un sistema d'assi rettangolari. Ogni concetto di questo genere conduce facilmente ad equivoci. Ciò solo che si deve tenere per fermo è che ogni coppia distinta di valori delle variabili u, v individua un punto [...] della superficie, il quale [...] rimane, per sè stesso, essenzialmente distinto da quello [...] cui corrisponde un'altra coppia di valori, non identica alla prima. La possibilità della coincidenza, in un medesimo luogo dello spazio, di due punti non aventi le stesse coordinate curvilinee, non interviene propriamente che quando si considera, o si sottintende, una determinata configurazione della superficie.»

«Le sole superficie suscettibili di essere rappresentate sopra un piano in modo che ad ogni punto corrisponda un punto e ad ogni linea geodetica una linea retta sono quelle la cui curvatura è dovunque costante (positiva, negativa o nulla). Quando questa curvatura costante è nulla, la legge di corrispondenza non differisce dall'ordinaria omografia. Quando non è nulla, questa legge è riducibile alla projezione centrale nella sfera ed alle sue trasformazioni omografiche.

Siccome fra tutte le superficie di curvatura costante, la sola che possa ricevere applicazioni nella teoria delle carte geografiche e nella geodesia è probabilmente la superficie sferica, così dal punto di vista di queste applicazioni viene in tal modo ad essere confermato quello che si asserì in principio, cioè che la sola soluzione del problema è fornita in sostanza dalla projezione centrale.»

«In questi ultimi tempi il pubblico matematico ha incominciato ad occuparsi di alcuni nuovi concetti i quali sembrano destinati, in caso che prevalgano, a mutare profondamente tutto l'ordito della classica geometria.

Questi concetti non sono di data recente. Il sommo *Gauss* li aveva abbracciati fino dai suoi primi passi nella carriera delle scienze, e benchè nessuno dei suoi scritti ne contenga l'esplicita esposizione, le sue lettere fanno fede della predilezione con cui li ha sempre coltivati e attestano la piena adesione che ha data alla dottrina di *Lobatschewsky*.

Siffatti tentativi di rinnovamento radicale dei principii si incontrano non di rado nella storia dello scibile. [...] Quando questi tentativi si presentano come frutto di investigazioni coscienziose e di convinzioni sincere, quando essi trovano il patrocinio di un' autorità imponente e fin qui indisputata, il dovere degli uomini di scienza è di discuterli con animo sereno, tenendosi lontani egualmente dall'entusiasmo e dal disprezzo. D'altronde nella scienza matematica il trionfo di concetti nuovi non può mai infirmare le verità gia acquisite: esso può soltanto mutarne il posto o la ragion logica, e crescerne o scemarne il pregio e l'uso. Nè la critica profonda dei principii può mai nuocere alla solidità dell'edificio scientifico, quando pure non conduca a scoprirne e riconoscerne meglio le basi vere e proprie.

Mossi da questi intendimenti noi abbiamo cercato, per quanto le nostre forze lo consentivano, di dar ragione a noi stessi dei risultati a cui conduce la dottrina di Lobatschewsky; e, seguendo un processo che ci sembra in tutto conforme alle buone tradizioni della ricerca scientifica, abbiamo tentato di trovare un substrato reale a quella dottrina, prima di ammettere per essa la necessità di un nuovo ordine di enti e di concetti. Crediamo d'aver raggiunto questo intento per la parte planimetrica di quella dottrina, ma crediamo impossibile di raggiungerlo in quanto al resto.»

«La formola (1) $ds^2 = R^2 \frac{(a^2 - v^2)\, du^2 + 2uvdudv + (a^2 - u^2)dv^2}{(a^2 - u^2 - v^2)^2}$ rappresenta il quadrato dell'elemento lineare di una superficie la cui curvatura sferica è dovunque costante, negativa ed eguale a $-\frac{1}{R^2}$. La forma di quest'espressione, benchè meno semplice di quella d'altre espressioni equivalenti che si potrebbero ottenere introducendo altre variabili, ha il particolare vantaggio (assai rilevante per lo scopo nostro) che ogni equazione lineare rispetto ad u, v rappresenta una linea geodetica, e che, reciprocamente, ogni linea geodetica è rappresentata da un'equazione lineare fra quelle variabili.» (1868a, p. 287)

«Ne consegue che, sulla regione considerata, a ciascuna coppia di valori reali delle u, v soddisfacenti alla condizione (3) corrisponde un punto reale, unico e determinato; e, reciprocamente, a ciascun punto corrisponde una sola e determinata coppia di valori reali delle u, v soddisfacenti alla condizione anzidetta.

Quindi se indichiamo con x, y le coordinate rettangolari dei punti di un piano ausiliare, le equazioni x = u, y = v, stabiliscono una rappresentazione della regione considerata, rappresentazione nella quale a ciascun punto di quella regione corrisponde un punto unico e determinato del piano, e reciprocamente; e tutta la regione trovasi rappresentata dentro un cerchio di raggio *a* col centro nell'origine delle coordinate, che chiamiamo *cerchio limite*. In questa rappresentazione le geodetiche della superficie sono rappresentate dalle corde del cerchio limite , [...].» (1868a, p. 288)

«Nella citata Memoria si sono supposte reali le costanti R ed a, perchè lo scopo in vista del quale quelle ricerche erano state instituite dava speciale rilievo a questa ipotesi. Ed appunto per ciò si è osservato che quell'elemento conviene in particolare ad una superficie sferica di raggio R, tangente al piano figurativo nell'origine delle coordinate e rappresentata sul piano stesso per mezzo della projezione centrale; nel qual caso le variabili u, v sono precisamente le coordinate rettangolari della projezione del punto a cui quelle variabili si riferiscono.

Ma siccome i valori delle costanti R ed a sono realmente arbitrarii, così è lecito supporli anche imaginarii, se conviene. Ed infatti cambiando quelle costanti in $R\sqrt{-1}$, $a\sqrt{-1}$, l'elemento lineare risultante corrisponde ad una superficie di curvatura costanta negativa $-\frac{1}{R^2}$, le cui linee geodetiche non cessano di essere, come nel caso precedente, rappresentate nel piano da linee rette, e quindi date da equazioni lineari rispetto ad u, v.» (1868a, pp. 307-308)

«Questo valore è nullo per r = 0, va crescendo indefinitamente col crescere di r ossia di $\sqrt{u^2 + v^2}$ da 0 ad a, diventa infinito per r = a ossia per quei valori di u, v che soddisfano alla (4), ed è imaginario quando r > a. È chiaro dunque che il contorno espresso dall'equazione (4) e rappresentato nel piano ausiliare dal cerchio limite non è altro che il luogo dei punti all'infinito della superficie, luogo che può considerarsi come un cerchio geodetico descritto col centro nel punto (u = v = 0) e con un raggio (geodetico) infinitamente grande. Al di là di questo cerchio geodetico di raggio infinito non esistono che le regioni imaginarie od ideali della superficie [...].» (1868a, p. 289)

«I. A due corde distinte che s'intersecano dentro il cerchio limite corrispondono due geodetiche che si intersecano in un punto a distanza finita sotto un angolo differente da 0° e da 180°.

II. A due corde distinte che s'intersecano sulla periferia del cerchio limite corrispondono due geodetiche che concorrono verso uno stesso punto a distanza infinita e che fanno in esso un angolo nullo.

III. E finalmente a due corde distinte che s'intersecano fuori del cerchio limite, o che sono parallele, corrispondono due geodetiche che non hanno alcun punto comune su tutta l'estensione (reale) della superficie.» (1868a, p. 291)

«Da ogni punto (reale) della superficie si possono sempre condurre *due* geodetiche (reali) parallele ad una medesima geodetica (reale) che non passi per quel punto, e queste due geodetiche fanno tra loro un angolo differente tanto da 0° quanto da 180°.

Questo risultato s'accorda, salva la diversità delle espressioni, con quello che forma il cardine della geometria non-euclidea.» (1868a, p. 292)

«Nondimeno, poichè le geodetiche della superficie sono sempre rappresentate dalle corde del cerchio-limite, se più corde sono tali che prolungate si incontrino in uno stesso punto esterno al cerchio, è lecito risguardare le geodetiche corrispondenti come aventi in comune un punto *ideale*, e le loro trajettorie ortogonali come alcunchè di analogo alle cironferenze geodetiche propriamente dette.» (1868a, p. 299)

«Quando invece il centro è ideale, la nozione del raggio geodetico manca, ma la costante C può ricevere il valor *zero*, perchè l'equazione risultante $a^2 - uu_o - vv_o = 0$ rappresenta, sul piano ausiliare, una corda del cerchio-limite e precisamente la polare del punto esterno (u_o, v_o). Quest'equazione definisce una geodetica reale della superficie; possiamo dunque concludere che fra le infinite circonferenze geodetiche aventi lo stesso centro ideale esiste sempra una (ed una sola) geodetica reale, talchè le circonferenze geodetiche a centro ideale si possono anche definire come curve parallele (geodeticamente) alle geodetiche reali. Quest'ultima proprietà venne notata già dal sig. Battaglini, con diverso linguaggio.» (1868a, p. 300)

«Indicando con r_o il raggio del parallelo $\rho = 0$, di cui σ è l'arco, con r quello del parallelo ρ, si ha $r = r_0 e^{\frac{\rho}{R}}$, e quindi la superficie di rotazione non è reale che dentro i limiti determinati dalla relazione $r > R \log \frac{r_0}{R}$, talchè la circonferenza $\rho = 0$ non può diventare realmente un parallelo se non si prende $r_o \leq R$. Il parallelo massimo ha il raggio R e corrisponde al valore $\rho = R \log \frac{r_0}{R}$; quindi con una opportuna determinazione di r_o esso può essere occupato da una qualunque delle circonferenze considerate; p. es. facendo $r_o = R$ si ha la stessa circonferenza iniziale $\rho = 0$. Il parallelo minimo corrisponde a $\rho = \infty$ ed ha il raggio nullo, cosicchè la superficie di rotazione si avvicina assintoticamente al suo asse da una sola parte, mentre dall'altra è limitata dal piano del parallelo massimo col quale si accorda tangenzialmente. Su questa superficie si ravvolge infinite volte la superficie pseudosferica, terminata alla linea $\rho = 0$, se $r_o = R$.

La curvatura tangenziale di un parallelo qualunque si trova essere $\frac{1}{R}$, cioè eguale per tutti. Ora il raggio della curvatura tangenziale di un parallelo non è altro che la porzione di tangente al meridiano compresa fra il punto di contatto (sul parallelo considerato) e l'asse. Dunque per l'attuale superficie di rotazione questa porzione di tangente è costante, la curva meridiana è la nota *linea dalle tangenti costanti*, e la superficie generata è quella che si suole risguardare come tipo delle superficie di curvatura costante negativa.» (1868a, p. 303)

«Diese letztere Interpretation bringt leider, wie es scheint, nie das gesamte Gebiet der Ebene zur Anschauung, indem die Flächen mit konstantem negativen Krümmungsmaße wohl immer durch Rückkehrkurven usw. begrenzt werden.» (1871a-1921, p. 247)

«In seguito, volendo estendere queste considerazioni allo spazio, e sgomentandomi (a torto) delle difficoltà che presentava la risoluzione, nel caso di 3 dimensioni, del problema già da me risoluto nel 65, tentai di costruire la soluzione *a priori*, cioè per induzione, e fortunamente ci riuscii, osservando che in luogo della equazione (1) del *Saggio* si può scrivere: , $ds^2 = R^2 \frac{du^2 + dv^2 + dw^2}{w^2}$, $a^2 = u^2 + v^2 + w^2$, formole che, aggiungendo una dimensione, suggeriscono di porre: $ds^2 = R^2 \frac{dt^2 + du^2 + dv^2 + dw^2}{w^2}$, $a^2 = t^2 + u^2 + v^2 + w^2$. Verificai dunque che *due* equazioni *lineari* fra le tre variabili t, u, v definiscono una linea geodetica, cioè rendono $\delta \int ds = 0$. Ma appena conseguito questo risultato, che io sviluppai in modo prolisso e coll'aiuto di variabili ausiliarie (specie di coordinate polari non-euclidee), cominciai a sospettare che il teorema fosse vero per n qualunque, e verificando questa congettura giunsi alla dimostrazione che forma il principio della *Memoria* sugli spazii di curvatura costante.»

«L'espressione differenziale $ds = R \frac{\sqrt{dx^2 + dx_1^2 + dx_2^2 + ... + dx_n^2}}{x}$ dove $x, x_1, x_2, ..., x_n$ sono n+1 variabili legate dall'equazione $x^2 + x_1^2 + x_2^2 + ... + x_n^2 = a$, mentre R ed a sono due costanti, può risguardarsi come rappresentante l'elemento lineare, ossia la distanza di due punti infinitamente vicini, in uno spazio di n dimensioni, ciascun punto del quale è definito da un sistema di valori delle n coordinate $x_1, x_2, ..., x_n$. La forma di quell'espressione determina la natura di questo spazio.» (1868b, pp. 232-233)

«Nel presente scritto espongo i risultati molto più generali a cui mi ha condotto l'ulteriore evoluzione di quel concetto, coordinato ad alcuni principii tracciati da Riemann nell'insigne suo lavoro postumo [...].» (1868b, p. 232)

«L'anno scorso, quando nessuno sapeva di questo lavoro fondamentale di Riemann, io aveva comunicato all' ottimo Cremona un mio scritto nel quale davo un interpretazione della planimetria non-euclidea, che mi sembrava soddisfacente. Il Cremona non ne giudicò diversamente, ma mi fece una obbiezione di massima, dicendomi che poichè io usavo l'ordinaria analisi, che è fondata sul concetto euclideo, non potevo tenermi certo che con ciò solo io non avessi pregiudicato il finale risultamento.»

«E poichè finora la nozione di uno spazio diverso da questo sembra mancarci, od almeno sembra trascendere il dominio dell'ordinaria geometria, è ragionevole supporre che quand'anche le considerazioni analitiche alle quali si appoggiano le precedenti costruzioni sieno suscettive d'essere estese dal campo di due variabili a quello di tre, i risultati ottenuti in quest'ultimo caso non possano tuttavia essere costruiti coll'ordinaria geometria.» (1868a, p. 305)

«Così tutti i concetti della geometria non-euclidea trovano un perfetto riscontro nella geometria dello spazio di curvatura costante negativa. Solamente fa d'uopo osservare che mentre quelli relativi alla semplice planimetria ricevono in tal modo un'interpretazione vera e propria, poichè diventano costruibili sopra una superficie reale, quelli all'incontro che abbracciano tre dimensioni non sono suscettibili che di una rappresentazione analitica, poichè lo spazio in cui tale rappresentazione verrebbe a concretarsi è diverso da quello cui generalmente diamo tal nome.» (1868b, p. 253)

«La planimetria non-euclidea non è altro che la geometria delle superficie di curvatura costante negativa. [...]

La stereometria non-euclidea non è altro che la geometria degli spazii a tre dimensioni di curvatura costante negativa.» (1868b, p. 251)

«Amo però dichiarare che io pure non sono persuaso ancora della impossibilità di provare la geometria euclidea e spero che nessun passo de' miei scritti sia redatto da lasciar supporre il contrario.»

Chapitre 9

«Nella quiete della campagna sono tornato a pensare al soggetto dei lavori di Beltrami e non sono riuscito a ben comprendere la portata della critica fatta ai medesimi. In questi lavori una superficie si considera soltanto come uno spazio o forse, dicendo meglio, come una varietà di due sole dimensioni definita dalla espressione del suo elemento lineare, si astrae completamente dalla forma speciale che essa può avere nello spazio a tre dimensioni al quale non ci riferiamo più affatto.»

«Era riservato alle matematiche e precisamente alla geometria che ne è fondamento e tipo, presentare una aberrazione molto maggiore: alcuni Geometri Nordici inventarono una nuova geometria, nella quale [...] si suppone che le rette, i triangoli e gli altri oggetti considerati da tutti i Geometri abbiano proprietà e relazioni differenti dalle vere; sicchè questa non dovrebbe già dirsi *geometria immaginaria* bensì *geometria falsa*.»

«[...]; non veggo alcuna opportunità di dare alla nuova geometria il nome di metrico-projettiva; io la dico la geometria *falsa*; con che intendo soltanto che non è conforme al mondo sensibile; [...] del restò io non negherò che la geometria falsa valga pel mondo sopra-sensibile e sia anche conforme al più rigoroso ragionamento.»

«[...]; per lo contrario io credo che tale esperienza non avrebbe alcun valore: primieramente chi volesse dubitare che la somma fosse di due retti, avrebbe mille obbiezioni da fare sulla natura degli ogetti materiali che si dicono linee rette, e sul modo di misurarne gli angoli; [...].»

Chapitre 10

«The foregoing theory of the harmonic relation shows that if we have a point-pair $(a,b,c)(x,y)^2 = 0$, the equation of any other point-pair whatever can be expressed, and that in two different ways, in the form $(a,b,c)(x,y)^2 + (lx+my)^2 = 0$; the points $(lx+my = 0)$ corresponding to the two admissible values of the linear function being in fact the harmonics of the point-pair in respect to the given point-pair $(a,b,c)(x,y)^2 = 0$, or what is the same thing, the sibiconjugate points of the involution formed by the two point-pairs (see Fifth Memoir, No. 105). The point-pair represented by the equation in question does not in itself stand in any peculiar relation to the given point-pair $(a,b,c)(x,y)^2 = 0$; but when thus represented it is said to be inscribed in the given point-pair, and the point $lx+my = 0$ is said to be the axis of inscription. And the harmonic of this point whith respect to the given point-pair (that is, the other sibiconjugate point of the involution of the two point-pairs) is said to be the centre of inscription.»

«We may, if we please, (x',y') and θ being constants, exhibit the equation of the inscribed point-pair in the form $(a,b,c)(x,y)^2\ (a,b,c)(x',y')^2\ \sin^2\theta - (ac - b^2)(xy' - x'y)^2 = 0$, where we have for the axis of inscription and centre of inscription respectively, the equations $xy'-x'y = 0$, $(a,b,c)(x,y)(x',y') = 0$; or in the equivalent form, $(a,b,c)(x,y)^2\ (a,b,c)(x',y')^2 \cos^2\theta - \{(a,b,c)(x,y)(x',y')\}^2 = 0$, where we have for the axis of inscription and centre of inscription respectively, the equations $(a,b,c)(x,y)(x',y') = 0$, $xy'-x'y = 0$. The equivalence of the two forms depends on the identical equation $(a,b,c)(x,y)^2\ (a,b,c)(x',y')^2 - \{(a,b,c)(x,y)(x',y')\}^2 = (ac - b^2)(xy' - x'y)^2$ [...].»

«209. Imagine in the line [...] a point-pair, which I term the Absolute. Any point-pair whatever may be considered as inscribed in the Absolute, the centre and axis of inscription being the sibiconjugate points of the involution formed by the points of the given point-pair and the points of the Absolute; the centre and axis of inscription *quà* sibiconjugate points are harmonics with respect to the Absolute. A point-pair considered as thus inscribed in the Absolute is sais to be [...] a *circle*; the centre of inscription and the axis of inscription are termed the centre and the axis. Either of the two sibiconjugate points may be considered as the centre, but the selection when made must be adhered to. It is proper to notice that, given the centre and one point of the circle, the other point of the circle is determined in a unique manner. In fact the axis is the harmonic of the centre in respect to the Absolute, and then the other point is the harmonic of the given point in respect to the centre and axis.

210. As a definition, we say that the two points of a circle are equidistant from the centre. [...].»

«211. To show how the foregoing definition leads to an analytical expression for the distance of two points in terms of their coordinates, take $(a,b,c)(x,y)^2 = 0$ for the equation of the Absolute. The equation of a circle having the point (x',y') for its centre is $(a,b,c)(x,y)^2\ (a,b,c)(x',y')^2 \cos^2\theta - \{(a,b,c)(x,y)(x',y')\}^2 = 0$; and consequently if (x,y), (x'',y'') are the two points of the circle, then

$$\frac{(a,b,c)\ (x,y)\ (x',y')}{\sqrt{(a,b,c)\ (x,y)^2}\ \sqrt{(a,b,c)\ (x',y')^2}} = \frac{(a,b,c)\ (x',y')\ (x'',y'')}{\sqrt{(a,b,c)\ (x',y')^2}\ \sqrt{(a,b,c)\ (x'',y'')^2}},$$

an equation which expresses that the points (x'',y'') and (x,y) are equidistant from the point (x',y'). It is clear that the distance of the points (x,y) and (x',y') must be a function of $\dfrac{(a,b,c)\ (x,y)\ (x',y')}{\sqrt{(a,b,c)\ (x,y)^2}\ \sqrt{(a,b,c)\ (x',y')^2}}$, and the form of the function is determined from the before-mentioned property, viz. if P, P′, P″ be any three points taken in order, then Dist. (P,P′) + Dist. (P′,P″) = Dist. (P,P″).

This leads to the conclusion that the distance of the points (x,y), (x',y') is equal to a multiple of the arc having for its cosine the last-mentioned expression [...]; and we may in general assume that the distance is equal to the arc in question, viz. that the distance is

$$\cos^{-1} \frac{(a,b,c)\ (x,y)\ (x',y')}{\sqrt{(a,b,c)\ (x,y)^2}\ \sqrt{(a,b,c)\ (x',y')^2}},$$ or, what is the same thing,

$$\sin^{-1} \frac{\sqrt{ac-b^2}\ (xy'-x'y)}{\sqrt{(a,b,c)\ (x,y)^2}\ \sqrt{(a,b,c)\ (x',y')^2}}.$$ It follows that the two forms

$(a,b,c)(x,y)^2\ (a,b,c)(x',y')^2\ \cos^2\theta - \{(a,b,c)(x,y)(x',y')\}^2 = 0$, $(a,b,c)(x,y)^2\ (a,b,c)(x',y')^2 \sin^2\theta - (ac-b^2)(xy'-x'y)^2 = 0$, of the equation of a circle, each of them express that the distances of the two points from the centre are respectively equal to the arc θ; or, if we please, that θ is the radius of the circle.»

«As regards the analytical expression, in the case in question $ac\text{-}b^2$ vanishes, or the distance is given as the arc to an evanescent sine. Reducing the arc to its sine and omitting the evanescent factor, we have a finite expression for the distance. Suppose that the equation of the Absolute is $(qx\text{-}py)^2 = 0$, or what is the same thing, let the Absolute (treated as a single point) be the point (p,q), then we find for the distance of the points (x,y) and (x′,y′) the expression $\frac{xy'-xy'}{(qx-py)\ (qx'-py')}$ [...].»

«203. In particular, if $U = 0$ be the equation of a conic, and $P = 0$, $Q = 0$ the equations of two lines, then $U+\lambda PQ = 0$ is the equation of a conic passing through the points of intersection of the conic with the two lines; and if the two lines coincide, then $U+\lambda P^2 = 0$ is the equation of a conic having double contact with the conic $U = 0$ at its points of intersection with the line $P = 0$. Such conic is said to be inscribed in the conic $U = 0$; the line $P = 0$ is the axis of inscription; this line has the same pole with respect to each of the two conics, and the pole is termed the centre of inscription; [...]»

«205. Take (x′,y′,z′) as the point-coordinates of the centre of inscription, the equation of the axis of inscription is $(a,b,c,f,g,h)(x,y,z)(x',y',z') = 0$; and we may, if we please, exhibit the equation of the inscribed conic in the form $(a,...)(x,y,z)^2(a,...)(x',y',z')^2\cos^2\theta - \{(a,...)(x,y,z)(x',y',z')\}^2 = 0$, where θ is a constant. This equation may also be written $(a,...)(x,y,z)^2(a,...)(x',y',z')^2\sin^2\theta - (\mathcal{A},...)(yz'\text{-}y'z,zx'\text{-}z'x,xy'\text{-}xy')^2 = 0$, the two forms being equivalent in virtue of the identity, $(a,...)(x,y,z)^2(a,...)(x',y',z')^2 - \{(a,...)(x,y,z)(x',y',z')\}^2 = (\mathcal{A},...)(yz'\text{-}y'z,zx'\text{-}z'x,xy'\text{-}xy')^2$.»

«[...]; for the theory in effect is, that the metrical properties of a figure are not the properties of the figure considered *per se* apart from everything else, but its properties when considered in connexion with another figure, viz. the conic termed the Absolute. [...] Metrical geometry is thus a part of descriptive geometry, and descriptive geometry is *all* geometry, and reciprocally; [...].»

«I would myself say that the purely imaginary objects are the only realities, the ὄντωσ ὄντα, in regard to which the corresponding physical objects are as the shadows in the cave; and it is only by means of them that we are able to deny the existence of a corresponding physical object; if there is no conception of straightness, then it is meaningless to deny the existence of a perfectly straight line.»

«My own view is that Euclid's twelfth axiom in Playfair's form of it does not need demonstration, but is part of our notion of space, of the physical space of our experience – the space, that is, which we become acquainted with by experience, but which is the representation lying at the foundation of all external experience. Riemann's view before referred to may I think be said to be that, having *in intellectu* a more general notion of space (in fact a notion of non-Euclidian space), we learn by experience that space (the physical space of our experience) is, if not exactly, at least to the highest degree of approximation, Euclidian space.»

«1869 hatte ich in Fiedlers Bearbeitung der Salmonschen ‹Conics› die Cayleysche Theorie gelesen und hörte darauf im Winter 1869/70 in Berlin durch Stolz zum ersten Mal von Lobatscheffsky-Bolyai. Auf Grund dieser Andeutungen hatte ich nur sehr wenig verstanden, faßte aber sogleich die Idee, daß hier ein Zusammenhang bestehen müsse. Im Februar 1870 hielt ich einen Vortrag im Weierstraßschen Seminar über Cayleys Maßbestimmung, den ich mit der Frage schloß, ob hier nicht eine Übereinstimmung mit Lobatscheffsky vorläge. Ich erhielt jedoch als Antwort, das seien doch wohl ganz getrennte Gedankenkreise; für die Grundlagen der Geometrie komme wohl vor allen Dingen die Eigenschaft der Geraden in Betracht, die kürzeste Verbindung zwischen zwei Punkten zu sein.

Durch diese ablehnende Haltung ließ ich mir imponieren und schob die schon gefaßte Idee beiseite. [...]

Der Sommer 1871 führte mich [...] in Göttingen wiederum mit Stolz zusammen, dessen ich noch einmal mit besonderem Dank gedenke. Denn wie Staudt, so hat er mir auch Lobatscheffsky und Bolyai zugänglich gemacht, von denen ich selbst nie ein Wort gelesen habe. In endlosen Debatten mit ihm, der ein Logiker par excellence war, wurde mir der Gedanke, daß die nichteuklidischen Geometrien Teile der projektiven seien, im Cayleyschen Sinne zu völliger Gewißheit, die ich auch meinem Freunde nach hartnäckigem Widerstand aufzwang. Ich trat mir der Idee hervor in einer kurzen Note in den Göttinger Nachrichten und einer ersten Abhandlung *über die sog. nichteuklidische Geometrie* in den Annalen Bd. 4. 1871.»

«Die nachstehenden Erörterungen beziehen sich auf die sogenannte Nicht-Euklidische Geometrie von Gauß, Lobatschewsky, Bolyai und die verwandten Betrachtungen, welche Riemann und Helmholtz über die Grundlagen unserer geometrischen Vorstellungen angestellt haben. Sie sollen indes nicht etwa die philosophischen Spekulationen weiterfolgen, welche zu den genannten Arbeiten hingeleitet haben, vielmehr ist ihr Zweck, *die mathematischen Resultate dieser Arbeiten, soweit sie sich auf Parallelentheorie beziehen, in einer neuen anschaulichen Weise darzulegen und einem allgemeinen deutlichen Verständnisse zugänglich zu machen.*

Der Weg hierzu führt durch die projektivische Geometrie. Man kann nämlich, nach dem Vorgange von Cayley, eine projektivische Maßbestimmung im Raume konstruieren, welche eine beliebig anzunehmende Fläche zweiten Grades als sogenannte fundamentale Fläche benutzt. Je nach der Art der von ihr benutzten Fläche zweiten Grades ist nun diese Maßbestimmung ein Bild für die verschiedenen in den vorgenannten Arbeiten aufgestellten Parallentheorien. Aber sie ist nicht nur ein Bild für dieselben, sie deckt geradezu, wie sich zeigen wird, deren inneres Wesen auf.» (1871b-1921, p. 254)

«Ich beginne damit, die in Rede stehenden Parallelentheorien kurz auseinander zu setzen (§ 1). Sodann wende ich mich der Cayleyschen Maßbestimmung zu, die ich im Zusammenhange entwickele, so zwar, daß fortwährend auf die verschiedenartigen

Parallelentheorien Bezug genommen wird. Ich bin dabei um so lieber in ausführlichere Erörterungen eingegangen, als die bez. Cayleyschen Untersuchungen nicht hinlänglich bekannt geworden zu sein scheinen, dann aber auch bei ihnen der leitende Gesichtspunkt ein anderer ist, als der hier vorliegende. Bei Cayley handelt es sich darum, nachzuweisen, daß die gewöhnliche (Euklidische) Maßgeometrie als ein besonderer Teil der projektivischen Geometrie aufgefaßt werden kann. Zu diesem Zwecke stellt er die allgemeine projektivische Maßbestimmung auf und zeigt sodann, daß aus ihren Formeln die Formeln der gewöhnlichen Maßgeometrie hervorgehen, wenn die fundamentale Fläche in einen bestimmten Kegelschnitt, den unendlichen fernen imaginären Kreis, degeneriert. Hier dagegen handelt es sich darum, den *geometrischen Inhalt* der allgemeinen Cayleyschen Maßbestimmung möglichst deutlich darzulegen und zu erkennen, nicht nur, wie sie durch eine geeignete Partikularisation die Euklidische Maßgeometrie ergibt, sondern wesentlich, daß sie in ganz derselben Beziehung zu den verschiedenen Maßgeometrien steht, die sich den genannten Parallelentheorien anschließen.» (1871b-1921, pp. 254-255)

«1. Solche, bei denen zwei (reelle oder imaginäre) Elemente des Grundgebildes fest bleiben (allgemeiner Fall).

2. Solche, bei denen nur ein (doppeltzählendes) Element des Grundgebildes ungeändert bleibt (spezieller Fall).

Entsprechend wird es auch nur zwei wesentlich verschiedene Arten projektivischer Maßbestimmung auf den Grundgebilden erster Stufe geben: eine *allgemeine*, welche Transformationen erster Art, eine *spezielle*, welche Transformationen zweiter Art benutzt.

Die gewöhnliche Maßbestimmung im Strahlbüschel ist von der ersten Art. Denn bei einer Rotation des Büschels um seinen Mittelpunkt in seiner Ebene bleiben zwei getrennte Strahlen desselben, diejenigen, welche nach den unendlich fernen imaginären Kreispunkten hingehen, ungeändert.

Dagegen ist die gewöhnliche Maßbestimmung auf der Geraden von der zweiten Art. Denn bei einer Verschiebung einer Geraden in sich selbst bleibt nach der Annahme der gewöhnlichen parabolischen Geometrie nur ein Punkt derselben, der unendliche ferne Punkt, ungeändert.» (1871b-1921, p. 263)

«*Es wird also bei unserer Maßbestimmung die Entfernung zweier Elemente des Grundgebildes gleich dem mit einer gewissen Konstanten multiplizierten Logarithmus des von denselben mit den beiden Fundamentalelementen gebildeten Doppelverhältnisses.*» (1871b-1921, p. 266)

«An diesen fundamentalen Kegelschnitt knüpft sich zunächst die Maßbestimmung auf allen Grundgebilden erster Stufe, welche der Ebene angehören, d. h. die Maßbestimmung auf den Geraden und in den Strahlbüscheln der Ebene. Jede gerade Linie schneidet den fundamentalen Kegelschnitt in zwei (reeellen oder imaginären oder zusammenfallenden) Punkten. Diese sollen die Fundamentalpunkte für die auf ihr zu treffende Maßbestimmung sein. Unter den Linien jedes Büschels finden sich zwei (reelle oder imaginäre oder zusammenfallende) Tangenten des Kegelschnitts. Dieselben sollen als Fundamentalstrahlen für die Maßbestimmung im Strahlbüschel genommen werden.» (1871b-1921, p. 278)

«Wichtiger noch war aber der Widerstand, den ich von mathematischer Seite erfuhr. In meiner Abhandlung Annalen Bd. 4 hatte ich, nicht gewärtig der logischen Schwierigkeiten, die das Problem bieten würde, mit einem harmlosen Gebrauch der metrischen Geometrie begonnen und erst zum Schluß die Unabhängigkeit der projektiven Geometrie von aller Metrik mit einem Hinweis auf Staudt in ziemlich knapper Fassung dargelegt. Nun wurde von mehreren Seiten der Vorwurf eines Zirkelschlusses gegen mich erhoben. Man faßte nicht Staudts rein projektive Definition des Wurfes als Zahl, sondern hielt daran fest, daß diese Zahl doch nur als Doppelverhältnis von vier euklidischen Entfernungen gegeben sei.»

«Die Untersuchungen der Nicht-Euklidischen Geometrie haben durchaus nicht den Zweck, über die Gültigkeit des Parallelenaxioms zu entscheiden, sondern es handelt sich in denselben nur um die Frage: *ob das Parallelenaxiom eine mathematische Folge der übrigen bei Euklid aufgeführten Axiome ist*; eine Frage, die durch die fraglichen Untersuchungen definitiv mit *Nein* beantwortet wird.»

«Die Unbegrenztheit des Raumes besitzt daher eine grössere empirische Gewissheit, als irgend eine äussere Erfahrung. Hieraus folgt aber die Unendlichkeit keineswegs; vielmehr würde der Raum, wenn man Unabhängigkeit der Körper vom Ort voraussetzt, ihm also ein constantes Krümmungsmass zuschreibt, nothwendig endlich sein, so bald dieses Krümmungsmass einen noch so kleinen positiven Werth hätte. Man würde, wenn man die in einem Flächenelement liegenden Anfangsrichtungen zu kürzesten Linien verlängert, eine unbegrenzte Fläche mit constantem positiven Krümmungsmass, also eine Fläche erhalten, welche in einer ebenen dreifach ausgedehnten Mannigfaltigkeit die Gestalt einer Kugelfläche annehmen würde und welche folglich endlich ist.» (1867-1876, p. 266)

«Das Bild für den planimetrischen Teil der elliptischen Geometrie ist, wie man ohne weiteres sieht, die Geometrie auf der Kugel, überhaupt die Geometrie auf den Flächen von konstantem positiven Krümmungsmaße.» (1871a-1921, p. 247)

«Eingehende Besprechungen über die Geometrie des endlichen Raumes mit W. habe ich hauptsächlich im Herbst 1877 gehabt, als ich ihm auseinandersetzte, dass die Angaben von Klein-Newcomb einerseits und Helmholtz-Beltrami andererseits dadurch richtig gestellt würden, dass es zwei verschiedene endliche Raumformen (in dem damals von mir noch festgehaltenen Sinne) gäbe. Weierstrass stand damals ganz auf dem Standpunkte von Beltrami, den ohne Zweifel auch Riemann geteilt hat.»

«I cite it only to remark that the complete plane described in the present paper must by no means be confounded with a sphere from which it differs in several very essential characteristics.»

«Die elliptische Geometrie ist einfach deshalb so lange unbeachtet geblieben, weil der Begriff der Doppelfläche den Geometern nicht geläufig war, [...].»

Chapitre 11

«Die Bedeutung der hiermit besprochenen Helmholtz'schen Arbeiten beruht aber keineswegs nur in den mathematischen Betrachtungen und Resultaten, sondern darin, dass dieselben weit mehr von einem grösseren Publikum gelesen wurden, als jede andere Schrift auf diesem Gebiet. So knüpft denn auch die populäre Discussion im Kreise der Nicht-Mathematiker, der philosophischen Forscher, der Lehrer, die für Elementargeometrie Sinn und Interesse haben, ohne doch gelernte Mathematiker zu sein, fasst ausschliesslich an die Arbeiten von Helmholtz an.»

«Namentlich bilden bei der Beantwortung von Kant's berühmter Frage: ‹Wie sind synthetische Sätze a priori möglich?› die geometrischen Axiome wohl diejenigen Beispiele, welche am evidentesten zu zeigen schienen, dass überhaupt synthetische Sätze a priori möglich seien. Weiter gilt ihm der Umstand, dass solche Sätze existiren und sich unserer Ueberzeugung mit Nothwendigkeit aufdrängen, als Beweis dafür, dass der Raum eine a priori gegebene Form aller äusseren Anschauung sei. Er scheint dadurch für diese a priori gegebene Form nicht nur den Charakter eines rein formalen und and sich inhalstleeren Schema in Anspruch zu nehmen, in welches jeder beliebige Inhalt der Erfahrung passen würde, sondern auch gewisse Besonderheiten des Schema mit einzuschliessen, die bewirken, dass eben nur ein in gewisser Weise gesetzmässig beschränkter Inhalt in dasselbe eintreten und uns anschaubar werden könne.»

«Bekanntlich nahm schon Kant nicht nur an, dass die allgemeine Form der Raumanschauung transcendental gegeben sei, sondern dass dieselbe auch von vorn herein und vor aller möglichen Erfahrung gewisse nähere Bestimmungen enthalte, wie sie in den Axiomen der Geometrie ausgesprochen sind. Diese lassen sich auf folgende Sätze zurückführen:

1) Zwischen zwei Punkten ist nur eine kürzeste Linie möglich. Wir nennen eine solche ‹gerade›.
2) Durch je drei Punkte lässt sich eine Ebene legen. Eine Ebene ist eine Fläche, in die jede gerade Linie ganz hineinfällt, wenn sie mit zwei Punkten derselben zusammenfällt.
3) Durch jeden Punkt ist nur eine Linie möglich, die einer gegebenen geraden Linie parallel ist. [...]

Ja Kant benutzt die angebliche Thatsache, dass diese Sätze der Geometrie uns als nothwendig richtig erschienen, und wir uns ein abweichendes Verhalten des Raums auch gar nicht einmal vorstellen könnten, geradezu als Beweis dafür, dass sie vor aller Erfahrung gegeben sein müssten, und dass deshalb auch die in ihnen enthaltene Raumanschauung eine transcendentale, von der Erfahrung unabhängige Form der Anschauung sei.»

«Ich beabsichtige nämlich Ihnen Bericht zu erstatten über eine Reihe sich aneinander schliessender neuerer mathematischer Arbeiten, welche die geometrischen Axiome, ihre Beziehungen zur Erfahrung und die logische Möglichkeit, sie durch andere zu ersetzen, betreffen.

Da die darauf bezüglichen Originalarbeiten der Mathematiker [...] dem Nichtmathematiker ziemlich unzugänglich sind, so will ich versuchen auch für einen solchen anschaulich zu machen, um was es sich handelt.»

«Woher kommen nun solche Sätze, unbeweisbar und doch unzweifelhaft richtig im Felde einer Wissenschaft, wo sich alles Andere der Herrschaft des Schlusses hat unterwerfen lassen? Sind sie ein Erbtheil aus der göttlichen Quelle unserer Vernunft, wie die idealistischen Philosophen meinen, oder ist der Scharfsinn der bisher aufgetretenen Generationen von Mathematikern nur noch nicht ausreichend gewesen den Beweis zu finden?»

«Die ganze Ausführung der Rechnung ist eine rein logische Operation, sie kann keine Beziehung zwischen den der Rechnung unterworfenen Grössen ergeben, die nicht schon in den Gleichungen, welche den Ansatz der Rechnung bilden, enthalten ist. Die erwähnten neueren Untersuchungen sind deshalb fast ausschliesslich mittels der rein abstracten Methoden der analytischen Geometrie geführt worden.»

«Denken wir uns – darin liegt keine logische Unmöglichkeit – verstandbegabte Wesen von nur zwei Dimensionen, die an der Oberfläche irgend eines unserer festen Körper leben und sich bewegen. Wir nehmen an, dass sie nicht die Fähigkeit haben, irgend etwas ausserhalb dieser Oberfläche wahrzunehmen, wohl aber Wahrnehmungen, ähnlich den unserigen, innerhalb der Ausdehnung der Fläche, in der sie sich bewegen, zu machen. Wenn sich solche Wesen ihre Geometrie ausbilden, so würden sie ihrem Raume natürlich nur zwei Dimensionen zuschreiben.»

«Es ist klar, dass die Wesen auf der Kugel bei denselben logischen Fähigkeiten, wie die auf der Ebene, doch ein ganz anderes System geometrischer Axiome aufstellen müssten, als jene und wir selbst in unserem Raume von drei Dimensionen. Diese Beispiele zeigen uns schon, dass je nach der Art des Wohnraumes verschiedene geometrische Axiome aufgestellt werden müssten von Wesen, deren Verstandeskräfte den unserigen ganz entsprechend sein könnten.»

«Unter dem viel gemissbrauchten Ausdrucke ‹sich vorstellen› oder ‹sich denken können, wie etwas geschieht› verstehe ich – und ich sehe nicht, wie man etwas Anderes darunter verstehen könne, ohne allen Sinn des Ausdrucks aufzugeben –, dass man sich die Reihe der sinnlichen Eindrücke ausmalen könne, die man haben würde, wenn so etwas in einem einzelnen Falle vor sich ginge.»

«Auch sprechen schon unsere Axiome von Raumgrössen. Die gerade Linie wird als die kürzeste zwischen zwei Punkten definiert, was eine Grössenbestimmung ist. Das Axiom von den Parallelen sagt aus, dass, wenn zwei gerade Linien in derselben Ebene sich nicht schneiden (parallel sind), die Wechselwinkel, beziehlich die Gegenwinkel, an einer dritten sie schneidenden, paarweise gleich sind.»

«Diese letzteren Verhältnisse hat Herr Beltrami dadurch der Anschauung zugänglich gemacht, dass er zeigte, wie man die Punkte, Linien und Flächen eines pseudosphärischen Raumes von drei Dimensionen im Innern einer Kugel des Euklide-s'schen Raumes so abbilden kann, dass jede geradeste Linie des pseudosphärischen Raumes in der Kugel durch eine gerade Linie vertreten wird, jede ebenste Fläche des ersteren durch eine Ebene in der letzteren. Die Kugeloberfläche selbst entspricht dabei den unendlich entfernten Punkten des pseudosphärischen Raumes; die verschiedenen Theile desselben sind in ihrem Kugelabbild um so mehr verkleinert, je näher sie der Kugeloberfläche liegen und zwar in der Richtung der Kugelradien stärker als in den Richtungen senkrecht darauf.»

«Wir wollen nun die entgegengesetzte Annahme, die sich über ihren Ursprung machen lässt, untersuchen, die Frage nämlich, ob sie empirischen Ursprungs seien, ob sie aus Erfahrungsthatsachen abzuleiten, durch solche zu erweisen, beziehlich zu prüfen und vielleicht auch zu widerlegen seien. Diese letztere Eventualität würde dann auch einschliessen, dass wir uns Reihen beobachtbarer Erfahrungsthatsachen müssten vorstellen können, durch welche ein anderer Werth des Krümmungsmaasses angezeigt würde, als derjenige ist, den der ebene Raum des Euklides hat. Wenn aber Räume anderer Art in dem angegebenen Sinne vorstellbar sind, so wäre damit auch widerlegt, dass die Axiome der Geometrie nothwendige Folgen einer a priori gegebenen transcendentalen Form unserer Anschauungen im Kant'schen Sinne seien.»

«Man denke an das Abbild der Welt in einem Convexspiegel. [...] Aber die Bilder des fernen Horizontes und der Sonne am Himmel liegen in begrenzter Entfernung, welche der Brennweite des Spiegels gleich ist, hinter dem Spiegel. Zwischen diesen Bildern und der Oberfläche des Spiegels sind die Bilder aller anderen vor letzterem liegenden Objecte enthalten, aber so, dass die Bilder um so mehr verkleinert und um so mehr abgeplattet sind, je ferner ihre Objecte vom Spiegel liegen. [...] Dennoch wird jede gerade Linie der Aussenwelt durch eine gerade Linie im Bilde, jede Ebene durch eine Ebene dargestellt. Das Bild eines Mannes, der mit einem Maassstab eine von dem Spiegel sich entfernende gerade Linie abmisst, würde immer mehr zusammenschrumpfen, je mehr das Original sich entfernt, aber mit seinem ebenfalls zusammenschrumpfenden Maassstab würde der Mann im Bilde genau dieselbe Zahl von Centimetern herauszählen, wie der Mann in der Wirklichkeit; [...]. Kurz, ich sehe nicht, wie die Männer im Spiegel herausbringen sollten, dass ihre Körper nicht feste Körper seien und ihre Erfahrungen gute Beispiele für die Richtigkeit der Axiome des Euklides. Könnten sie aber hinausschauen in unsere Welt, wie wir hineinschauen in die ihrige, ohne die Grenze überschreiten zu können, so würden sie unsere Welt für das Bild eines Convexspiegels erklären müssen und von uns gerade so reden, wie wir von ihnen, und wenn sich die Männer beider Welten mit einander besprechen könnten, so würde, soweit ich sehe, keiner den anderen überzeugen können, dass er die wahren Verhältnisse habe, der andere die verzerrten; [...].»

«Ein solcher Beobachter würde die Linien der Lichtstrahlen oder die Visirlinien seines Auges fortfahren als gerade Linien anzusehen, wie solche im ebenen Raume vorkommen, und wie sie in dem kugeligen Abbild des pseudosphärischen Raumes wirklich sind. Das Gesichtsbild der Objecte im pseudosphärischen Raume würde ihm deshalb denselben Eindruck machen, als befände er sich im Mittelpunkte des Beltrami'schen Kugelbildes. Er würde die entferntesten Gegenstände dieses Raumes in endlicher Entfernung rings um sich zu erblicken glauben, nehmen wir beispielsweise an, in hundert Fuss Abstand. Ginge er aber auf diese entfernten Gegenstände zu, so würden sie sich vor ihm dehnen, und zwar noch mehr nach der Tiefe, als nach der Fläche; hinter ihm aber würden sie sich zusammenziehen. Er würde erkennen, dass er nach dem Augenmaass falsch geurtheilt hat.»

«Es wird dies genügen um zu zeigen, wie man auf dem eingeschlagenen Wege aus den bekannten Gesetzen unserer sinnlichen Wahrnehmungen die Reihe der sinnlichen Eindrücke herleiten kann, welche eine sphärische oder pseudosphärische Welt uns geben würde, wenn sie existirte. Auch dabei treffen wir nirgends auf eine Unfolgerichtigkeit oder Unmöglichkeit, ebenso wenig wie in der rechnenden Behandlung der Maassverhältnisse. Wir können uns den Anblick einer pseudosphärischen Welt ebenso gut nach allen Richtungen hin ausmalen, wie wir ihren Begriff entwickeln können. Wir können deshalb auch nicht zugeben, dass die Axiome unserer Geometrie in der gegebenen Form unseres Anschauungsvermögens begründet wären, oder mit einer solchen irgendwie zusammenhingen.»

«Since the number of dimensions of space is conceived by him in connection with its manifold structure, consistency requires that we also regard this structure as included in the general form of extendedness.»

«Zweitens ist die Definition eines festen Körpers, beziehlich festen Punktsystems zu geben, wie sie nöthig ist, um Vergleichung von Raumgrössen durch Congruenz vornehmen zu können. Da wir hier noch keine speciellen Methoden zur Messung der Raumgrössen voraussetzen dürfen, so kann die Definition eines festen Körpers nur erst durch folgendes Merkmal gegeben werden: Zwischen den Coordinaten je zweier Punkte, die einem festen Körper angehören, muss eine Gleichung bestehen, die eine bei jeder Bewegung des Körpers unveränderte Raumbeziehung zwischen den beiden Punkten (welche sich schliesslich als ihre Entfernung ergiebt) ausspricht, und welche für congruente Punktpaare die gleiche ist. Congruent aber sind solche Punktpaare, die nach einander mit demselben im Raume festen Punktpaare zusammenfallen können.»

«Wenn wir es zu irgend einem Zwecke nützlich fänden, könnten wir in vollkommen folgerichtiger Weise den Raum, in welchem wir leben, als den scheinbaren Raum hinter einem Convexspiegel mit verkürztem und zusammengezogenem Hintergrunde betrachten; oder wir könnten eine abgegrenzte Kugel unseres Raumes, jenseits deren Grenzen wir nichts mehr wahrnehmen, als den unendlichen pseudosphärischen Raum betrachten. Wir müssten dann nur den Körpern, welche uns als fest erscheinen, und ebenso unserem eigenen Leibe gleichzeitig die entsprechenden Dehnungen und Verkürzungen zuschreiben, und würden allerdings das System unserer mechanischen Principien gleichzeitig gänzlich verändern müssen; denn schon der Satz, dass jeder bewegte Punkt, auf den keine Kraft wirkt, sich in gerader Linie mit unveränderter Geschwindigkeit fortbewegt, passt auf das Abbild der Welt im Convexspiegel nicht mehr. Die Bahnlinie wäre zwar noch gerade, aber die Geschwindigkeit abhängig vom Orte.»

«Helmholtz hat Kant in den Grundlagen seines Systems angegriffen, als er die Unveränderlichkeit und apodiktische Sicherheit der geometrischen Axiome, auf denen Kant fusst, leugnete.

Hat nun Helmholtz Recht und ist das Kantische Fundament falsch, so fällt damit auch der Inhalt und die Methode, welche hieraus nothwendig hervorwachsen; dann ist ferner die jahrhundertlange Richtung der deutschen Philosophie eine verfehlte, und es bleibt uns nichts Anderes übrig, als die deutsche Jugend wiederum in die Schule der Engländer zu schicken zum Studium der Philosophie, einer Philosophie welche man bisher durch Kant und seine Schüler für widerlegt oder verbessert hielt. [...]

Wenngleich zwar täglich Schriften derjenigen Richtung, welche die inductive Methode als die allein zulässige betrachtet und darum die Kantische Lehre bemängelt, erscheinen, so ist doch ein so intensiver Angriff noch nie gegen die Grundlage der Kantischen Erkenntnisstheorie gerichtet worden, als in den populär-wissenschaftlichen Vorträgen von Helmholtz. Dieser Angriff ist um so schwerer, als er getragen wird von dem glänzenden Namen des berühmten Naturforschers an der Berliner Universität.»

«Sobald aber eine Fläche sich krümmt, bleibt sie zwar nur ein zweidimensionales Gebilde, aber ihre Krümmung vollzieht sich in der dritten Dimension, und dadurch unterscheidet sie sich von der Ebene. Die Oberfläche einer Kugel kann nicht sein ohne eine Kugel, und eine Kugel kann nicht sein ohne drei Dimensionen. Es ist daher ein Flächenwesen von gekrümmten Leibe mit Kenntniss von nur zwei Dimensionen genau derselbe Widerspruch, welchen ein dreidimensionales Wesen mit Kenntniss von nur zwei Dimensionen in sich enthält [...].»

«Linien, Flächen, Axen der Körper im Raum haben eine Richtung und daher auch ein Krümmungsmaass, aber der Raum als solcher hat keine Richtung, weil eben alles Gerichtete im Raume ist, und darum hat er kein Krümmungsmaass; das aber ist etwas Anderes als ein Krümmungsmaass gleich Null.»

«Sie wird ihm nun aber zweifellos entstehen, nicht auf Grund unmittelbarer Wahrnehmung, sondern auf Grund des unerträglichen Widerspruches, der in dieser sich selbst wiedererreichenden Graden läge, wenn man dies scheinbare Resultat der Erfahrung als eine wirkliche Thatsache gelten liesse. Für eine Anschauung, welche einmal mannigfaltige Punkte in räumlichem Nebeneinander geordnet vorstellt, ist der Inhalt der gemachten Erfahrung Nichts weiter als die Definition einer Krümmung, und zwar, Alles beachtet, der gleichförmigen Kreiskrümmung; da sie aber weder ostwärts noch westwärts gerichtet sein kann, so muss es nothwendig eine Dritte Dimension geben, aus der zwar niemals unmittelbare Eindrücke kommen, und die deshalb für das Wesen W nicht in der Weise, wie die beiden andern, Gegenstand einer sinnlichen Wahrnehmung sein kann, die aber mit derselben Gewissheit vorgestellt wird, wie von uns der Innenraum eines physischen Körpers, der durch seine Oberflächen verdeckt wird.» (1879, p. 252)

«Bisher sind diese Beobachtungen mit der Euklidischen Geometrie in Uebereinstimmung gewesen; käme es aber einmal dazu, dass astronomische Messungen grosser Entfernungen nach Ausschluss aller Beobachtungsfehler eine kleinere Winkelsumme des Dreiecks nachwiesen, was dann? Dann würden wir nur glauben, eine neue sehr sonderbare Art der Refraction entdeckt zu haben, welche die zur Bestimmung der Richtungen dienenden Lichtstrahlen abgelenkt habe; d. h. wir würden auf ein besonderes Verhalten des physischen Realen im Raume, aber gewiss nicht auf ein Verhalten des Raumes selbst schliessen, das allen unseren Anschauungen widerspräche und durch keine eigene exceptionelle Anschauung verbürgt würde.» (1879, pp. 248-249)

«Jevons's position was, essentially, that although Helmholtz had been successful in creating models of a world in which the Euclidean axioms of geometry would not accurately describe experience, the existence of these models did not affect the *truth* of Euclid's axioms; it was simply the case that within the peculiar situations Helmholtz had hypothesized, Euclid's axioms would be less *applicable*.»

«Let us put this question: ‹Could the dwellers on a spherical world appreciate the truth of the 32nd proposition of Euclid's first book?› I feel sure that, if in possession of human powers of intellect, they could. In large triangles that proposition would altogether fail to be verified, but they could hardly help perceiving that, as smaller and smaller triangles were examined, the spherical excess of the angles decreased, so that the nature of a rectilineal triangle would present itself to them under the form of a limit. The whole of plane geometry would be as true to them as to us, except that it would only be exactly true of infinitely small figures.»

«I think, therefore, that Mr. Jevons does not distinguish sufficiently between the truth which corresponds to reality, and analytical truth which is derived from a hypothetical basis by a logical process consistent in itself and leading to no contradiction. For us the Euclidean geometry is true in reality: a theorem of the spherical or pseudospherical geometry could be called true in the second sense, when consistent with the whole system of such a geometry. For the intellects of a pseudo-spherical world, on the contrary, the Euclidean geometry would be fictitious and that of Lobatschewsky real.»

«But their original Euclidian geometry would not the less be a true system: only it would apply to an ideal space, not the space of their experience.»

«Secondly consider an ordinary, indefinitely extended plane; and let us modify only the notion of distance. We measure distance, say, by a yard measure or a foot rule, [...]; imagine, then, the length of this rule constantly changing (as it might do by an alteration of temperature), but under the condition that its actual length shall depend only on its situation on the plane and on its direction [...]. The distance along a given straight or curved line between any two points could then be measured in the ordinary manner with this rule, and would have a perfectly determinate value: it could be measured over and over again, and would always be the same; but of course it would be the distance, not in the ordinary acceptation of the term, but in quite a different acceptation.»

«As all the straightest lines on a sphere end by meeting somewhere, why should they not for once suppose a different surface, on which straightest lines might be drawn in any direction so as to retain the same distance to infinity, and, reasoning on this and a few more suppositions, discover the analytical geometry of the plane? Combining this with their original spherical theorems, some genius among them might conceive the bold hypothesis of a third dimension, and demonstrate that actual observations are perfectly explained by it. Henceforth there would be a double set of geometrical axioms; one the same as ours, belonging to science, and another resulting from experience in a spherical surface only, belonging to daily life. The latter would express the ‹object› of sense-intuition; the former, ‹reality›, incapable of being represented in empirical space, but perfectly capable of being thought of and admitted by the learned as real, albeit different from the space inhabited.»

«But we are told of spherical and pseudospherical space, and non-Euclideans exert all their powers to legitimate these as space by making them imaginable. We do not find that they succeed in this, unless the notion of imaginability be strechted far beyond what Kantians and others understand by the word. [...] And when we are assured that Beltrami has rendered relations in pseudospherical space of three dimensions imaginable by a process which substitutes straight lines for curves, planes for curved surfaces, and points on the surface of a finite sphere for infinitely distant points, we might as well believe that a cone is rendered sufficiently imaginable to a pupil by merely showing its projection upon a plane [...]. Just the characteristic features of the thing we are to imagine must be done away with, and all we are able to grasp with our intuition is a translation of that thing into something else.»

«As soon as we have found the proper physical means for determining whether the distances of any two pairs of points are equal, we shall also be able to distinguish the case where three points, a, b, c, lie in a straight line, because then there will exist no point distinct from b having the same distances as ab and bc from a and c.

We should then be able to seek three points, A, B, C, equidistant from one another as angles of an equilateral triangle, and upon the rectilineal sides, AB and AC, two others points, b and c, equidistant from A. Upon this the question would arise whether the distance bc = Ab = Ac. Euclidian geometry answers, yes. *Spherical* geometry would say that bc > Ab, when Ab < AB; *pseudospherical* geometry would say the opposite. Here then, at our first steps, we should find we had to settle our axioms.»

«But my opponent is of opinion that besides this *physical geometry* which takes account of the physical (as well as the geometrical) properties of bodies, there is also a *pure geometry* grounded solely on transcendental intuition – that we have, apart from experience, a representation of geometrical bodies, surfaces, lines, that are absolutely rigid and immovable, and yet may stand in the relation of equality and congruence.»

«If we really had an innate and indestructible form of space-intuition involving the axiomes with it, their objective scientific application to the phenomenal world would be justified only in so far as observation and experiment made it manifest that physical geometry, grounded in experience, could establish universal propositions agreeing with the axioms.»

«Die Kugelbewohner werden also eine ideelle Planimetrie entwickeln, welche sich nirgendwo auf die ihnen wahrnehmbaren Gegenstände anwenden lässt. Diese ideelle Planimetrie wird ihnen jedoch ermöglichen, aus ihren Karten, welche die wirkliche Ländergestalt gar nicht ähnlich wiederzugeben vermögen (grade wie auch unsere auf ebenes Papier gedruckten Karten), die richtigen Distanzen abzuleiten. Sie werden nicht, wie H. meint, ein anderes System von geometrischen Axiomen aufstellen als das unsrige, sondern ein von ihrer Wahrnehmung verschiedenes ideelles, nämlich dasselbe wie unser ideelles (das Euklidische), welches ja auch nicht auf unsere Wahrnehmungen genau, sondern nur annähernd passt, eben weil es ein ideell konstruirtes, nicht aber ein aus der Natur kopirtes (nach dem empiristichen Ausdruck «ein lediglich aus der Erfahrung gewonnenes») System ist.»

«Die geschilderte Auffassung des Problems der Geometrie ist im wesentlichen als Ergebnis der Arbeiten von Riemann, Helmholtz, Poincaré zu betrachten und als *Konventionalismus* bekannt worden. Während Riemann durch seine mathematische Formulierung des Raumbegriffes den Grund vor allem für die spätere physikalische Anwendung legte, hat Helmholtz die philosophischen Grundlagen geschaffen; er hat insbesondere den Zusammenhang des Geometrieproblems mit dem der starren Körper erkannt und auch bereits die Anschaulichkeit nichteuklidischer Räume in völlig zutreffender Weise gedeutet. Ihm fällt weiter das Verdienst zu, die Unhaltbarkeit der kantischen Raumlehre vor der neueren mathematischen Entwicklung erkannt zu haben. Seine erkenntnistheoretischen Vorträge sind deshalb als die Quelle unseres heutigen philosophischen Wissens vom Raume anzusehen.»

Chapitre 12

«Ungeachtet der scheinbaren Selbständigkeit der Geometrie des endlichen Raumes kann doch die Geometrie Bolyai's und Lobatschewsky's als der allgemeine Fall bezeichnet werden.

Da nämlich jede Wissenschaft ihren Gegenstand aus gewissen hypothetischen Voraussetzungen und Gebilden aufbaut, so muss von den verschiedenen möglichen Formen einer Wissenschaft, die den verschiedenen Voraussetzungen entsprechen, diejenige die allgemeinste genannt werden, welche unter ihren Objecten die der übrigen Formen enthält.

Die auf Grundlage des unendlichen Raumes erhaltene Geometrie besitzt unter ihren Gebilden die Sphäre (und die von ihr eingeschlossene Kugel als Theil des Raumes) mit genau denselben Eigenschaften als die selbstständige Form des endlichen Raumes. Man kann daher die Geometrie des endlichen Raumes als einen Theil der Untersuchungen der Geometrie des unendlichen Raumes auffassen, d.h. letztere als die allgemeine Form betrachten.»

«Für die Zwecklosigkeit einer eigenen Geometrie des endlichen Raumes wird noch der weitere Grund angegeben, dass der unendliche Raum unter seinen Objecten die des endlichen Raumes enthalte [...]. In der That ist die Behauptung des Verfassers nur theilweise richtig; die Ebene des endlichen Raumes z.B. stimmt mit einer Kugelfläche des unendlichen nur in denjenigen Eigenschaften überein, bei denen die betreffende Fläche für sich betrachtet wird; dagegen treten Verschiedenheiten ein, sobald man jede mit andern Gebilden des Raumes zusammengestellt.»

«Wohl aber beansprucht ein solches Interesse die Frage nach der Quelle der vollkommen irrigen, in der Bolyaischen Theorie zum Ausdruck gebrachten geometrischen Anschauung. Diese Quelle scheint mir der unglückselige Satz zu sein, ‹dass zwei parallele Linien sich im Unendlichen schneiden.› Aus diesem Satze [...] fliesst der Begriff ‹des unendlich fernen Punktes einer Geraden›. Dieser Begriff ist in sich widersprechend, denn die Existenz einzelner unendlich ferner Punkte ist mit dem Begriff der Unendlichkeit nicht verträglich – mindestens würde er eine petitio principii involviren, vor der gerade ein Buch sich hüten sollte, das gegen willkürliche Voraussetzungen Front macht, wie das Frischaufsche.»

«Die Bolyaischen Parallelen nämlich haben allerdings keinen constanten Abstand, sondern nähern sich allmälig, um sich ‹im Unendlichen› zu schneiden. Da sie dann aber einen Winkel von der Grösse Null bilden, so geräth man auf 2 von demselben (‹dem unendlich fernen›) Punkte unter diesem Winkel ausgehende Gerade, die nicht zusammenfallen – ein Verhältniss, welches den Grundeigenschaften der geraden Linie direct widerstreitet. Daraus machen sich allerdings alle Diejenigen nichts, die ‹im Unendlichen› jeden Widerspruch zulassen, in dem beruhigen Bewusstsein, dass dies eine Gegend ist, wohin doch niemals Jemand kommt, um an Ort und Stelle gegen solchen Widerspruch zu protestiren.»

«Diese Quelle scheint ihm der Satz zu sein, dass zwei Parallele einander im Unendlichen schneiden. Ich glaube nicht, dass viele Mathematiker hierin einen Satz erblicken; ich wenigstens habe dies stets für einen blossen Ausdruck gehalten, der gerade in der Euklidischen Geometrie kaum entbehrt werden kann und dazu dient, die Ausnahmen vieler Sätze in den allgemeinen Ausspruch einzuschliessen. Ob manche Lehrer mit diesem Ausdruck nicht vorsichtig genug sind, weiss ich nicht; aber das ist für die vorliegende Frage von keiner Bedeutung.»

«Nach solchen Proben logischer Schärfe des Herrn Ref. glaube ich seine subjectiven Ansichten über Raumtheorien und über die Voraussetzungen der Geometrie ignoriren zu können.»

«Wagt man es, Euklids Elemente, die mehr als 2000 Jahre ein unbestrittenes Ansehen behauptet haben, als Astrologie zu behandeln? Nur dann, wenn man es nicht wagt, kann man auch Euklids Axiome nicht als falsch oder zweifelhaft hinstellen. Dann muss die nichteuklidische Geometrie zu den Unwissenschaften gezählt werden, die man nur noch als geschichtliche Seltsamkeiten einer geringen Beachtung wert achtet.» (1969, p. 184)

«Niemand kann zwei Herren dienen. Man kann nicht der Wahrheit dienen und der Unwahrheit. Wenn die euklidische Geometrie wahr ist, so ist die nichteuklidische Geometrie falsch, und wenn die nichteuklidische wahr ist, so ist die euklidische Geometrie falsch.» (1969, p. 183)

«Von diesen kann nur das begriffliche Denken in gewisser Weise loskommenn, wenn es etwa einen Raum von vier Dimensionen oder von positivem Krümmungsmaasse annimmt. Solche Betrachtungen sind durchaus nicht unnütz; aber sie verlassen ganz den Boden der Anschauung. Wenn man diese auch dabei zu Hilfe nimmt, so ist es doch immer die Anschauung des euklidischen Raumes, des einzigen, von dessen wir Gebilde eine haben. [...] Für das begriffliche Denken kann man immerhin von diesem oder jenem geometrischen Axiome das Gegentheil annehmen, ohne dass man in Widersprüche mit sich selbst verwickelt wird, wenn man Schlussfolgerungen aus solchen der Anschauung widerstreitenden Annahmen zieht. Diese Möglichkeit zeigt, dass die geometrischen Axiome von einander und von den logischen Urgesetzen unabhängig, also synthetisch sind.»

Chapitre 13

«Dass alle diese Versuche vergebliche bleiben mussten, ist nun aber in unserem Jahrhunderte genügend dargethan worden durch Lobatschewsky und Bolyai, namentlich aber durch Riemann, welcher mit bewunderungswürdiger Abstraction das Wesen des Raumes untersucht hat und denselben als empirischen Begriff (ganz im Gegensatze zu Kant) deutet. Aus seinen Untersuchungen geht hervor, dass thatsächlich die Grundsätze, auf welchen die Planimetrie basirt, nichts Anderes als Erfahrungssätze sind, dass dementsprechend auch die Geometrie eine Erfahrungswissenschaft ist. Dieser Satz mag zunächst durch die Kühnheit, mit welcher er urplötzlich in eine mehrtausendjährige Anschauung einbricht, abschrecken, Einigen vielleicht lächerlich erscheinen; die Wahrheit desselben bricht sich gleichwohl täglich breitere Bahn.»

«[...] überlässt er dem Urtheile Derer, welche nicht absprechend dreinreden, wenn es gewagt wird, eine mathematische Wissenschaft ihres bisher von ihr beanspruchten Ranges einer Wissenschaft a priori zu entkleiden.

Für die Sache selbst hat der Verfasser Autoritäten zur Seite, welche ihn mit Ruhe allen derartig absprechenden Einreden entgegen blicken lassen.»

«Diese von ihm so bezeichnete Geometrie ist vor Kurzem in lichtvoller Weise durch Frischauf auch weiteren Kreisen zugänglich gemacht worden, und den mathematisch gebildeten Lesern ist damit Gelegenheit gegeben, für sich das eigentliche Wesen der Geometrie mit überzeugender Klarheit zu erkennen. Für diese können nunmehr die ersten Grundlagen der Geometrie wesentlich Dunkles kaum noch enthalten.»

«In questi ultimi tempi è divenuto ben manifesto e spiccato il fatto che v'hanno due modi totalmente diversi di comprendere la Geometria assoluta; volendo caratterizzare il più brevemente possibile la loro differenza, si può dire che una parte dei matematici, che ora si occupano di tali studi, crede alla realità di questa Pangeometria, vale a dire, crede alla esistenza di figure che non sono sottoposte alle leggi dell'antica Geometria; gli altri invece in questa Geometria non scorgono che una occasione di pure ricerche matematiche, alle quali manca ogni substrato reale.»

«Le investigazioni della specie in fine accennata hanno dimostrato a sufficienza che si può costruire una Geometria rigorosamente esatta e spoglia d'ogni contradizione anche senza porvi a fondamento l'assioma delle parallele. Ma non si scorge perchè da questo debba tirarsi la conclusione, che perciò solo sia impossibile una dimostrazione dell'assioma delle parallele. Perocchè conviene sempre rammentarsi quella Geometria è puramente immaginaria, ed affatto inapplicabile nel decidere sulle relazioni che di fatto hanno luogo nello spazio.»

«Das elfte Axiom wäre demgemäss unmittelbar bewiesen, sobald es möglich wäre, die Identität der Grenzfläche mit der Ebene, der Grenzlinie mit der Geraden, deduktiv festzustellen, allein es ist diess weder bislang gelungen, noch wird es auch aller Wahrscheinlichkeit nach jemals gelingen.»

«Der mehr metaphysische Bestandtheil dieser Untersuchungen ist für uns so gut wie gar nicht vorhanden; für uns ist das, was man gewöhnlich als *elliptische, parabolische und hyperbolische Geometrie* zu bezeichnen pflegt, nichts anderes als die Geometrie der Flächen von constanter positiver, verschwindender und constanter negativer Krümmung, und speziell die letztere fällt für uns vollständig mit der von Beltrami geschaffenen Theorie der sogenannten Pseudosphäre zusammen, wennschon aus Gründen der Kürze die übliche – uneigentliche – Bezeichnungsweise beibehalten werden soll.»

«Diese neue Raumlehre, für welche der Name *absolute* oder *nicht-euklidische Geometrie* gewählt wurde, ist zunächst nichts anderes als eine mathematische Fiktion, welche an und für sich des reellen Substrates entbehren würde. Spätere Forschungen haben ihr dasselbe jedoch verliehen.»

«Als der Verfasser dieser Abhandlung zum erstenmale die geometrischen Untersuchungen von Lobatschewsky-Bolyai kennen lernte, befremdeten ihn die Resultate derselben im höchsten Grade. Nicht so fast der Ausgangspunkt, dass es durch einen Punkt zu einer Geraden zwei Parallele geben könne, als hauptsächlich die daran sich knüpfenden Folgerungen schienen ihm mit der primitivsten Raumanschauung im Widerspruch zu stehen.»

«Da es aber noch Mathematiker gibt, welche entweder den Bertrand'schen Beweis für das Axiom als streng bindend erachten oder dasselbe als apriorisch gegebene Erkenntnis auffassen, und welche daher gegen die neueren geometrischen Anschauungen sich gleichgültig oder ablehnend verhalten, so sollen in der folgenden Abhandlung die Unbeweisbarkeit und die rein empirische Giltigkeit des elften Axioms als Folge der Lobatschewsky'schen Untersuchungen klargelegt, [...].»

«Da das elfte Axiom einem strengen Beweise widersteht und doch nicht von vornherein als absolute Denknotwendigkeit anerkannt werden kann, so ist es jedenfalls von Interesse, zu untersuchen, wie weit wir die Geometrie ohne dasselbe aufbauen können. Dadurch kommen wir entweder zu einem Punkte, der mit unsern unmittelbarsten Begriffen von den geometrischen Eigenschaften der Dinge im Widerspruch ist, und erhalten dann einen neuen Ausgangspunkt zum Beweise des Axioms, oder wie finden diejenigen nicht naturnotwendige aber erfahrungsmässige Thatsache, von der dasselbe abhängt und als deren mathematische Funktion es sich darstellen lässt, oder endlich wir finden, dass das elfte Axiom überhaupt nicht strenge gilt, sondern nur eine Annäherung an die Wahrheit enthält, welche Annäherung allerdings so gross ist, dass sie der gewöhnliche Beobachter von der Wahrheit selbst nicht zu unterscheiden vermag.»

«Wenn wir nun endlich die Lobatschewsky'sche Geometrie selbst in bezug auf ihre innere Widerspruchsfreiheit prüfen wollen, so sind wir allerdings auf den ersten Anblick stark geneigt, dieselbe zu bezweifeln; denn wenn wir die dort sich ergebenden Resultate durch Zeichnung versinnlichen wollen, so müssen wir die gerade Linie als nicht in sich zurücklaufend und als höchstens einen Schnittpunkt mit einer zweiten besitzend aber dennoch als gekrümmt darstellen. [...]

Da wir aber den ersten Ausgangspunkt für die gewonnenen Konsequenzen des Lobatschewsky'schen Systems als berechtigt zugestanden haben, indem wir nämlich das elfte Axiom nicht als naturnotwendige Eigenschaft unserer Raumanschauung zu erkennen vermochten, so können wir auch die Consequenzen selbst nicht als widersinnige bezeichnen, sondern wir müssen die thatsächliche Nichtexistenz derselben als nur durch die Erfahrung gegeben auffassen, wenn wir nicht einen inneren Widerspruch in dem genannten System aufzufinden imstande sind.»

«Wir sehen also dass auch in dem der Erfahrung am meisten widersprechende Punkte die vom Parallelenaxiom abstrahierende Geometrie in sich widerspruchfrei ist, und müssen daher die Behauptung aussprechen:

‹Die Geometrie Lobatschewsky's liefert den Beweis, dass das elfte Axiom keine Folge der übrigen bei Euklid angeführten Axiome ist, sondern dass der Inhalt desselben nur durch die Erfahrung gewonnen wird.›»

«Wenn das Parallelenaxiom eine wesentliche Eigenschaft unserer Raumanschauung enthält, so kann es nicht angenähert, sondern es muss mit absoluter Genauigkeit gelten; enthält es aber eine unwesentliche Eigenschaft nur unserer Raumanschauung, so ist es möglich, ja sogar wahrscheinlich, dass es nur angenähert gilt.»

«Die Entscheidung, ob das Parallelenaxiom genau oder nur angenähert gilt, können wir nun nicht durch Messung treffen, weil alle unsere Messungen stets nur angenäherte Resultate liefern, und weil wir dieselben nicht ins Unendliche ausdehnen können.»

«Die geodaetischen Linien der Beltramischen Fläche sind in ihrer Form nicht von ihrer Lage unabhängig; denn drehen wir eine geodaetische Linie um einen Punkt, so ändert sich ihr Krümmungsradius fortwährend, während wir die Geraden der Ebene als unbedingt (ohne Biegung) einander kongruent voraussetzen.»

«In bezug auf das elfte Axiom nun bestätigen die Klein'schen Betrachtungen auf's evidenteste den Zusammenhang dieses Axiomes mit der Hypothese von der Unendlichkeit des Raumes. [...] Dadurch erschien ein ganzer Kegelschnitt, der in Wahrheit im Endlichen liegt, als unendlich entferntes Gebilde, und nur so verifizierte sich die Lobatchewsky'sche Geometrie. Dann musste man aber auch annehmen, dass eine Bewegung mit konstanter Geschwindigkeit (im gewöhnlichen Sinne) unmöglich ist, und dass vielmehr jede Geschwindigkeit einer geradlinigen Bewegung mit der Entfernung vom Ausgangspunkte stetig abnimmt. Daraus folgt, dass sich eine Strecke, welche man längs einer Geraden verschiebt, notwendig deformieren (verkürzen) muss, und es negiert demzufolge die Klein'sche Darstellung nicht nur die Unendlichkeit der Ebene und der Geraden, sondern auch noch das Postulat der Unabhängigkeit der Dimensionen vom Orte.»

«Es ist also hiermit der mathematische Beweis geliefert, dass die euklidischen Eigenschaften unseres Raumes nicht unwesentliche und durch Empirie wahrscheinlich gemachte, sondern notwendiger Natur sind, dass unser Raum der einzig mögliche und denkbare ist, dass die Eigenschaften der Dreidimensionalität und der Unendlichkeit nicht nur eine hohe Wahrscheinlichkeit innerhalb der Grenzen des unserer Erkenntnis zugänglichen Gebietes, sondern geradezu eine absolute Gewissheit besitzen. Daher kann der Raum nicht als spezieller Fall einer n fach ausgedehnten Mannigfaltigkeit angesehen werden; [...].

Mit der allgemeinen Aufgabe, uns ein Urteil über die Bedeutung der Lehre von den höhern Mannigfaltigkeiten zu bilden, haben wir zugleich die uns näher liegende spezielle Frage über die absolute oder angenäherte Giltigkeit des Parallelenaxioms gelöst, ohne dass wir dabei, wie wir anfangs für nötig hielten, vom mathematischen auf das philosophische Gebiet übertreten mussten.

Das elfte Axiom besitzt nicht eine angenäherte, sondern eine absolute Giltigkeit, es spricht eine wesentliche Eigenschaft des Raumbegriffes aus.»

«[...]; denn ‹das elfte Axiom ist unbeweisbar› heisst nur, dass es nicht als Folge aus einer andern Wahrheit abgeleitet werden kann. Diese Unbeweisbarkeit ist wohl verträglich mit seiner absolut notwendigen Existenz.»

«Wie über die Fernwirkung der Kraft in der Physik philosophisch zu disputieren erst der sich berufen halten kann, der Physik kennt, so darf man auch in der Geometrie nicht eher philosophische Betrachtungen anstellen, so lange man nicht von dem Gesammtinhalte der Geometrie eine gewisse Kenntnis sich erworben hat.»

«Es sind vor allem solche Männer, die sich im frühen Alter an die Anschauungen der Euklidischen Geometrie ausschliesslich gewöhnt haben, und nun im späteren Alter nicht mehr Elasticität genug besitzen, um sich in die neuen Ideen der nicht-euklidischen Geometrie hineinzudenken. Diese wissen dann genau, dass die ganze Theorie Unsinn ist, ohne sie darum notwendigerweise überhaupt des Näheren zu kennen.»

«[...] unserer Vorstellung wie unserer Erfahrung vom Raume wird mit der genügenden Genauigkeit ebensowohl durch die hyperbolische oder elliptische wie durch die parabolische Maassbestimmung entsprechen, wir entscheiden uns aber für die parabolische Hypothese, weil sie die einfachste ist, (wie man in der Physik auch unter gleichberechtigten Hypothesen immer die einfachste gelten lässt).»

Chapitre 15

«Die Cartesische analytische Geometrie übersetzt nämlich ein jedes geometrische Theorem in ein algebraisches und macht so aus der Geometrie der Ebene eine sinnliche Darstellung der Algebra von zwei Veränderlichen und ebenso aus der Geometrie des Raumes eine Repräsentation für die Algebra dreier veränderlicher Grössen.

Nun hat besonders Plücker die Aufmerksamkeit auf den Umstand gelenkt, dass die Cartesische analytische Geometrie mit einer zweifachen Willkürlichkeit behaftet ist.

Descartes stellt ein System von Werten der Veränderlichen x und y durch einen Punkt in der Ebene dar; er hat, wie man sich auszudrücken pflegt, zum Elemente für die Geometrie der Ebene den Punkt gewählt, während man mit demselben Rechte hierzu die gerade Linie hätte anwenden können, oder überhaupt eine beliebige Kurve, die von zwei Parametern abhing. Nun kann – für den Fall der Ebene – die geometrische Transformation, die sich auf die Poncelet-Gergonnesche Reziprozität gründet, so aufgefasst werden, dass sie in einem Übergange vom Punkte zur geraden Linie als Elemente besteht, und ebenso beruht in demselben Sinne die Plückersche Reziprozität der Ebene darauf, dass eine Kurve, die von zwei Parametern abhängt, als Elemente für die Geometrie der Ebene eingeführt wird.

Ferner stellt Descartes ein Grössensystem x, y durch den Punkt in der Ebene dar, dessen Abstände von zwei gegebenen Achsen gleich x und y sind; er hat unter der unbegrenzten Mannigfaltigkeit von möglichen Koordinatensystemen ein bestimmtes gewählt.

Die Fortschritte, welche die Geometrie im 19. Jahrhundert gemacht hat, beruhen zu einem wesentlichen Teile darauf, dass diese beiden Willkürlichkeiten in der Cartesischen analytischen Geometrie klar als solche erkannt worden sind, [...].»

«The axioms which have been assumed in the above analysis, and which, it would seem, suffice to found projective Geometry, may be roughly stated as follows:

I. We can distinguish different parts of space, but all parts are qualitatively similar, and are distinguished only by the immediate fact that they lie outside one another.

II. Space is continous and infinitely divisible; the result of infinite division, the zero of extension, is called a *point*.

III. Any two points determine a unique figure, called a straight line, any three in general determine a unique figure, the plane. Any four determine a corresponding figure of three dimensions, and for aught that appears to the contrary, the same may be true of any number of points. But this process comes to an end, sooner or later, with some number of points which determine the whole of space. For if this were not the case, no number of relations of a point to a collection of given points could ever determine its relation to fresh points, and Geometry would become impossible.» (1897-1996, p. 133)

«In any world in which perception presents us with various things, with discriminated and differentiated contents, there must be, in perception, at least one ‹principle of differentiation›, an element, that is, by which the things presented are distinguished as various. This element, taken in isolation, and abstracted from the content which it differentiates, we may call a form of externality. That it must, when taken in isolation, appear as a form, and not as a mere diversity of material content, is, I think, fairly obvious. For a diversity of material content cannot be studied apart from that material content; what we wish to study here, on the contrary, is the bare possibility of such diversity, which forms the residuum, as I shall try to prove hereafter, when we abstract from any sense-perception all that is distinctive of its particular matter. This possibility, then, this principle of bare diversity, is our form of externality.» (1897-1996, pp. 136-137)

«Spatial magnitudes can be moved from place to place without distortion; or, as it may be put, *Shapes do not in any way depend upon absolute position in space.»* (1897-1996, p. 150)

«Space must have a finite integral number of Dimensions.» (1897-1996, p. 160)

«[...] two points must determine a unique spatial quantity, distance.» (1897-1996, p. 162)

«We shall find, further, that these three axioms can be deduced from the conception of a form of externality, and owe nothing to the evidence of intuition. They are, therefore, like their equivalents the axioms of projective Geometry, *a priori*, and deducible from the conditions of spatial experience. This experience, accordingly, can never disprove them, since its very existence presupposes them.» (1897-1996, p. 148)

«The remaining axioms of Euclidean Geometry – the axiom of parallels, the axiom that the number of dimensions is three, and Euclid's form of the axiom of the straight line (two straight lines cannot enclose a space) – are not essential to the possibility of metrical Geometry, i. e. are not deducible from the fact that a science of spatial magnitudes is possible. They are rather to be regarded as *empirical laws*, obtained, like the empirical laws of other sciences, by actual investigation of the given subject-matter – in this instance, experienced space.» (1897-1996, p. 173)

«Since these systems are all obtained from a Euclidean plane, by a mere alteration in the definition of distance, Cayley and Klein tend to regard the whole question as one, not of the nature of space, but of the definition of distance. Since this definition, on their view, is perfectly arbitrary, the philosophical problem vanishes – Euclidean *space* is left in undisputed possession, and the only problem remaining is one of convention and mathematical convenience. This view has been forcibly expressed by Poincaré.» (1897-1996, pp. 38-39)

«Distance, in the ordinary sense, remains a relation between *two* points, not between *four*; and it is the failure to perceive that the projective sense differs from, and cannot supersede, the ordinary sense, which has given rise to the views of Klein and Poincaré.» (1897-1996, p. 44)

«Apart from details, I do not think that there is anything valid in this early book.»

Chapitre 17

«America has taken a step in advance of all the world. She now has a text-book, a manual for class use, in non-Euclidean geometry.»

«Halsted hat mir sehr gefallen – ich glaubte nicht einen so bescheidenen Mann zu treffen, der wirklich sehr fanatisch ist für die nicht-euklidische Geometrie.»

«Was Halsted anbetrifft, so der gute Eindruck (eines ruhigen, bescheidenen, sich wirklich an die nicht-euklidische Geometrie interessierenden Mannes), den er persönlich auf mich in Kasan gemacht hat, ist jetzt verschwunden, nachdem ich in seinem Universitätsorgane etwas zu freches von seiner Reise und von seiner Bedeutung in der Wissenschaft gelesen habe. Das ist wirklich ein «Yankee» und die Reclame ist wirklich sein Gott. Aber vielleicht ist er unschuldig an die [sic] Schmeichelei seiner Verehrer.»

«America will rejoice that at last Hungary is honoring herself in honoring her wonderschild, John Bolyai. His marvel diamond, the most extraordinary two dozen pages in the history of human thought, appeared in America in English before it appeared in Hungary in Magyar, [...].

An American, not a European, was the first from outside Hungary to make the journey to Máros-Vásarhely only for John Bolyai's sake and to see there the letter in Magyar which constitutes his preemption claim and title-deed to the new universe, and to publish for the first time that letter making the date 1823 ever memorable.»

«The early flashings of his genius culminated here in a piercing search-light penetrating and dissolving the enchanted walls in which Euclid had for two thousand years held captive the human mind.»

«Euclid did not try to hide the non-Euclidean geometry. That was done by the superstitious night of the fanatic dark ages, from which night we have finally emerged, to find again what Euclid knew.»

«Euclid's *Elements of Geometry* are not counted among the books of divine revelation, but truly they deserve to be held in religious veneration. There is a sanctity in mathematical truth which is not sufficiently appreciated, and certainly if truth, helpfulness, and directness and simplicity of presentation, give a title to rank as divinely inspired literature, Euclid's great work should be counted among the canonical books of mankind.»

«The doctrine of evolution postulates a world independent of man, and teaches the production of man from lower forms of life by wholly natural causes. In this world of evolution, experience is a teacher, but the mighty examiner is death. [...]

So too with man. His ideas must in some way correspond to this independent world, or death passes upon him an adverse judgment. But it is of the very essence of the doctrine of evolution that man's knowledge of this independent world, having come by gradual betterment and through imperfect instruments, for example the eye, cannot be absolute and exact. [...]

If we know with absolute certitude that the size of the triangles has nothing to do with it, then we know something that we have no right to know according to the doctrine of evolution, something for us ever to have learned evolutionnally. [...]

In reference to the mechanics of the world independent of man, if we are absolutely certain that all therein is Euclidean and only Euclidean, then Darwinism is disproved by the reductio ad absurdum.»

Chapitre 18

«Non-Euclidean Geometry is now recognized as an important branch of Mathematics. Those who teach Geometry should have some knowledge of this subject, and all who are interested in Mathematics will find much to stimulate them and much for them to enjoy in the novel results and views that it presents.»

«The heroic age of non-euclidean geometry is passed. It is long since the days when Lobatchewsky timidly referred to his system as an ‹imaginary geometry›, and the new subject appeared as a dangerous lapse from the orthodox doctrine of Euclid. The attempt to prove the parallel axiom by means of the other usual assumptions is now seldom undertaken, and those who do undertake it, are considered in the class with circle-squarers and searchers for perpetual motion – sad by-products of the creative activity of modern science.

In this, as in all other changes, there is subject both for rejoicing and regret. It is a satisfaction to a writer on non-euclidean geometry that he may proceed at once to his subject, without feeling any need to justify himself, or, at least, any more need than any other who adds to our supply of books. On the other hand, he will miss the stimulus that comes to one who feels that he is bringing out something entirely new and strange. The subject of non-euclidean geometry is, to the mathematician, quite as well established as any other branch of mathematical science; [...].»

«Recent books dealing with non-euclidean geometry fall naturally into two classes. In the one we find the works of Killing, Liebmann and Manning, who wish to build up certain clearly conceived geometrical systems, and are careless of the details of the foundations on which all is to rest. In the other category are Hilbert, Vahlen, Veronese, and the authors of a goodly number of articles on the foundations of geometry. These writers deal at length with the consistency, significance, and logical independence of their assumptions, but do not go very far towards raising a superstructure on any one of the foundations suggested.

The present work is, in a measure, an attempt to unite the two tendencies. The author's own interest, be it stated at the outset, lies mainly in the fruits, rather than in the roots; but the day is past when the matter of axioms may be dismissed with the remark that we ‹make all of Euclid's assumptions except the one about parallels›. A subject like ours must be built from explicitly stated assumptions, and nothing else.»

Annexe 1

«Die zweite Voraussetzung gestattet die Auffassung der gewöhnlichen (euclidischen) Geometrie als speciellen Fall der nichteuclidischen Geometrie, indem man nur die Constante k so gross voraussetzt, dass man für unsere Messungen mit den obigen genäherten Formeln ausreicht. Aus diesem Grunde kann die nichteuclidische Geometrie die absolute Geometrie genannt werden, indem sie vom Parallelen-Axiom, dessen Unbeweisbarkeit hier unmittelbar klar ist, als unabhängig betrachtet werden kann.»

«Einer solchen über unsere Erfahrung hinausgehenden Geometrie wollen wir der Kürze wegen im folgenden den Namen ‹Metageometrie› beilegen, [...].»

Bibliographie

ACZÉL János et DHOMBRES Jean, 1989, *Functional equations in several variables*, Cambridge University Press, Cambridge.

ALEMBERT Jean d', 1769, Mémoire sur les principes de la mécanique, *Mémoires de l'Académie*, Paris, pp. 278-286.

ANDRADE Jules, 1890, Les bases expérimentales de la géométrie, *Revue philosophique*, Paris, *30*, pp. 406-411.

–, 1900, Euclidien et non-euclidien, *L'Enseignement mathématique*, Paris, 2, pp. 114-126.

ARGAND Jean-Robert, 1806, *Essai sur une manière de représenter les quantités imaginaires par les constructions géométriques*, Chez Madame Veuve Blanc, Paris; réédition avec une préface de J. Houël, Gauthier-Villars, Paris, 1874.

AVELLONE Maurizio, BRIGAGLIA Aldo et ZAPPULLA Carmela, 2002, The Foundations of Projective Geometry in Italy from De Paolis to Pieri, *Archive for History of Exact Sciences*, *56*, pp. 363-425.

BALTZER Richard, 1867, *Die Elemente der Mathematik*, vol. 2, 2e édition, B. G. Teubner, Dresden.

BARBARIN Paul, 1900-1901, Sur le paramètre de l'univers, *Procès-verbaux des séances de la Société des sciences physiques et naturelles de Bordeaux*, pp. 71-74.

–, 1901, Etudes de géométrie analytique non euclidienne, *Mémoires couronnés et autres mémoires publiés par l'Académie royale de Belgique*, Bruxelles, *60*, 168 p.

–, 1902, *La géométrie non euclidienne*, Naud, Paris.

BARKER Stephen, 1992, Kant's View of Geometry: a Partial Defense, dans *Kant's Philosophy of Mathematics*, C. J. Posy éditeur, Kluwer Academic Publishers, Dordrecht, Boston, London, pp. 221-243.

BATTAGLINI Giuseppe, 1867, Sulla geometria immaginaria di Lobatchewsky, *Giornale di matematiche*, Napoli, *5*, pp. 217-231; traduction française de J. Houël, *Nouvelles Annales de Mathématiques*, Paris, 1868, (2), 7, pp. 209-221 et pp. 265-277.

–, 1870, Sulle forme ternarie quadratiche, *Giornale di matematiche*, Napoli, *8*, pp. 38-59 et pp. 129-156.

BEEZ Richard, 1876, Zur Theorie des Krümmungsmasses von Mannigfaltigkeiten höherer Ordnung, *Zeitschrift für Mathematik und Physik*, Leipzig, *21*, pp. 373-401.

BELLAVITIS Giusto, 1868-69, Compte rendu d'un article de G. Battaglini (1867), *Atti del Reale Istituto veneto di scienze, lettere ed arti,* Venezia, (3), *XIV*, pp. 159-168.

–, 1869-70a, Compte rendu de deux articles de J. Bertrand (1869 et 1870), *Atti del Reale Istituto veneto di scienze, lettere ed arti,* Venezia, (3), *XV*, pp. 1665-1672.

–, 1869-70b, Geometria dello spazio, *Atti del Reale Istituto veneto di scienze, lettere ed arti,* Venezia, (3), *XV*, pp. 1691-1708.

–, 1876-77, Tentativo per intendere la Geometria del sopra-sensibile, *Atti del Reale Istituto veneto di scienze, lettere ed arti,* Venezia, (5), *3*, pp. 196-207.

BELNA Jean-Pierre, 2002, Frege et la géométrie projective: la *Dissertation inaugurale* de 1873, *Revue d'Histoire des Sciences*, Paris, *55*, pp. 379-410.

BELTRAMI Eugenio, 1864-65, Ricerche di analisi applicata alla geometria, *Giornale di matematiche*, Napoli, 1864, *2*, pp. 267-282, pp. 297-306, pp. 331-339, pp. 355-375; 1865, *3*, pp. 15-22, pp. 33-41, pp. 82-91, pp. 228-240, pp. 311-314; *Opere matematiche*, Hoepli, Milano, 1902, vol. 1, pp. 106-198.

–, 1865a, Sulla flessione delle superficie rigate, *Annali di matematica pura ed applicata*, Milano, (1), *7*, pp. 105-138; *Opere matematiche*, Hoepli, Milano, vol. 1, pp. 208-243.

–, 1865b, Risoluzione del problema: «riportare i punti di una superficia sopra un piano in modo che le linee geodetiche vengano rappresentate da linee rette», *Annali di matematica pura ed applicata*, Roma, *7*, pp. 185-204; *Opere matematiche*, Hoepli, Milano, 1902, vol. 1, pp. 262-280.

–, 1867, Delle variabili complesse sopra una superficie qualunque, *Annali di matematica pura ed applicata*, Milano, (2), *1*, pp. 329-366; *Opere matematiche*, Hoepli, Milano, 1902, vol. 1, pp. 318-353.

–, 1868a, Saggio di interpretazione della geometria non-euclidea, *Giornale di matematiche*, Napoli, *6*, pp. 284-312; *Opere matematiche*, Hoepli, Milano, 1902, vol. 1, pp. 374-405; traduction française de J. Houël, *Annales scientifiques de l'Ecole normale*, Paris, 1869, *6*, pp. 251-288.

–, 1868b, Teorie fondamentale degli spazii di curvatura costante, *Annali di matematica pura ed applicata*, Milano, (2), *2*, pp. 232-255; *Opere matematiche*, Hoepli, Milano, 1902, vol. 1, pp. 406-429; traduction française de J. Houël, *Annales scientifiques de l'Ecole normale*, Paris, 1869, *6*, pp. 347-375.

–, 1872, Sulla superficie di rotazione che serve di tipo alle superficie pseudosferiche, *Giornale di matematiche*, Napoli, *10*, pp. 147-159.

BERRY Arthur, 1961, *A short History of Astronomy*, Dover Publications, New York.

BERTRAND Joseph, 1869, Sur la somme des angles d'un triangle, *Comptes rendus des séances hebdomadaires de l'Académie des Sciences*, Paris, *69*, pp. 1265-1269.

–, 1870, Sur la démonstration relative à la somme des angles d'un triangle, *Comptes rendus des séances hebdomadaires de l'Académie des Sciences*, Paris, *70*, pp. 17-20.

BIANCHI Luigi, 1902, *Lezioni di Geometria differenziale*, 2e édition, Enrico Spoerri, Pisa, deux volumes.

BOI, Luciano, 1995, *Le problème mathématique de l'espace*, Springer, Paris.

BOI Luciano, GIACARDI Livia et TAZZIOLI Rossana, 1998, *La découverte de la géométrie non euclidienne sur la pseudosphère, Les lettres d'Eugenio Beltrami à Jules Houël (1868-1881)*, Albert Blanchard, Paris.

BOLYAI Farkas, 1832-1833, *Tentamen Juventutem studiosam in elementa Matheseos purae, elementaris ac sublimioris methodo intuitiva evidentiaque huic propria, introducendi; cum appendice triplici*, J. et S. Kali, Maros-Vásárhely, tome 1, 1832, tome 2, 1833; traduction partielle de P. Stäckel dans *Wolfgang und Johann Bolyai Geometrische Untersuchungen*, tome 2, B. G. Teubner, Leipzig, 1913, pp. 23-118.

–, 1851, *Kurzer Grundriss eines Versuchs*, Maros Vásárhely; reproduit dans *Wolfgang und Johann Bolyai Geometrische Untersuchungen*, tome 2, B. G. Teubner, Leipzig, 1913, pp. 119-179.

BOLYAI János, 1832, *Appendix, scientiam spatii absolute veram exhibens*, J. et S. Kali, Maros-Vásárhely; fac-similé avec une traduction anglaise, une introduction et un commentaire de Ferenc Kárteszi, North-Holland Mathematics Studies 138, Amsterdam, 1987; traduction de J. Houël précédée d'une notice sur la vie et les travaux de W. et J. Bolyai, *Mémoires de la Société des sciences physiques et naturelles de Bordeaux*, 1867, *5*, pp. 189-248.

BONOLA Roberto, 1903, A propos d'un récent exposé des principes de la géométrie non-euclidienne, *L'Enseignement mathématique*, Paris, *5*, pp. 317-325.

–, 1906a, Il modello di Beltrami di superficie a curvatura costante negativa, *Bollettino di bibliographia e storia delle scienze matematiche*, Torino, 9, pp. 33-38.

–, 1906b, *La geometria non-euclidea: esposizione storico-critico del suo svillupo*, Zanichelli, Bologna; traduction anglaise (avec quelques appendices) de H. S. Carslaw, The Open Court Publishing Company, Chicago, 1912; réédition, Dover Publications, New York, 1955.

BREITENBERGER Ernst, 1984, Gauss's Geodesy and the Axiom of Parallels, *Archiv for History of exact Sciences*, *31*, pp. 273-289.

BRIOT M. et BOUQUET M., 1859, *Théorie des fonctions doublement périodiques*, Gauthier-Villars, Paris.

BROGLIE abbé de, 1890, La géométrie non euclidienne, *Annales de philosophie chrétienne*, Paris, *22*, pp. 1-25 et pp. 340-369.

BRUNEL G., 1888, Notice sur l'influence scientifique de Guillaume-Jules Houël, *Mémoires de la Société des sciences physiques et naturelles de Bordeaux*, (3), *4*, pp. 1-78.

CALINON Auguste, 1888, Etude sur la sphère, la ligne droite et le plan, *Bulletin de la Société des sciences de Nancy*, (2), *9*, pp. 1-47.

–, 1889, Les espaces géométriques, *Revue philosophique*, Paris, *27*, pp. 588-595.

–, 1891, Les espaces géométriques, *Revue philosophique*, Paris, *32*, pp. 368-375.

–, 1893, Etude sur l'indétermination géométrique de l'univers, *Revue philosophique*, Paris, *36*, pp. 595-607.

–, 1896, La géométrie à deux dimensions des surfaces à courbure constante, *Bulletin de la Société des sciences de Nancy*, (2), *14*, pp. 1-44.

CALLERI Paola et GIACARDI Livia, 1996a, Le lettere di Giuseppe Battaglini a Jules Houël (1867-1878), dans *Giuseppe Battaglini Raccolta di lettere (1854-1891) di un matematico al tempo del Risorgimento d'Italia*, a cura di M. Castellana e F. Palladino, Levante, Bari, 1996, pp. 47-160.

–, 1996b, Le lettere di Giuseppe Battaglini ad Angelo Genocchi, dans *Giuseppe Battaglini Raccolta di lettere (1854-1891) di un matematico al tempo del Risorgimento d'Italia*, a cura di M. Castellana e F. Palladino, Levante, Bari, 1996, pp. 161-173.

CARBONELLE Ignace, 1883, Les incertitudes de la géométrie, *Revue des questions scientifiques*, Bruxelles, *14*, pp. 348-384.

CARRIER Martin, 1994, Geometric Facts and Geometric Theory: Helmholtz and 20th-Century Philosophy of Physical Geometry, dans *Universalgenie Helmholtz*, L. Krüger éditeur, Akademie Verlag, Berlin, pp. 276-291.

CARSLAW Horatio Scott, 1910, The Bolyai-Lobatschewsky Non-Euclidean Geometry: an Elementary Interpretation of this Geometry, and some Results which follow from this Interpretation, *Proceedings of the Edinburgh mathematical Society*, *28*, pp. 95-120.

CARUS Paul, 1903, The philosophical foundations of mathematics, *The Monist*, Chicago, *13*, pp. 273-294, pp. 370-397, pp. 493-52.

CASSANI Pietro, 1882, I nuovi fondamenti della geometria, *Giornale di matematiche*, Napoli, *20*, pp. 143-166.

CAUCHY Augustin, 1821, *Cours d'analyse algébrique*, Imprimerie royale, Paris; réédition, Jacques Gabay, Paris, 1989.

CAYLEY Arthur, 1858, A fifth memoir upon quantics, *Philosophical Transactions of the Royal Society of London*, *148*, pp. 429-460; *Collected Mathematical Papers*, Cambridge University Press, Cambridge, 1889, vol. 2, pp. 527-560.

–, 1859, A sixth memoir upon quantics, *Philosophical Transactions of the Royal Society of London*, *149*, pp. 61-90; *Collected Mathematical Papers*, Cambridge University Press, Cambridge, 1889, vol. 2, pp. 561-592.

–, 1865, Note on Lobatschewsky's Imaginary Geometry, *Philosophical Magazine*, London, *29*, pp. 231-233; *Collected Mathematical Papers*, Cambridge University Press, Cambridge, 1892, vol. 5, pp. 471-472.

–, 1883, Presidential address to the British Association, *Report of the British Association for the Advancement of Science*, Southport, pp. 3-37; *Collected Mathematical Papers*, Cambridge University Press, Cambridge, 1896, vol. 11, pp. 429-459.

CHASLES Michel, 1837, *Aperçu historique sur l'origine et le développement des méthodes en géométrie suivi d'un mémoire de géométrie*, Hayez, Bruxelles; réédition, Jaques Gabay, Paris, 1992.

–, 1852, *Traité de géométrie supérieure*, Bachelier, Paris.

CHRISTOFFEL Erwin, 1868, Allgemeine Theorie der geodätischen Dreiecke, *Abhandlungen der Königlichen Akademie der Wissenschaften*, Berlin, pp. 119-176.

CLIFFORD William, 1879, The philosophy of the pure sciences, *Lectures and Essays*, Macmillan and Co., London, vol. 1, pp. 254-340.

COFFA Alberto, 1986, From Geometry to Tolerance: Sources of Conventionalism in Nineteenth-Century Geometry, dans *From Quarks to Quasars*, R. Golodny éditeur, University of Pittsburgh Press, pp. 3-70.

COMPTE Auguste, 1830-1842, *Cours de philosophie positive*; réédition, Hermann, Paris, 1975, deux volumes.

COOLIDGE Julian Lowell, 1901, Compte rendu de *Non-Euclidean Geometry* de H. Manning, *Bulletin of the American Mathematical Society*, New York, (2), *7*, pp. 428-431.

–, 1909, *The elements of non-euclidean geometry*, Clarendon Press, Oxford.

COUTURAT Louis, 1893, Note sur la géométrie non euclidienne et la relativité de l'espace, *Revue de métaphysique et de morale*, Paris, *1*, pp. 302-309.

COUTURAT Louis, 1898, Etude critique: Essai sur les fondements de la géométrie, par B. Russell, *Revue de métaphysique et de morale*, Paris, 6, pp. 354-380.

–, 1901, *La logique de Leibniz*, Presses Universitaires de France, Paris; réédition, Georg Olms, Hildesheim, 1961.

–, 1904a, Les principes des mathématiques, *Revue de métaphysique et de morale*, Paris, *12*, pp. 19-50, pp. 211-240, pp. 664-698, pp. 810-844, *13* (1905), pp. 223-256; publié séparément avec 1904b, Félix Alcan, Paris, 1905.

–, 1904b, La philosophie des mathématiques de Kant, *Revue de métaphysique et de morale*, Paris, *12*, pp. 321-383.

–, 1905, Les définitions mathématiques, *L'Enseignement mathématique*, Paris, 7, pp. 27-40 et pp. 104-121.

DAHAN-DALMEDICO Amy et PEIFFER Jeanne, 1986, *Une histoire des mathématiques, Routes et dédales*, Seuil, Paris.

DANIELS Norman, 1975, Lobachevsky: Some Anticipations of Later Views on the Relation between Geometry and Physics, *Isis*, Philadelphia, *66*, pp. 75-85.

DARBOUX Gaston, 1900, Compte rendu de *Lobatschefskij* de F. Engel, *Bulletin des sciences mathématiques*, Paris, (2), *24*, pp. 118-120.

DAUGE Félix, 1896a, *Cours de méthodologie mathématique*, 2e édition revue et augmentée, Hoste, Gand et Gauthier-Villars, Paris.

–, 1896b, Sur la géométrie non euclidienne, *Mathesis*, Gand, (2), 6, pp. 7-12.

–, 1898, Sur l'interprétation d'un théorème de géométrie riemannienne, *Mathesis*, Gand, (2), *8*, pp. 5-20.

DAVIET DE FONCENEX François, 1761, Sur les principes fondamentaux de la mécanique, *Miscellanea philosophico-mathematica Societatis privatae taurinensis*, Turin, *2*, pp. 299-322.

DEHN Max, 1900, Die Legendre'schen Sätze über die Winkelsumme im Dreieck, *Mathematische Annalen*, Leipzig, *53*, pp. 404-439.

DELBŒUF Joseph, 1860, *Prolégomènes philosophiques de la géométrie suivis d'une dissertation sur les principes de la géométrie*, J. Desoer, Liège.

–, 1893-94-95, L'ancienne et les nouvelles géométries, *Revue philosophique*, Paris, 1893, *36*, pp. 449-484, 1894, *37*, pp. 353-383, 1894, *38*, pp. 113-147, 1895, *39*, pp. 345-371.

DESARGUES Girard, 1639, *Brouillon project d'une atteinte aux événements des rencontres du cone avec un plan*; *L'œuvre mathématique de G. Desargues*, deuxième édition mise à jour par René Taton, pp. 99-184, Vrin, Paris, 1981.

DESCARTES René, 1954, *Œuvres et lettres*, Bibliothèque de la Pléiade, Gallimard, Paris.

–, 1996, *Œuvres complètes*, publiées par Ch. Adam et P. Tannery, 11 volumes; réédition, Vrin, Paris.

DHOMBRES Jean et RADELET-DE GRAVE Patricia, 1991, Contingence et nécessité en mécanique, Etude de deux textes inédits de Jean d'Alembert, *Physis*, Firenze, *XXVIII*, pp. 35-114.

DHOMBRES Jean (sous la direction de), 1992, *Leçons de l'Ecole normale de l'an III*, Dunod, Paris.

DHOMBRES Jean et ROBERT Jean-Bernard, 1998, *Fourier créateur de la physique-mathématique*, Belin, Paris.

DISALLE Robert, 1993, Helmholtz's Empiricist Philosophy of mathematics, dans *Hermann von Helmholtz and the Foundations of Nineteenth-Century Science*, D. Cahan éditeur, University of California Press, Berkeley, Los Angeles, London, pp. 498-521.

DOMBROVSKI Peter, 1979, 150 years after Gauss' «disquisitiones generales circa superficies curvas», *Astérisque*, Société mathématique de France, Paris, *62*.

DUBUCS Jacques, 1992, La correspondance Frege/Hilbert (1900), dans *Logique et fondements des mathématiques*, Anthologie (1850-1914), sous la direction de F. Rivenc et Ph. de Rouilhan, Payot, Paris, pp. 215-235.

DUHAMEL Jean-Marie-Constant, 1865, *Des méthodes dans les sciences de raisonnement*, deux volumes, Gauthier-Villars, Paris.

DUPUIS Nathan, 1897, On the transcendental geometry, *Proceedings and transactions of the royal society of Canada*, Ottawa, (2), *3*, pp. 3-16.

EFIMOV Nikolai, 1981, *Géométrie supérieure*, traduit du russe par E. Makho, Editions Mir, Moscou; 2e édition, *ibidem*, 1985.

ENGEL Friedrich, 1898, *Nikolaj Iwanowitsch Lobatschefskij. Zwei geometrische Abhandlungen, aus dem Russischen übersetzt, mit Anmerkungen und mit einer Biographie des Verfassers*, B. G. Teubner, Leipzig.

ERDMANN Benno, 1877, *Die Axiome der Geometrie*, L. Voss, Leipzig.

EUCLIDE, Les *Eléments*, traduction française de B. Vitrac, vol. 1, Presses Universitaires de France, Paris, 1990.

EULER Leonhard, 1767, Recherches sur la courbure des surfaces, *Mémoires de l'Académie des sciences de Berlin*, pp. 119-143; *Opera omnia*, Orell Füssli, Zurich, 1955, (1), vol. 28, pp. 1-22.

–, 1771, De solidis quorum superficiem in planum explicare licet, *Novi commentarii academiae scientiarum Petropolitanae*, *16*, pp. 3-34; *Opera omnia*, Orell Füssli, Zurich, 1955, (1), vol. 28, pp. 161-186.

FABER R. L., 1983, *Foundations of Euclidean and Non-Euclidean Geometry*, Marcel Dekker, New York and Basel.

FANO Gino, 1898, *Lezioni di geometria non euclidea*, litographie, L. Cippitelli, Rome.

–, 1908, La geometria non euclidea, *Rivista di scienza*, Bologna, *4*, pp. 257-282.

FENOGLIO Lorenza et GIACARDI Livia, 1991, La polemica Genocchi-Beltrami sulle superficie pseudosferiche: una tappa nella storia del concetto di superficie, dans *Angelo Genocchi e i suoi interlocutori scientifici, Contributi dall'epistolario*, a cura di A. Conte e L. Giacardi, Deputazione subalpina di storia patria, Torino, pp. 155-209.

FIEDLER Wilhelm, 1866, *Analytische Geometrie der Kegelschnitte* nach Georg Salmon frei bearbeitet, 2e édition, B. G. Teubner, Leipzig, deux volumes.

FLYE SAINTE-MARIE C., 1871, *Etudes analytiques sur la théorie des parallèles*, Gauthier-Villars, Paris.

FOLIE F. et LIAGRE, 1870, Rapport sur la *Note sur les surfaces à courbure moyenne constante* de J. De Tilly, *Bulletins de l'Académie royale*, Bruxelles, (2), *30*, pp. 15-24.

FORD Lester, 1929, *Automorphic functions*, Chelsea Publishing Company, New York; réédition, *ibidem*, 1972.

FORTI Angelo, 1867, Intorno alla geometria immaginaria, o non euclidiana, Considerazioni storico-critiche, *Rivista bolognese di scienze, lettere, arti e scuole*, Bologna, 2, pp. 171-184.

FREGE Gottlob, 1884, *Die Grundlagen der Arithmetik*, Koebner, Breslau; réédition, Meiner Verlag, Hamburg, 1986; traduction française de C. Imbert, Seuil, Paris, 1969.

–, 1969, Über Euklidische Geometrie, *Nachgelassene Schriften*, Meiner Verlag, Hamburg, pp. 182-184; traduction française de H. Sinaceur, *Ecrits posthumes*, sous la direction de Ph. de Rouilhan et C. Tiercelin, Editions Chambon, Nîmes, 1999, pp. 199-201.

–, 1976, *Wissenschaftlicher Briefwechsel*, Meiner Verlag, Hamburg.

FREUDENTHAL Hans, 1961, Die Grundlagen der Geometrie um die Wende des 19. Jahrhunderts, *Mathematisch-Physikalische Semesterberichte*, Göttingen, *7*, pp. 2-25

FRIEDMANN Michael, 1992, Kant's theory of geometry, dans *Kant's Philosophy of Mathematics*, C. J. Posy éditeur, Kluwer Academic Publishers, Dordrecht, Boston, London, pp. 177-219.

FRISCHAUF Johannes, 1872a, *Absolute Geometrie nach Johann Bolyai*, B. G. Teubner, Leipzig.

–, 1872b, Compte rendu de *Etudes analytiques sur la théorie des parallèles* de Flye Sainte-Marie, *Zeitschrift für Mathematik*, Leipzig, *17*, pp. 33-34.

–, 1876, *Elemente der absoluten Geometrie*, B. G. Teubner, Leipzig.

–, 1877, Erwiderung auf Herrn F. Pietzker's Anzeige, *Zeitschrift für mathematischen und naturwissenschaftlichen Unterricht*, Leipzig, *8*, pp. 222-223.

FUCHS Lazarus, 1880, Über eine Klasse von Functionen mehrerer Variabeln, welche durch Umkehrung der Integrale von Lösungen der linearen Differentialgleichungen mit rationalen Coefficienten entstehen, *Journal für die reine und angewandte Mathematik*, Berlin, *89*, pp. 151-169.

GAUSS Carl Friedrich, 1825, Allgemeine Auflösung der Aufgabe die Theile einer gegebnen Fläche auf einer andern gegebnen Fläche so abzubilden, dass die Abbildung dem Abgebildeten in den kleinsten Theilen ähnlich wird, *Astronomische Abhandlungen* herausgegeben von H. C. Schumacher, Drittes Heft, Altona; *Werke*, Herausgegeben von der Königlichen Gesellschaft der Wissenschaften zu Göttingen, 1873, vol. 4, pp. 191-216.

–, 1828, Disquisitiones generales circa superficies curvas, *Commentationes societatis regiae scientiarum Gottingensis recentiores*, Göttingen, 6, pp. 99-146; *Werke*, Herausgegeben von der Königlichen Gesellschaft der Wissenschaften zu Göttingen, 1873, vol. 4, pp. 217-258; traduction française de E. Roger, Paris, 1855; réédition, Albert Blanchard, Paris, 1967.

–, 1860-1865, *Briefwechsel zwischen C. F. Gauss und H. C. Schumacher, Herausgegeben von C. A. F. Peters*, Gustav Esch, Altona, six volumes.

–, 1873, Allgemeines Coordinaten-Verzeichniss, *Werke*, Herausgegeben von der Königlichen Gesellschaft der Wissenschaften zu Göttingen, vol. 4, pp. 413-480.

–, 1900, *Werke*, vol. 8, Herausgegeben von der Königlichen Gesellschaft der Wissenschaften zu Göttingen.

GENOCCHI Angelo, 1869, Dei primi principii della meccanica e della geometria in relazione al postulato d'Euclide, *Memorie di matematica e fisica della Società italiana delle scienze* (detta dei XL), Firenze, (3), *2*, pp. 153-189.

–, 1873, Lettre à M. Quetelet sur diverses questions mathématiques, *Bulletins de l'Académie royale de Belgique*, Bruxelles, (2), *36*, pp. 181-196.

–, 1877, Sur un mémoire de Daviet de Foncenex et sur les géométries non euclidiennes, *Memorie della reale Accademia delle scienze di Torino*, *29*, pp. 365-404.

GÉRARD Louis, 1892, *Sur la géométrie non-euclidienne*, Thèse présentée à la faculté des sciences de Paris, Gauthier-Villars, Paris.

GIACARDI Livia, 1984, Problematiche emergenti dalla corrispondenza inedita Beltrami-Houël. Parte prima: Eugenio Beltrami artigiano della pseudosfera, *Quaderni di matematica*, Università di Torino, *77*, pp. 1-31.

GIEDYMIN Jerzy, 1977, On the origin and significance of Poincaré's conventionalism, *Studies in History and Philosophy of Science*, London, *8*, pp. 271-301.

GRASSMANN Hermann, 1844, *Die lineale Ausdehnungslehre*, Wigand, Leipzig; traduction française de D. Flament et B. Bekemeier, Albert Blanchard, Paris, 1994.

GRAY Jeremy, 1979, *Ideas of space, Euclidean, Non-Euclidean, and Relativistic*, Clarendon Press, Oxford; 2e édition, *ibidem*, 1989.

–, 1982, The three supplements to Poincaré's prize essay of 1880 on fuchsian functions and differential equations, *Archives internationales d'histoire des sciences*, Paris, Wiesbaden, *32*, pp. 221-235.

–, 1986, *Linear Differential Equations and Group Theory from Riemann to Poincaré*, Birkhäuser, Boston, Basel, Berlin; 2e édition, *ibidem*, 2000.

GREENBERG Marvin J., 1980, *Euclidean and Non-Euclidean Geometry*, 2e édition, Freeman, New York.

GROMOV Mikhael, 1986, *Partial Differential Relations*, Springer, Berlin.

GRUNERT Johann August, 1867, Über den neuesten Stand der Frage von der Theorie der Parallelen, *Archiv der Mathematik und Physik*, Greifswald, *47*, pp. 307-327.

GÜNTHER Siegmund, 1876, Sulla possibilità di dimostrare l'assioma delle parallele mediante considerazioni stereometriche complemento alla geometria assoluta di Bolyai, traduction de l'allemand de A. Sparagna, *Giornale di matematiche*, Napoli, *14*, pp. 97-107.

–, 1876-77, Kritik der Raumtheorien von Helmholtz und Schmitz-Dumont, *Zeitschrift Realschulwesen*, Wien, *1*, pp. 410-424.

–, 1881, *Die Lehre von den gewöhnlichen und verallgemeinerten Hyperbelfunktionen*, L. Niebert, Halle.

HADAMARD Jacques, 1896, Compte rendu de *Theorie der Parallellinien* de P. Stäckel et F. Engel, *Bulletin des sciences mathématiques*, Paris, (2), *20*, pp. 279-281.

–, 1898, *Leçons de géométrie élémentaire*, Armand Colin, Paris.

HALSTED Georges Bruce, 1878-1879, Bibliography of hyperspace and non-euclidean geometry, *American Journal of Mathematics*, Baltimore, 1878, *1*, pp. 262-276, pp. 384-385; 1879, *2*, pp. 65-70.

–, 1894, The non-euclidean geometry inevitable, *The Monist*, Chicago, *4*, pp. 483-493.

HALSTED Georges Bruce, 1896a, Darwinism and non-euclidean geometry, Известия физико-математического общества [*Bulletin de la Société mathématique et physique*], Kazan, (2), *6*, pp. 22-25.

–, 1896b, Subconscious pangeometry, *The Monist*, Chicago, *7*, pp. 100-106.

–, 1901, A class-book of non-euclidean geometry, *The American Mathematical Monthly*, *8*, pp. 84-87.

–, 1904a, The message of non-euclidean geometry, *Science*, New York, 1904, *19*, pp. 401-413.

–, 1904b, *Rational geometry. A text-book for the science of space. Based on Hilbert's Foundations*, Wiley, New York et Chapmann and Hall, London.

–, 1905, The Bolyai Prize, *Science*, New York, *22*, pp. 270-271.

–, 1909, La contribution non euclidienne à la philosophie, *Mémoires de la Société des sciences physiques et naturelles de Bordeaux*, (6), *5*, pp. 1-39.

HAWKINS Thomas, 1980, Non-euclidean geometry and Weierstrassian mathematics: the background to Killing's work on Lie Algebras, *Historia Mathematica*, *7*, pp. 289-342.

–, 1984, *The Erlanger Programm* of Felix Klein: Reflections on Its Place in the History of Mathematics, *Historia Mathematica*, *11*, pp. 442-470.

HELMHOLTZ Hermann von, 1868-1869, Über die thatsächlichen Grundlagen der Geometrie, *Verhandlungen des naturhistorisch-medizinischen Vereins*, Heidelberg, 1868, *4*, pp. 197-202 et 1869, *5*, pp. 31-32; traduction française de J. Houël, *Mémoires de la Société des sciences physiques et naturelles de Bordeaux*, 1867, *5*, pp. 372-378.

–, 1868, Über die Thatsachen, die der Geometrie zum Grunde liegen, *Nachrichten von der Königlichen Gesellschaft der Wissenschaften zu Göttingen*, pp. 193-221; réédition avec un commentaire de P. Hertz dans *Hermann v. Helmholtz Schriften zur Erkenntnistheorie*, pp. 38-55.

–, 1870, The axioms of geometry, *The Academy*, London, *1*, pp. 128-131; traductions françaises, *Revue des cours scientifiques de la France et de l'étranger*, Paris, 1870, *7*, pp. 498-501 et *Le Moniteur scientifique*, Paris, 1870, pp. 257-262.

–, 1872, The Axioms of Geometry (réponse à W. S. Jevons), *The Academy*, London, *3*, pp. 52-53.

–, 1876, Über den Ursprung und die Bedeutung der geometrischen Axiome, Vortrag gehalten im Docentenverein zu Heidelberg im Jahre 1870, *Populäre Wissenschaftliche Vorträge*, Friedrich Vieweg und Sohn, Braunschweig, 1876, vol. 3, pp. 21-54; réédition avec un commentaire de M. Schlick dans *Hermann v. Helmholtz Schriften zur Erkenntnistheorie*, pp. 1-24; traduction française, *Revue scientifique*, Paris, 1877, *12*, pp. 1197-1207; traduction anglaise, *The Mind*, London, 1876, *1*, pp. 301-321.

–, 1878, The Origin and Meaning of Geometrical Axioms (réponse à J. P. N. Land), *The Mind*, London, *3*, pp. 212-225.

–, 1879, *Die Thatsachen in der Wahrnehmung*, Rede gehalten zur Stiftungsfeier der Friedrich-Wilhelm-Universität zu Berlin am 3. Aug. 1878, August Hirschwald, Berlin; réédition avec un commentaire de M. Schlick dans *Hermann v. Helmholtz Schriften zur Erkenntnistheorie*, pp. 109-152.

HELMHOLTZ Hermann von, 1921, *Hermann v. Helmholtz Schriften zur Erkenntnistheorie*, P. Hertz et M. Schlick éditeurs, Springer, Berlin; traduction anglaise de M. F. Lowe, R. S. Cohen et Y. Elkana éditeurs, *Boston Studies in the Philosophy of Science*, vol. XXXVII, D. Reidel, Dordrecht, 1977.

HERMITE Charles, 1854, Sur la théorie des formes quadratiques ternaires indéfinies, *Journal für die reine und angewandte Mathematik*, Berlin, *47*, pp. 307-312.

HILBERT David, 1899, *Grundlagen der Geometrie*, B. G. Teubner, Leipzig; traduction française de la 10e édition par P. Rossier accompagnée d'un commentaire, Dunod, Paris, 1971.

–, 1901, Über Flächen von konstanter Gauss'schen Krümmung, *Transactions of the American Mathematical Society*, New York, *2*, pp. 86-99.

HOSKIN Michael, 1982, *Stellar Astronomy*, Science History Publications, University Library, Cambridge.

HOUËL Jules, 1863, Essai d'une exposition rationnelle des principes fondamentaux de la géométrie élémentaire, *Archiv der Mathematik und Physik*, Greifswald, *40*, pp. 171-211.

–, 1867, *Essai critique sur les principes fondamentaux de la géométrie élémentaire ou Commentaire sur les XXXII premières propositions des Eléments d'Euclide*, Gauthier-Villars, Paris; 2e édition, *ibidem*, 1883.

–, 1870, Sur l'impossibilité de démontrer par une construction plane le principe des parallèles, *Nouvelles Annales de Mathématiques*, Paris, (2), *9*, pp. 93-96 et *Mémoires de la Société des sciences physiques et naturelles de Bordeaux*, *8*, pp. XI-XIX.

–, 1875, *Du rôle de l'expérience dans les sciences exactes*, Jednota českých matematiků, Prague.

HOUZEL Christian, 1992, The Birth of Non-Euclidean Geometry, dans *1830-1930: A Century of Geometry*, L. Boi, D. Flament, J.-M Salanskis éditeurs, Lecture Notes in Physics 402, Springer, pp. 3-21.

JANSEN Hans, 1909, Abbildung der hyperbolischen Geometrie auf ein zweischaliges Hyperboloid, *Mitteilungen der Mathematischen Gesellschaft*, Hamburg, *4*, pp. 409-440.

JEVONS William Stanley, 1871, Helmholtz on the axioms of geometry, *Nature*, London, *4*, pp. 481-482.

JORDAN Camille, 1870, *Traité des substitutions et des équations algébriques*, Gauthier-Villars, Paris.

KAGAN Véniamin, 1974, *Lobatchevski*, traduit du russe par I. Sokolov, Editions Mir, Moscou.

KANT Immanuel, 1770, *De mundi sensibilis atque intelligibilis forma et principiis*, Königsberg; traduction française de F. Alquié, *Œuvres philosophiques*, Bibliothèque de la Pléiade, Gallimard, Paris, 1980, vol. 1, pp. 629-678.

–, 1781, *Kritik der reinen Vernunft*, Johann Friedrich Hartknoch, Riga; 2e édition, *ibidem*, 1787; traduction française d'A. Renaut, Flammarion, Paris; 2e édition corrigée, *ibidem*, 2001.

–, 1783, *Prolegomena zu einer jeden künftigen Metaphysik, die als Wissenschaft wird auftreten können*; traduction française de J. Rivelaygue, *Œuvres philosophiques*, Bibliothèque de la Pléiade, Gallimard, Paris, 1985, vol. 2, pp. 15-172.

KELLAND Philip, 1864, On the limits of our knowledge respecting the theory of parallels, *Translations of the Royal Society of Edinburgh*, *23*, pp. 433-450.

KILLING Wilhelm, 1876, Compte rendu de *Absolute Geometrie* de J. Frischauf, *Zeitschrift für mathematischen und naturwissenschaftlichen Unterricht*, Leipzig, *7*, pp. 464-469.

–, 1877, Über einige Bedenken gegen die Nicht-Euklidische Geometrie, *Zeitschrift für mathematischen und naturwissenschaftlichen Unterricht*, Leipzig, *8*, pp. 220-222.

–, 1878, Über zwei Raumformen mit constanter positiver Krümmung, *Journal für die reine und angewandte Mathematik*, Berlin, *86*, pp. 72-83.

–, 1885, *Die nicht-Euklidischen Raumformen in analytischer Behandlung*, B. G. Teubner, Leipzig.

KLEIN Felix, 1871a, Über die sogenannte Nicht-Euklidische Geometrie, *Nachrichten von der Gesellschaft der Wissenschaften zu Göttingen*, pp. 419-433; *Gesammelte Mathematische Abhandlungen*, Springer, Berlin, 1921, vol. 1, pp. 244-253; traduction française de J. Houël, *Bulletin des Sciences mathématiques et astronomiques*, Paris, 1871, 2, pp. 341-351.

–, 1871b, Über die sogenannte Nicht-Euklidische Geometrie, *Mathematische Annalen*, Leipzig, *4*, pp. 573-625; *Gesammelte Mathematische Abhandlungen*, Springer, Berlin, 1921, vol. 1, pp. 254-305; traduction française de L. Laugel, *Annales de la Faculté des sciences*, Toulouse, 1897, *11* G, pp. 1-62.

–, 1872, *Vergleichende Betrachtungen über neuere geometrische Forschungen*, A. Deichert, Erlangen; réédition, *Mathematische Annalen*, Leipzig, 1893, *40*, pp. 63-100; *Gesammelte Mathematische Abhandlungen*, Springer, Berlin, 1921, vol. 1, pp. 460-497; traduction française de M. H. Padé avec une préface de J. Dieudonné et une postface du P. F. Russo, Gauthier-Villars, Paris, 1974.

–, 1873, Über die sogennante Nicht-Euklidische Geometrie (Zweiter Aufsatz), *Mathematische Annalen*, Leipzig, *6*, pp. 112-145; *Gesammelte Mathematische Abhandlungen*, Springer, Berlin, 1921, vol. 1, pp. 311-342.

–, 1874, Bermekungen über den Zusammenhang der Flächen, *Mathematische Annalen*, Leipzig, *7*, pp. 549-557: *Gesammelte Mathematische Abhandlungen*, Springer, Berlin, 1922, vol. 2, pp. 63-73.

–, 1876, Compte rendu d'un article de S. Günther (1876), *Jahrbuch über die Fortschritte der Mathematik*, Berlin, *8*, pp. 314-315.

–, 1890, Zur nichteuklidischen Geometrie, *Mathematische Annalen*, Leipzig, *37*, pp. 544-572; *Gesammelte Mathematische Abhandlungen*, Springer, Berlin, 1921, vol. 1, pp. 353-383.

–, 1892, *Nicht-Euklidische Geometrie*, Vorlesungen, ausgearbeitetet von Fr. Schilling, I. Wintersemester, 1889-1890, II. Sommersemester, 1890, Göttingen, litographie; 2e édition, *ibidem*, 1893.

–, 1926, *Vorlesungen über die Entwicklung der Mathematik im 19. Jahrhundert*, vol. 1, Springer, Berlin.

–, 1928, *Vorlesungen über Nicht-Euklidische Geometrie*, Springer, Berlin.

KLINE Morris, 1972, *Mathematical Thought from Ancient to Modern Times*, Oxford University Press, New York.

KÖNIGSBERGER Leo, 1902-1903, *Hermann von Helmholtz*, F. Vieweg, Braunschweig, 3 volumes.

KRAUSE Albrecht, 1878, *Kant und Helmholtz über den Ursprung und die Bedeutung der Raumanschauung und der geometrischen Axiome,* Schauenburg, Lahr.

KREYSZIG ERWIN, 1959, *Differential geometry,* University of Toronto Press, Toronto; réédition, Dover Publications, New York, 1991.

LAGRANGE, Joseph-Louis, 1788, *Mécanique analytique*, Desaint, Paris; *Œuvres complètes*, Gauthier-Villars, Paris, vol. XI (1888) et vol. XII (1889).

LAGUERRE Edmond, 1853, Note sur la théorie des foyers, *Nouvelles Annales de Mathématiques*, Paris, *12*, pp. 57-66; *Œuvres*, Gauthier-Villars, Paris, 1905, vol. 2, pp. 6-15.

LAMARLE Ernest, 1856, Démonstration du postulatum d'Euclide, *Bulletins de l'Académie royale de Belgique*, Bruxelles, *23*, pp. 408-430.

–, 1861-1863, Exposé géométrique du calcul différentiel et intégral, *Mémoires couronnés et autres mémoires publiés par l'Académie royale de Belgique*, Bruxelles, 1861, *11*, 170 pp. et 1863, *15*, 676 pp.

LAMBERT Johann Heinrich, 1786, Theorie der Parallellinien, *Magazin für reine und angewandte Mathematik*, Leipzig; réédition dans *Die Theorie der Parallellinien von Euklid bis auf Gauss* de P. Stäckel et F. Engel, B. G. Teubner, Leipzig, 1895, pp. 139-208.

LAND J. P. N., 1877, Kant's space and modern mathematics, *The Mind*, London, 2, pp. 38-46.

LARGEAULT Jean, 1970, *Logique et philosophie chez Frege*, Nauwelaerts, Paris, Louvain.

LA VALLÉE POUSSIN Charles de, 1895, Sur la géométrie non euclidienne, *Annales de la Société scientifique de Bruxelles*, (2), *19* B, pp. 17-26 et *Mathesis*, Gand, (2), *5*, Suppl. V, pp. 6-15.

LECHALAS Georges, 1889, La géométrie générale, *La Critique philosophique*, Paris, *5*, pp. 217-231.

–, 1890a, La géométrie générale et les jugements synthétiques à priori, *Revue philosophique*, Paris, *30*, pp. 157-169.

–, 1890b, Les bases expérimentales de la géométrie, *Revue philosophique*, Paris, *30*, pp. 639-641.

–, 1890c, La géométrie générale et l'intuition, *Annales de philosophie chrétienne*, Paris, *23*, pp. 57-74.

–, 1891, La géométrie des espaces à paramètre positif, *Annales de philosophie chrétienne*, Paris, *23*, pp. 75-79.

–, 1893, Note sur la géométrie non euclidienne et le principe de similitude, *Revue de métaphysique et de morale*, Paris, *1*, pp. 199-201.

–, 1896, *Etude sur l'espace et le temps*, Félix Alcan, Paris; 2e édition revue et augmentée, *ibidem*, 1910.

–, 1904, *Introduction à la géométrie générale*, Gauthier-Villars, Paris.

LEGENDRE Adrien Marie, 1794, *Eléments de géométrie*, Firmin Didot, Paris; 3e édition, *ibidem*, 1800; 12e édition, *ibidem*, 1823; 15e édition, *ibidem*, 1866.

–, 1833, Réflexions sur différentes manières de démontrer la théorie des parallèles ou le théorème sur la somme des trois angles du triangle, *Mémoires de l'Académie royale des sciences de l'Institut de France*, Paris, *12*, pp. 367-410.

LEIBNIZ Gottfried Wilhelm, 1966, *Nouveaux Essais sur l'entendement humain*, Garnier Flammarion, Paris.

LEWIS Albert C., 1976, George Bruce Halsted and the development of american mathematics, dans *Men and Institutions in American Mathematics*, J. D. Tarwater, J. T. White, J. D. Miller éditeurs, *Graduate studies Texas tech university*, Texas Tech Press, Lubbock, *13*, pp. 123-129.

LIAGRE et QUETELET Adolphe, 1869, Rapports sur les *Etudes de mécanique abstraite* de J. De Tilly, *Bulletins de l'Académie royale de Belgique*, Bruxelles, (2), *27*, pp. 615-620.

LIARD Louis, 1873, *Des définitions géométriques et des définitions empiriques*, Librairie philosophique de Ladrange, Paris; nouvelle édition, Félix Alcan, Paris, 1888.

LIE Sophus, 1871, Over en Classe geometriske Transformationer, *Forhandlinger Christiana*, pp. 67-109; traduction allemande, *Gesammelte Abhandlungen*, F. Engel et P. Heegaard éditeurs, B. G. Teubner, Leipzig et H. Aschehoug, Oslo, 1934, vol. 1, pp. 105-152; traduction anglaise de M. Nordgaard, *A Source Book in Mathematics*, D. Smith éditeur, Dover Publications, New York, 1959, pp. 485-523.

–, 1893, *Theorie der Transformationsgruppen*, B. G. Teubner, Leipzig, vol. 3; réédition, Chelsea Publishing Company, New York, 1970.

LIEBMANN Heinrich, 1904, Über die Begründung der hyperbolischen Geometrie, *Mathematische Annalen*, Leipzig, *59*, pp. 110-128.

–, 1905, *Nichteuklidische Geometrie*, Göschen, Leipzig.

LIOUVILLE Joseph, 1850, *Sur le théorème de M. Gauss, concernant le produit des deux rayons de courbure principaux en chaque point d'une surface*, Note IV à la 5e édition de *Application de l'analyse à la géométrie* de Monge, Bachelier, Paris.

LOBATCHEVSKI Nicolai I., 1829-30, О началах геометрии [Sur les principes de la géométrie], Казанский Вестник [*Le Courrier de Kazan*], n° 25, 1829, pp. 178-187, pp. 228-241; no 27, 1829, pp. 227-243; no 28, 1830, pp. 251-283, pp. 571-536; *Œuvres géométriques complètes*, Kazan, 1883, vol. 1, pp. 1-67; traduction allemande de F. Engel accompagnée d'un commentaire dans *Lobatschefskij*, B. G. Teubner, Leipzig, 1898, pp. 1-66.

–, 1835-38, Новые начала геометрии с полной теорией параллельных [Nouveaux principes de la géométrie avec une théorie complète des parallèles], Ученые записки Казанского университета [*Publications scientifiques de l'Université de Kazan*], 1835, III, pp. 3-48, 1836, II, pp. 3-98, 1836, III, pp. 3-50, 1837, I, pp. 3-97, 1838, I, pp. 3-124, 1838, III, pp. 3-65; *Œuvres géométriques complètes*, Kazan, 1883, vol. 1. pp. 219-486; traduction allemande des chapitres I à XI de F. Engel accompagnée d'un commentaire dans *Lobatschefskij*, B. G. Teubner, Leipzig, 1898, pp. 67-236.

–, 1837, Géométrie imaginaire, *Journal für die reine und angewandte Mathematik*, Berlin, *17*, pp. 295-320.

–, 1840, *Geometrische Untersuchungen zur Theorie der Parallellinien*, Fincke, Berlin; traduction de J. Houël suivie d'extraits de la correspondance de Gauss et Schumacher, *Mémoires de la Société des sciences physiques et naturelles de Bordeaux*, 1866, *4*, pp. 83-128.

LOBATCHEVSKI Nicolai I., 1855, *Pangéométrie*, Imprimerie de l'Université, Kazan; traduction italienne de G. Battaglini, *Giornale di matematiche*, Napoli, 1867, *5*, pp. 273-320.

LORIA Gino, 1901, Eugenio Beltrami e le sue opere matematiche, *Bibliotheca Mathematica*, B. G. Teubner, Leipzig, (3), 2, pp. 392-440.

LOTZE Hermann, 1879, *Metaphysik*, S. Hirzel, Leipzig; traduction française autorisée et revue par l'auteur de A. Duval, Firmin Didot, Paris, 1883.

MANNING Henry Parker, 1901, *Non-Euclidean Geometry*, Ginn & Company, Boston.

MANSION Paul, 1895a, Essai d'exposition élémentaire des principes fondamentaux de la géométrie non-euclidienne de Riemann, *Mathesis*, Gand, (2), *5*, suppl. II, pp. 8-21.

–, 1895b, Notice sur les recherches de M. De Tilly en métagéométrie, *Mathesis*, Gand, (2), *5*, suppl. III, 12 p.

–, 1896a, Note sur la géométrie non euclidienne, *Mathesis*, Gand, (2), *6*, pp. 12-13

–, 1896b, Premiers principes de la Métagéométrie ou Géométrie générale, *Mathesis*, Gand, (2), *6*, suppl. IV, 47 p.

–, 1896c, Critique de *Etude sur l'espace et le temps* de G. Lechalas, *Revue des questions scientifiques*, Bruxelles, *9*, pp. 266-273.

–, 1898, Pour la géométrie non-euclidienne, *Mathesis*, Gand, (2), *8*, pp. 33-43.

–, 1903, Sur la géométrie riemanienne dite simplement elliptique, *Annales de la Société Scientifique de Bruxelles*, *27* A, pp. 64-65.

–, 1905a, Ne peut-on pas dire d'une géométrie qu'elle est plus vraie qu'une autre?, *Annales de la Société Scientifique de Bruxelles*, *29* A, pp. 196-199.

–, 1905b, La géométrie non archimédienne est-elle une géométrie?, *Annales de la Société Scientifique de Bruxelles*, *29* A, p. 200.

–, 1908, Gauss contre Kant. Sur la géométrie non euclidienne, *Mathesis*, Gand, (3), *8*, suppl., 15 p.

MERLLIÉ Dominique, 1993, Les rapports entre la *Revue de métaphysique* et la *Revue philosophique*: Xavier Léon et Théodule Ribot, Xavier Léon et Lucien Lévy-Bruhl, *Revue de métaphysique et de morale*, Paris, *98*, pp. 59-108.

MILHAUD Gaston, 1888, La géométrie non-euclidienne et la théorie de la connaissance, *Revue philosophique*, Paris, *25*, pp. 620-632.

–, 1894, *Essai sur les conditions et les limites de la certitude logique*, Félix Alcan, Paris; 2e édition, *ibidem*, 1898.

MILL John Stuart, 1843, *A System of Logic rationative and inductive*, London; *Collected Works*, University of Toronto Press, vol. VII, 1973, vol. VIII, 1974.

MILLER Arthur, 1972, The Myth of Gauss' Experiment on the Euclidean Nature of Physical Space, *Isis*, Philadelphia, *63*, pp. 345-348; article suivi de commentaires de G. Goe et B. L. van der Waerden et d'une réponse de l'auteur, *Isis*, 1974, *65*, pp. 83-87.

MINDING Ferdinand, 1830, Bemerkung über die Abwickelung krummer Linien von Flächen, *Journal für die reine und angewandte Mathematik*, Berlin, *6*, pp. 159-161.

–, 1839, Wie sich entscheiden läßt, ob zwei gegebene krumme Flächen auf einander abwickelbar sind oder nicht; nebst Bermekungen über die Flächen von unveränderlichen Krümmungsmaaße, *Journal für die reine und angewandte Mathematik*, Berlin, *19*, pp. 370-387.

MINDING Ferdinand, 1840, Beiträge sur Theorie der kürzesten Linien auf krummen Flächen, *Journal für die reine und angewandte Mathematik*, Berlin, *20*, pp. 323-327.

MONGE Gaspard, 1807, *Application de l'analyse à la géométrie*, Bernard, Librairie de l'Ecole Impériale Polytechnique, Paris.

MOOIJ Jan Johann, 1966, *La philosophie des mathématiques de Henri Poincaré*, Gauthier-Villars, Paris.

NABONNAND, Philippe, 2000, La polémique entre Poincaré et Russell au sujet du statut des axiomes de la géométrie, *Revue d'histoire des mathématiques*, Société mathématique de France, 6, pp. 219-269.

NAGEL Ernest, 1939, The formation of modern conceptions of formal logic in the development of geometry, *Osiris*, Bruges, 1939, 7, pp. 142-224.

NEWCOMB Simon, 1877, Elementary theorems relating to the geometry of a space of three dimensions and of uniform curvature in the fourth dimension, *Journal für die reine und angewandte Mathematik*, Berlin, *83*, pp. 293-299.

NOWAK Gregory, 1989, Riemann's *Habilitationsvortrag* and the synthetic *A priori* Status of Geometry, dans *The History of Modern Mathematics*, D. Rowe et J. McCleary éditeurs, Academic Press, San Diego, vol. 1, pp. 17-46.

O'GORMAN Pascal, 1996, Implicit Definitions and Formal Systems in Poincaré's Geometrical Conventionalism: The case revisited, *Actes du Congrès International Henri Poincaré Nancy 1994*, J. L. Greffe, G. Heinzmann, K. Lorenz éditeurs, Akademie Verlag, Berlin et Albert Blanchard, Paris, pp. 345-353.

D'OVIDIO Enrico, 1894, Commemorazione del socio Giuseppe Battaglini, *Atti della reale Accademia dei Lincei,* Roma, (5), *1*, pp. 558-606.

–, 1899-1900, Eugenio Beltrami, *Atti dell'Accademia delle scienze*, Torino, *35*, pp. 541-546.

PANZA Marco, 1995, L'intuition et l'évidence. La philosophie kantienne et les géométries non euclidiennes: relecture d'une discussion, dans *Les savants et l'épistémologie vers la fin du XIXe siècle*, J. Cl. Pont et M. Panza éditeurs, Albert Blanchard, Paris, pp. 39-87.

PARODI Dominique, 1919, *La philosophie contemporaine en France, Essai de classification des doctrines*, Félix Alcan, Paris.

PASCAL Blaise, 1954, *Œuvres complètes*, texte établi et annoté par J. Chevalier, Bibliothèque de la Pléiade, Gallimard, Paris.

PASCH Moritz, 1882, *Vorlesungen über neuere Geometrie*, B. G. Teubner, Leipzig.

PEANO Giuseppe, 1889, *I principii di geometria logicamente esposti*, Torino; *Opere scelte*, Edizioni Cremonese, Roma, 1958, vol. 2, pp. 56-91.

–, 1894, Sui fondamenti della geometria, *Rivista di matematica*, Torino, *4*, pp. 51-90; *Opere scelte*, Edizioni Cremonese, Roma, 1959, vol. 3, pp. 116-157.

PERRIER Joseph Louis, 1909, *The Revival of Scholastic Philosophy in the Nineteenth Century*, Columbia University Press, New York; nouvelle édition, AMS Press Inc., New York, 1967.

PIERI Mario, 1897-98, I principii della geometria di posizione, composti in sistema logico deduttivo, *Memorie della R. Accademia delle Scienze*, Torino, (2) *48*, pp. 1-62.

PIERI Mario, 1899, Della geometria elementare come sistema ipotetico deduttivo, *Memorie della R. Accademia delle Scienze*, Torino, (2) *49*, pp. 173-222.

–, 1900, Sur la géométrie envisagée comme un système purement logique, *Bibliothèque du Congrès international de Philosopie*, Paris, vol. 3, pp. 367-404.

PIETZKER Friedrich, 1876, Compte rendu de *Absolute Geometrie* de J. Frischauf, *Zeitschrift für mathematischen und naturwissenschaftlichen Unterricht*, Leipzig, *7*, pp. 469-473.

–, 1877, Replik gegen die Bemerkungen des Dr. Killing und Professors Frischauf, *Zeitschrift für mathematischen und naturwissenschaftlichen Unterricht*, Leipzig, *8*, pp. 301-306.

–, 1891, *Die Gestaltung des Raumes. Kritische Untersuchungen über die Grundlagen der Geometrie*, O. Salle, Braunschweig.

–, 1892, Über die absolute Geometrie, *Zeitschrift für mathematischen und naturwissenschaftlichen Unterricht*, Leipzig, *23*, pp. 81-106.

–, 1902, Considérations sur la nature de l'espace, *L'Enseignement mathématique*, Paris, *4*, pp. 78-110.

PLÜCKER Julius, 1846, *System der Geometrie des Raumes in neuer analytischer Behandlungsweise*, W. H. Scheller, Düsseldorf.

POINCARÉ Henri, 1881a, Sur les applications de la géométrie non euclidienne à la théorie des formes quadratiques, *Comptes rendus de l'Association française pour l'avancement des Sciences*, Alger, *10*, pp. 132-138; *Œuvres complètes*, Gauthier-Villars, Paris, 1950, vol. 5, pp. 267-274.

–, 1881b, Sur les groupes kleinéens, *Comptes rendus de l'Académie des Sciences*, 11 juillet 1881, *93*, pp. 44-46; *Œuvres complètes*, Gauthier-Villars, Paris, 1952, nouveau tirage, vol. 2, pp. 23-25.

–, 1882a, Théorie des groupes fuchsiens, *Acta Mathematica*, Stockholm, *1*, pp. 1-62; *Œuvres complètes*, Gauthier-Villars, Paris, 1952, nouveau tirage, vol. 2, pp. 108-168.

–, 1882b, Sur les fonctions fuchsiennes, *Acta Mathematica*, Stockholm, *1*, pp. 193-264; *Œuvres complètes*, Gauthier-Villars, Paris, 1952, nouveau tirage, vol. 2, pp. 169-257.

–, 1887, Sur les hypothèses fondamentales de la géométrie, *Bulletin de la Société mathématique de France*, Paris, *15*, pp. 203-216.

–, 1891, Les géométries non euclidiennes, *Revue générale des sciences pures et appliquées*, Paris, 2, no 23, pp. 769-774.

–, 1892, Correspondance sur les géométries non euclidiennes, *Revue générale des sciences pures et appliquées*, Paris, pp. 74-75.

–, 1895, L'espace et la géométrie, *Revue de métaphysique et de morale*, Paris, *3*, pp. 631-646.

–, 1898, On the foundations of geometry, *The Monist*, Chicago, *9*, pp. 1-43.

–, 1899, Des fondements de la géométrie. A propos d'un livre de M. Russell, *Revue de métaphysique et de morale*, Paris, *7*, pp. 251-279.

–, 1900, Sur les principes de la géométrie; Réponse à M. Russell, *Revue de métaphysique et de morale*, Paris, *8*, pp. 73-86.

POINCARÉ Henri, 1902a, Les fondements de la géométrie. [Considérations se rapportant à l'ouvrage *Grundlagen der Geometrie* de M. Hilbert.], *Bulletin des Sciences mathématiques*, Paris, (2), 26, pp. 249-272.
–, 1902b, *La Science et l'Hypothèse*, Flammarion, Paris; réédition avec une préface de J. Vuillemin, *ibidem*, 1968.
–, 1904, Rapport sur les travaux de M. Hilbert [à propos du prix Lobatchevskij], Известия физико-математического общества [*Bulletin de la Société mathématique et physique*], Kazan, (2), *14*, pp. 10-48.
–, 1905, *La Valeur de la Science*, Flammarion, Paris; réédition avec une préface de J. Vuillemin, *ibidem*, 1970.
–, 1908, *Science et Méthode*, Flammarion, Paris.
–, 1913, *Dernières pensées*, Flammarion, Paris.
–, 1923, Extrait d'un Mémoire inédit, *Acta Mathematica*, Stockolm, *38*, pp. 58-93; *Œuvres complètes*, Gauthier-Villars, Paris, 1951, nouveau tirage, vol. 1, pp. 336-373.
–, 1997, *Trois suppléments inédits sur la découverte des fonctions fuchsiennes*, édité par J. Gray et S. A. Walter, Akademie Verlag, Berlin et Albert Blanchard, Paris.
PONCELET Jean-Victor, 1822, *Traité des propriétés projectives des figures*, Bachelier, Paris.
PONT Jean-Claude, 1974, *La topologie algébrique des origines à Poincaré*, Presses Universitaires de France, Paris.
–, 1984, *L'aventure des parallèles, précurseurs et attardés*, Peter Lang, Berne, Francfort-s.Main, New York.
RABIER Elie, 1886, *Leçons de philosophie, volume II: Logique*, Hachette, Paris.
RÉDEI, L., 1968, *Foundations of euclidean and non-euclidean Geometries according to F. Klein*, Pergamon Press, Oxford.
REICH Karin, 1973, Die Geschichte der Differentialgeometrie von Gauß bis Riemann (1828-1868), *Archiv for History of Exact Sciences*, *4*, pp. 273-377.
REICHARDT Hans, 1976, *Gauss und die Anfänge der nicht-euklidischen Geometrie*, B. G. Teubner, Leipzig; 2e édition, *ibidem*, 1984.
REICHENBACH Hans, 1928, *Philosophie der Raum-Zeit-Lehre*, de Gruyter, Berlin et Leipzig; *Gesammelte Werke*, Vieweg, Braunschweig, 1977, vol. 2; traduction anglaise de M. Reichenbach et J. Freud avec une introduction de R. Carnap, Dover Publications, New York, 1957.
RENOUVIER Charles, 1874, *Essais de critique générale, Premier essai, Traité de logique générale et de logique formelle*, seconde édition, deux tomes, Au Bureau de la Critique philosophique, Paris.
–, 1890, La philosophie de la règle et du compas, ou des jugements synthétiques a priori dans la géométrie élémentaire, *La Critique philosophique*, Paris, *5*, pp. 337-348.
RICHARDS Joan, 1977, The Evolution of Empiricism: Hermann von Helmholtz and the Foundations of Geometry, *British Journal for the Philosophy of Science*, Edinburgh, *28*, pp. 235-253.
–, 1988, *Mathematical visions: the pursuit of geometry in Victorian England*, Academic Press, San Diego.

RIEHL Alois, 1904, Helmholtz et Kant, *Revue de métaphysique et de morale*, Paris, *12*, pp. 579-603

RIEMANN Bernhard, 1867, Über die Hypothesen, welche der Geometrie zu Grunde liegen, Habilitationsvortrag lu le 10 juin 1854, *Abhandlungen der königlichen Gesellschaft der Wissenschaften*, Göttingen, *13*, pp. 133-152; *Gesammelte Mathematische Werke*, nouvelle édition, B. G. Teubner, Leipzig, 1876, pp. 254-269; traduction française de J. Houël, *Annali di matematica pura ed applicata*, Milano, 1870, (2), *3*, pp. 309-327; réédition dans *Œuvres mathématiques de Riemann*, Albert Blanchard, Paris, 1968, pp. 280-299.

ROLLET Laurent, 1999, *Henri Poincaré Des Mathématiques à la Philosophie, Etude du parcours intellectuel, social et politique d'un mathématicien au début du siècle*, Presses Universitaires du Septentrion, Lilles.

ROSENFELD Boris, 1988, *A History of Non-Euclidean Geometry, Evolution of the Concept of Space*, traduit du russe par Abe Shenitzer, Springer, New York.

ROUCHÉ Eugène et COMBEROUSSE Charles de, 1883, *Traité de géométrie*, 5e édition, Gauthier-Villars, Paris; 6e édition, *ibidem*, 1891; 7e édition, *ibidem*, 1900.

ROUGIER Louis, 1920a, *La philosophie géométrique de Henri Poincaré*, Félix Alcan, Paris.

–, 1920b, *Les paralogismes du rationalisme, Essai sur la théorie de la connaissance*, Félix Alcan, Paris.

RUSSELL Bertrand, 1897, *An essay of the foundations of geometry*, University Press, Cambridge; réédition, Routledge, London, 1996; traduction française de A. Cadenat revue et annotée par l'auteur et par L. Couturat, Gauthier-Villars, Paris, 1901.

–, 1898, Les axiomes propres à Euclide sont-ils empiriques?, *Revue de métaphysique et de morale*, Paris, *6*, pp. 759-776.

–, 1899, Sur les axiomes de la géométrie, *Revue de métaphysique et de morale*, Paris, *7*, pp. 684-707.

–, 1903, *The Principles of Mathematics*, Allen and Unwin, London.

–, 1959, *My Philosophical Development*, Unwin Books, London; réédition, *ibidem*, 1975.

–, 2001, *Correspondance sur la philosophie, la logique et la politique avec Louis Couturat (1897-1913)*, Edition et commentaire par A.-F. Schmid, Editions Kimé, Paris.

SACCHERI Girolamo, 1733, *Euclides ab omni naevo vindicatus*, Montano, Milano; traduction allemande de P. Stäckel et F. Engel dans *Die Theorie der Parallellinien von Euklid bis auf Gauss*, B. G. Teubner, Leipzig, 1895, pp. 43-136.

SARTORIUS VON WALTERSHAUSEN Wolfgang, 1856, *Gauss zum Gedächtniss*, S. Hirzel, Leipzig.

SCHLICK Moritz, 1918, *Allgemeine Erkenntnislehre*, Springer, Berlin; 2e édition, *ibidem*, 1925.

SCHMID Anne-Françoise, 1978, *Une philosophie de savant, Henri Poincaré et la logique mathématique*, Maspero, Paris.

SCHMITZ Alfons, 1884, *Aus dem Gebiete der nichteuklidischen Geometrie*, Griessmayer, Neuberg a.D.

SCHMITZ-DUMONT Otto, 1877, *Die Bedeutung der Pangeometrie*, Erich Koschny, Leipzig.

SCHOLZ Erhard, 1980, *Geschichte des Mannigfaltigkeitsbegriffs von Riemann bis Poincaré*, Birkhäuser, Boston, Basel, Stuttgart.

SCHUR Friedrich, 1904, Zur Bolyai-Lobatschefskijschen Geometrie, *Mathematische Annalen*, Leipzig, *59*, pp. 314-320.

SCHWARZ Hermann, 1872, Über diejenigen Fälle, in welchen die Gaussische hypergeometrische Reihe eine algebraische Function ihres vierten Elementes darstellt, *Journal für die reine und angewandte Mathematik*, Berlin, 1872, *75*, pp. 292-335; *Gesammelte Mathematische Abhandlungen*, réédition, Chelsea Publishing Company, New York, 1972, vol. 2, pp. 211-259.

SIMON Max, 1890, Elementargeometrische Ableitung der Parallelenconstruction in der absoluten Geometrie, *Journal für die reine und angewandte Mathematik*, Berlin, *104*, pp. 84-86.

–, 1892, Die Trigonometrie in der absoluten Geometrie, *Journal für die reine und angewandte Mathematik*, Berlin, *109*, pp. 187-198.

–, 1897, Entgegnung auf den von Dr. Schotten in Elberfeld gehaltenen Vortrag: *Die Grenze zwischen Philosophie und Mathematik*, *Zeitschrift für mathematischen und naturwissenschaftlichen Unterricht*, Leipzig, *28*, pp. 296-299.

SOMMERVILLE Duncan, 1911, *Bibliography of non-euclidean geometry*, University of St. Andrews, London; 2e édition complétée, Chelsea Publishing Company, New York, 1970.

SOREL Georges, 1891, Sur la géométrie non-euclidienne, *Revue philosophique*, Paris, *31*, pp. 428-430.

SPITZ Carl, 1875, *Die ersten Sätze vom Dreiecke und die Parallelen. Nach Bolyai's Grundsätzen bearbeitet*, C. F. Winter, Leipzig und Heidelberg.

STÄCKEL Paul et ENGEL Friedrich, 1895, *Die Theorie der Parallellinien von Euklid bis auf Gauss*, B. G. Teubner, Leipzig.

STÄCKEL Paul, 1896, Ein Brief [4. Feb. 1844] von Gauss an Gerling, *Nachrichten der königlichen Gesellschaft der Wissenschaften*, Göttingen, pp. 40-43.

–, 1902, Franz Schmidt, *Jahresbericht der deutschen Mathematiker-Vereinigung*, *11*, pp. 141-146.

–, 1913, *Wolfgang und Johann Bolyai geometrische Untersuchungen*, erster Teil: *Leben und Schriften der beiden Bolyai*, zweiter Teil: *Stücke aus den Schriften der beiden Bolyai*, B. G. Teubner, Leipzig.

–, 1917, *Gauss als Geometer*, Abdruck aus Heft 5 der *Materialien für eine wissenschaftliche Biographie von Gauss* gesammelt von F. Klein, M. Brendel und L. Schlesinger, *Nachrichten der K. Gesellschaft der Wissenschaften zu Göttingen.*

STAUDT Georg Karl Christian von, 1847, *Geometrie der Lage*, Bauer und Raspe, Nürnberg.

STOKER James, 1969, *Differential geometry*, Wiley, New York; réédition, *ibidem*, 1989.

STUMP David, 1996, Poincaré's Curious Role in the Formalization of Mathematics, *Actes du Congrès International Henri Poincaré Nancy 1994*, J. L. Greffe, G.

Heinzmann, K. Lorenz éditeurs, Akademie Verlag, Berlin et Albert Blanchard, Paris, pp. 481-492.

TANNERY Paul, 1876-1877, La géométrie imaginaire et la notion d'espace, *Revue philosophique*, Paris, 1876, *2*, pp. 433-451 et 1877, *3*, pp. 553-575.

–, 1894, Théorie de la connaissance mathématique, *Revue philosophique*, Paris, *38*, pp. 52-62.

–, 1898, Théorie de la connaissance mathématique, *Revue philosophique*, Paris, *46*, pp. 429-440.

TILLY Joseph-Marie De, 1860, *Recherches sur les éléments de géométrie*, Bruylant-Christophe, Bruxelles et C. Tanera, Paris.

–, 1870a, Etudes de mécanique abstraite, *Mémoires couronnés et autres mémoires publiés par l'Académie royale de Belgique*, Bruxelles, *21*, pp. 1-98.

–, 1870b, Note sur les surfaces à courbure moyenne constante, *Bulletins de l'Académie royale de Belgique*, Bruxelles, (2), *30*, pp. 28-37.

–, 1872, Compte rendu de *Etudes analytiques sur la théorie des parallèles* de Flye Sainte-Marie, *Bulletin des sciences mathématiques et astronomiques*, Paris, *3*, pp. 131-138.

–, 1873, Rapport sur la lettre de M. A. Genocchi à M. A. Quetelet sur diverses questions mathématiques, *Bulletins de l'Académie royale de Belgique*, Bruxelles, (2), *36*, pp. 124-139.

–, 1874, Compte rendu de *Absolute Geometrie nach Johann Bolyai* de J. Frischauf, *Bulletin des sciences mathématiques et astronomiques*, Paris, *7*, pp. 105-106.

–, 1879, Essai sur les principes fondamentaux de la géométrie et de la mécanique, *Mémoires de la Société des sciences physiques et naturelles de Bordeaux*, *3*, pp. 1-190, précédé d'une introduction de J. Houël, *ibidem*, pp. I-IX.

–, 1893, Essai de géométrie analytique générale, *Mémoires couronnés et autres mémoires publiés par l'Académie royale de Belgique*, Bruxelles, 1893, *47* et *Mathesis*, Gand, 1893, (2), *3*, suppl. II.

TORRETTI Roberto, 1984, *Philosophy of Geometry from Riemann to Poincaré*, D. Reidel, Dordrecht, Boston, Lancaster.

TOTH Imre, 1977, La révolution non euclidienne, *La Recherche*, *75*, pp. 143-151.

TRANSON ABEL, *De l'infini, ou métaphysique et géométrie à l'occasion d'une pseudo-géométrie*, A. Hérissey, Evreux.

UEBERWEG Friedrich, 1851, Die Principien der Geometrie, wissenschaftlich dargestellt, *Neue Jahrbücher (Archiv) für Philologie und Pädagogik*, Leipzig, *17*, pp. 20-54; traduction française de J. Delbœuf en appendice à (Delbœuf, 1860).

VAHLEN Theodor, 1905, *Abstrakte Geometrie*, B. G. Teubner, Leipzig.

VASSILIEF Alexandre, 1895, Nikolaj Iwanowitsch Lobatschefskij, traduction par F. Engel d'une conférence faite en russe à Kazan en 1893, *Abhandlungen zur Geschichte der Mathematik*, Leipzig, *7*, pp. 205-244.

VEBLEN Oswald, 1905, Compte rendu de *Introduction à la géométrie générale* de G. Lechalas, *Bulletin of the American Mathematical Society*, New York, (2), *11*, pp. 439-441.

VERNANT Denis, 1993, *La philosophie mathématique de Russell*, Vrin, Paris.

VERONESE Giuseppe, 1891, *Fondamenti di geometria a più dimensioni ed a più spezie di unità rettilinee esposti in forma elementare*, Tipografia del Seminario, Padova.
VIDAL Clément, 1902, Sur quelques arguments non-euclidiens, *L'Enseignement mathématique*, Paris, *4*, pp. 330-346.
VOELKE Jean-Daniel, 2000, Deux découvreurs tardifs de la géométrie non euclidienne, *Sciences et Techniques en perspective*, Nantes, (2) *4*, fascicule 1, pp. 3-72.
WAGNER Hermann, 1874, *Lehrbuch der ebenen Geometrie*, Lucas Gräfe, Hamburg, 1874.
WALTER Scott, 1997, La vérité en géométrie: sur le rejet de la doctrine conventionnaliste, *Philosophia Scientiae*, *2*, Nancy, pp. 103-135.
ZERNER Martin, 1991, Le règne de Joseph Bertrand (1874-1900), *Cahiers d'Histoire et de Philosophie des Sciences*, Société Française d'Histoire des Sciences et des Techniques, Paris, *34*, pp. 299-322.
ZÖLLNER Johann Carl Friedrich, 1872, *Über die Natur der Cometen*, Wilhelm Engelmann, Leipzig.

Liste des manuscrits cités

Dossier Beltrami, Archives de l'Académie des sciences, Paris.
Dossier Darboux, Archives de l'Académie des sciences, Paris.
Dossier Houël, Archives de l'Académie des sciences, Paris.
Fonds Engel, Bibliothèque de l'Institut mathématique de l'Université de Gießen.
Fonds Bertrand, MS 2031, Bibliothèque de l'Institut de France.
Cod. Ms. F. Klein 10, Nr. 685, Niedersächsische Staats- und Universitäts-bibliothek, Göttingen.

Index des notions et résultats mathématiques[1]

1 Cet index indique à quelle page les notions sont introduites ou à quelle page un résultat est établi ou mentionné.

Index des noms